高等学校教材

Sc Sm Gd Y

稀土元素及其分析化学

Dy La Eu

李梅　柳召刚　吴锦绣　胡艳宏　编著

Ce Pr Nd

化学工业出版社
·北京·

本书系统地讲述了稀土元素的基本性质、稀土化合物的性质与合成、稀土化学反应的基本原理与应用以及稀土分析化学的基本知识。全书共分9章，第1章概论，介绍了稀土的基本知识；第2章系统地阐述了稀土元素的电子结构和镧系收缩；第3章主要介绍了稀土金属的性质和制备；第4章介绍了稀土元素的磁性和光学性质；第5、6章讨论了稀土元素各价态化合物的性质、制备及分析；第7章讲述了稀土配位化学和稀土元素配合物的某些规律；第8、9章介绍了稀土元素分析化学及一些分析方法。书后还附有稀土元素基本性质，以便读者查阅。

本书可作为有关院校稀土工程、冶金和化学、化工、材料类相关专业本科生及研究生的教学用书，也可作为有关人员学习稀土知识的参考资料。

图书在版编目（CIP）数据

稀土元素及其分析化学/李梅等编著. —北京：化学工业出版社，2009.9（2019.8重印）
高等学校教材
ISBN 978-7-122-06186-7

Ⅰ. 稀… Ⅱ. 李… Ⅲ. 稀土族-冶金化学 Ⅳ. O614.33

中国版本图书馆CIP数据核字（2009）第108681号

责任编辑：成荣霞　　文字编辑：陈　元
责任校对：郑　捷　　装帧设计：刘丽华

出版发行：化学工业出版社（北京市东城区青年湖南街13号　邮政编码100011）
印　　装：北京捷迅佳彩印刷有限公司
787mm×1092mm　1/16　印张15¾　字数384千字　　2019年8月北京第1版第3次印刷

购书咨询：010-64518888　　售后服务：010-64518899
网　　址：http://www.cip.com.cn
凡购买本书，如有缺损质量问题，本社销售中心负责调换。

定　　价：49.00元　

前言

稀土是21世纪重要的战略资源，是现代工业的“味精”。由于其具有优良的光、电、磁等物理特性，能与其他材料组成性能各异、品种繁多的新型材料，而且可以提高其他材料的质量和性能，因而稀土在高技术领域中的应用越来越广。当今世界，每六项新技术的发明，就有一项与稀土有关。

小平同志曾说：“中东有石油，中国有稀土”。经过几十年的发展，我国稀土占据着众多的世界第一：储量居世界第一、生产规模居世界第一、出口量居世界第一。但我国的稀土应用并非世界第一，我国还不是稀土强国，因而研究稀土新的生产工艺流程、稀土元素的新性质、稀土新材料，开拓稀土资源新的应用领域，对提高我国的稀土科研、生产与应用水平，开发和利用我国的稀土资源具有重要的意义。

对稀土元素的基本物理和化学性质的了解，是深入研究稀土元素的结构与性能，开发稀土生产新的工艺流程、稀土元素新用途、稀土新材料，充分利用稀土资源的基础。本书是介绍稀土元素化学及稀土元素分析化学的专著，编著本书的目的旨在使读者对稀土元素的性质及其分析有较详尽的了解。本书收集了近年来国内外有关稀土元素化学和稀土元素分析化学方面的相关文献，力求全面反映稀土元素化学和稀土元素分析化学领域的新进展、新成果。作者多年来一直从事稀土化学、稀土湿法冶金以及稀土应用方面的科研与教学工作，致力于稀土冶金新工艺、稀土分离产品的功能化、新型稀土功能性助剂的研究开发。作者在从事稀土科研工作的同时结合自己的研究体验，为内蒙古科技大学的本科生和研究生开设了“稀土元素化学”、“稀土冶金学”和“稀土功能材料”等课程，取得了良好的教学效果。本书的编写也融入了作者多年的研究成果、实践体会和教学经验，希望能给读者以启迪。

本书系统地讲述了稀土元素的基本性质、稀土化合物的性质与合成、稀土化学反应的基本原理与应用以及稀土分析化学的基础知识。全书共分9章，第1章概论，介绍了稀土的基本知识；第2～4章从原子结构的角度讲述了稀土元素的原子及离子结构、稀土金属的性质及稀土元素的磁性和光学性质；第5、6章讨论了稀土元素各价态化合物的性质、制备及分析；第7章讲述了稀土配位化学和稀土元素配合物的某些规律；第8、9章介绍了稀土元素分析化学及一些主要的分析方法。书后还附有稀土元素基本性质，以便读者查阅。

国内不少大学的本科高年级学生和研究生都开设有稀土方面的课程，但缺乏稀土元素化学及稀土元素分析方面的专用教材。本书可作为高等院校化学与化工类、材料类、冶金类及稀土工程等相关专业的本科生及研究生的教学用书和参考书，也可供有关的科研院所、工矿企业的科研人员、工程技术人员及管理人员阅读参考。本书的出版以期能满足稀土学科及其产业发展对创新型人才培养的需要，为我国的经济建设和人才培养做出微薄的贡献。

本书由李梅负责统稿和定稿，胡艳宏撰写第1～3章，吴锦绣撰写第4、7章，李梅撰写第5、6章，柳召刚撰写第8、9章。本书在编写过程中引用或参考了许多图书和参考文献，图书的出版也得到了内蒙古科技大学和化学工业出版社的大力支持和帮助，在此向这些作者和关心本书的人们表示衷心的感谢！

由于水平所限，书中不妥之处在所难免，恳请广大读者批评指正。

编　者

2009年6月于包头

目录

第 1 章 稀土元素概论

第 2 章 稀土元素的电子结构和镧系收缩

第 3 章 稀土金属

第4章 稀土元素的磁性和光学性质

第5章 主要三价稀土化合物

第6章 稀土元素低价和高价重要化合物

第7章 稀土元素的配合物

第8章 吸光光度分析法

第9章 其他分析方法和分析中的分离方法

附录：稀土元素基本性质

参考文献

第1章
稀土元素概论

1.1 绪论

如果以1803年道尔顿提出原子假说作为近代化学的起点，到现在已过了二百多年，化学已经发展成为一门重要的自然学科。今日化学的一个特点是积极向一些与国民经济和社会生活关系密切的学科渗透，有能源、环境、生命、生物、技术和材料等科学。

稀土元素由于其独特的性能和广泛的用途，已引起世界科学界、技术界的广泛注意，被称为21世纪的战略元素，成为新材料的“宝库”。

稀土的英文是rare earth，意即“稀少的土”。其实这不过是18世纪遗留给人们的误会。1787年后人们相继发现了若干种稀土元素，但当时相应的矿物发现却很少。由于当时科学技术水平有限，人们只能制得一些不纯净的、像土一样的氧化物，故人们便给这组元素留下了这么一个别致有趣的名字。

根据国际理论与应用化学联合会（IUPAC）对稀土元素定义，稀土元素是指门捷列夫周期表中ⅢB族，第四周期原子序数21的钪（Sc）、第五周期原子序数39的钇（Y）和位于周期表的第六周期的57号位置上原子序数从57的镧（La）至71的镥（Lu）等十七个元素（见图1-1）。

原子序数从57～71的十五个元素分别为：镧（La）、铈（Ce）、镨（Pr）、钕（Nd）、钷（Pm）、钐（Sm）、铕（Eu）、钆（Gd）、铽（Tb）、镝（Dy）、钬（Ho）、铒（Er）、铥（Tm）、镱（Yb）、镥（Lu）又称为镧系元素。

由于镧系元素原子的基组态（见表1-1）中只有镧原子不含f电子，其余十四个元素均含有f电子，因此有人把镧以后的铈至镥十四个元素称为镧系元素。不过由于镧和铈至镥十四个元素在化学性质、物理性质和地球化学性质上的相似性和连续性，人们还是一般把镧至镥这十五个元素统称为镧系元素。

钇和镧系元素在化学性质上极为相似，有共同的特征氧化态，钇的离子半径在镧系元素钬与铒的离子半径附近，共生于同一矿物中，在化学意义上，自然地把它们放在一起，称为稀土元素。不过钪的化学性质不像钇那样相似于镧系元素，在镧系矿物中很少发现钪，所以在一般生产工艺中不把钪放在稀土元素之中。

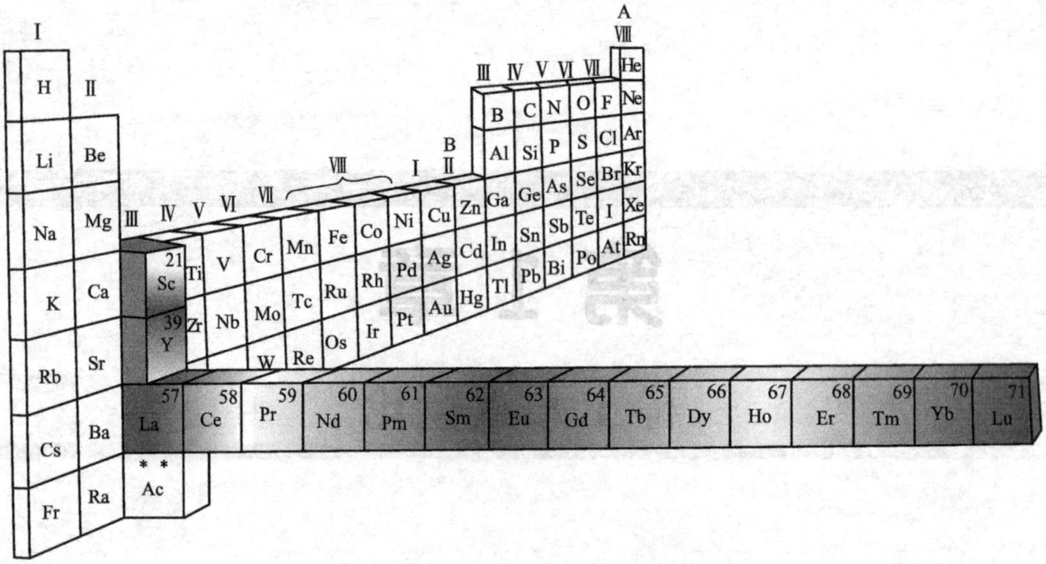

图 1-1 稀土元素在周期表中的位置

表 1-1 稀土元素原子和离子的电子组态及半径

原子序数	名称	符号	相对原子质量	电子组态				离子半径/pm
				原子	RE^{2+}	RE^{3+}	RE^{4+}	
57	镧	La	138.905	$5d^1 6s^2$	$5d^1$	[Xe]	—	106.1
58	铈	Ce	140.12	$4f^1 5d^1 6s^2$	$4f^1 5d^1$	$4f^1$	[Xe]	103.4
59	镨	Pr	140.9077	$4f^3 6s^2$	$4f^3$	$4f^2$	$4f^1$	101.3
60	钕	Nd	144.2	$4f^4 6s^2$	$4f^4$	$4f^3$	$4f^2$	99.5
61	钷	Pm	—	$4f^5 6s^2$	$4f^5$	$4f^4$	—	97.9
62	钐	Sm	150.3	$4f^6 6s^2$	$4f^6$	$4f^5$		96.4
63	铕	Eu	151.96	$4f^7 6s^2$	$4f^7$	$4f^6$		95.0
64	钆	Gd	157.2	$4f^7 5d^1 6s^2$	$4f^7 5d^1$	$4f^7$	—	93.8
65	铽	Tb	158.925	$4f^9 6s^2$	$4f^9$	$4f^8$	$4f^7$	92.3
66	镝	Dy	162.5	$4f^{10} 6s^2$	$4f^{10}$	$4f^9$	$4f^8$	90.8
67	钬	Ho	164.930	$4f^{11} 6s^2$	$4f^{11}$	$4f^{10}$	—	89.4
68	铒	Er	167.2	$4f^{12} 6s^2$	$4f^{12}$	$4f^{11}$	—	88.1
69	铥	Tm	168.9342	$4f^{13} 6s^2$	$4f^{13}$	$4f^{12}$	—	86.9
70	镱	Yb	173.0	$4f^{14} 6s^2$	$4f^{14}$	$4f^{13}$	—	85.8
71	镥	Lu	174.96	$4f^{14} 5d^1 6s^2$	—	$4f^{14}$	—	84.8
21	钪	Sc	44.9559	$3d^1 4s^2$	—	[Ar]	—	68
39	钇	Y	88.9059	$4d^1 5s^2$	—	[Kr]	—	88

根据稀土元素间物化性质和地球化学的某些差异和分离工艺要求，学者们往往把稀土元素分为轻、重稀土两组或轻、中、重稀土三组。这种分组情况如表 1-2 所列。

应当指出，稀土分组并没有严格的标准，也有根据稀土配合物稳定性的不同而进行四分组的，此称“四分组效应”。

表示稀土的符号，有些国家用“R”表示，也有用“TR”，俄文用“P3”，而我国用“RE”表示。单独表示镧系则用“Ln”表示。

表 1-2 稀土元素分组

57	58	59	60	61	62	63	64	65	66	67	68	69	70	71	39
镧	铈	镨	钕	钷	钐	铕	钆	铽	镝	钬	铒	铥	镱	镥	钇
La	Ce	Pr	Nd	Pm	Sm	Eu	Gd	Tb	Dy	Ho	Er	Tm	Yb	Lu	Y
轻稀土（铈组）							重稀土（钇组）								
铈组（硫酸复盐难溶）					铽组（硫酸复盐微溶）					钇组（硫酸复盐易溶）					
轻稀土（P_{204}弱酸萃取）					中稀土（P_{204}低酸度萃取）					重稀土（P_{204}中酸度萃取）					

1.2 稀土元素的发现和发展史

1.2.1 稀土元素的发现史

17个稀土元素像是尼斯湖中的一群怪兽困惑了化学家100多年。它们像幽灵一样在实验室中时隐时现。有时像是近在咫尺的花环，吸引着众人奋力争夺，有时又像一望无边的沙漠中的海市蜃楼，令人望“漠”兴叹。在从18世纪末到20世纪中叶的一个半世纪的漫长岁月里，化学家们不断摸索着，试图搞清楚稀土元素的真面目。他们经历了千辛万苦，饱尝了甜酸苦辣。其间既有成功的喜悦，也不乏失败的沮丧。有时刚刚宣布为新发现的元素，过不多久又被证明是一个多组分的混合物，先后被命名过的“稀土元素”将近100种。无怪乎英国化学家克鲁克斯（W. Crookes）说道：“这些稀土元素使我们的研究产生困难，使我们的推理遭受挫折，在我们的梦中萦回，它们像一片未知的海洋，展现在我们面前，嘲弄着、迷惑着我们的发现，述说着神奇的希望。”

从1794年首先分离出新“土”（氧化物）时起，一直到1972年从沥青铀矿中提取稀土的最后一个元素Pm为止，从自然界中取得全部稀土元素经历了一个半世纪之久。

在稀土矿物中首先得到的是钇土。1787年由收集矿石的业余爱好者瑞士军官卡尔·阿雷尼乌斯（C. A. Arrhenius）在瑞典斯德哥尔摩附近的伊特必村（Ytterby）发现一种黑石（后称为硅铍钇矿）。1794年由芬兰化学家约翰·加多林 J. Gadolin（芬兰 Abo 大学，后为 Turku 大学的教授）从此种矿物中分离出一种大约38%的新金属氧化物，它的性质有部分像氧化钙，有部分像氧化铝，但又不是这两者，于是认为在这种矿石里含有一种新的“土”性氧化物，既难熔融又难溶解于水的氧化物。他相信这是一种新元素的氧化物，命名为 Yttria，以纪念发现地伊特比小镇，中译名为钇土，元素名称为钇，符号为Y。现在知道，加多林研究过的这种稀土矿石就是硅铍钇矿（$Y_2FeBe_2Si_2O_{10}$）。尽管当时加多林得到的钇土还不纯，可是人们仍然认为这位化学家兼矿物学家是首先发现稀土元素的学者。后人为了纪念加多林的这一功绩，将上述矿石命名为加多林矿，并将后来发现的另一稀土元素（64号元素）命名为 Gadolinium（中译名钆）。芬兰化学会在1935年设立了加多林基金，从1937年开始，每年给有突出贡献的芬兰青年化学家颁发一笔加多林奖金和一枚铸有加多林头像的奖章，以缅怀这位稀土化学的先驱。

大约40年后，化学家贝采里乌斯的门徒瑞典化学家莫桑德尔（C. Mosander）对最初发现的钇土重新进行了仔细的分析研究。他在1842年发表的论文中指出：“最初发现的钇土不是单纯一种元素的氧化物，而是三种元素氧化物的混合物”。他把其中一种仍称为钇土，其余两种分别命名为Erbia和Terbia，中译名为铒土和铽土，元素名称为铒和铽，元素符号为Er和Tb。这些命名都是为了纪念最初发现钇土的那块矿石的产地伊特比。莫桑德尔杰出的研究工作为解开稀土元素之谜奠定了坚实的基础，同时，人们也会问这两种新发现的稀土元素会不会也像最初的钇土一样仍然隐藏着别的含量更少的新元素。

自1842年莫桑德尔从钇土中分离出铒土和铽土后又过了36年，1878年瑞士化学家马利纳克（J. C. Galissard de Marignac）又从铒土中分离出一种新的土，称为Ytterbia，中译名为镱土，元素名称为镱，符号为Yb，也是为了纪念首次发现稀土元素矿石的瑞典的伊特比小镇。

1879年，瑞典化学家尼尔逊（L. Nilson）对镱土进行了详细的研究，期望能测定出稀土元素的化学和物理常数，来验证元素周期律。这项工作未获成功，然而他却证明了镱土也是一种混合物，并从中分离得到了又一种新的土，称为Scandia（钪土），为纪念瑞典所在的半岛斯堪的纳维亚（Scandinavian），元素中译名为钪，符号为Sc。瑞典化学家克利夫（P. Cleve）在研究了钪的一些性质后指出，它就是门捷列夫曾经预言的“类硼”元素。尼尔逊在德国化学协会关于发现钪的报道中写道：“毫无疑问，俄罗斯化学家的预言如此极其明显地被证实了。他不但使我们预见到他所命名的元素的存在，而且还预先提出了它的一些最重要的性质。”

同年，克利夫从制得的氧化铒中分离出氧化镱和氧化钪后，继续进行分离，结果又得到两种新元素氧化物，他分别称这两个新元素为Holmium和Thulium，中译名为钬和铥，元素符号为Ho和Tm。前者是为纪念他的出生地——瑞典首都斯德哥尔摩（古代人称它为Holmia），后者是为纪念传说中的世界末端之国杜尔（Thule），含义是要分离出铥，其困难程度并不亚于到达遥远的世界末端国杜尔。

法国布瓦博德朗（L. de. Boisbaudran）继续对氧化钬进行研究，1886年他把氧化钬分为两种氧化物，全面研究了它们的光谱，证实其中的一种就是氧化钬，他还根据发现的两条新谱线，认定还存在一种新的未知元素，在多次重结晶除去杂质后，他得到了这种新元素的氧化物并称这种元素为Dysprosia，即氧化镝，元素中译名为镝，元素符号为Dy，它取意于希腊文dysprositos，即“难以取得”。这样，就从氧化铒中先后分离出氧化镱、氧化钪、氧化钬、氯化铥以及氧化镝。但是问题仍然没有完，1907年，韦尔斯巴克（Auer von Welsbach）和乌贝恩（G. Urbain）各自进行研究，用不同的分离方法把1878年发现的氧化镱分成两种元素的氧化物，一种就是原来的氧化镱，另一种元素被称为Lutetium，中译名为镥，符号为Lu，以纪念他的出生地——巴黎（古代人称它为Lutetia）。

至此，重稀土元素从1794年发现钇到1907年发现镥共经历了113年（见图1-2）。

在1803年，德国化学家克拉普罗特（M. H. Klaproth）、瑞典化学家贝采里乌斯（J. J. Berzelius）、希辛格（W. Hisinger）各自从瑞典的瓦斯特拉斯地方的一种重矿石（即铈硅矿）中得到另一新“土”，命名为铈土。

1839年莫桑德尔在实验中将“硝酸铈”加热分解，发现只有一部分氧化物溶解在硝酸中。他把溶解的氧化物称为Lanthana，中译名为镧土，元素名称为镧，符号为La，来自希腊文lanthano，寓有“隐藏”的意思。不溶解的那部分氧化物（即CeO_2，现在知道，高温受热后的氧化铈不溶于盐酸和硝酸，只溶解于热浓硫酸）仍称为Ceria（铈土）。两年后，他又从最初被发现的铈土中分离出另一个“新元素”氧化物，将它命名为Didymum，来自希腊文didymos，寓有“双生子”的意思。

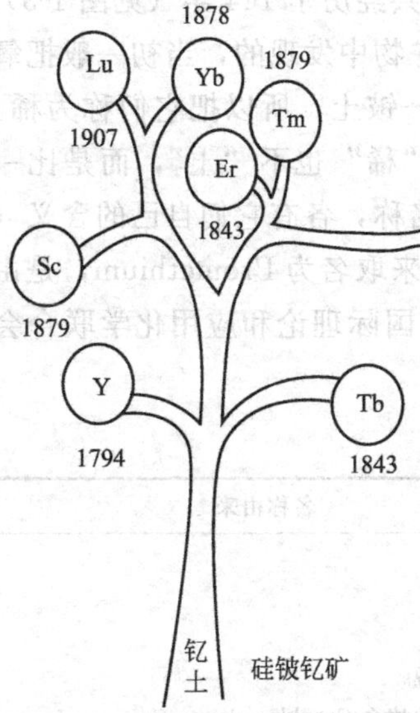

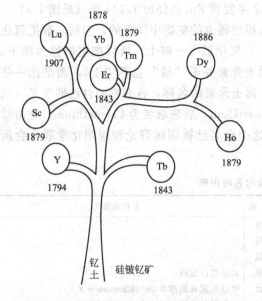

图 1-2 重稀土元素发现过程的简单示意

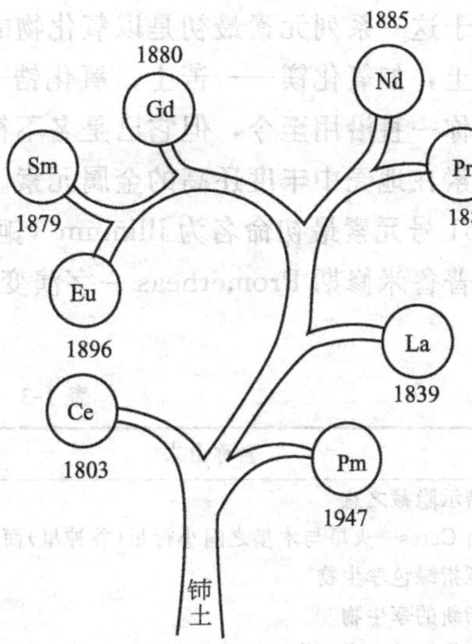

图 1-3 轻稀土元素发现过程的简单示意

1879 年布瓦博德朗在北美洲发现了一种新的稀土矿物——铌钇矿（Y、Er…）（Nb，Ta)$_2$O$_6$ 又叫杉马尔斯基矿，为纪念矿石发现人俄罗斯矿物学家杉马尔斯基而得名。自铌钇矿发现后，稀土元素便有了新的来源，从此改变了稀土原料严重短缺的状况。他从铌钇矿中提取出“Didymum”，并用光谱法彻底研究了这种样品，从“Didymum”中成功地分离出一种新元素，并命名为 Samarium，元素中译名为钐，符号为 Sm。1880 年，马利纳克对布瓦博德朗的钐进行了多次重结晶，结果从中分离出两个新组分，分别以 γ_α 和 γ_β 称呼它们。后来索来特用光谱分析法确定，γ_α 与钐是同一种元素。1886 年，布瓦博德朗经仔细研究后断定 γ_β 就是一种新元素的氧化物，并决定将新元素命名为 Gadolinium，中译名为钆，符号为 Gd，以纪念稀土元素化学的先驱加多林，并请求马利纳克赞同他的意见。马利纳克既不声称自己对钆具有共同发现权，更不提出任何优先权，而是爽快地同意了布瓦博德朗的意见，他的这种宽厚博大的胸怀也值得今天的人们学习。

奥地利化学家威尔斯巴赫（C. Auer von Welsbach）在 1885 年详细报告了对“Didymum”的研究结果。他将“Didymum”分成了两个组分，其中之一称为 Praseodymium，中译元素名为镨，符号为 Pr（按希腊文是“绿色的双生子”的意思，因为它的盐具有浅绿色），第二个组分称为 Neodymium，中译元素名为钕，符号为 Nd，意即新的双生子。至此，“Didymum”的历史就宣告结束。威尔斯巴赫不仅最终揭开了“Didymum”的奥秘，而且是他首次找到了稀土元素的实际应用。1884 年，他发明用含有稀土元素盐的特殊混合溶液浸泡的白炽罩。汽灯使用这种新纱罩后，亮度显著增大，使用寿命大大延长。这就是当时闻名于世的奥尔（Auer）罩。

1902 年 B. Bfaunes 曾推测 Nd-Sm 间应有一种元素，1914 年 H. G. Meseley 发现 X 射线光谱与原子序数简单关系时，确认 61 号元素的存在，到 1926 年 B. S. Hopkins 等在 X 射线光谱中找到了 61 号元素，直到 1947 年 J. A. Marinsky 和 L. E. Glendenin 等从铀的裂变产物中发现了^{147}Pm^{3+}的存在，人们终于找到 61 号元素，它被命名为钷。1972 年在天然铀矿提取物中发现钷^{147}Pm，（半衰期 2.64 年），从此不再是人造元素。

可见，轻稀土元素从 1803 年发现 Ce 到 1947 年发现 Pm 共经历了 144 年（见图 1-3）。

由于这一系列元素最初是以氧化物的形态从相当稀少的矿物中发现的，当初一般把氧化物称为土，如氧化镁——苦土，氧化锆——锆土，氧化铍——铍土，所以把它们称为稀土。这个名称一直沿用至今，但它已是名不符实，稀土元素并不“稀”也不“土”，而是比一些普通元素在地壳中丰度还高的金属元素。十七个稀土元素的名称，各有它们自己的含义（表 1-3），61 号元素最初命名为 illinium（钷）和 florenUum，后来取名为 Promethium，是由希腊火神普鲁米修斯 Prometheas 一字演变而来，这个命名已被国际理论和应用化学联合会所接受。

表 1-3 稀土元素的名称由来

元素	名称由来	元素	名称由来
镧	暗示隐藏之意	铽	—
铈	由 Ceres—火星与木星之间小行星（谷神星）而来	铒	—
镨	意指绿色孪生物	铽	—
钕	指新的孪生物	镝	表示难以发现
钐	由铌钇矿一字而来	钬	取自发现者的故乡 Stouklzomlm 一字
铕	以欧洲取名	铥	由斯堪的纳维亚的古名 Tnule 而来
钇	由芬兰化学家 Gadolin 而来取自瑞典地名 Ytterby	镥	取自巴黎的古名 Lutetia
钆	—		

1.2.2 稀土元素的发展史

盖施奈德（K. A. Gschncider）把稀土冶金及其应用开发分成三个时代：摇篮时代（1787～1949 年）、启蒙时代（1950～1969 年）与黄金时代（1970 年至今）。其中摇篮时代正好是第一次发现稀土至最后一个稀土钷面世这一历史时期。

20 世纪 20 年代末人们终于初步掌握了制备比较纯的稀土金属的技术，从而开始研究和了解稀土金属的一些物理性质。

所谓比较纯，就是大约 90%（摩尔分数），大部分杂质为填隙元素即氢、碳、氮、氧。这时人们发现了钆的铁磁性。门德尔松（K. Mendelssohn）和当特（J. G. Daunt）发现了镧（质量分数为 1%）的超导性，其超导转变温度（居里温度）$T_c=4.7K$。

20 世纪初 X 射线光谱分析手段的出现为人类认识稀土元素起了极大推动作用，X 射线光谱研究确认稀土元素共有 17 个，并于 20 年代发现了“镧系收缩”现象。这期间有的学者还报道了稀土金属与其他一些金属构成的二元系。例如沃格尔（R. Vogel）在 1911 年报道了 Ce-Sn 二元相图。以后 20 年间他还研究了一些其他二元系。30 年代以后才开始了镧、铈、镨等真正相图的研究，但由于这些金属纯度不够，故这些研究结果几乎都是不正确的，因为实际上这些相图已经超出了二元体系，可能是三元或者是四元体系。

1947 年，参与美国曼哈顿计划的科学家发明了用离子交换法分离相邻的稀土元素，从而很快就结束了稀土的摇篮时代。美国学者斯佩丁（F. H. Spedding）改进了离子交换工艺，制备了千克级的纯净单一稀土，从此稀土进入了启蒙时代。

这个时期，随着分离技术的不断提高，单一稀土氧化物的纯度也不断提高。20 世纪初稀土金属的纯度仅 95%～98%（摩尔分数），其后在 60 年代中期，一般方法均可制得 99%（摩尔分数）的稀土金属，在本时代末，其纯度已可达 99.99%（摩尔分数）。毫无疑问，这对稀土元素的本征特性研究创造了最基本的条件，从而对这组奇妙元素的科研也出现了高潮，参与的学者越来越多，其结果是发现了稀土元素的许多奇特的、出乎意料的性质和行为。其中对稀土元素应用的开发起较大作用的重大发现有：

- 1951 年发现了 LaB_6 的强大热离子发射；
- 1961 年发现了重稀土具有奇妙复杂的磁性结构；
- 1962 年稀土催化剂在石油裂化工业中应用；
- 1963 年钇和铕荧光体用于制造彩色电视的红色荧光粉；
- 1963 年制得最后一个金属态放射性元素钷；
- 1966 年发现高强度稀土—钴永磁体 YCo_5；
- 1967 年制得良好的稀土永磁体 $SmCo_5$。

这期间还将钕玻璃用于制造激光器，各种稀土用于原子能、玻璃陶瓷和电子等工业。

这一历史时期还出现了三件促进稀土信息传播的大事。一是 1959 年出版了"The Journal of Less-Common Metals"（现在已改名为"J. Alloys and Compound"），刊登的有关稀土的文章不断增加；二是 1960 年首届"稀土研究会议"召开；三是 1966 年由美国原子能委员会资助的稀土信息中心（RIC）成立，并出版了"RIC NEWS"（《稀土信息中心新闻》，季刊），每天回复信息咨询。众多的研究成果和新发现使稀土自 20 世纪 70 年代开始进入了黄金时代。

黄金时代最重要的发现有：

1970 年发现 $LaNi_5$ 在室温和适当压力下（低于 1MPa）有吸收大量氢的能力，而且在适当压力下又可释放出来，使得这类合金成为氢的储存、分离、提纯以及用作热泵、致冷、镍氢电池的材料。

1970 年制成第一个非晶态稀土材料。

70 年代初混合稀土金属或硅化物被用于炼钢，作为脱氧、脱硫和控制硫化物形态的添加剂，以生产高强度低合金钢。

1971 年在 $REFe_2$ 相（主要是 $TbFe_2$ 基材料）中观察到巨大的磁致伸缩现象，这一伸缩比以往已知的最好材料镍大三个数量级。这一惊人发现使磁致伸缩特性的应用成为可能。

80 年代，RE-Fe 系超级磁体问世，NdFeB 永磁材料商业化，并呈高速发展势头。

这期间，稀土界设立斯佩丁奖，并在 1979 年第十四届国际稀土研究会上，将首届斯佩丁奖授予美国匹兹堡大学的华莱士（W. E. Wallace）教授，奖励他在稀土金属间化合物研究方面的巨大贡献。

这期间稀土界最重要的出版物是由盖施奈德和艾林（L. Eyring）编辑的《稀土物理化学手册》，首卷于 1978 年出版。

1986 年 4 月，在国际商用机器公司苏黎世研究所的贝德诺茨（J. G. Bednorz）和米勒（K. A. Miiller）发表文章中，发现稀土（镧）钡铜氧系陶瓷超导体，$T_c=35K$。这一发现在世界引起轰动，很快在世界范围内掀起了高转变温度陶瓷超导材料的研究热潮，其转变温度很快超过液氮温区，其中美、日、中、前苏联及西欧国家处于研究前列，许多研究者报道，他们研制成功的钇钡铜氧超导材料的 $T_c>100K$。贝德诺茨和米勒两位学者也因此荣获 1987 年度诺贝尔物理学奖。

1992 年长春物理研究所在国际上最先开展了光谱孔的热稳定性研究。通过对电子陷阱深度分析和声子行为的研究，获得了室温下光谱孔寿命为 300h 以上，为当时国际上的最好结果。1995 年研究了非均匀线宽和谱线的峰值位置随材料组分和组成的变化规律，利用不同组成所产生的谱线移动，通过混合几种不同组成的材料，进一步增加了非均匀宽度，获得了 70cm^{-1}的非均匀宽度，实现了室温下的多重烧孔。

2002～2005 年，中国科学技术大学施朝淑等与大连路明公司合作，承担了科技部 865 项目——稀土长寿命材料研究。除研究 Eu^{2+}、Dy^{3+}掺杂的铝酸盐、硅酸盐长余辉材料发光机理外，主要研究了新型白光、红光长余辉发光材料。

稀土的黄金时代远未结束，迄今最重大的历史事件是中国的稀土工业迅速崛起。中国凭借拥有世界最大稀土资源的优势，凭借资源质量好、品种全、易开采的优势，加上技术上的进步，自 1986 年起，稀土的生产量超过美国，成为世界上最大的稀土生产国。随后中国稀土产品迅速向高纯、高附加值方向转化，积极参与国际竞争，促使世界范围内稀土产品的第三次大降价（第一次降价是由于离子交换技术的工业使用；第二次降价是由于液-液萃取技术的工业应用和稀土用于彩电荧光粉、用作炼油裂化催化剂市场的开发），有可能促成世界范围内更大规模开展稀土的应用开发，稀土的黄金时代因此更加灿烂。

1.3 稀土元素在自然界中的存在

1.3.1 稀土元素在自然界中的同位素

在自然界中发现稀土元素的稳定同位素有 50 多种。多数稀土元素以不同质量的同位素的混合物存在于自然界中。镧、铈、钕、钐、钆、镥的天然同位素中有放射性同位素。在自然界中镨、铽、钬、铥和钇等各只有一种稳定的核素。各稀土元素的同位素质量和在自然中各同位素的相对含量见表 1-4。

表 1-4 稀土元素的天然同位素

原子序数	同位素	相对含量/%	半衰期/年	原子序数	同位素	相对含量/%	半衰期/年
57	^{137}La	0.089	1.1×10^{11}	64	^{152}Gd	0.02	1.1×10^{14}
	^{139}La	99.91			^{154}Gd	2.15	
58	^{136}Ce	0.193			^{155}Gd	14.73	
	^{138}Ce	0.250			^{156}Gd	20.47	
	^{140}Ce	88.48			^{157}Gd	15.68	
	^{142}Ce	11.07	5×10^{15}		^{158}Gd	24.87	
59	^{141}Pr	100			^{160}Gd	21.90	
60	^{142}Nd	27.11		65	^{159}Tb	100	
	^{143}Nd	12.17		66	^{156}Dy	13.83	
	^{144}Nd	23.85	5×10^{15}		^{158}Dy	0.090	
	^{145}Nd	8.30			^{160}Dy	2.294	
	^{146}Nd	17.22			^{161}Dy	18.88	
	^{148}Nd	5.6			^{162}Dy	25.53	
	^{150}Nd	5.73			^{163}Dy	24.97	
62	^{144}Sm	3.09			^{164}Dy	28.18	
	^{145}Sm	$<2\times10^{-7}$		67	^{165}Ho	100	
	^{146}Sm	14.97	1.06×10^{11}	68	^{162}Er	0.136	
	^{147}Sm	11.24	1.2×10^{13}		^{164}Er	1.56	
	^{149}Sm	13.83	4×10^{14}		^{166}Er	33.41	
	^{150}Sm	7.44			^{167}Er	22.94	
	^{152}Sm	26.72			^{168}Er	27.01	
	^{154}Sm	22.71			^{170}Er	14.88	
63	^{151}Eu	47.82		69	^{169}Tm	100	
	^{153}Eu	52.18		70	^{168}Yb	0.135	

续表

原子序数	同位素	相对含量/%	半衰期/年	原子序数	同位素	相对含量/%	半衰期/年
70	^{170}Yb	3.03			^{176}Yb	12.73	
	^{171}Yb	14.31		71	^{175}Lu	97.41	
	^{172}Yb	21.82			^{176}Lu	2.60	2.1×10^{10}
	^{173}Yb	16.13		21	^{45}Sc	100	
	^{174}Yb	31.84		39	^{89}Y	100	

1.3.2 稀土元素在自然界中的分布

稀土元素在自然界中广泛存在，虽矿物中稀土元素含量并不高，但在地壳中储藏量约占地壳的0.016%，约153g/t。它们的丰度和许多常见元素一样多，见表1-5和表1-6。

表1-5 稀土元素和一些元素在地壳中的丰度

元素	丰度/(μg/g)	元素	丰度/(μg/g)	元素	丰度/(μg/g)	元素	丰度/(μg/g)	元素	丰度/(μg/g)
La	18.3	Dy	4.47	Be	6	Mo	2.5~15	Pb	16
Ce	46.1	Ho	1.15	Co	23	Ag	0.1	Bi	0.2
Pr	5.53	Er	2.47	Ni	100	Cd	0.15		
Nd	23.9	Tm	0.20	Cu	100	Sn	40		
Pm	4.5×10^{-20}	Yb	2.66	Zn	40	Sb	1		
Sm	6.47								
Eu	1.06	Lu	0.75	Ga	15	I	0.3		
Gd	6.36	Sc	5	As	5	Ta	2.1		
Tb	0.91	Y	28.1	Nd	24	Au	0.005		

表1-6 稀土元素的丰度

元素	在地壳的火成岩中			宇宙体中原子丰度(Si的原子丰度$=1\times10^6$)/10^{-6}
	质量分数/(g/t)	质量分数/%	原子丰度(Si的原子丰度$=1\times10^6$)/10^{-6}	
La	18.3	1.83×10^{-3}	12.8	2.00
Ce	46.1	4.61×10^{-3}	32.1	2.26
Pr	5.53	5.53×10^{-4}	3.89	0.40
Nd	23.9	2.39×10^{-3}	16.2	1.44
Pm	4.5×10^{-20}	4.5×10^{-21}	—	—
Sm	6.47	6.47×10^{-4}	4.19	0.664
Eu	1.06	1.06×10^{-4}	0.68	0.187
Gd	6.36	6.36×10^{-4}	3.94	0.684
Tb	0.91	9.1×10^{-5}	0.56	0.0950
Dy	4.47	4.47×10^{-4}	2.69	0.556
Ho	1.15	1.15×10^{-4}	0.68	0.118
Er	2.47	2.47×10^{-4}	1.44	0.316
Tm	0.20	2.0×10^{-5}	0.115	0.0318
Yb	2.66	2.66×10^{-4}	1.49	0.220
Lu	0.75	7.5×10^{-5}	0.37	0.050
Sc	5	5.0×10^{-4}	11	28
Y	28.1	2.81×10^{-3}	30.7	8.9

稀土元素在地壳中的分布有如下特点：

(1) 整个稀土元素在地壳中的丰度比一些常见元素要多，如比锌大三倍，比铅大九倍，比金大三万倍，见表1-5。就单一元素来说，它们的丰度也和一些常见元素相当，如铈接近于锌，钇、钕和镧接近于钴和铅，甚至丰度较低的铕也比银和铋的丰度大。

(2) 在地壳中铈组元素的丰度比钇组元素要大。前者在地壳中的含量约为101g/t，后者约为47g/t，二者之比约为2.15。

(3) 稀土元素的分布是不均匀的，一般服从Odd-Harkins（奥多-哈尔根斯）规则，即原子序数为偶数的元素其丰度较相邻的奇数元素的丰度大，见图 1-4。一些矿物也有例外，如我国某些离子吸附型矿物中镧的含量却大于相邻的原于序数为偶数的铈。

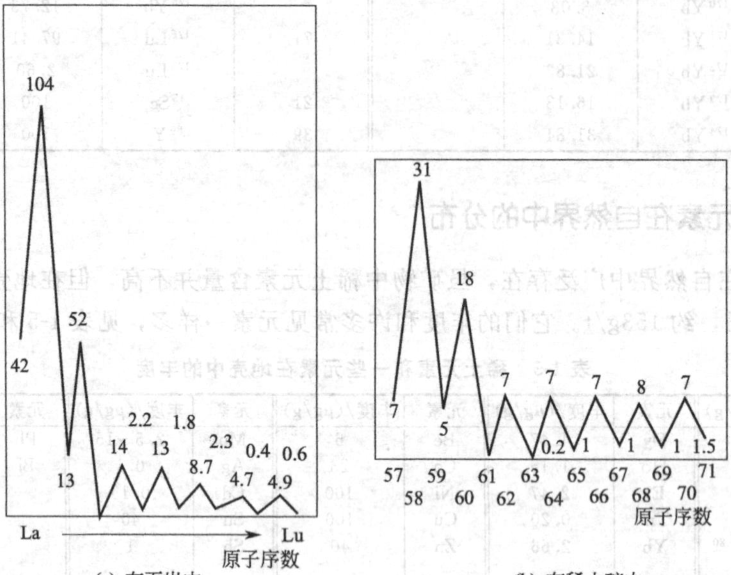

(a) 在页岩中　　(b) 在稀土矿中

图 1-4　在页岩（a）、稀土矿（b）中镧系元素的原子丰度

（4）在地壳中稀土元素集中于岩石圈中，主要富集在花岗岩、伟晶岩、正长岩的岩石中。稀土的钇组元素和花岗岩岩浆结合得更紧密，倾向于出现在花岗岩类有关的矿床中，而铈组元素倾向于出现在不饱和的正长岩岩石中。

1.3.3　稀土元素在自然界中的存在状态

由于稀土元素原子结构的相似性，在地球化学上它们紧密结合并共生于相同矿物中。它们在矿物中存在状态有三种情况。

（1）参加矿物晶格，是矿物不可缺少的部分，即稀土矿物，如独居石、氟碳铈矿等。

（2）以类质同晶置换（钙、锶、钡、锰、铝、钍等）的形式分散在造岩矿物中，如磷灰石、钛铀矿等。

（3）呈吸附状态存在于矿物中，如黏土矿物、云母矿等。

在稀土矿物中稀土以化合物状态存在，化合物的类型见表 1-7。从经济观点看，最重要的是碳酸盐和磷酸盐矿物。

表 1-7　含稀土的矿物

氟化物	钇萤矿、氟铈矿 CeF_3
磷酸盐	磷钇矿 YPO_4、独居石$(Ce,Y)PO_4$
碳酸盐及氟碳酸盐	氟碳铈矿 $CeFCO_3$、水菱铈矿 $RE_2O_3\cdot 3CO_2\cdot 4H_2O$
硅酸盐	硅铍钇矿 $BeFeY_2Si_2O_{10}$、铈硅矿$(Ca,Mg)_2RE[(SiO_4)_{7-x}(FCO_3)_x][(OH)_x(H_2O)_{3-x}]$、淡红硅钇矿 $Y_2Si_2O_7$
氧化物	铌钇矿$(Fe,RE,U,Th)(Nb,Ta)_2O_6$、褐钇钽矿$(RE,Ca,Fe,U)(Nb,Ta)O_4$、方铈石$(Ce,Th)O_2$
砷酸盐	砷钇矿 $YAsO_4$
硼酸盐	水铈钙硼矿
硫酸盐	$Ca_3A_{12}RE(SO_4)F_{13}\cdot 10H_2O$
钒酸盐	钒钇矿

1.4 稀土资源的分布及我国的稀土资源

已经发现的稀土矿物约有250多种，但具有工业价值的稀土矿物只有50～60种，具有开采价值的只有10种左右。稀土最重要的矿床是碳酸盐和磷酸盐矿床。碳酸盐矿床主要出现在美国的加利福尼亚、南非和我国的内蒙古自治区。磷酸盐矿床主要出现在澳大利亚、巴西、印度、南非和美国等。除了我国外，世界的稀土资源将近一半分布在美国，其次在印度、巴西等国。

我国的稀土资源非常丰富，品种比较齐全。在稀土矿物中具有重要开采价值的有独居石(RE,Th)PO_4和氟碳铈矿RE(CO_3) F，均以铈族为主，全世界稀土的生产绝大部分都从这两种矿物中提取。由于独居石中含有钍（Th)、铀（U）等放射性元素，污染环境，故逐步被氟碳铈矿所取代。以钇族稀土为主的矿物储量较少，有开采价值的有磷钇矿［Y]PO_4和中国特有的离子吸附型矿（其中的［Y］代表钇族稀土)，也有从提取铀以后的残渣中回收钇族稀土的。

氟碳铈矿是目前提取铈族稀土的主要矿物，主要产地是我国内蒙古包头的白云鄂博矿和美国的蒙顿帕斯（Mountain Pass）矿。我国的氟碳铈矿储量很丰富，有分布在内蒙古包头的白云鄂博矿，山东微山湖矿和四川的冕宁矿等。其中包头的白云鄂博矿最大，在蒙古语中，“白云鄂博”是“宝贝石堆”的意思，是一个含稀土、铁、铌和萤石的综合大型矿床，现以炼铁为主、同时回收稀土和铌。综合利用这个宝贝的白云鄂博矿资源，提高利用率，具有重大的意义。

独居石曾经是世界上提取稀土的主要矿物，由于独居石的密度较大（4.829～5.4178g/cm^3)，常以重沙的形式与钙铁矿、锆石等重矿砂共存于海岸沙中，呈黑色；或与锡石或沙金共存。主要产地有印度、斯里兰卡、泰国、澳大利亚、俄罗斯、巴西、美国、加拿大、南非和马达加斯加等。在我国，主要的产地有广东、台湾等沿海地区的海岸沙。独居石由于含有钍、铀等放射性元素，不便于“三废”处理，故逐渐被氟碳铈矿所取代。

世界上钇族稀土的资源很少，过去主要有马来西亚的磷钇矿。我国广东等沿海地区的海岸沙中也有含磷钇矿的，但此矿储量不多，而且有放射性。自从20世纪的60年代末和70年代初我国在江西龙南等地发现了稀土离子吸附矿以后，接着在广东、福建、湖南等南岭地区也发现这类矿体，目前已成了世界上主要的钇族稀土来源。离子吸附型矿存在于火成岩和花岗岩的风化壳中，其中大部分稀土离子被埃洛石和高岭石等黏土矿物所吸附。不同类型岩石形成的离子吸附型矿的稀土组成不同，有含钇族丰富的，有钇的含量中等而富铕的，有含铈族为主、但钇族稀土含量高于氟碳铈矿和独居石的。现将稀土在几种矿物中的含量列于表1-8和表1-9。

世界稀土资源储量巨大，除我国已探明资源量居世界之首外，澳大利亚、俄罗斯、美国、巴西、加拿大和印度等国稀土资源也很丰富，近年来在越南也发现了大型稀土矿床。另外，南非、马来西亚、印度尼西亚、斯里兰卡、蒙古、朝鲜、阿富汗、沙特阿拉伯、土耳其、挪威、格陵兰、尼日利亚、肯尼亚、坦桑尼亚、布隆迪、马达加斯加、莫桑比克、埃及等国家和地区也发现具有一定规模的稀土矿床。世界上主要稀土资源国中一批大甚至超大型稀土矿床的发现与开发是世界稀土资源的主要来源。中国内蒙古白云鄂博铁、铌、稀土矿床，中国四川冕宁“牦牛坪式”单一氟碳铈矿矿床，中国南方风化淋积型稀土矿床；澳大利

表 1-8 几种以铈族稀土为主的工业矿物的组成百分比 单位：%

以稀土氧化物表示	包头白云鄂博的氟碳铈矿	四川的氟碳铈矿	美国蒙顿帕斯的氟碳铈矿	澳大利亚的独居石
La_2O_3	23.0	29.49	32.0	20.2
CeO_2	50.7	47.56	49.0	45.3
Pr_6O_{11}	6.20	4.42	4.4	5.4
Nd_2O_3	19.5	15.13	13.5	18.3
Sm_2O_3	1.20	1.24	0.5	4.6
Eu_2O_3	0.2	0.23	0.1	0.1
Gd_2O_3	0.5	0.56	0.3	2.0
Tb_4O_7	0.1	0.12	0.01	0.2
Dy_2O_3	0.2	0.21	0.03	1.15
Ho_2O_3	<0.01	0.05	0.01	0.05
Er_2O_3	<0.01	0.06	0.01	0.40
Tm_2O_3	<0.01	0.14	0.02	微量
Yb_2O_3	<0.01	0.05	0.01	0.20
Lu_2O_3	<0.01	0.007	0.01	微量
Y_2O_3	0.03	1.99	0.10	2.1

表 1-9 几种以钇族稀土为主的工业矿物的组成百分比 单位：%

以稀土氧化物表示	离子吸附型矿龙南	马来西亚的磷钇矿	加拿大的铀残渣
La_2O_3	2.18	0.5	0.8
CeO_2	1.09	5.0	3.7
Pr_6O_{11}	1.08	0.7	1.0
Nd_2O_3	3.47	2.2	4.1
Sm_2O_3	2.34	1.9	4.5
Eu_2O_3	0.10	0.2	0.2
Gd_2O_3	5.69	4.0	8.5
Tb_4O_7	1.13	1.0	1.2
Dy_2O_3	7.48	8.7	11.2
Ho_2O_3	1.60	2.1	2.6
Er_2O_3	4.26	5.4	5.5
Tm_2O_3	0.60	0.9	0.9
Yb_2O_3	3.34	6.2	4.0
Lu_2O_3	0.47	0.4	0.4
Y_2O_3	64.10	60.8	51.4

亚韦尔德山碳酸岩风化壳稀土矿床，澳大利亚东、西海岸的独居石砂矿床；美国芒顿帕斯碳酸岩氟碳铈矿矿床；巴西阿腊夏、寨斯拉估什碳酸岩风化壳稀土矿床；俄罗斯托姆托尔碳酸岩风化壳稀土矿床，希宾磷霞岩稀土矿床；越南茂塞碳酸岩稀土矿床等，其稀土资源量均在100万吨以上，有的达到上千万吨，个别超过1亿吨，构成世界稀土资源的主体。据有关资料统计，我国稀土资源从20世纪70年代占世界总量的74%，到80年代下降到69%，至90年代末下降到45%左右，这主要是澳大利亚、俄罗斯、加拿大、巴西、越南等国近20年来在稀土资源的勘查与研究方面取得重大进展，先后发现了一批大型和超大型稀土矿床，如澳大利亚的韦尔德山、俄罗斯的托姆托尔、加拿大的圣霍诺雷、越南的茂塞等稀土矿床。但我国稀土资源仍占世界首位，且资源潜力很大，因此有理由认为今后相当长的时间内不会改变中国稀土资源大国的地位。

我国不仅稀土资源丰富，而且还具有资源质量方面的许多优势，不同的稀土矿床具有不

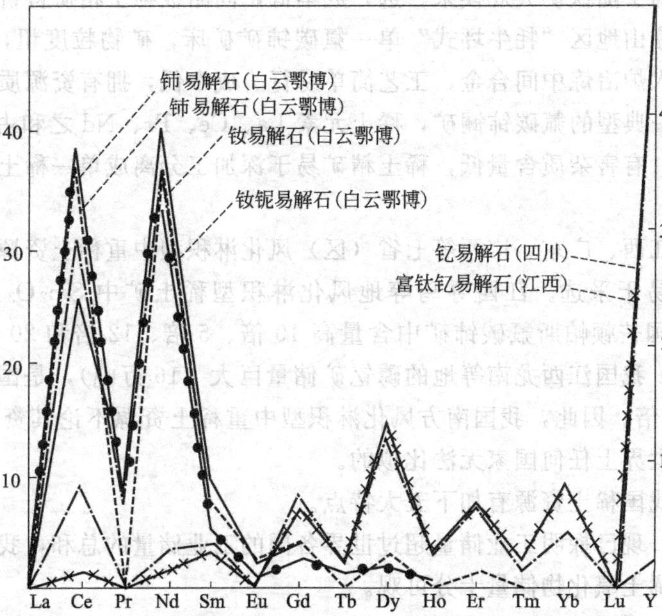

图 1-5 中国某些易解石族矿物中的各单一稀土的相对百分含量

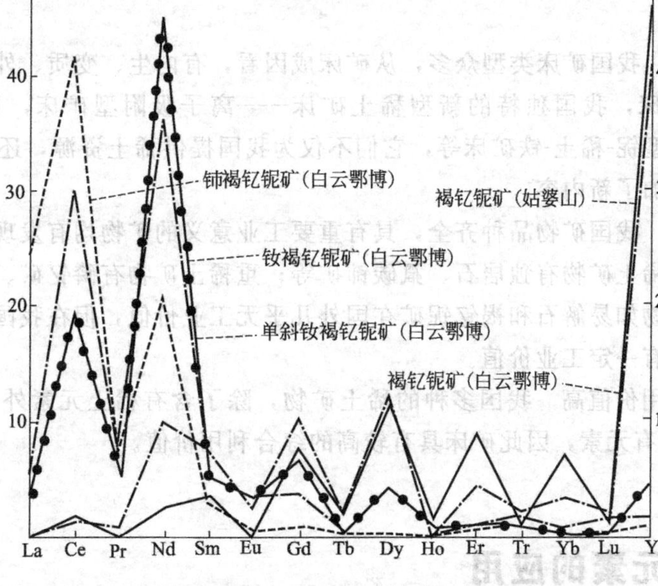

图 1-6 褐钇铌矿族矿物中的各单一稀土的相对百分含量

同的优势。

白云鄂博铁、铌、稀土共生矿床，不仅稀土储量居世界之最，而且稀土元素含量高，种类多，稀土矿物中轻稀土占79%左右，钐、铕比美国芒顿帕斯稀土矿高一倍，尤其是铈、钕等稀土元素含量丰富，具有重要工业价值。从稀土氧化物的构成明显反映出富铈贫钇，高富集钐、铕、钕等特点。其中镧、铈、镨、钕、钐占稀土氧化物总量的97%，以 CeO_2 为最高，达48.7%，$m_{Ce}:m_{La}:m_{Nd}=50:30:15$。钐、铕多富集在易解石矿物中，其含量为氟碳铈矿的1.25倍，为独居石的3~4倍，这是国内外其他稀土矿床少有的稀土氧化物组成特征。白云鄂博稀土随铁矿大规模采、选，成本低，同品级稀土精矿售价比国外低 60%。

另外，四川凉山地区“牦牛坪式”单一氟碳铈矿矿床，矿物粒度粗，有害杂质含量低，易选冶，可直接入炉冶炼中间合金，工艺简单易行、成本低，拥有资源质量优势。我国山东微山稀土矿，为一典型的氟碳铈镧矿，稀土元素 La、Ce、Pr、Nd 之和占稀土总量的 98%，稀土矿物粒度粗，有害杂质含量低，稀土精矿易于深加工分离成单一稀土元素，亦具有明显的资源质量优势。

我国南方的江西、广东、广西等七省（区）风化淋积型中重稀土资源十分丰富，且品位高，类型齐全，易于采选。江西寻乌等地风化淋积型稀土矿中 Sm_2O_3、Eu_2O_3、Gd_2O_3、Tb_4O_7 分别比美国芒顿帕斯氟碳铈矿中含量高 10 倍、5 倍、12 倍和 20 倍；世界上钇资源主要分布在中国，我国江西龙南等地的磷钇矿储量巨大（16 万吨），是国外钇工业储量的 4 倍，是美国的 47 倍。因此，我国南方风化淋积型中重稀土资源不论其资源量还是元素种类与配分形式都是世界上任何国家无法比拟的。

综上所述，我国稀土资源有如下五大特点。

（1）储量大　现已探明工业储量超过世界各国的工业储量的总和，我国的内蒙古自治区的白云鄂博矿区稀土氧化物储量十分可观。

（2）分布广　稀土矿物遍及我国十几个省、自治区，北方有内蒙古自治区包头白云鄂博的大型矿床，南方有我国特有的离子吸附型的稀土矿和独居石矿，还有一些星罗棋布的小型稀土矿床，为我国稀土工业合理布局提供了有利条件，我国稀土矿床数目远远超过国外矿床最多的美国。

（3）类型多　我国矿床类型众多，从矿床成因看，有内生、变质、外生等类型，有规模较大的花岗岩矿床，我国独特的新型稀土矿床——离子吸附型矿床，还有罕见的沉积变质——热液交代型铌-稀土-铁矿床等，它们不仅为我国提供稀土资源，还为稀土成矿规律和地球化学研究增加了新内容。

（4）矿种全　我国矿物品种齐全，具有重要工业意义的矿物均有发现；轻、重稀土为主的矿物均有；轻稀土矿物有独居石、氟碳铈矿等；重稀土矿物有磷钇矿、离子吸附型的重稀土矿等；有些矿物如易解石和褐钇铌矿在国外几乎无工业价值，但在我国却形成了相当规模的工业矿床，具有一定工业价值。

（5）综合利用价值高　我国多种的稀土矿物，除了含有稀土元素外，还含有 Nb、Ta、Ti、Th、U 等稀有元素，因此矿床具有较高的综合利用价值。

1.5 稀土元素的应用

稀土元素独特的物理性质和化学性质，为稀土元素的广泛应用提供了基础。随现代科学技术的发展，对材料提出的各种新要求，稀土元素的应用由早期主要利用它们的共性，已日益扩展到单一稀土的利用，深入到现代科学技术的各个领域，并促进了这些领域的发展，反过来也使稀土生产水平不断得到提高。目前稀土金属和化合物已成为发展现代尖端科学技术不可缺少的特殊材料，被誉为现代材料发展的“工业味精”。

在 19 世纪末至 20 世纪 30 年代，是混合稀土元素或用简单分离方法得到的单一稀土元素的最初工业应用阶段。当时稀土主要用于照明的白炽灯纱罩（这种纱罩由 99% 的 ThO_2

和1%的CeO_2组成的)，形成了稀土元素的最初商业消耗。随后稀土应用于制备打火石和弧光灯的碳极芯（以稀土氟化物为添加剂）等。

40年代，稀土元素已发展到广泛应用阶段。主要用于抛光粉、玻璃的脱色剂和陶瓷的乳浊剂等。50～60年代，单一稀土开始得到重要应用，如镧用于光学玻璃；钇和铕用于彩色荧光粉等。随后稀土在炼钢、石油裂化催化和玻璃、陶瓷上被广泛地应用，为稀土工业开拓了广阔的市场，使稀土生产有了很大增长。今后稀土新材料的研究，将使稀土的应用深入到各科学技术领域中。

稀土元素能在不同领域中得到应用，这与它们的化学、光学、磁学及核性能有关。其应用情况可按以下几方面说明。

(1) 在冶金中　由于稀土元素具有对氧、硫和其他非金属元素的强亲和力，用于炼钢中能净化钢液、细化晶粒，减少有害元素的影响，从而改善了钢的性能。用于球墨铸铁中可以控制有害元素的影响，形核以及作为球化剂等，使铸铁的力学性能、耐磨和耐腐蚀性能得到提高。在有色金属中可以改善合金的高温抗氧化性，提高材料的强度，改善材料的工艺性能。

(2) 在石油化工中　由于稀土离子能稳定X、Y型沸石（分子筛）结构，应用时保持氢传递（裂化）性能比旧的非晶态氧化硅和氧化铝裂化催化剂要好，因而更常用来制备石油裂化的催化剂。现在生产的沸石裂化催化剂都含有稀土氧化物。试验表明稀土催化剂可提高石油裂化的汽油收率，降低炼油的成本。

稀土化合物还可作为顺丁橡胶和异戊橡胶及合成氨的催化剂。

(3) 在玻璃、陶瓷工业中　稀土元素得到了多方面的应用。

① 稀土氧化物是玻璃抛光粉的原料。由稀土碳酸盐、草酸盐和复盐等灼烧而成的氧化物（主要是氧化铈）是良好的抛光粉。它要比氧化锆的抛光粉在抛光镜片的时间短，用量少(近一半)，因此稀土氧化物抛光粉已用于镜面、平板玻璃、电视显像管等抛光上。

② 氧化镧、氧化钇、氧化钕等单一稀土氧化物是特殊光学玻璃的添加剂。如在玻璃中含有氧化镧，可使玻璃具有高折射率和低色散性能等。

③ 四价铈的化合物和镨、钕化合物可作为玻璃的脱色剂。铈的氧化作用，可使玻璃中的少量铁氧化为三价化合物而起到脱色作用。

④ 镨、钕等化合物的颜色鲜艳是玻璃和陶瓷着色剂的原料，它们可使玻璃和陶瓷具有艳丽的颜色。如含纯氧化钕的玻璃具有鲜红色，用于航行的仪表中。含纯氧化镨的玻璃是绿色的，并能随光源不同而有不同颜色。

(4) 稀土元素作为微量元素用于农业上　稀土元素作为微量元素用于农业上可以促使植物的生长。我国的试验证明稀土元素对花生、小麦、玉米、水稻、烟草等的增产都有明显的效果。目前仅中国将稀土用作植物生长的生理调节剂，每亩农田仅施用15～20g（REO)、可使粮食作物增产10%。经济作物增产15%。现在中国已将稀土用于多元复合肥的微量元素。每年在农业上应用的稀土量在1000t以上，这是中国第三大稀土消费市场。

所谓高技术应用或高技术市场，主要是指荧光、永磁材料、特种玻璃、精密陶瓷、超导材料等。该市场消费稀土量虽仅占总稀土消费量的10%，但代表了稀土应用的方向和价值。主要以高纯单一稀土氧化物为消费对象，年均增长速率高于15%。

由于稀土元素含有未充满的4f电子，使一些稀土原子（或离子）在可见光区有类线性的吸收光谱和发射光谱及复杂的谱线，因而它们可用于制备发光材料、电光源材料和激光材料。彩色电视显像管的红色荧光粉就采用了钇（铕）的硫氧化物，代替了过去的硫化物红色荧光粉，获得了均匀、鲜艳的彩色电视图像。含氧化钆的稀土荧光粉的X光增感屏与过去用的钨酸钙荧光粉增感屏相比，底片曝光作用所需的X射线强度较弱，即甚小的辐射剂量就可给底片曝光。稀土卤化物是制备新型电光源的重要材料。它用于制作广场照明和拍摄电影等用的灯具，如镝钬灯、钠钪灯等，它们具有体积小、轻而亮度高的特点。钕和钇等稀土化合物是固体激光器的重要工作物质，这些激光器在国防等工业中得到了应用。稀土元素具有独特的4f电子结构，大的原子磁矩，很强的自旋轨道偶合等特性，与其他元素形成稀土配合物时，配位数可在3～12之间变化，并且稀土化合物的晶体结构也是多样化的。在新材料领域，稀土元素丰富的光学、电学及磁学特性得到了广泛应用。在高技术领域，稀土新材料发挥着重要的作用。稀土新材料主要包括稀土永磁材料、稀土发光材料、稀土贮氢材料、稀土催化剂材料、稀土陶瓷材料及其他稀土新材料，如稀土超磁致伸缩材料、巨磁阻材料、磁致冷材料、光致冷材料、磁光存储材料等。

（5）稀土永磁材料　稀土永磁材料因其合金成分不同，目前可分为三类：①稀土-钴永磁材料：$SmCo_5$、Sm_2Co_{17}；②稀土-铁永磁材料：$Nd_2Fe_{14}B$；③稀土铁氮（RE-Fe-N系）或稀土铁碳（RE-Fe-C系）永磁材料。

按开发应用的时间顺序可分为第一代（1∶5型$SmCo_5$）、第二代（2∶17型Sm_2Co_{17}）、第三代（NdFeB），目前正在积极开发寻找第四代稀土永磁体。第一代$SmCo_5$稀土永磁体出现不久，为了提高永磁合金的磁能积，开发了第二代Sm_2Co_{17}稀土永磁体。Sm_2Co_{17}具有较高的磁性能和稳定性，得到了广泛的应用。20世纪80年代$Nd_2Fe_{14}B$型稀土永磁体问世，因其优异的性能和较低的价格很快在许多领域取代了Sm_2Co_{17}型稀土永磁体，并很快实现了工业化生产。其性能仍在不断提高，日本已开发出了磁能积为55.8MGOe的$Nd_2Fe_{14}B$型稀土永磁体。NdFeB永磁体已广泛地用于能源、交通、机械、医疗、计算机、家电等领域。中国NdFeB产量1998年占世界总产量的38%，总量为3850t。但中国NdFeB产业仍未形成规模化经营，磁能积一般小于45MGOe，多为40MGOe以下产品，因而多用于音响器材、磁化器、磁选机等中低档领域；而日本NdFeB生产只集中于几个大厂，其产品多为40MGOe以上产品，多用于计算机VCM、新型电机、MRI等高技术领域。中国NdFeB产业只有实现规模化、产业集团化、产品质量高性能化，才能在国际竞争中立于不败之地，并带动稀土产业的发展。

（6）稀土发光和激光材料　稀土发光和激光性能都是由于稀土的4f电子在不同能级之间的跃迁产生的。由于稀土离子具有丰富的能级和4f电子跃迁特性，使稀土成为发光宝库，为高科技领域特别是信息通讯领域提供了性能优越的发光材料。

稀土发光材料的优点是吸收能力强，转换率高，可发射从紫外到红外的光谱，在可见光区域，有很强的发射能力，且物理化学性质稳定。稀土发光材料因其激发方式不同又可分为稀土阴极射线发光材料、稀土光致发光材料、X射线稀土发光材料、稀土闪烁体、稀土上转换发光材料及其他稀土功能发光材料。目前，稀土发光材料主要用于彩电显像管、计算机显示器、照明、医疗设备等方面。稀土发光材料用量最大的是彩电显像管、计算机显示器、稀土三基色节能灯、PDP等离子显示屏。

彩电显像管和计算机显示器使用的稀土发光材料属阴极射线发光材料。目前彩管中红粉普遍使用的是铕激活的硫氧化钇Y_2O_2S∶Eu磷光体，粒度6～8μm，计算机显示器要求发光材料提供高亮度、高对比度和清晰度，其红粉也采用Y_2O_2S∶Eu，但Eu含量要高一些，绿粉为Tb^{3+}激活的稀土硫氧化物Y_2O_2S∶Tb，Dy及Gd_2O_2S∶Tb，Dy高效绿色荧光体，粒度为4～6μm。有消息报道说蓝粉也将由稀土发光材料取代锌、镉硫化物粉。大屏幕投影电视的红粉也为Y_2O_2S：Eu，绿粉为Tb激活的稀土发光材料如：钇铝石榴石YAG：Tb（P_{53}）和钇铝镓石榴石YAGG：Tb，大屏幕投影电视因需要高电流密度激发，外屏温度高，要求发光材料能量转换效率尽可能高，温度淬灭特性好，亮度与电流呈线性关系，电流饱和特性好，且性能稳定。投影电视用荧光粉每年可消费数吨稀土氧化物。PDP等离子显示屏中的稀土发光材料为电致发光材料，红色为$ZnSiNdF_3$、$Zn\text{-}SiSmF_3$和$ZnSiEuF_3$薄膜，绿色为$ZnSiTbF_3$、$Zn\text{-}SiErF_3$和$ZnSiHoF_3$薄膜，由于蓝色发光材料$Zn\text{-}SiTmF_3$亮度很低，因而使用了不含稀土的ZnSiAg。PDP属平板显示技术，随着市场对PDP电视需求的增加，稀土的消费会进一步扩大。

稀土发光材料的另一项重要应用是稀土三基色节能灯，它使用的稀土三基色荧光粉是光致发光材料，主要组成部分为红粉$Y_2O_3:Eu^{3+}$，约占60%～70%（质量分数），绿粉为$Ce_{0.67}Mg_{0.33}Al_{11}O_{19}:Tb^{3+}$（约30%）（质量分数），蓝粉为$BaMgAl_{16}O_{27}:Eu^{2+}$（少量）。稀土节能灯发光效率高，节约电力，其开发应用受到世界各国重视。与国外相比，我国灯粉质量还存在一定问题，光衰较大，亮度偏低，在灯粉粒度、原料纯度控制工艺方面需要改进。

此外，还有稀土上转换发光材料，上转换发光材料发射光子的能量大于吸收光子的能量，广泛用于红外探测，某些上转换稀土发光材料如$BaYF_5$：Yb，Er可将红外线转换成可见光，夜视镜中使用的就是这种材料，还有一些材料如掺杂Ho^{3+}的SrF_2晶体可实现激光输出的上转换，在红色激光激发下，SrF_2晶体中Ho^{3+}可实现蓝色上转换发光。

稀土激光材料是与激光同时诞生的，稀土是激光工作物质中很重要的元素，90%的激光材料都与稀土有关。稀土激光材料可分为固体、液体和气体三大类，以稀土固体激光材料的应用最广。稀土固体激光材料又可以分为晶体、玻璃、光纤及化学计量激光材料。稀土激光材料广泛用于通讯、医疗、信息储存、切割和焊接等方面。

稀土晶体激光材料主要是含氧的化合物和含氟的化合物。其中稀土石榴石体系是研究、开发和应用最活跃的体系，如$Y_3Al_5O_{12}Nd$（YAG：Nd）因其性能优异得到了广泛的应用，还有效率更高的掺杂Nd和Er的钆钪镓石榴石GSGG：Nd，Er及与GSGG类似的$(Gd,Ca)_3(Ga,Mg,Zr)_5O_{12}$：Nd，Er。掺钕钒酸钇（$YVO_4$：Nd）及$YLiF_4$，适用于二极管泵浦的全固态连续波绿光激光器，在激光技术、医疗、科研等领域应用广泛。稀土玻璃激光材料用Nd^{3+}、Er^{3+}、Tm^{3+}等三价离子作为稀土激活离子，种类比晶体少，容易制备，灵活性比晶体大，可以根据需要制成不同的形状和尺寸，缺点是热导率比晶体低，因此不能用于连续激光的操作和高重复率操作。稀土玻璃激光器输出脉冲能量大，输出功率高，可用于热核聚变研究，也可用于打孔、焊接。

稀土光纤激光材料在现代光纤通讯的发展中起着重要作用。现代信息高速公路的建设与发展，对传输容量、所传输信号的质量、速度提出了更高的要求。光信号直接放大技术是为补偿长距离传送过程中光衰减而开发的。掺铒光纤放大器（EDFA）的开发应用及其他高技术的发展，使现代光纤通信取得了长足的进步。EDFA中Er^{3+}在受到波长980nm、1480nm的光激发后，其能级从基态跃迁致高能态，当处于高能态的Er^{3+}再跃迁返回基态时发出1550nm的光，这是上转换发光，起到了光放大的作用。除EDFA外还有掺镨氟化物光纤放大器，它们的原理相同，后者激发光波长为1017nm。稀土在光纤中用量很少，世界总用量仅为公斤级，但所起的作用是决定性的。

(7) 稀土贮氢材料 贮氢材料是20世纪70年代开发的新型功能材料，它的开发使氢作为能源实用化成为可能。在能源短缺和环境污染日益严重的今天，贮氢材料的开发与应用自然成为研究的热点。贮氢合金是两种特定金属的合金，其中一种金属可以大量吸氢，形成稳定氢化物，而另一种金属与氢的亲和力小，氢很容易在其中移动。稀土与过渡族元素的金属间化合物 $MMNi_5$（MM为混合稀土金属）及 $LaNi_5$ 是优良的吸氢材料。因其对氢可进行选择性吸收并可在常压下释放，故可用作氢的提纯、分离和回收。稀土贮氢材料的另一项重要应用是它可以被用作Ni/MH电池的阴极材料。镍氢电池与传统的镍镉电池相比，其能量密度提高两倍，且无污染，因而被称为绿色能源。Ni/MH电池应用广泛，如笔记本电脑、计算机、摄像机、收录机、数码相机、通讯器材等，还有一项潜在的重要用途为电动汽车。中国生产的镍氢电池性能与国外相比差距还很大，这是由于工艺设备落后、材料性能较差等原因造成的；电池的一致性、稳定性均有待提高。

(8) 稀土催化剂材料 稀土催化剂材料已广泛应用于石油裂化、合成橡胶、石油化工及汽车尾气净化等领域中。目前由于我国对环保的重视，对空气污染治理措施加强，刺激了汽车尾气净化器的市场需求，汽车尾气催化剂材料的开发应用进一步受到重视。采用铂铑等贵金属的催化剂活性高、净化效果好，但价格昂贵，而稀土汽车尾气催化剂因其价格低、热稳定性和化学稳定性好、活性较高、寿命长，抗Pb、S中毒，极受重视。汽车尾气中的主要污染物为CO、HC、NO_x。调查表明，城市污染的主要来源是汽车尾气，有效控制汽车尾气污染物含量是提高空气质量的主要途径。催化净化的原理是利用催化剂将尾气排放出来的HC和CO进行氧化，而将 NO_x 进行还原，达到净化的目的。汽车尾气净化器的主要作用是提高以下催化反应的速度：

$$CO + 1/2O_2 \longrightarrow CO_2$$

$$^{*}CH_4 + 2O_2 \longrightarrow CO_2 + 2H_2O$$

$$^{*}NO_x + xCO \longrightarrow 1/2N_2 + xCO_2$$

（*分别代表多组分烃类和氮的氧化物）

稀土催化剂中使用的是La和Ce的化合物，Ce具有储氧功能，并能稳定催化剂表面上铂和铑的分散性，La在铂基催化剂中可替代铑，降低成本。在一定条件下，贵金属催化剂和稀土催化剂可以使以上三个反应同时进行，从而达到了同时净化CO、HC和 NO_x 的目的。此外在催化剂载体中加入La、Ce、Y等稀土元素还能提高载体的高能、抗高温氧化性能。美国汽车催化剂消费量可观，1995年消费稀土占其当年总稀土消费量的44%，达到11000t，1997年美国各种催化剂中的稀土占其消费总量的65%（汽车尾气和石油裂化），达到12045t。我国对稀土汽车尾气净化催化剂的需求尚未形成规模，但随着国家对治理环境污染的重视及相关政策的制定，稀土汽车尾气催化材料必将得到广泛应用，并成为我国稀土应用的又一重要领域，从而带动稀土工业的发展。

(9) 稀土功能陶瓷和高温结构陶瓷 稀土陶瓷材料中稀土元素是以掺杂的形式出现的，微量的稀土掺杂可以极大地改变陶瓷材料的烧结性能、微观结构、致密度、相组成及物理和力学性能。

稀土功能陶瓷包括绝缘材料（电、热）、电容器介电材料、铁电和压电材料、半导体材料、超导材料、电光陶瓷材料、热电陶瓷材料、化学吸附材料等，还有固体电解质材料。在传统的压电陶瓷材料如 $PbTiO_3$、$PbZr_xTi_{1-x}O_3$(PZT) 中掺杂微量稀土氧化物如 Y_2O_3、La_2O_3、Sm_2O_3、CeO_2、Nd_2O_3 等可以大大改善这些材料的介电性和压电性，使它们更适应实际需要，现在 PZT 压电陶瓷已广泛地用于电声、水声、超声器件、信号处理、红外技术、引燃引爆、微型马达等方面。由压电陶瓷制成的传感器已成功用于汽车空气囊保护系统。掺杂了 La 或 Nd 的 $BaTiO_3$ 电容器介电材料可使介电常数保持稳定，在较宽温度范围内不受影响，并提高了使用寿命。在移动电话和计算机中使用了大量的多层陶瓷电容器，稀土元素如 La、Ce、Nd 在其中发挥着重要作用。对稀土半导体陶瓷的研究十分活跃，这种材料主要有 $BaTiO_3$ 基掺杂稀土和 $SrTiO_3$ 基掺杂稀土，其室温电阻率为 $10^{-2}\sim10^3\Omega\cdot cm$，当温度上升到居里温度 T_c 附近时，电阻率急剧上升，这种现象被称为 PTC 效应，稀土掺杂在这种效应中发挥着关键作用，PTC 热敏半导体材料可用作过电过热保护元件、温度补偿器、温度传感器、延时元件、消磁元件等。

稀土高温超导材料也是国际上的热门研究课题。由于稀土氧化物 La-Ba-Cu-O 系超导体的发现及其以后的研究，超导材料的居里温度 T_c 有了很大提高。我国在高温超导研究方面处于国际领先地位，Y-Ba-Cu-O 体系的制备技术、应用技术及应用基础研究取得了不同程度的进展，RE-Ba-Cu-O 超导体的 T_c 为 80～90K，此外我国还合成了碱金属系稀土掺杂超导体如 $(Sr,Nd)CuO_2$ 和 $Sr_{1-x}Y_xCuO_2$。研究发现，用其他稀土离子如 Ho 取代 Y 制成的 YBCO 陶瓷样品，其临界电流密度 J_c 有不同程度的提高 [$Y_{1-x}Ho_xBa_2Cu_2O_7$-(HBCO)]。超导材料应用广泛，可用作超导电磁体用于磁悬浮列车，可用于发电机、发动机、动力传输、微波等方面。此外，最近日本又开发了一种氧化物热电材料用于半导体二极管，p 型半导体为 Na-Co 氧化物，n 型为 Nd-Cu 氧化物（掺杂 Zr），用这种二极管制成的设备可将热能转化为电能，当 P-N 两端温差为 200℃时可产生 280mV 的电压，这种设备的潜在用途是利用工业生产、垃圾焚烧过程中产生的热量发电，适用温度为 400～800℃。还有一种对湿度敏感的材料如掺杂 La^{3+} 的 $BaTiO_3$ 材料，通过对其电导率的测量确定环境湿度，因而可用作湿度传感器。更重要的还有掺杂稀土的 ZrO_2 固体电解质材料，稀土在其中起到了稳定剂的作用，由 Y_2O_3 稳定的 ZrO_2 材料具有结构致密、电阻小、抗热震性好等优点，可用于氧传感器和高温燃料电池。最近日本又开发了一种新的 La-Ga 氧化物固体电解质材料，其工作温度为 600℃，功率为 $0.4W/m^2$，完全可以满足实际应用，而 Y_2O_3 稳定的 ZrO_2 在 1000℃时仅可产生 $0.2W/m^2$ 的功率，这是由于 La-Ga 氧化物固体电解质中含 La，电解质可以允许更多的氧离子流动。

稀土高温结构陶瓷，主要指掺杂稀土的 Si_3N_4、SiC、ZrO_2 等耐高温、高强度、高韧性陶瓷，是工程陶瓷。掺杂稀土（La、Y）的 Si_3N_4 陶瓷及其复合材料可用于高温燃气轮机、陶瓷发动机、高温轴承等高技术领域，其工作温度最高可达 1650℃，稀土在其中起到助熔剂和改善晶界的作用。最近日本又开发出一种新的氮化硅陶瓷，1500℃时它的强度为 484MPa。氮化硅陶瓷轴承可用于一些特殊环境，如有电磁场的环境，其温度适应范围为 -40～200℃，并可在无法润滑的环境中使用。而掺杂稀土的 ZrO_2 增韧陶瓷可用作耐磨材料，如内燃机零部件、刀片、模具镶嵌件、计算机驱动元件、密封件与陶瓷轴承等。在这种材料中，Y_2O_3 或 CeO_2 作为稳定剂防止 ZrO_2 在冷却过程中由于晶型转变、体积膨胀而造成的陶瓷龟裂。

(10) 其他稀土新材料　稀土新材料家族成员众多，难以详述。除以上提及的几类稀土新材料外，还有以下一些不同用途的稀土新材料，如稀土超磁致伸缩材料、磁致冷材料、稀土磁光存储材料、巨磁阻材料、光致冷材料、稀土发热材料等。

磁致伸缩材料是在偏磁场和交变磁场同时作用下发生同频率的机械变形的一种材料。稀土超磁致伸缩材料是比传统磁致伸缩材料如Fe、Co、Ni等磁致伸缩值大100～1000倍的一类磁致伸缩材料，如Pr_2Co_{17}、$SmFe_2$、$Tb(CoFe)_2$、$Tb_{0.27}Dy_{0.73}:Fe_2$等。其特点是随磁场的变化产生精确的长度变化，对稀土超磁致伸缩材料的研究集中在Terfenol-D，即$Tb_xDy_{1-x}Fe_2$。这种材料应用极其广泛，如声纳系统、飞机燃料系统、液压系统、地震探测系统、有源振动控制系统等，最典型的应用是水下通讯中声纳传感器的换能器。

磁致冷材料是用于致冷系统的具有磁热效应的物质。当给磁致冷材料施加磁场后，磁矩按磁场方向排列，磁熵变小，撤去磁场后，磁矩方向变得杂乱，磁熵变大，磁致冷材料从环境中吸收热量，环境温度降低，达到致冷目的。这种材料有$Gd_3Ga_5O_{12}$（GGG）石榴石（GGG还可用作磁泡存储器晶体材料）和$Dy:Al_5O_{12}$（DAG）石榴石等。其他材料还有$Dy_2Ti_2O_7$、$Gd_3Al_5O_{12}$、$Gd(OH)_3$、$Gd_2(PO_3)_3$和$DyPO_4$等。目前一种新型磁致冷材料$Gd_5Si_4Ge_2$已被开发出来，其优点是磁热效应大，且使用温度可以从30K左右调整到290K。美国已成功开发出第一台室温磁致冷样机。用磁致冷材料代替传统制冷剂，不仅可以减少环境污染，还可以节约电能，且致冷材料可以重复使用。另外，在超导研究中，需用液氦冷却超导体，氦价格昂贵，磁致冷机可用于液化蒸发的液氦，减少氦的损失。也许有一天冰箱和空调机中也会采用磁致冷机。

稀土磁光存储材料是稀土与过渡金属的非晶态薄膜RE-TM（RE＝Gd，Dy，TM＝Fe，Co）；RE-TM非晶态薄膜垂直磁化膜具有较大各向异性，存储密度高；因是非晶态故反射均匀，信噪比高，信号质量好；室温矫顽力大，信号不易损坏，可靠性高；居里温度可调整到100℃左右，写入温度低。这种材料被用作磁光盘MO，可随机读写信息，容量极大（可达2.6GB），读写速度快。磁光存储材料在信息时代发挥着重要作用。

巨磁阻材料的研究近几年来引起了人们极大的兴趣。巨磁阻材料与传统磁阻材料相比，其电阻率的改变要大于10%。这种材料具有ABO_3型钙铁矿结构，掺杂稀土锰氧化物，组成为$RE_{1-x}A_xMnO_3$（A为碱金属离子），如$La_{0.67}Ca_{0.33}MnO_3$等。有研究表明，对这些材料适量掺杂Sc元素可以进一步强化磁电阻效应。巨磁阻材料可以用作磁场敏感元件和磁盘驱动器中的磁头位置传感器等。

关于掺杂稀土的光致冷材料也有报道，掺杂Yb^{3+}的氟化锆玻璃已被证实具有光致冷功能，美国Los Alamas国家实验室用激光在真空中将这种材料从298K冷却到282K，最低可达16K。其致冷机理是Yb^{3+}有两个被激发的能级，产生一种三级光致冷模式，在受到激发能级跃迁的过程中，Yb原子以光子形式向外辐射的能量大于Yb原子吸收的能量，体系热能减少，使温度下降。开发方向为制造出固体-固体光致冷机或全固态低温冷却器，可用于冷却电子元件、冷却高T_c氧化物超导体、红外检测器等。

(11) 稀土在医药方面的应用　将稀土化合物作为治病的药物，可推溯到20世纪初。早在1906年一种商品名为Ceriform的外用杀菌药就已经在欧洲市场上销售，其主要化学成分为硫酸铈钾，其他铈盐也具有抑菌能力，而且颜色很浅，对创面的刺激性和污染性小，因而人们将其作为外用抗菌药物使用。我们熟悉的草酸铈在20世纪中叶已被作为止吐药物用于临床，在当时是缓解妊娠早期反应的首选药物，其后还在处方中用于治疗各类型的胃肠病，曾被列入多国药典。1920年曾将铈、钕或镨的硫酸盐溶液静脉注射于结核病患者，取得甚为令人鼓舞的结果。据报道，国外近年来仍然有将稀土的磺基异烟酸盐和乙酰丙酸盐作为抗凝血剂在临床上使用。1982年英国Martindale药典28版将硝酸铈作为治疗烧伤药物收载。稀土化合物作为药物使用的历史和实践，使得有关稀土的药理学研究很早就引起人们的关注。国外近一百多年来连续不断的对其进行了广泛的探索，从初期在组织器官上的研究，发展到细胞上、直至当今在分子水平上的研究。不仅对许多稀土化合物的药效进行临床观察，而且对其药理学性质和有关机理等开展了广泛深入的探索。至今这一领域的研究工作，尤其是一些新型稀土配合物的药理学和生物学性质及其分子激励的研究，仍然是很受人们重视的研究课题，陆续不断地有论文和综述发表。我国稀土在医药中研究比外国起步晚得多，虽有相当数量的临床试验和机理研究，但有许多问题需要进行深入研究，例如，稀土化合物在生物体内的作用机理、积累、代谢动力学及其远期毒性等必须进一步搞清楚，才能使稀土药物，特别是一些新兴的稀土配合物在临床应用上得到发展。

稀土高技术应用尽管发展很快，但毕竟用量还是比传统应用量少得多，故在近期内，稀土工业的发展还是依赖传统市场的发展，然而稀土真正的价值还在于高技术市场的开发。

稀土新材料种类繁多，用途甚广，随着研究与开发的进一步深入，新的稀土新材料将会不断涌现。稀土家族确实是一组神奇的元素，它们在众多新材料中起着十分重要的作用，与现代高科技的发展关系极为密切。稀土新材料在能源、环境、信息等诸多领域发挥着不可替代的作用。但总的来讲，我国在稀土新材料的开发应用方面与日、美等发达国家相比还有相当大的差距，许多材料的研究与开发处于跟踪模仿状态。在应用方面，在将科研成果转化为生产力方面，我们的速度赶不上日本，比如我国北京大学杨应昌教授发现的 Sm-Fe-N 系间隙型稀土永磁体，它的开发应用日本人走到了前面，日本 TDK 公司已宣布于 1999 年底前批量生产 SmFeN 黏结磁体，虽然我国拥有专利，但却拿不出产品。稀土元素是 21 世纪具有战略地位的元素，稀土新材料的研究开发与应用是国际竞争最激烈也是最活跃的领域之一。从某种角度讲，稀土新材料的研究开发应用水平，标志着一个国家高科技发展水平，也是一种综合国力的象征。与美、日、法等发达国家相比，虽然我国在稀土新材料的研究、开发、应用方面有一定差距，但在党和政府的关怀下，近些年我国稀土工业的发展速度很快，稀土的研究与开发也取得长足的进步，应用水平也在逐渐提高，基础研究正在加强。中国是稀土资源最丰富的国家，我们的目标就是要将资源优势转化为经济优势。要实现这一目标，根本出路在于提高我国稀土产业自身高科技应用水平，提高稀土产品质量，并进一步开发稀土新材料在高科技领域的应用技术。稀土产业是一个很有前途的产业，随着稀土高科技的产业化，我国稀土工业的明天会更好。

第2章

稀土元素的电子结构和镧系收缩

2.1 稀土元素的自由原子和离子体系的能量

2.1.1 稀土元素自由原子和离子的基态电子组态

2.1.1.1 电子组态

丹麦物理学家玻尔（Niels Bohr）对原子的结构提出了一个模型，认为任何原子都是由带正电荷的原子核和带负电荷的电子组成的。电子围绕原子核在不同层次的轨道中运动，由内至外不同的层次分别用 1，2，3，4，5，6…表示。而不同层次中的不同的轨道用 1s，2s，2p，3s，3p，3d，4s，4p，4d，4f，5s，5d，6s…符号表示，其中的 s、p、d、f 等符号表示不同形状的轨道；s 是球形的轨道，是没有方向性的，不能再分裂成子轨道，p 轨道是两个叶片状云团，它又可分为沿 X 轴、Y 轴和 Z 轴三个不同方向的 3 个子轨道，d 轨道又可分为 5 个子轨道，其中四种是 4 个叶片状云团；f 轨道又可分为 7 个子轨道，有些是 6 个叶片状云团，有些是 8 个片状云团。上述的表示不同形状轨道的符号 s、p、d、f 有时也用一种轨道量子数 l 来表示它们，s 轨道的 $l=0$，p 轨道的 $l=1$，d 轨道的 $l=2$，f 轨道的 $l=3$ 等。按 $2l+1$ 可算出 s、p、d、f 轨道的子轨道数分别为 1、3、5、7。

由 n 和 l（n 为主量子数，l 为角量子数）所决定的一种原子（或离子）中的电子排布方式，称为电子组态。电子组态用符号 $nl^a n'l'^b\cdots$来表示，a 和 b 分别代表占据能量 εnl 和 $\varepsilon n'l'$ 的单电子状态的电子数。例如镧的一种电子组态 $1s^2 2s^2 2p^6 3s^2 3p^6 3d^{10} 4s^2 4p^6 4d^{10} 5s^2 5p^6 5d^1 6s^2$，表示占据能量为 ε_{1s} 的单电子状态的电子数为 2，占据能量为 ε_{2s} 的单电子状态的电子数为 2，占据能量为 ε_{2p} 的单电子状态的电子数为 6 等。

2.1.1.2 镧系元素自由原子的基态电子组态

根据能量最低原理，镧系元素自由原子的基态电子组态有两种类型：[Xe]$4f^n 6s^2$ 和 [Xe]$4f^{n-1} 5d^1 6s^2$，其中 [Xe]$=1s^2 2s^2 2p^6 3s^2 3p^6 3d^{10} 4s^2 4p^6 4d^{10} 5s^2 5p^6$，即为氙的组态，$n=1\sim14$。镧、铈、钆的原子的基组态是 [Xe]$4f^{n-1} 5d^1 6s^2$，镥的基组态是 [Xe]$4f^{14} 5d^1 6s^2$，其余元素（镨、钕、钷、钐、铕、铽、镝、钬、铒、铥、镱）的原子基组态为 [Xe]$4f^n 6s^2$。各元素原子的基组态列在表 2-1 中。

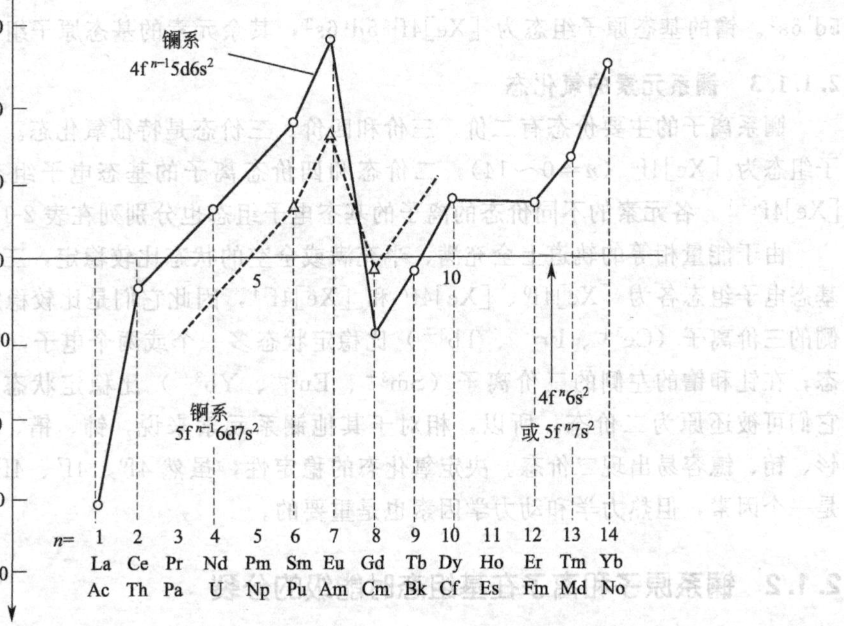

图 2-1 对于中性的镧系和锕系原子来说 f^ns^2 和 $f^{n-1}d^1s^2$ 组态的近似的相对位置

表 2-1 镧系元素和钪、钇的基态原子和离子电子组态

原子序数	名称	符号	电子组态			
			原子	M^{2+}	M^{3+}	M^{4+}
57	镧	La	$[Xe]5d^16s^2$	$5d^1$	[Xe]	—
58	铈	Ce	$[Xe]4f^15d^16s^2$	$4f^2$	$4f^1$	[Xe]
59	镨	Pr	$[Xe]4f^36s^2$	$4f^3$	$4f^2$	$4f^1$
60	钕	Nd	$[Xe]4f^46s^2$	$4f^4$	$4f^3$	$4f^2$
61	钷	Pm	$[Xe]4f^56s^2$	—	$4f^4$	—
62	钐	Sm	$[Xe]4f^66s^2$	$4f^6$	$4f^5$	—
63	铕	Eu	$[Xe]4f^76s^2$	$4f^7$	$4f^6$	—
64	钆	Gd	$[Xe]4f^75d^16s^2$	$4f^75d^1$	$4f^7$	—
65	铽	Tb	$[Xe]4f^96s^2$	$4f^9$	$4f^8$	$4f^7$
66	镝	Dy	$[Xe]4f^{10}6s^2$	$4f^{10}$	$4f^9$	$4f^8$
67	钬	Ho	$[Xe]4f^{11}6s^2$	$4f^{11}$	$4f^{10}$	—
68	铒	Er	$[Xe]4f^{12}6s^2$	$4f^{12}$	$4f^{11}$	—
69	铥	Tm	$[Xe]4f^{13}6s^2$	$4f^{13}$	$4f^{12}$	—
70	镱	Yb	$[Xe]4f^{14}6s^2$	$4f^{14}$	$4f^{13}$	—
71	镥	Lu	$[Xe]4f^{14}5d^16s^2$	—	$4f^{14}$	—
21	钪	Sc	$[Xe]3d^14s^2$	—	[Ar]	—
39	钇	Y	$[Xe]4d^15s^2$	—	[Kr]	—

各镧系元素的原子采取 $[Xe]4f^n6s^2$ 为基组态，还是取 $[Xe]4f^{n-1}5d^16s^2$ 为基组态，决定于这两种组态的能量。现把各元素的原子取上述二种组态的相对能量标在图 2-1 中。镧、铈、钆的电子组态 $[Xe]4f^{n-1}5d^16s^2$ 的能量低于相应的 $[Xe]4f^n6s^2$ 组态，所以镧、铈、钆的基态原子电子组态为 $[Xe]4f^{n-1}5d^16s^2$。铽的 $[Xe]4f^96s^2$ 组态的能量与 $[Xe]4f^85d^16s^2$

组态能量相当，因此钕的基态原子的电子组态是不确定的，可取［Xe］$4f^n6s^2$ 或［Xe］$4f^{n-1}5d^16s^2$。镥的基态原子组态为［Xe］$4f^{14}5d^16s^2$，其余元素的基态原子组态为［Xe］$4f^n6s^2$。

2.1.1.3 镧系元素的氧化态

镧系离子的主要价态有二价、三价和四价。三价态是特征氧化态。三价态离子的基态电子组态为［Xe］$4f^n$（$n=0\sim14$），二价态和四价态离子的基态电子组态各为［Xe］$4f^{n+1}$ 和［Xe］$4f^{n-1}$。各元素的不同价态的离子的基态电子组态也分别列在表 2-1 中。

由于能量相等的轨道上全充满、半充满或全空的状态比较稳定，三价态的镧、钆和镥的基态电子组态各为［Xe］$4f^0$、［Xe］$4f^7$ 和［Xe］$4f^{14}$，因此它们是比较稳定的。在镧和钆的右侧的三价离子（Ce^{3+}、Pr^{3+}、Tb^{3+}）比稳定状态多一个或两个电子，它们可被氧化为四价态；在钆和镥的左侧的三价离子（Sm^{3+}、Eu^{3+}、Yb^{3+}）比稳定状态少一个或两个电子，它们可被还原为二价态。所以，相对于其他镧系元素来说，铈、镨、铽容易出现四价态，钐、铕、镱容易出现二价态。决定氧化态的稳定性，虽然 $4f^0$、$4f^7$、$4f^{14}$ 组态的稳定性可能是一个因素，但热力学和动力学因素也是重要的。

2.1.2 镧系原子和离子在基组态时能级的分裂

2.1.2.1 镧系原子和离子在基组态时体系的状态

原子结构理论指出，多电子的自由原子和离子都有一定的电子组态。一种电子组态不是指原子的一种状态，而是一组状态。同样镧系原子和离子在基组态时，有一种或多种能量相同的状态。多数的镧系原子和离子的基组态中，在 4f 的单电子能位上占有电子，因此它们状态数要比其他元素在开壳层的 nd、np、ns 的单电子能位上占有相同电子数时，有较多的状态数，如 nd^2 的状态数为 45，$4f^2$ 却有 91 个能量相同的状态。表 2-2 列出了 Ln^{3+} 在基组态时的状态数。当 Ln^{3+} 的基组态中含有 f^n 和 f^{14-n}（$n=0\sim7$）时，它们的状态数相同，例如 f^2 和 f^{12} 都具有 91 个状态。同时它们的状态数随 f^n 和 f^{14-n} 中 n 数的增加而增加，如 f^1 时状态数为 14，f^7 时状态数为 3432。

表 2-2 自由 Ln^{3+} 离子的 f^n 组态的谱项

组态	Ln^{3+}	谱　项	谱项数	J 能级数	状态数
f^1、f^{13}	Ce^{3+}、Yb^{3+}	^{2}F	1	2	14
f^2、f^{12}	Pr^{3+}、Tm^{3+}	^{1}SDGI ^{3}PFH	7	13	91
f^3、f^{11}	Nb^{3+}、Er^{3+}	^{2}PDFGHIKL ^{4}SDFGI	17	41	364
		2 2 22			
f^4、f^{10}	Pm^{3+}、Ho^{3+}	^{1}SDFGHIKLN ^{3}PDFGHIKLM ^{5}SGFGI	47	107	1001
		24 423 2 3243422			
f^5、f^9	Sm^{3+}、Dy^{3+}	^{2}PDFGHIKLMNI ^{4}SPDF G HIKLM ^{6}PFH	73	198	2002
		457675532 2344332			
f^6、f^8	Eu^{3+}、Tb^{3+}	^{1}SPDFGHIKLMNQ ^{3}PDFGHIKLMNO	119	295	3003
		4 648473422 6 5 9 79 6633			
		^{5}SPDFGHIKL ^{7}F			
		32322			
f^7	Gd^{3+}	^{2}SPDFGHIKLMNOQ ^{4}SPDFGHIKLMN ^{6}PDFGHI ^{8}S	119	327	3432
		2571010997542 2 26575533			

2.1.2.2 影响镧系原子和离子能级的因素

对于电荷为＋Ze 的原子核和 n 个电子（质量为 m，电荷为－e）组成的体系，在核静止条件下，体系的 Schrodinger 方程式中的 Hamilton 算符的形式为：

$$\hat{H}=\sum_{i=1}^{n}\frac{h^2}{8\pi^2 m}\Delta_i-\sum_{i=1}^{n}\frac{Ze^2}{r_i}+\sum_{i>j=1}^{n}\frac{e^2}{r_{ij}}+\sum_{i=1}^{n}\xi(r_i)s_i l_i$$

其中第一项求和为 n 个电子动能算符，Δ_i 是作用于第 i 个电子的空间坐标（r_i,θ_i,φ_i）上的 Laplace 算符，h 为 planck 常数；第二项求和为电子与电荷为 z 的核作用的势能算符；第三项求和为电子间相互作用能算符；第四项求和为电子内旋-轨道相互作用能算符，ζ 是自旋-轨道偶合常数。

Hamilton 算符中第一、第二项对给定组态的原子和离子的各状态的能量作用都是相同的，但后两项将使简并的能级发生分裂。图 2-2 是 Pr^{3+} 的基组态 $4f^2$ 的简并能级分裂的情况。

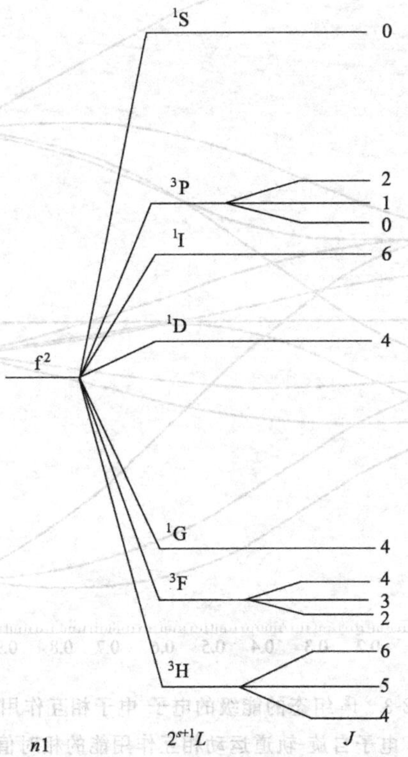

图 2-2 在电子-电子相互作用能算符和电子自旋-轨道运动相互作用能算符微扰下的 f^2 组态的能级

如何处理电子间相互作用和自旋-轨道相互作用对原子和离子体系的影响呢？在原子结构理论中，对于下述二种极限情况采用的方案是：

① 当电子间的相互作用能远大于自旋-轨道相互作用能时，采用 Russell-Saunders 偶合方案；

② 当自旋-轨道相互作用能远大于电子间相互作用能时，采用 j-j 偶合方案。

对于镧系元素来说，虽电子间相互作用大于自旋-轨道相互作用，但由于自旋-轨道偶合常数较大，它们的自旋-轨道作用能与电子间的相互作用能，粗略地说是同数量级的，如 Pr^{3+} 的情况，见表 2-3。镧系元素的情况居于上述提到的两种极限情况之间，它们的处理方案应采用居于上述两种方案间的中间偶合方案。

表 2-3　Pr^{3+} ($4f^2$) 的能级

支谱项	光谱数据/cm^{-1}	支谱项	光谱数据/cm^{-1}
$^3H_4$	0.00	$^1D_2$	17334.39
$^3H_5$	2152.09	$^3P_0$	21389.81
$^3H_6$	4389.09	$^3P_1$	22007.46
$^3F_2$	4996.60	$^1I_6$	22211.54
$^3F_3$	4615.24	$^3P_2$	23160.61
$^3F_4$	6854.75	$^1S_0$	50090.29
$^3G_4$	9921.24		

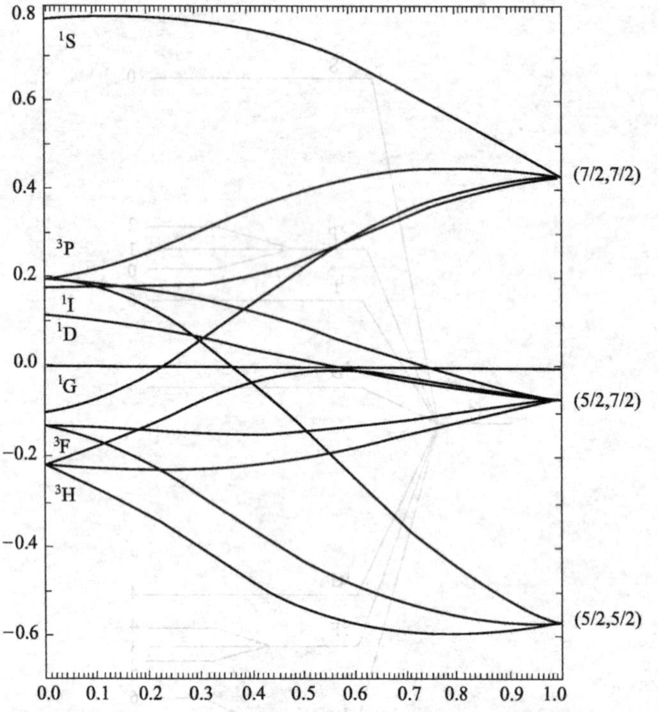

图 2-3　f^2 组态的能级的电子-电子相互作用能和电子自旋-轨道运动相互作用能的相对值

图 2-3 是 f^2 组态的能量对电子间相互作用能和自旋-轨道相互作用能的相对量（ξ）的图，在图的左边，$\xi=0$，代表纯的 Russell-Saunders 偶合得到的能级；右边，$\xi=1$，代表 j-j 偶合得到的能级。Pr^{3+} 的 ξ 接近 0.1，说明不能采用 j-j 偶合方案；采用纯的 Russell-Saunders 偶合方案，也不能得到精确的结果。采用中间偶合方案，可以得到接近于实际结果。

虽然用中间偶合方案处理镧系元素的结果较好，但计算起来较为复杂。对于轻镧系元素来说，Russell-Saunders 偶合方案处理结果虽有一定的误差，但还是适合的。长期以来，镧系元素仍采用 Russell-Saunders 偶合方案。

2.1.2.3 光谱项、光谱支项

在原子结构理论中，当以 Russell-Saunders 偶合方案微扰处理给定电子组态的体系时，在考虑电子之间的库仑斥力后，体系状态要发生变化，能量发生分裂：

$$E=E^0+\Delta E_i^{(1)}$$

其中 E^0 是未微扰简并态的能量，$\Delta E_i^{(1)}$ 是微扰后的能量修正值，它决定于该状态的总轨道角动量量子数和电子总自旋角动量量子数，用光谱项来标记。

光谱项为 ^{2S+1}L，L 的数值用 S、P…大写字母表示，对应关系如下。

L	0	1	2	3	4	5	6	7	8
字母	S	P	D	F	G	H	I	K	L

$2S+1$ 为谱项多重性，它放在 L 的左上角，当 $L>S$ 时，它表示一个光谱项所含光谱支项的数目；当 $L<S$ 时，一个光谱项则有 $2L+1$ 个光谱支项，这时 $2S+1$ 不代表光谱支项的数，但习惯上仍把 $2S+1$ 称为多重性。

给定组态的情况，上述提到的未微扰简并态的能量 E^0 是相同的，微扰以后 $\Delta E_i^{(1)}$ 有不同值，即有不同的光谱项。同一谱项的状态仍保持简并。例如 Pr^{3+} 的基组态（[Xe]$4f^2$），其简并态数为 91，微扰后所属某一光谱项的简并态数如下。

光谱项	^1S	^1D	^1G	^1I	^3P	^3F	^3H
简并态数	1	5	9	13	9	21	33

其他镧系元素三价离子的光谱项列在表 2-2 中。

当电子的自旋-轨道偶合作用进一步对体系微扰时，以光谱项标志的能量进而变化，可以变为 $2S+1$ 或 $2L+1$ 个不同能位，简并态进一步发生分裂。体系的总能量为：

$$E=E^0+\Delta E_r^{(1)}+\Delta E_i^{(2)}$$

$\Delta E_i^{(2)}$ 为电子的自旋-轨道偶合作用微扰后的能量修正值，它用光谱支项来标志。

光谱支项：$^{2S+1}L_J$，其中 J 为总角动量量子数，J 放在 ^{2S+1}L 的右下角，例如 Pr^{3+}($4f^2$) 的 ^3H 谱项下有 $^3H_4$、$^3H_5$、$^3H_6$ 的光谱支项。

同一组态，同一谱项的各支谱项的能量不同，状态数也不同，有 $2J+1$ 个状态，如 Pr^{3+}($4f^2$) 的 $^3H_4$、$^3H_5$、$^3H_6$ 的状态数各为 9、11、13。

判断基态原子和离子的光谱项和光谱支项，可按下述的 Hund（洪特）规则：一个原子在同一组态时，S 值最大的最稳定；若不止一个谱项有最大的 S 值，则 S 值最大和 L 值也最大的是最稳定的；L 和 S 值相同时，电子少于半充满的和半充满的、$J=L-S$ 的最稳定，电子多于半充满时，$J=L+S$ 的最稳定。

根据 Hund 规则，可以方便地确定基组态时的基谱项和基支谱项，如 Pr^{3+}($4f^2$) 的基谱项 ^3H，基支谱项为 $^3H_4$。但在一些未充满壳层的情况下，Hund 规则有例外，如气态的铈原子的基组态为 [Xe]$4f^1 5d^1 6s^2$，它的基谱项不是 $^3H_4$，而是 ^1G。

对于其他支谱项的位置，还必须计算该组态时电子间相互作用和自旋-轨道相互作用能后才能确定。

2.1.2.4 镧系元素的原子和离子的基谱项和基支谱项

根据原子结构理论的有关原理，基谱项和基支谱项推导方法［以推导 Pr^{3+}($4f^2$) 和

Gd^{2+} ($4f^7 5d^1$) 为例来说明] 如下：

(1) Pr^{3+} 的基组态 [Xe]$4f^2$ 其中 [Xe] 为封闭壳层，对 L、S 值均无贡献，现只考虑 $4f^2$ 对 L、S 值的贡献。

先画出基态的电子配布图：

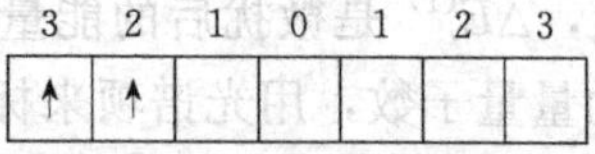

再根据 Hund 规则，先后求出 S、L、J 值。

首先求最大的 $M_{S最大}$ 值。

$$M_{S最大} = \sum_{1}^{n} m_S = 1/2 + 1/2 = 1$$

$$或 \quad M_{S最大} = \sum_{1}^{n} m_S = (-1/2) + (-1/2) = -1$$

$$S = |M_{S最大}| = 1$$

其次求出 $M_{S最大}$ 时 M_L 值：

$$M_{L最大} = \sum_{1}^{n} m_l = 2 + 3 = 5$$

$$L = |\ M_{L最大}\ | = 5$$

根据推出的 S 和 L 值，基谱项为 ^3H。

最后求出 J 值。f^2 是属于未充满的支壳层，因此 $J = |L-S| = |5-1| = 4$。基支谱项为 $^{2S+1}L_J = {}^3H_4$。

(2) Gd^{2+} 的基组态 [Xe]$4f^7 5d^1$ 其中只需求 $4f^7 5d^1$ 对谱项的贡献。

先画出基态电子 5d、4f 的电子配布图：

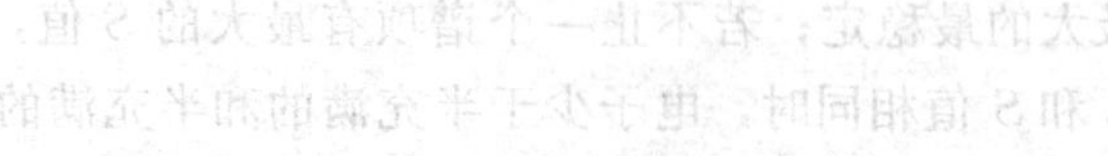

根据 Hund 规则求出 S、L 值：

$$S = |M_{S最大}| = |1/2 + 7/2| = 4$$

$$L = |M_{L最大}| = |2 + 0| = 2$$

基谱项为 ^9D

最后求出 J 值：

$$J = |L-S| = |2-4| = 2$$

基谱项为 $^9D_2$。

根据上述的推导方法，得到了镧系元素的原子和各价态离子的基谱项和基支谱项，结果列入表 2-4 中。其中铈原子的基支谱项与推导出的不符。

镧系元素特征氧化态即三价态时的基谱项和基支谱项在镧系中的变化：

首先，基组态为 f^n、f^{14-n} 时，有相同的谱项（已列在表 2-2 中）和相同的基谱项，如表 2-5。从表看出，镧至钆和镥至钆的谱项有对应关系。

表 2-4 镧系自由原子（离子）的基态光谱支谱项

原子序数	符号	组态(谱项)			
		Ln^0	Ln^+	Ln^{2+}	Ln^{3+}
57	La	$5d6s^2(^2D_{3/2})$	$5d(^2F_2)$	$5d(^2D_{3/2})$	$4f^0(^1S_0)$
58	Ce	$4f^5d6s^2(^1G_4)$	$4f^5d6s(^2G_{7/2})$	$4f^2(^3H_4)$	$4f^1(^2F_{5/2})$
59	Pr	$4f^36s^2(^4I_{9/2})$	$4f^36s(^5I_4)$	$4f^3(^4I_{9/2})$	$4f^2(^3H_4)$
60	Nd	$4f^46f^2(^5I_4)$	$4f^46s(^6I_{7/2})$	$4f^4(^5I_4)$	$4f^3(^4I_{9/2})$
61	Pm	$4f^56s^2(^6H_{5/2})$	$4f^56s(^7H_2)$	$4f^5(^6H_{5/2})$	$4f^4(^5I_4)$
62	Sm	$4f^66s^2(^7F_0)$	$4f^66s(^8F_{1/2})$	$4f^6(^7F_0)$	$4f^5(^6H_{5/2})$
63	Eu	$4f^76s^2(^8S_{7/2})$	$4f^76s(^9S_4)$	$4f^7(^8S_{7/2})$	$4f^6(^7F_0)$
64	Gd	$4f^75d6s^2(^9D_2)$	$4f^75d6s(^{10}D_{5/2})$	$4f^8(^9D_2)$	$4f^7(^8S_{7/2})$
65	Tb	$4f^96s^2(^6H_{15/2})$	$4f^96s(^7H_8)$	$4f^9(^6H_{15/2})$	$4f^8(^7F_6)$
66	Dy	$4f^{10}6s^2(^2I_3)$	$4f^{10}6s(^6I_{17/2})$	$4f^{10}(^2I_3)$	$4f^9(^6H_{15/2})$
67	Ho	$4f^{11}6s^2(^4I_{15/2})$	$4f^{11}6s(^5I_8)$	$4f^{11}(^4I_{15/2})$	$4f^{10}(^5I_8)$
68	Er	$4f^{12}6s^2(^3H_6)$	$4f^{12}6s(^4H_{13/2})$	$4f^{12}(^3H_6)$	$4f^{11}(^4I_{15/2})$
69	Tm	$6f^{12}6s^2(^2F_{7/2})$	$4f^{13}6s(^3F_4)$	$4f^{13}(^2F_{7/2})$	$4f^{12}(^3H_6)$
70	Yb	$4f^{14}6s^2(^1S_0)$	$4f^{14}6s(^2S_{1/2})$	$4f^{14}(^1S_0)$	$4f^{13}(^2F_{7/2})$
71	Lu	$4f^{14}5d6s^2(^2D_{3/2})$	$4f^{14}6s^2(^1S_0)$	$4f^{14}6s(^2S_{1/2})$	$4f^{14}(^1S_0)$

表 2-5 三价镧系离子的基谱项

基谱项	基组态	基谱项	基组态
^1S	$4f^0,4f^{14}$	^8S	$4f^7$
^2F	$4f^1,4f^{13}$	^7F	$4f^6,4f^8$
^3H	$4f^2,4f^{12}$	^6H	$4f^5,4f^9$
^4I	$4f^3,4f^{11}$	^5I	$4f^4,4f^{10}$

其次，基谱项中 L 值在镧系中变化，从镧至钆和从钆至镥有对应关系，其中 L 是按 S、F、H、I、I、H、F、S 的次序变化。当以镧系元素的原子序数与三价离子的基谱项的 L 值作图（图 2-4），在镧系元素的 1/2、1/4、3/4 处断折。

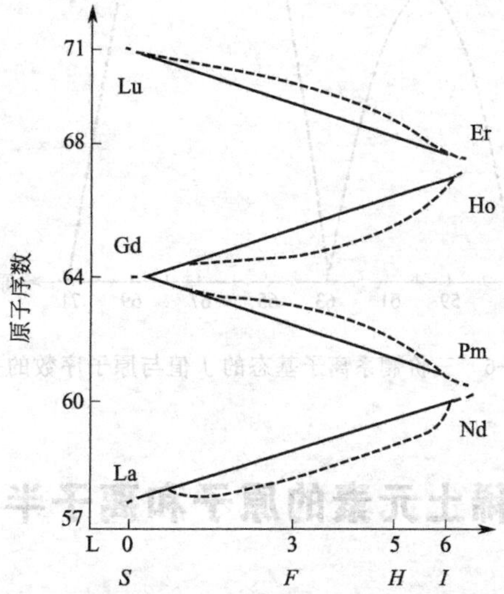

图 2-4 三价镧系离子基态 L 值与原子序数的关系

基谱项的多重性 $2S+1$ 值在该系列中的变化，也是从镧至钆和从钆至镥而对称变化的。如图 2-5 所示。

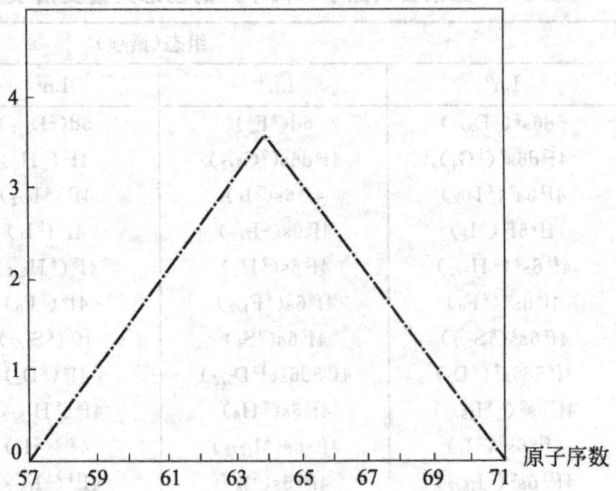

图 2-5　三价镧系离子基态 S 值与原子序数的关系

其三，基支谱项中 J 值，亦有从镧至铕和从钆至镥的对应的变化关系，如图 2-6。上述的三价镧系离子的基组态、基谱项和基支谱项在镧系中从镧至钆（或铕）和从钆至镥的周期性变化的这种离子内部结构的特征，正是镧系元素分为轻镧系元素（镧至钆）和重镧系元素（钆至镥）的内在原因，是镧系元素化合物性质在该系列中变化的某些规律性（如四分组效应等）的内在特性的反映。

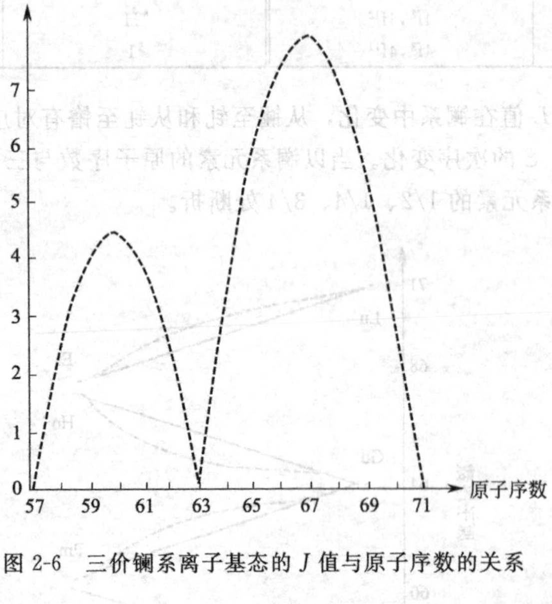

图 2-6　三价镧系离子基态的 J 值与原子序数的关系

2.2　镧系收缩和稀土元素的原子和离子半径

2.2.1　镧系收缩和稀土元素的离子半径

稀土元素的原子半径和三价离子半径，从钪到镧依次增加，这是由于电子层增多的缘故。从镧到镥由于电子的内迁移特性，其原子半径（铕和镱例外）和三价离子半径的变化规律，却是随着原子序数的增加而逐渐减小的（如图 2-7 和图 2-8 所示），这种现象称为“镧系收缩”。

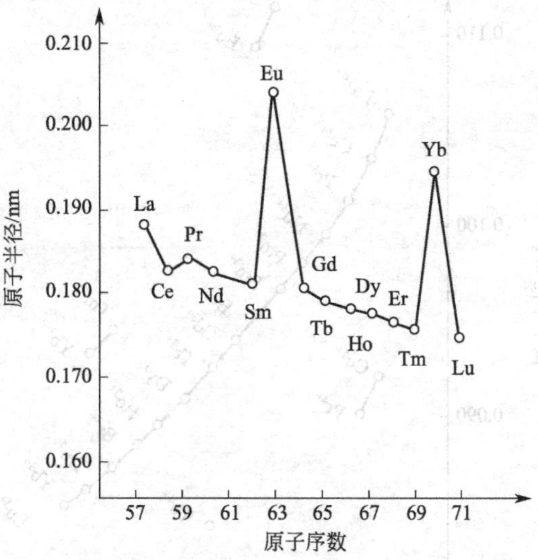

图 2-7 镧系原子半径与原子序数的关系

所谓镧系收缩，它是由于原子核正电荷增加，填充的 4f 亚层电子对有效核电荷的屏蔽作用减弱（每一个 4f 电子大概只能屏蔽一个单位正电荷的 85%），导致有效核电荷对外层电子的静电引力逐渐增加，而引起的电子层收缩。但是铕和镱的原子半径比其他稀土元素都大（原子半径是指金属晶体中核间距离的一半），这是因为铕和镱原子中 4f 亚层电子处于半充满和全充满的稳定状态，在晶格中只能提供出最外 6s 亚层的两个电子形成金属键。显然，这比金属键为 3 的其他稀土元素的原子半径要大得多。

镧系元素随原子序数增加，核电荷增加，电子逐一的填入 4f 壳层，4f 壳层是内层，而外层 5s、5p 保持不变。由于 4f 电子云不是全部地分布在 5s、5p 壳层的内部，对所增加的核电荷不能完全屏蔽，因而对外层的 $5s^2$、$5p^6$ 的电子的引力也相应增加，使电子云更靠近核，造成了离子半径逐渐的减小（见表 2-6 和图 2-8）。

表 2-6 稀土离子半径

元素	RE^{3+}/pm			RE^{2+}/pm	RE^{4+}/pm
	1	2	3		
Sc	68	74.5	87		
Y	88	90.0	103		
La	106.1	103.2	120		
Ce	103.4	101	117		92
Pr	101.3	99	115		90
Nd	99.5	98.3	114		
Pm	(97.9)	97			
Sm	96.4	95.8	110	111	
Eu	95.0	94.7	109	109	
Gd	93.8	93.8	108		
Tb	92.3	92.3	106		84
Dy	90.8	91.2	105		
Ho	89.4	90.1	103		
Er	88.1	89.0	102		
Tm	86.9	88.0	101	94	
Yb	85.8	86.8	100	93	
Lu	84.8	86.1	99		

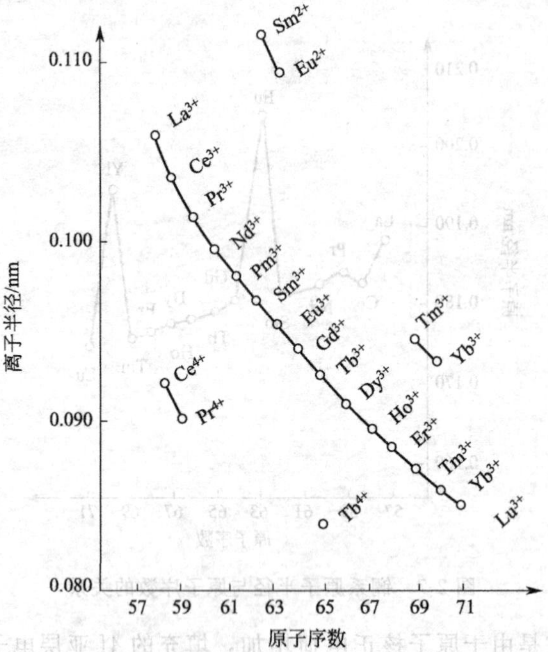

图 2-8 三价镧系离子半径与原子序数的关系

镧系离子的电子分布为 $1s^2$、$2s^2$、$2p^6$、$3s^2$、$3p^6$、$3d^{10}$、$4s^2$、$4p^6$、$4d^{10}$、$4f^n$、$5s^2$、$5p^6$。把核和除 $5s^2$、$5p^6$ 外的所有电子作为原子实，$5s^2$、$5p^6$ 为外层电子。原子实的有效核电荷 Z^* 可以近似表示为：

$$Z^* = Z - \delta$$

其中 Z 为原子的核电荷；δ 为屏蔽常数。

如 La^{3+} 的原子实的核电荷为 57，有 46 个电子，对外层电子来说，内层的每一电子对 δ 贡献为 1，因而 $Z^* = 57 - 46 = 11$ 单位的正电荷。

Ce^{3+} 原子实有 47 个电子，其中一个是 f 电子，对外层的 s、p 电子来说，每一个 f 电子对 σ 贡献为 0.85，所以 $Z^* = 58 - 46 - 0.85 = 11.15$ 单位正电荷。

其他镧系元素的原子实的有效核电荷已列入表 2-7 中。

表 2-7 Ln^{3+} 的原子实的有效核电荷

元素	有效核电荷（正电荷）	元素	有效核电荷（正电荷）
La^{3+}	11	Tb^{3+}	12.20
Ce^{3+}	11.15	Dy^{3+}	12.35
Pr^{3+}	11.30	Ho^{3+}	12.50
Nd^{3+}	11.45	Er^{3+}	12.65
Pm^{3+}	11.60	Tm^{3+}	12.80
Sm^{3+}	11.75	Yb^{3+}	12.95
Eu^{3+}	11.90	Lu^{3+}	13.10
Gd^{3+}	12.05		

镧系三价离子随原子序数递增，其原子实的有效核电荷也依次增加，因此对外层的 $5s^2$、$5p^6$ 电子的引力也逐一增大，离子半径相应地逐渐减小，这就引起了镧系收缩的结果。

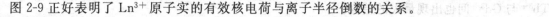

图 2-9 正好表明了 Ln^{3+} 原子实的有效核电荷与离子半径倒数的关系。

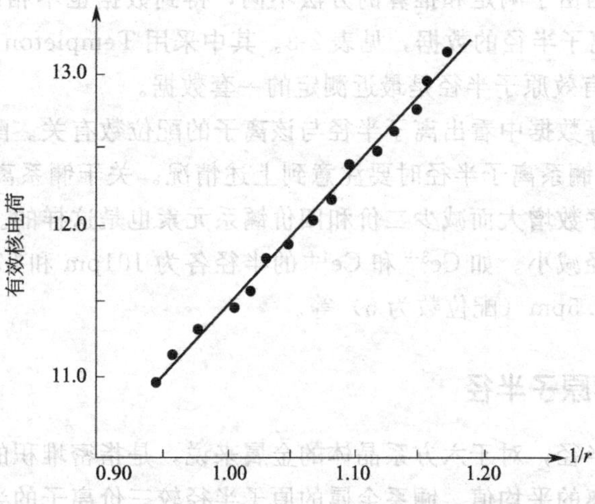

图 2-9 原子实的有效核电荷与三价离子半径倒数的关系

镧系收缩的结果，使镧系元素的同族，上一周期的元素——钇的三价离子半径位于镧系元素系列中（在铒附近）。钇的化学性质与镧系元素非常相似，和镧系元素共生于同一矿物中，彼此分离困难。在稀土元素分离中，把钇归于重稀土一组。

由于镧系收缩，也使镧系元素后的第三过渡系元素的离子半径接近于第二过渡系同族元素（如 Zr^{4+} 80pm；Hf^{4+} 81pm；Nb^{5+} 70pm；Ta^{5+} 73pm；Mo^{6+} 62pm；W^{6+} 65pm），因此，锆-铪、铌-钽、钼-钨等三对元素化学性质相似，它们在矿物中共生，并且分离困难。

镧系离子半径的递减，使一些配体与镧系离子的配位能力递增，金属离子的碱度随原子序数增大而减弱，氢氧化物开始沉淀的 pH 值渐降，这些随原子序数递变的化合物性质也是镧系收缩的后果之一。

表 2-8 不同配位数时的三价离子半径 单位：pm

元素	C. N. =6	C. N. =7	C. N. =8	C. N. =9	C. N. =12
La	103.2	110	116.0	121.6	136
Ce	101	107	114.3	119.6	134
Pr	99		112.6	117.9	
Nd	98.3		110.9	116.3	129
Pm	97		109.3	114.4	
Sm	95.8	102	107.9	113.2	124
Eu	94.7	101	106.6	112.0	
Gd	93.8	100	105.3	110.7	
Tb	92.3	98	104.4	109.5	
Dy	91.2	97	102.7	108.3	
Ho	90.1		101.5	107.2	
Er	89.0	94.5	100.4	106.2	
Tm	88.0		99.4	105.2	
Yb	86.8	92.5	98.5	104.2	
Lu	86.1		97.7	103.2	

镧系离子半径虽依次减小，但并不是规则的，相邻元素间半径减小的最大差值是在第一个 f 电子填充后 Ce^{3+} 与 La^{3+} 之间，在填充第七个 f 电子后的元素中，填充第八个 f 电子的

Tb^{3+}与Gd^{3+}间也出现最大的差值。

镧系离子半径数据由于测定和推算的方法不同，得到数据也不相同。目前引用有 Templeton 等的三价镧系离子半径的数据，见表 2-8。其中采用 Templeton 测定的数据较为普遍，而 Shannon 等测定的有效原子半径是最近测定的一套数据。

从有效离子半径等数据中看出离子半径与该离子的配位数有关。配位数愈大，半径愈大（见表 2-8），所以引用镧系离子半径时要注意到上述情况。关于镧系离子半径，不但三价镧系离子的半径随原子序数增大而减少二价和四价镧系元素也是这样的。对于同一元素，随着价态的增加，离子半径减小。如Ce^{3+}和Ce^{4+}的半径各为 101pm 和 87pm，Eu^{2+}和Eu^{3+}的半径各为 117pm 和 94.5pm（配位数为 6）等。

2.2.2 稀土金属的原子半径

镧系金属的原子半径，对于六方系晶体的金属来说，是指密堆积的平面原子间的距离和邻近平面的原子间距离的平均值。镧系金属的原子半径较三价离子的半径大得多。它们的数据列在表 2-9 和图 2-10 中。随原子序数的增加，镧系金属的原子半径从镧的 187.9pm 减至镥的 173.5pm，其中铕和镱的原子半径特大，而铈的原子半径较相邻元素的小。

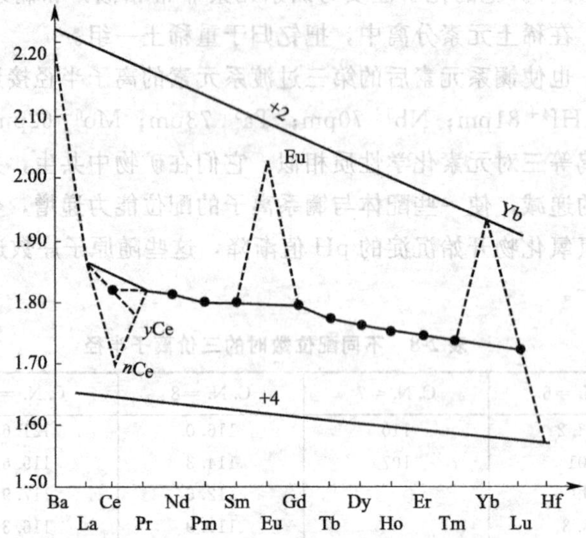

图 2-10　钡、镧系元素和铪的原子半径

表 2-9　稀土元素的原子半径

元　素	原子半径(C. N. =12)/pm	元　素	原子半径(C. N. =12)/pm
La	187.91	Dy	177.40
Ce	182.47	Ho	176.61
Pr	182.79	Er	175.66
Nd	182.14	Tm	174.62
Pm	181.10	Yb	193.92
Sm	180.41	Lu	173.49
Eu	204.18	Sc	164.06
Gd	180.13	Y	180.12
Tb	178.33		

由于镧系金属原子的电子随核电荷的增加而填充在第二内层的 4f 中，虽然原子实的有效核电荷也随之增加，但不像三价离子那么明显，所以镧系金属原子半径的收缩就不像三价镧系离子那么大了。

镧系金属原子中，有三个离域电子，在金属晶粒中较自由地运动，并形成金属键，但是铕和镱倾向于分别保持 $4f^7$ 和 $4f^{14}$ 的半充满和充满的电子组态，而与钆和镥的三价（即有三个离域电子）的电子组态有相同的稳定状态，因此它们倾向于提供二个电子为离域电子，因而铕和镱有较大的原子实，有效核电荷降低，原子半径较三价的金属原子有明显的增加。

金属铈的价态并非是纯的三价，它的 4f 电子有部分离域，这是使它的原子半径较相邻金属原子半径为小的原因。各不同晶形的金属铈原子的半径和相应的价态列在表 2-10 中。

表 2-10　金属的半径和价态

相	半径/pm	价态	相	半径/pm	价态
理想的三价铈	184.6	—	α-Ce	173	3.67
β-Ce	183.21	3.04	α′-Ce	166.9	4.00
γ-Ce	182.45	3.06	理想的四价铈	167.2	—
δ-Ce	182	3.06			

第3章

稀 土 金 属

3.1 稀土金属的化学性质

在过渡元素中，稀土元素是强化学活性的金属，尤以镧、铈和铕最为活泼。它们的氧化还原电位较负，从−2.52V(镧)～−1.88V(钪)；电离能较低，它们的第一电离能接近于碱土金属，第一至第三电离能比其他过渡元素低；它们的电负性也在钙附近，这足以说明它们是活泼的金属。有关数据见表3-1。稀土金属是强还原剂，有较大的氧化物生成热（见表3-2），它能将铁、钴、镍、铜、铬等金属氧化物还原为金属，而且随着原子序数的增加，还原能力逐渐减弱。稀土金属能与周期表中绝大多数元素作用，形成非金属的化合物和金属间化合物。稀土金属燃点很低，铈为160℃，镨为190℃，钕为270℃。它们能生成极稳定的氧化物、卤化物、硫化物。在较低的温度下能与氢、碳、氮、磷及其他一些元素相互反应。

表3-1 稀土金属的一些性质

元素	电离能/(kJ/mol)			氧化还原电位 $RE=RE^{3+}+3e^-$	电负性
	I_1	I_2	I_3		
Sc	631.11	1235.2	2389.34	−1.88	1.20
Y	615.67	1181.16	1980.18	−2.37	1.11
La	538.18	1067.29	1850.87	−2.52	1.08
Ce	527.85	1047.02	1930.00	−2.48	1.06
Pr	523.03	1018.07	2084.40	−2.47	1.07
Nd	529.78	1034.48	2142.30	−2.44	1.07
Pm	535.57	1051.85	—	−2.42	1.07
Sm	543.29	1068.25	2287.05	−2.41	1.07
Eu	547.15	1085.62	2402.85	−2.41	1.01
Gd	592.51	1167.65	1987.90	−2.40	1.11
Tb	564.52	1111.68	2113.35	−2.39	1.10
Dy	572.24	1126.15	2209.85	−2.35	1.10
Ho	580.93	1138.70	2229.15	−2.32	1.10
Er	588.65	1151.24	2180.90	−2.30	1.11
Tm	596.37	1162.82	2296.70	−2.28	1.11
Yb	603.51	1174.40	2441.45	−2.27	1.06
Lu	506.24	1341.35	2045.80	−2.25	1.14

表 3-2 稀土金属氧化物的生成热

氧化物	$-\Delta H$(298.15K) /(kJ/mol)	氧化物	$-\Delta H$(298.15K) /(kJ/mol)
Y_2O_3	1905.8	Tb_2O_3	1827.6
La_2O_3	1793.3	Dy_2O_3	1865.2
Ce_2O_3	1820.0	Ho_2O_3	1880.7
Pr_2O_3	1827.6	Er_2O_3	1897.8
Nd_2O_3	1807.9	Tm_2O_3	1890.3
Sm_2O_3	1815.4	Yb_2O_3	1814.6
Gd_2O_3	1815.4	Lu_2O_3	1894.5

稀土金属能分解水（温度低时慢，加热则快），且易溶于盐酸、硫酸和硝酸中。稀土金属由于能形成难溶的氟化物和磷酸盐的保护膜，因而难溶于氢氟酸和磷酸中。稀土金属不与碱作用。

3.1.1 稀土金属与非金属作用

(1) 稀土金属与氧作用　稀土金属在室温下，能与空气中的氧作用，其稳定性随原子序数增加而增加。首先在其表面上氧化，继续氧化的程度，依据所生成的氧化物的结构性质不同而异。如镧、铈和镨在空气中氧化速度较快，易失去金属光泽，而钕、钐和重稀土金属的氧化速度较慢，甚至能较长时间保持金属光泽。

铈的氧化性质与其他稀土金属差别较大，铈氧化首先生成 Ce_2O_3，继续氧化则生成 CeO_2，这也是铈具有自燃性的原因。其他稀土金属则没有这一特性，这是因为在金属铈的表面上，氧化生成立方结构的 Ce_2O_3，当其继续氧化时，由于 CeO_2 比金属铈和 Ce_2O_3 的摩尔体积都小，会生成疏松且具有裂纹的 CeO_2，这是金属铈不同于其他稀土金属而易氧化的原因。

所有稀土金属在空气中，加热至 180～200℃时，迅速氧化且放出热量。铈生成 CeO_2，镨生成 Pr_6O_{11}(Pr_2O_3 · $4PrO_2$)，铽则生成 Tb_4O_7(Tb_2O_3 · $2TbO_2$)，其他稀土金属则生成 RE_2O_3 型氧化物。

(2) 稀土金属与氢作用　稀土金属在室温下能吸收氢，温度升高吸氢速度加快。当加热至 250～300℃时，则能激烈吸氢，并生成组成为 REH_x ($x=2\sim3$) 型的氢化物。稀土氢化物在潮湿空气中不稳定，易溶于酸和被碱所分解。在真空中，加热至 1000℃以上，可以完全释放出氢。这一特殊性质常用于稀土金属粉末的制取。当氢气压力为 1×10^5 Pa 时，氢在铈和镧中的溶解度（cm^3/g 金属）为：铈、镧、镨的氢化物标准焓约为 167.2～209kJ/mol。

温度	300℃	600℃	900℃
铈	184	160	130
镧	192	136	134

(3) 稀土金属与碳、氮作用　无论是熔融状态还是固态稀土金属，在高温下与碳、氮作用，均能生成组成为 REC_2 型和 REN 型化合物。稀土碳化物在潮湿空气中易分解，生成乙炔和碳氢化合物（约 70%C_2H_2 和 20%CH_4）。碳化物能固熔在稀土金属中。

(4) 稀土金属与硫作用　稀土金属与硫蒸气作用，生成组成为 RE_2S_4 和 RES 型的硫化物。硫化物特点是熔点高（表 3-3）、化学稳定性和耐蚀性强。

表 3-3 某些稀土硫化物的熔点 单位：℃

La_2S_3	Ce_2S_3	CeS	Ce_3S_4	Nd_2S_3	Sm_2S_3	Y_2S_3
2100～2150	2000～2200	2450	2500	2200	1900	1900～1950

(5) 稀土金属与卤素作用 在高于 200℃的温度下，稀土金属均能与卤素发生剧烈反应，主要生成三价的 REX_3 型化合物。其作用强度由氟向碘递减。

而钐、铕还可生成 REX_2 型，铈可生成 REX_4 型的化合物，但都属不稳定的中间化合物。

除氟化物外，稀土卤化物均有很强的吸湿性，且易水解生成 REO_x 型卤氧化物，其强度由氯向碘递增。

3.1.2 稀土金属与金属元素作用

稀土金属几乎能同所有的金属元素作用，生成组成不同的金属间化合物，如：

① 与镁生成 REMg、$REMg_2$、$REMg_4$ 等化合物（稀土金属微溶于镁）；

② 与铝生成 RE_3Al、RE_3Al_2、REAl、$REAl_2$、$REAl_3$、RE_3Al_4 等化合物；

③ 与钴生成 $RECo_2$、$RECo_3$、$RECo_4$、$RECo_5$、$RECo_7$ 等化合物，其中 Sm_2Co_7、$SmCo_5$ 为永磁材料；

④ 与镍生成 LaNi、$LaNi_5$、La_3Ni_5 等化合物；此类化合物具有强烈的吸氢性能，$LaNi_5$ 是优良的贮氢材料；

⑤ 与铜生成 YCu、YCu_2、YCu_3、YCu_4、$NdCu_5$、CeCu、$CeCu_2$、$CeCu_4$、$CeCu_6$ 等化合物；

⑥ 与铁生成 $CeFe_3$、$CeFe_2$、Ce_2Fe_3、YFe_2 等化合物，但镧与铁只生成低共熔体，镧铁合金的延展性很好。

稀土金属与碱金属及钙、钡等均不生成互溶体系，与钨、钼不能生成化合物。

3.1.3 稀土金属与水和酸作用

稀土金属能分解水，在冷水中作用缓慢，在热水中作用较快，并迅速地放出氢气：

$$RE + 3H_2O \longrightarrow RE(OH)_3 + 3/2H_2$$

$$RE + 3H_2O \longrightarrow RE(OH)_3 + 3/2H_2$$

稀土金属能溶解在稀盐酸、硫酸、硝酸中，生成相应的盐。在氢氟酸和磷酸中不易溶解，这是由于生成难溶的氟化物和磷酸盐膜所致。

3.2 稀土金属的物理性质

3.2.1 晶体结构

稀土元素具有典型金属特性，多数呈银白色或灰色光泽，但镨、钕呈浅黄色光泽。稀土元素的某些物理性质列于表 3-4 中。由表 3-4 可见，其晶体结构多呈六方密集(a) 或面心立方结构晶格(b)（见图 3-1)，钐（菱形结构）和铕（体心立方结构）则例外。(c) 是双六方结构，以 ACAB 这种重复周期为 4 层结构，属于这种结构有镧、镨、钕等。唯有钐是图中(d) 的斜方结构，即 ABCBCACACB 重复周期为 9 层的结构。而钪、钇、镧、铈、镨、钕、钐、铽、镝、钬、镱等都有同素异晶变体。它们的晶体转变过程较缓慢，因而在金属中有时会出现两种或两种以上不同的晶体结构。

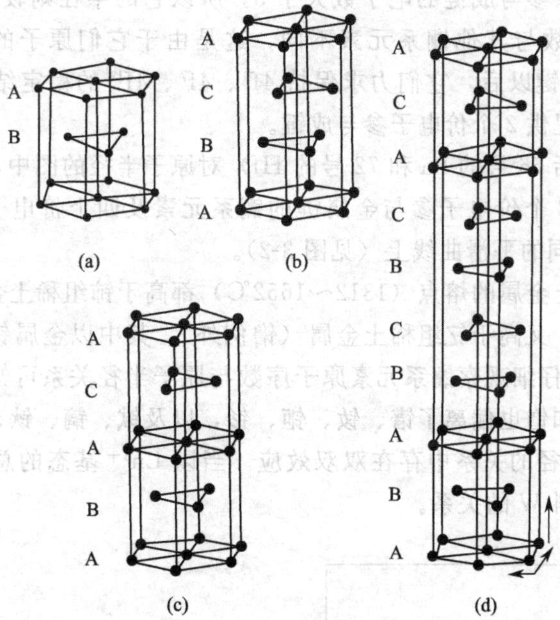

图 3-1 稀土金属的晶体结构

3.2.2 原子半径、原子体积和密度

在常温、常压下，稀土金属的原子半径、原子体积和密度列在表 3-4 中。

表 3-4 稀土金属的物理性质

原子序数	密度 /(g/cm³)	熔点 /℃	沸点 /℃	金属原子半径 /10²pm(C. N. 12)	原子体积 /(cm³/mol)	线性热膨胀系数 (多晶)/10⁶℃
57	6.174	920	3470	1.8791	22.602	12.1
58	6.771	795	3470	1.8247	20.696	6.3
59	6.782	935	3130	1.8279	20.803	6.7
60	7.004	1024	3030	1.8214	20.583	9.6
61	7.264	1042	(3000)	1.811	20.24	(11)
62	7.537	1072	1900	1.8041	20.000	12.7
63	5.244	826	1440	2.0418	28.979	35.0
64	7.895	1312	3000	1.8013	19.903	9.4
65	8.234	1355	2800	1.7833	19.310	10.3
66	8.536	1407	2000	1.7740	19.004	9.9
67	8.803	1401	2000	1.7661	18.752	11.2
68	9.051	1497	2900	1.7666	18.449	12.2
69	9.332	1545	1730	1.7462	18.124	13.3
70	6.977	824	1196	1.9392	24.841	26.3
71	9.842	1652	3330	1.7349	17.779	9.9
21	2.992	1539	2790	1.6406	15.039	10.2
39	4.478	1510	2930	1.8012	19.893	10.6

由于镧系收缩，镧系元素的原子半径、原子体积随原子序数增加而减少，密度随原子序数增加而增加。钪、钇、镧三元素的原子半径、原子体积随原子序数增大而增大，熔点则相反。铈、铕、镱与其他镧系元素相比，有异常现象，见图 3-2。这是由于多数镧系原子提供了 3 个价电子参与金属键，而铕、镱只提供 2 个价电子参与金属键，使它们的原子半径较其他镧系元素大，铈提供参与成键的电子数大于 3，所以它的半径则较相邻元素小。铈、铕、镱等参与成键的电子数与其他镧系元素不同，这是由于它们原子的基组态为 $4f^1 5d^1 6s^2$、$4f^7 6s^2$、$4f^{14} 6s^2$，在成键以后，它们力求保持 $4f^0$、$4f^7$、$4f^{14}$ 的稳定结构，所以铈有可能提供 4 个价电铕、镱只提供 2 个价电子参与成键。

在原子序数（包括 56 号的 Ba 和 72 号的 Hf）对原子半径的图中，2 个价电子参与金属键的 Ba、Eu 和 Yb，3 个价电子参与金属键的镧系元素及四个价电子参与金属键的 α-Ce、Hf，分别处在三条不同的平滑曲线上（见图 3-2）。

除镱外，钇组稀土金属的熔点（1312～1652℃）都高于铈组稀土金属。而沸点则铈组稀土金属（除钐、铕外）又高于钇组稀土金属（镥例外）。其中以金属钐、铕、镱的沸点为最低（1430～1900℃）。仔细观察镧系元素原子序数与原子半径关系可知，除了铈、铕、镱有异常现象外，镧、钆和镥也偏离了镨、钕、钷、钐，以及铽、镝、钬、铒、铥的正常情况见图 3-3。原子序数与半径的关系中存在双双效应。当以 Ln^{3+} 基态的总轨道角动量对原子半径作图时，也出现了斜 W 的关系。

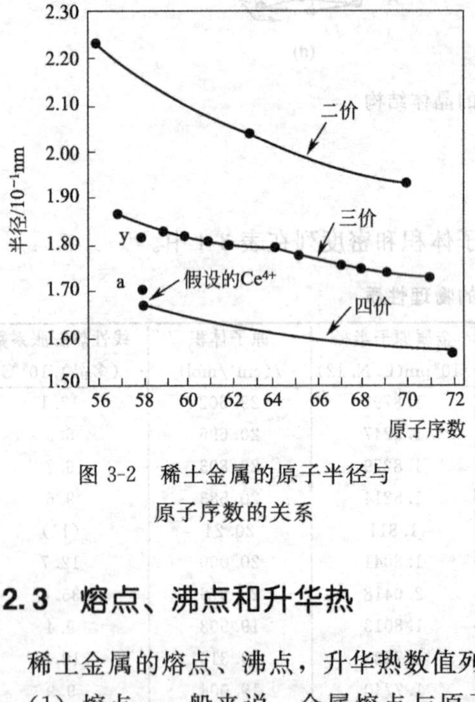

图 3-2 稀土金属的原子半径与原子序数的关系

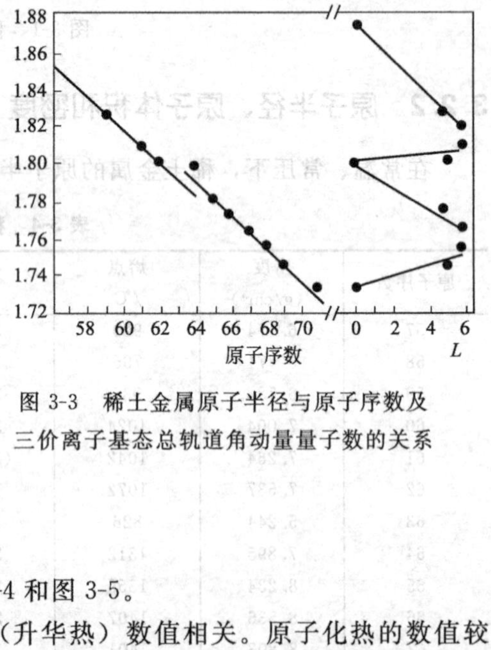

图 3-3 稀土金属原子半径与原子序数及三价离子基态总轨道角动量量子数的关系

3.2.3 熔点、沸点和升华热

稀土金属的熔点、沸点，升华热数值列于图 3-4 和图 3-5。

（1）熔点 一般来说，金属熔点与原子化热（升华热）数值相关。原子化热的数值较大，金属的熔点较高，原子化热的数值较小，则金属的熔点较低。但在钪、钇和镧系元素的系列中，它们的熔点与原子化热数值并无对应关系。镧系金属的熔点明显比钪、钇的低，尤其是轻镧系金属。接近于镧系末端的重镧系金属与第一、二过渡金属熔点变化的倾向相当。轻镧系金属的熔点较低的原因，曾以镧系原子的 4f 电子和 s、d 价电子的杂化作用给予解释。

在镧系中，除了铕和镱外，金属的熔点随原子序数增加而增加。铕和镱的熔点较相邻元素的低得多，这与它们的原子化热较低是相符的，这种异常现象也反映了铕、镱与其他镧系元素的金属价态差异的特征。

(2) 稀土金属的沸点和升华热　镧系金属的沸点和升华热与原子序数的关系是不规则的，见图 3-5。这种“锯齿”形的变化可定性的理解为镧系金属在固态时的价态是 3 或 2，气相时电子组态为 $4f^n5d^16s^2$ 或 $4f^{n+1}6s^2$，按此把它们划分成三种类型。对于镧、铈、钆、镥来说，固态金属是 3 价（γ-Ce 稍大于 3 价），气相时电子组态为 $4f^n5d^16s^2$，作为一种 3→3 价态的变化，它们的沸点和升华热较高（约 3400℃和约 420kJ/mol），铕和镱在固态时的价态是 2 价，气相的基组态为 $4f^{n+1}6s^2$，它们的沸点接近于 1400℃，升华热接近 148kJ/mol，作为一种 2→2 价态变化，这与碱土金属相近；其余的镧系元素在固态时是 3 价，气相的基组态为 $4f^{n+1}6s^2$，作为一种 3→2 价态变化，在两个半周期中随原子序数的增加由气相的三价态的镧或钆向二价态的铕或镱接近，二价态的倾向增加，沸点和升华热减少，因此镧系金属的沸点和升华热产生锯齿形的改变。由于半充满和全充满壳层的稳定性，增加的一个电子填入 5d 壳层，这就使 Gd 和 Lu 的沸点和升华热较 Eu 和 Yb 有较大的增加。

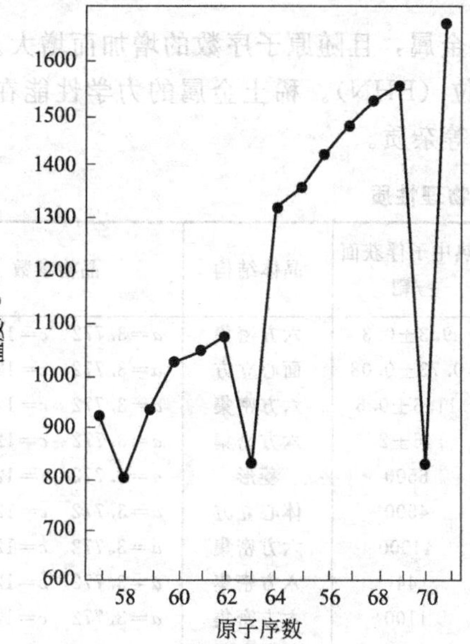

图 3-4　稀土金属的熔点与原子序数的关系

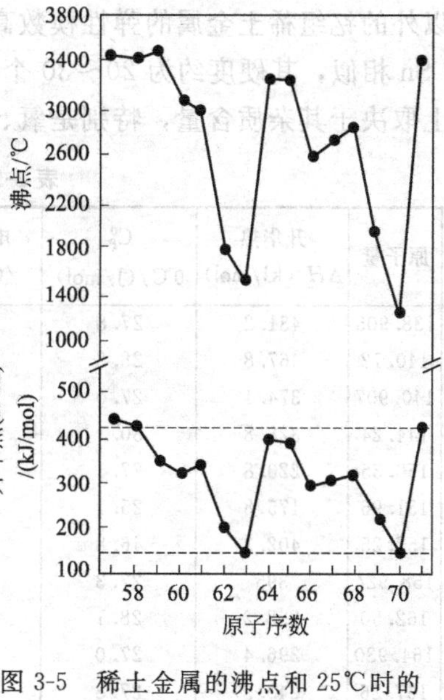

图 3-5　稀土金属的沸点和 25℃时的升华热与原子序数的关系

3.2.4　热膨胀系数和热中子俘获面

在 25℃时，稀土金属的线性热膨胀系数列在表 3-4 中。热膨胀系数在镧系中变化与其他物理性质一样，铕和镱的热膨胀系数比相邻元素的数值高得多，如图 3-6 所示。热膨胀系数在镧系元素的两个半周期中从铈→铕和钆→镱增加。

必须指出的是钐、铕、钆的热中子俘获面很大（见表 3-5），其中钆（44000 靶）的热中子俘获面几乎比所有的元素都大（常用于反应堆作热中子控制材料的镉和硼分别为 2500 靶和 715 靶），而铈和钇的最小。

纯的稀土金属具有良好的塑性，易于加工成型。其中尤以金属镱、钐的可塑性为最佳。

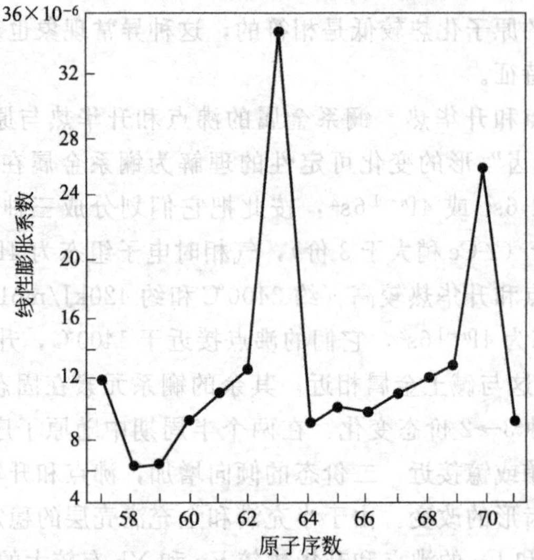

图 3-6 25℃时稀土金属的线性膨胀系数与原子系数的关系

除镱以外的钇组稀土金属的弹性模数高于铈组稀土金属，且随原子序数的增加而增大。La、Ce 与 Sn 相似，其硬度约为 20～30 个布氏硬度单位（BHN）。稀土金属的力学性能在很大程度上取决于其杂质含量，特别是氧、硫、氮、碳等杂质。

表 3-5 稀土金属的物理性质

原子序数	原子量	升华热 ΔH/(kJ/mol)	C_P^0 0℃/(J/mol)	电阻率(25℃) /($10^{-4}\Omega\cdot cm$)	热中子俘获面 /靶	晶体结构	晶格参数
57	138.905	431.2	27.8	57	9.3±0.3	六方密集	a=3.772 c=12.114
58	140.12	467.8	28.8	75	0.73±0.08	面心立方	a=3.772 c=12.114
59	140.907	374.1	27.0	68	11.6±0.6	六方密集	a=3.772 c=12.114
60	144.24	328.8	30.1	64	46±2	六方密集	a=3.772 c=12.114
62	150.35	220.8	27.1	92	6500	菱形	a=3.772 c=12.114
63	151.96	175.8	25.1	81	4500	体心立方	a=3.772 c=12.114
64	157.25	402.3	46.8	134	44000	六方密集	a=3.772 c=12.114
65	158.924	395	27.3	110	44	六方密集	a=3.772 c=12.114
66	162.50	298.2	28.1	91	1100	六方密集	a=3.772 c=12.114
67	164.930	296.4	27.0	94	64	六方密集	a=3.772 c=12.114
68	167.26	243.2	27.8	86	116	六方密集	a=3.772 c=12.114
69	168.934	243.7	27.0	90	118	六方密集	a=3.772 c=12.114
70	173.04	152.6	25.1	28	36	面心立方	a=3.772 c=12.114
71	174.97	427.8	27.0	68	108	六方密集	a=3.772 c=12.114
21	44.956	338.0	25.5	66	13	六方密集	a=3.772 c=12.114
39	83.906	424	25.1	53	1.38	六方密集	a=3.772 c=12.114

3.2.5 电阻率和导电性

常温时，稀土金属的电阻率为 50～130μΩ/cm，比铜、铝的电阻率高 1～2 个数量级，并有正的温度系数。在常温时，稀土金属的电导率较低，但在低温时有的金属具有超导性质，如镧在低于 4.6K 时变为超导体。一些稀土的铟和铂合金也发现有超导性质。

稀土金属的导电性能较差，如以 Hg 的导电性为 1，那么 La 为 1.6 倍，Ce 为 1.2 倍，

Cu 却为 56.9 倍。α-La 在 4.9K 和 β-La 在 5.85K 时可表现出超导性能，其他稀土金属即使在接近绝对零度时也无超导性。

人们预测，到 21 世纪末高温超导体将是稀土非常大的潜在市场。稀土超导体可用于采矿、电子工业、医疗设备、悬浮列车及能源等许多领域。20 世纪 80 年代中期发现高温超导材料曾在世界范围掀起研究热潮。进入 90 年代，随着人们对高温超导材料认识的逐步加深，研究工作进入提高阶段，虽然从事超导研究的人员和发表的文章的数量减了下来，但各国对超导研究的投入并未减少。在这一背景下，我国超导研究也经历了适当缩小规模、突出重点和更加明确加强应用的变化过程。自从近年在 Y-Ba-Cu-O 超导体研究方面取得重大突破以来，超导研究正在向实用化方向发展。总之，稀土在超导材料中的应用将越来越广泛，发展前途十分广阔。

3.3 稀土金属的制备

稀土金属的制备方法有两类：金属的热还原法和熔盐电解法。镧、铈等轻稀土金属常采用熔盐电解法来制备；其他稀土金属如钐、铕和重稀土金属采用金属热还原法制备。

3.3.1 金属热还原法制备稀土金属

金属热还原法按所用原料的类型分有氟化物金属热还原法、氯化物金属热还原法和氧化物金属热还原法。

金属热还原法包括三个主要步骤。

(1) 金属无水卤化物的制备　无水氟化物和氯化物制备见第 5 章。在无水氟化物和氯化物中最好不含 REOF(REOCl) 和微量的 H_2O，以减少氢和氧对金属的污染，并要防止容器的污染和金属杂质的引入。

(2) 金属热还原　在金属热还原法中，选择金属还原剂是十分重要的。还原剂的选择，从热力学上考虑，要根据还原反应的自由能变化。当反应的自由能小于零时，即还原剂的金属卤化物或氧化物的自由能数值比稀土卤化物或氧化物的小时，反应才可能进行。如金属钙还原氟化铈的反应：

$$2CeF_3 + 3Ca \longrightarrow 3CaF_2 + 2Ce$$

在 1500K 时反应物和产物的 ΔG 值为：

$$\Delta G\ CaF_2 = -481\text{kJ/g 原子氟}$$

$$\Delta G\ CeF_3 = -442\text{kJ/g 原子氟}$$

则：

$$\Delta G\ CaF_2 < CeF_3$$

总的反应自由能的变化：

$$\Delta G = 6[\Delta G\ CaF_2 - \Delta G\ CeF_3] = -234\text{kJ/g 原子氟}$$

所以 CeF_3 热还原时，可用金属钙为还原剂。

在实践中，还原剂的选择，还要注意以下几点：①使还原得到的金属与还原剂的产物较好的分离；②采用低温还原，减少杂质污染，延长坩埚使用寿命；③还原剂最好不与还原得到的金属形成合金；④还原剂易于提纯；⑤作为还原剂的金属熔点和蒸气压应比较低（锂除外）；⑥还原剂应廉价，易于得到。

现在生产上采用的还原剂有钙、锂和轻稀土金属。钙用于氟化物的还原，锂用于氯化物的还原，轻稀土金属用于氧化物的热还原。

① 氟化物的金属热还原 氟化物以金属钙还原的基本反应：

$$3Ca+2REF_3 \xrightarrow{1450\sim1750℃} 3CaF_2+2RE$$

$$3Ca+2RECl_3 \longrightarrow 3CaCl_2+2RE$$

$$2La(液)+RE_2O_3(固) \xrightarrow{1200\sim1350℃} La_2O_3(固)+2RE(气)$$

氟化物以钙还原的基本步骤是在惰性气氛或真空条件下，把无水稀土氟化物和纯的金属钙（按理论计算，过量10%～15%）混合装入钽（或铌、钼）等高熔点金属制成的坩埚中，约在1500℃（高于稀土金属熔点的50℃左右）条件下进行还原，还原后的CaF_2渣漂浮在熔融金属上面，冷却至室温，渣和金属分离。

由于稀土金属的熔点和沸点不同，可分为三类：第一类是低熔点和高沸点金属的镧、铈、镨、钕；第二类是中等至高溶点、高沸点的钇、钆、铽、镥；第三类是高熔点、中等沸点的钪、镝、钬、铒。它们以钙为还原剂时，工艺过程和还原条件略有差别。

还原所得的粗产物中一般含有Ca、CaF_2、H_2、Ta等杂质，要再经处理以除去杂质，纯化金属。

② 氯化物的金属热还原 氯化钇、镝、钬、铒都曾用金属锂为还原剂，还原得到相应的稀土金属。钙在镁存在的条件下还原氯化钇、钙或镁还原氯化钪都获得成功。锂还原法能得到纯度较高的金属，但因成本较高未被广泛采用，目前仅用于高纯钇的制备。

氯化物的金属热还原的基本反应：

$$3Li+RECl_3 \xrightarrow{950\sim1000℃} 3LiCl_3+RE$$

$$3Ca+2RECl_3 \longrightarrow 3CaCl_2+2RE$$

氯化钇和锂还原反应的自由能变化与温度关系见图3-7。

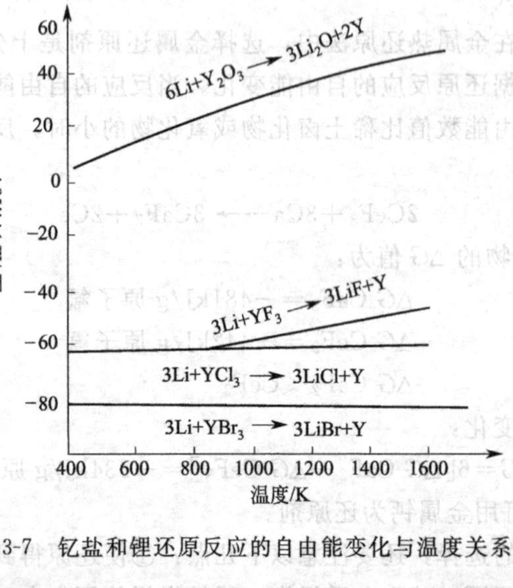

图3-7 钇盐和锂还原反应的自由能变化与温度关系

金属钇的制备的基本步骤：在真空条件下，把无水的YCl_3放在钛（或钽、不锈钢）的坩埚中，通入锂蒸气，在1000℃左右，锂蒸气和融化的YCl_3进行反应生成金属钇和LiCl，然后LiCl熔渣从反应器中蒸馏至炉外的冷却部分。得到的钇用电弧熔化或感应电炉熔化成小晶体，其纯度可达99%。

③ 氧化物的金属热还原　此法是利用金属钐、铕、铥和镱的蒸气压比镧、铈金属的大的性质，可直接由氧化物与镧、铈反应，而得到金属。稀土金属的蒸气压与温度关系见表3-6。

表3-6　稀土金属的蒸气压与温度的关系

金属	不同蒸气压时的温度/℃		在蒸气压为133.322Pa的蒸气速度/[g/(cm²·h)]
	1.333Pa	133.322Pa	
Sc	1397	1773	33
Y	1637	2083	43
La	1754	2217	53
Ce	1744	2174	53
Pr	1523	1968	56
Nd	1341	1759	60
Sm	722	964	83
Eu	613	837	90
Gd	1583	2022	59
Tb	1524	1939	60
Dy	1121	1439	71
Ho	1179	1526	69
Er	1271	1609	68
Tm	850	1095	83
Yb	471	651	108
Lu	1657	2089	61

氧化物的金属热还原的基本反应：

$$2La(液)+Re_2O_3(固)\xrightarrow{1200\sim1350℃}La_2O_3(固)+3RE(气)$$

氧化物金属热还原的基本步骤：把反应物放在反应器中，抽真空（真空度小于0.133Pa），以感应电炉加热2h，Eu、Yb的反应温度为1400℃左右，Sm、Tm的反应温度为1600℃左右，再加热2h，蒸馏得到产物。制备Sm等各金属条件如表3-7所示。

表3-7　制备条件

项　目	Sm	Eu	Tm	Yb
升华温度/℃	800	700	950	625
冷凝温度/℃	约500	约400	约555	约350
升华速度/(g/h)	3	3	3	4
蒸馏数量/kg	1	0.5	0.5	0.5

(3) 金属的纯化　金属热还原得到的稀土金属含有不同成分和不同浓度的杂质，需要进一步纯化，方能得到纯金属。纯化的方法有真空熔炼、蒸馏或升华等，高纯金属还采用区域熔炼、电传输的方法，或区域熔炼和电传输联合的方法。

① 真空熔炼法　真空熔炼法用于除去金属中的Ca、F、H等杂质。方法是把稀土金属加热至1450～1900℃（在金属熔点以上的100～1000℃）进行熔炼，把杂质挥发出去。熔炼的温度决定于稀土金属的蒸气压，对于易挥发的金属采用低温熔炼，以减少金属损耗。熔炼的时间决定于纯化金属的量。熔炼是在真空条件下进行的。

② 蒸馏（或升华）法　此法用于下述金属：易挥发的金属如Sm、Eu、Tm、Yb和Er、Lu、Sc、Y等，钽在金属熔点时，有较大的溶解度。

方法是加热到使这些金属有足够蒸气压，把它们蒸馏或升华出去，以除去杂质。通过蒸馏法可以除去O、N、C、Ta等杂质。蒸馏时一些氧化物、氮化物和碳化物因蒸气压较低留在残渣中。对于中等挥发的金属（Y、Tb、Lu、Gd）的蒸馏或升华温度是在1700℃左右，因为稀土氧化物在大于1650℃以上时挥发而不易除去。蒸馏操作是在真空条件下进行的。此法往往用于真空熔炼以后的金属纯化，条件见表3-8、表3-9。

表3-8 Y、Gd、Tb、Lu的真空熔炼和蒸馏的条件①

项 目	Y	Gd	Tb	Lu
真空熔炼温度/℃	1850	1800	1750	1800
蒸馏温度/℃	1725	1725	1575	1645
冷凝温度/℃	900	900	800	850
蒸馏速率/(g/h)	1	1.5	1.5	1
蒸馏数量/g	150	250	225	250

① 粗金属是以Ca还原后得到的产物，操作是在惰性气氛中进行的。

表3-9 Sc、Dy、Ho、Er的真空熔炼等条件①

项 目	Sc	Dy	Ho	Er
真空熔炼温度/℃	1550	1440	1480	1540
真空熔炼时间/min	10	45	45	30
升华温度/℃	1425	1175	1220	1300
冷凝温度/℃	900	700	725	825
升华速率/(g/h)	1	2.5	2.1	2.1
蒸馏数量/kg	0.1	1	0.6	1

① 粗金属是由氟化物的Ca还原后得到的产物。

③ 区域熔炼 主要用于进一步除去金属中的H、N、O、C等杂质，得到99.99%或接近于99.999%的金属，在样品中杂质总量约10μg/g。

④ 电传输法 电传输法又称固体电解法。用此法可以得到高纯的金属。

此法的原理是在电场作用下使金属中杂质离子按顺序移动，移向金属两端，使金属得到提纯。方法是把正、负极固定在金属棒的两端，在真空和惰性气氛中，以直流电加热到金属熔点以下的100～200℃时，进行长时间的电解（电解时间几天至几星期），使杂质向两极移动，金属的中间部分纯度较高，切去两端，即得高纯金属。纯化后的金属中，有的杂质可以减少到重量的几个"μg/g"，见表3-10。

表3-10 钆纯化前后的杂质含量①

元 素	原始含量	电传输纯化后的含量
C	300(23)	<26(<2)
N	314(28)	<6(<0.5)
D	824(84)	157(16)

① 单位为μmol/mol；括号中数值单位是μg/g。

电传输的方法用于金属Sc、Y、La、Ce、Pr、Nd、Gd、Tb、Dy、Ho、Er和Lu的纯化。Sm、Eu、Tm、Yb由于它们的蒸气压较高，则纯化不宜采用此法。

3.3.2 电解法制取稀土金属

轻稀土金属（La、Ce、Pr和Nd）和混合轻稀土金属均由电解法生产。电解法比金属热还原法的价格低，并能连续生产，但是产品的纯度没有金属热还原法高，由于工艺条件的原因对重稀土金属的制备受到一定限制。

电解法制取稀土金属是在熔盐体系中进行的。目前采用的有氯化物熔盐体系和氧化物-氟化物熔盐体系。所选用的熔盐体系应具备下述条件：

① 体系中其他盐的分解电压要比稀土盐的分解电压高（至少要差 0.2V），否则，在阴极析出稀土的同时，其他金属也析出；

② 熔盐体系要有良好的导电性，熔化温度要低于操作温度，黏度要小；

③ 稀土金属在其熔盐中的溶解度尽可能小，以提高电流效率。

电解法是在一定形式的电解槽中进行的。电解槽采用钢、石墨、耐火材料、钼等材料制成。在设计中，一般以电解槽为阴极，石墨为阳极（因它耐氯和氧的作用）。实验室或制备高纯金属时，采用钼或钨为阴极。工业上也有采用铁为阴极的。所取用的电极材料取决于所制备金属的纯度、价格和数量。

（1）电解法制取稀土金属的工艺特点有：稀土金属离子的析出电位较负；稀土金属在高温下几乎和所有元素化合，因此选用电解质、电解槽的材料和电极材料受到一定限制。钇组金属（除 Yb 外），由于熔点高，要高温电解，此时氯化物挥发，并选择电解材料也较困难，所以钇组金属很少采用熔盐电解法，而采用金属热还原法。

（2）稀土金属在熔盐中溶解度较大，稀土氯化物易吸水，水解为氧氯化物，稀土金属易与 O_2、S、H_2、C、H_2O 等作用。上述因素致使电流效率降低，不利于稀土金属的制备。

3.3.2.1 氯化物熔盐体系的电解

稀土氯化物熔盐电解的基本反应如下：

在阴极发生还原反应：$RE^{3+} + 3e^- \longrightarrow RE$

但 Sm^{3+}、Eu^{3+} 等离子在阴极先发生不完全的还原反应：$RE^{3+} + e^- \longrightarrow RE^{2+}$

在阳极发生氧化反应：$Cl^- - e^- \longrightarrow Cl$；$2Cl \longrightarrow Cl_2$

氯化物熔盐体系是由稀土氯化物和氯化钠或氯化钾或氯化钙组成的二元或三元体系，这样可以克服单一稀土氯化物熔点高、黏度大、不稳定（易与水和氧作用）和稀土金属在熔盐中溶解度较大等缺点。

由于稀土氯化物容易吸水，在制备高纯金属时，电解质中经常含有氟化物，因氟化物不易吸水，容易操作，但氟化物熔点高，常常要加入氟化锂、氟化钙（或氟化钡）以降低熔点。

电解温度要在稀土金属的熔点以上，此时在阴极还原的金属是熔融的。电解温度偏高，金属在盐中的溶解度增大，电解质挥发大，电流效率降低；电解温度偏低，电解时生成金属“雾”（金属在电解质中的胶体悬浮雾），也要降低电流效率，所以选择电解时的温度是十分重要的。

电解的条件还与电解电压和电流密度有关，具体条件见表 3-11。

3.3.2.2 氧化物-氟化物熔盐体系的电解

用此法曾生产出的高质量的稀土金属，成本似乎也比氯化物电解法低。

此法是把稀土氧化物溶解在氟化物的熔盐体系中进行电解的。选择氟化物熔盐体系应考虑到，在电解时，盐的挥发性要小，稀土氧化物在其中的溶解度要大，熔盐的分解电压较稀土氧化物高，即在电解时，阴离子在阳极不被氧化，阳离子在阴极不析出。所以熔盐体系是

表 3-11 工业电解制备镧和铈的条件

稀土金属	富镧混合稀土	铈
电解质组成($RECl_3$,质量分数)/%	35～50	35～50
电解温度/℃	930	870～910
平均电流/A	800	2500
平均电压/V	14～16	10～11
阳极电流密度/(A/cm²)	0.95±0.05	0.8
阴极电流密度/(A/cm²)	约5	2.3
体积电流密度/(A/cm²)	0.18±0.02	0.082

由氟化物组成的，不应采用氯化物（氯在氧化物电解前先析出）。在氟化物中，只有 LiF、CaF_2、BaF_2 比稀土氟化物稳定，分解电压高，在电解时不先被还原，故氟化物的熔盐体系是由 REF_3-LiF 或 REF_3-CaF_2（或 BaF_2）组成的。如采用 CeF_3 20mol、LiF 35mol、BaF_2 5mol 组成的体系，将 CeO_2 溶解其中，在 880～900℃下进行电解，可得到纯度为 99.7%～99.8%的金属铈。

在氧化物-氟化物熔盐体系电解时，电极的主要反应：

$$RE^{3+} + 3e^- \longrightarrow RE\text{(阴极材料)}$$

$$O^{2-} + C - 2e^- \longrightarrow CO\uparrow\text{(阳极材料)}$$

$$2O^{2-} + C - 4e^- \longrightarrow CO_2\uparrow\text{(阳极材料)}$$

$$2O^{2-} - 4e^- \longrightarrow O_2\uparrow\text{(阳极材料)}$$

稀土金属在阴极析出，在阳极放出 O_2、CO、CO_2 等气体。在电解制备镧和铈时，在阳极主要放出 CO、CO_2 的混合物，高温（900～1000℃以上）时主要放出 CO。在电解质缺氧时，还可能放出 C_mF_n 的氟碳化物。由于上述反应，在阴极析出的金属可能被 O_2、CO 等沾污。

由电解法得的粗金属，也要进行纯化，才能得到纯金属。

第 4 章

稀土元素的磁性和光学性质

4.1 稀土元素的磁性

4.1.1 物质的磁性

4.1.1.1 物质的磁性来源

物质的磁性来自于物质内部的电子和核的电性质。由于核的磁效应约比电子的磁效应小三个数量级，因此在讨论中予以忽略，但不是说核的磁效应无化学意义。

原子、离子或分子的电子磁效应来自于电子的轨道运动和自旋运动，因此它们的磁性是轨道磁性和自旋磁性的某种组合。轨道磁性是由轨道角动量所决定的，自旋磁性是由自旋角动量产生的，因此原子或离子的磁性决定于它们的总轨道角动量 L、总自旋角动量 S 和由它们组合的整个原子或离子的总角动量 J。它们的磁矩可由下式表示：

$$\mu_{\mathrm{eff}}=g\sqrt{J(J+1)}\ (\mathrm{B.M.})$$

其中 g 称为 Lande（兰德）因子，其值为：

$$g=1+\frac{J(J+1)+S(S+1)-L(L+1)}{2J(J+1)}$$

通常以 Bohr 磁子 B. M. 为单位，h 为普朗克常数；e 为电子电荷；m 为电子质量；c 为光速。

$$1\mathrm{B.M.}=\frac{eh}{4\pi mc}=9.273\times10^{-21}\mathrm{erg/G}=9.273\times10^{-24}\mathrm{Am^2/mol}$$

在一些原子或离子中，当电子的轨道-自旋偶合基本上可忽略时，其原子或离子的有效磁矩可用下式表示：

$$\mu_{L+S}=\sqrt{L(L+1)+4S(S+1)}\ (\mathrm{B.M.})$$

对于一些 d 区过渡元素来说，原子或离子的有效磁矩更符合于纯自旋磁矩：

$$\mu_S=\sqrt{4S(S+1)}\ (\mathrm{B.M.})$$

稀土元素的原子或离子的轨道-自旋偶合是较大的，自旋偶合常数（见表 4-1）大于 κT（常温时 κT 约等于 $200\mathrm{cm^{-1}}$）。在常温下，所有原子或离子实际上处于多重态的基组态上，因此它们的有效磁矩，应由下式给出：$\mu_{eff}=g\sqrt{J(J+1)}$(B. M.)。除了 Sm^{3+}、Eu^{3+} 外，其他元素的实测数据与上式的计算结果基本一致。

4.1.1.2 磁化率

如果把一个物质放在强度为 H 的外加磁场中，物质内部的磁通量 B 为：$B=H+4\pi I$ 其中 I 称为磁化强度。磁导率定义为：B/H

磁化率定义为：
$$\kappa=I/H$$
I 和 κ 数值是对单位体积的磁矩而言的，所以 κ 亦称为体积磁化率，它是无量纲的量。

磁化率还可用克磁化率 χ_g 和摩尔磁化率 x_M 表示。克磁化率为：$\chi_g=\kappa/\rho$（ρ 为物质的密度)，单位为 cm^3/g。摩尔磁化率为：$x_M=\chi_g M$（M 相应于一个金属原子的化合物的分子重量，即分子量)，单位为 cm^3/mol。

(1) 磁化率与温度的关系：顺磁物质的磁化率与温度的关系应服从 Curie（居里）定律，即：

$$x_M\propto C/T \text{ 或}/x_M=C/T$$

其中 C 称为 Curie 常数，T 为热力学温度。它的实际意义是考虑抗磁性和与温度无关的顺磁性的效应后的磁化率 $x_M^{校正}$ 与温度的关系，所以应是：$x_M^{校正}=C/T$，按此式，$x_M^{校正}$ 对 $1/T$ 的图应是通过坐标原点的图形，但有些物质的 $x_M^{校正}$ 对 $1/T$ 的图形不通过坐标原点，因此要加以修正，用下式表示：

$$x_M^{校正}=C/(T-\theta)$$

此即为 Curie-Weiss 定律，θ 称为 Weiss 常数。

(2) 磁化率与磁矩关系：由统计处理方法得到：

$$x_M^{校正}=N\mu^2/(3kT)$$

式中，N 为 Avogadro 常数；k 是 Boltzmann 常数，此式与 $x_M^{校正}=C/T$ 相比较，则：

$$C=N\mu^2/3k$$

在一定温度下：

$$\mu=\sqrt{3k/N}\times\sqrt{x_M^{校正}T}=2.84\sqrt{x_M^{校正}T}$$

因此测定出物质的磁化率就可算出顺磁物质的原子、离子或分子磁矩。

当用 $x_M^{校正}=C/(T-\theta)$ 代替 $x_M^{校正}=C/T$ 时，则：

$$\mu=2.84\sqrt{x_M^{校正}(T-\theta)}$$

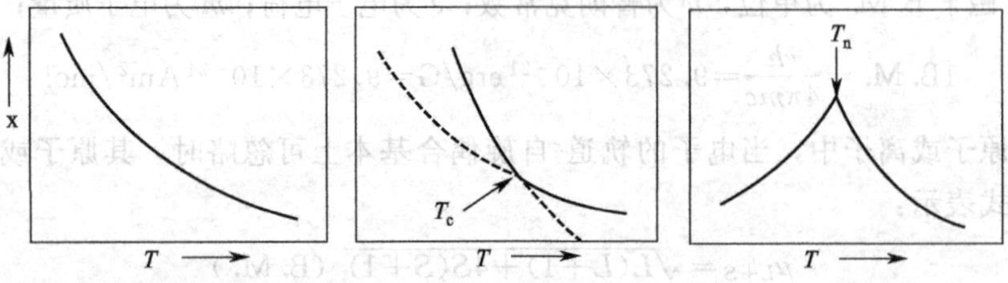

图 4-1 磁化率与温度关系

4.1.1.3 物质磁行为的主要类型

物质磁行为分顺磁性、抗磁性、铁磁性和反铁磁性等几大类。

顺磁性物质具有正的磁化率，磁导率>1。顺磁性是由电子轨道运动或自旋运动引起的原子或分子磁矩。在外加磁场作用下，使原子磁矩沿外磁场方向平行排列，以致使试样产生整体磁化。

所有物质都具有抗磁性，由于原子或离子中封闭壳层中的各电子的自旋磁矩和轨道磁矩相互抵消，所以没有净磁矩。在外加磁场中，由于磁场的诱导，产生了大小与磁场强度成正比，方向与所在磁场方向相反的、小的净轨道磁矩，其磁化率为负，即在磁场中物质有抗磁性。

顺磁性物质可分为三种主要类型。

(1) 简单顺磁性物质　其磁化率服从 Curie 或 Curie-Weiss 定律。

(2) 铁磁性物质　在简单的铁磁性物质中，原子磁矩在晶体点阵上是有序的，在绝对零度时其所有磁矩都平行排列。当温度升高时，将减弱磁矩的有序作用，一直到 Curie 点温度 (T_c) 或高于以上温度时，原子磁矩的有序被破坏，整个原子体系变为顺磁性并服从 Curie 或 Curie-Weiss 定律。由铁磁性变为顺磁性时的温度称为 Curie 温度 (T_c)。

(3) 反铁磁性物质　当原子磁矩在晶体点阵上是有序的，而彼此反平行排列使净磁矩为零时，物质表现反铁磁性，此时磁性与温度关系不服从 Curie 或 Curie-Weiss 定律。当温度升高到 Neel 点温度 (T_N) 或高于该温度时，热运动阻止了这种反平行排列，整个原子体系变为顺磁性。物质由反磁性转变为顺磁性时的温度称为 Neel 温度 (T_N)，在 T_N 以上物质具有简单顺磁性，在 T_N 以下磁化率随温度降低而下降。

4.1.2 稀土元素离子的磁矩

(1) 稀土离子基态理论磁矩可由 $\mu_{eff}=g\sqrt{J(J+1)}$ 来计算。计算实例如下：

① Pr^{3+}(4f) 的磁矩。Pr^{3+} 的基谱支项为 $^3H_4$，则：

$$g=1+\frac{J(J+1)+S(S+1)-L(L+1)}{2J(J+1)}=1+\frac{4(4+1)+1(1+1)-5(5+1)}{2\times4(4+1)}=\frac{4}{5}$$

$$\mu_{eff}=g\sqrt{J(J+1)}=\frac{4}{5}\sqrt{4(4+1)}=3.58\ (\text{B. M.})$$

② Er^{3+}(4f) 的理论磁矩。Er^{3+} 的基谱支项为 $^4I_{15/2}$，则：

$$g=1+\frac{J(J+1)+S(S+1)-L(L+1)}{2J(J+1)}=1+\frac{\frac{15}{2}\left(\frac{15}{2}+1\right)+\frac{3}{2}\left(\frac{3}{2}+1\right)-6(6+1)}{2\times\frac{15}{2}\left(\frac{15}{2}+1\right)}=\frac{6}{5}$$

$$\mu_{eff}=g\sqrt{J(J+1)}=\frac{6}{5}\sqrt{\frac{15}{2}\left(\frac{15}{2}+1\right)}=9.58\ (\text{B. M.})$$

各稀土离子(Ⅲ) 基态的理论磁矩列在表 4-1 中。除了 Sm^{3+}、Eu^{3+} 外，其余稀土离子(Ⅲ) 的实测磁矩都与相应离子(Ⅲ) 的基态理论磁矩接近。

(2) Sm^{3+}、Eu^{3+} 的实测磁矩总比它们的基态理论磁矩大，Eu^{3+} 更为明显，其原因如下。

① 体系的离子在不同能态上的分布应服从 Boltzmann 分布定律。当离子的基态能量与低激发态能量相差不大时，体系离子虽大部分处于基态，但亦可部分处于低激发态，因此自由离子在基态的 J 值计算磁矩，就与实测磁矩有偏差。当离子的基态能量与低激发态能量相差较大时，可以粗略地认为体系离子基本上处于基态，因此根据基态的 J 值计算得到的理

表 4-1 稀土离子的磁矩

离子 RE^{3+}	4f 电子数	基态	S	L	J	g	磁矩/B. M.	
							计算	实验
La	0	$^1S_0$	0	0	0	—	0.0	0.0
Ce	1	$^2F_{5/2}$	1/2	3	5/2	6/7	2.54	2.4
Pr	2	$^3H_4$	1	5	4	4/5	3.58	3.5
Nd	3	$^4I_{9/2}$	3/2	6	9/2	8/11	3.62	3.5
Pm	4	$^5I_4$	2	6	4	3/5	2.68	
Sm	5	$^6H_{5/2}$	5/2	5	5/2	2/7	0.84	1.5
Eu	6	$^7F_0$	3	3	0	1	0.0	3.4
Gd	7	$^8S_{7/2}$	7/2	0	7/2	2	7.94	8.0
Tb	8	$^7F_6$	3	3	6	3/2	9.72	9.5
Dy	9	$^6H_{15/2}$	5/2	5	15/2	4/3	10.65	10.7
Ho	10	$^5I_8$	2	6	8	5/4	10.61	10.3
Er	11	$^4I_{15/2}$	3/2	6	15/2	6/5	9.58	9.5
Tm	12	$^3H_6$	1	5	6	7/6	7.56	7.3
Yb	13	$^2F_{7/2}$	1/2	3	7/2	8/7	4.54	4.5
Lu	14	$^1S_0$	0	0	0	0	0.0	0.0

论磁矩与实测磁矩基本相符。Sm^{3+} 和 Eu^{3+} 的基态 $^6H_{5/2}$ 和 $^7F_0$ 与低激发态 $^6H_{7/2}$ 和 $^7F_{1,2,3}$ 的能差较小（见图 4-2），即使在常温下，体系的离子也可能部分的处于 $^6H_{7/2}$ 和 $^7F_{1,2,3}$ 的低激发态上，因此实测磁矩与单纯从基态的 J 值计算的磁矩显然不一致。

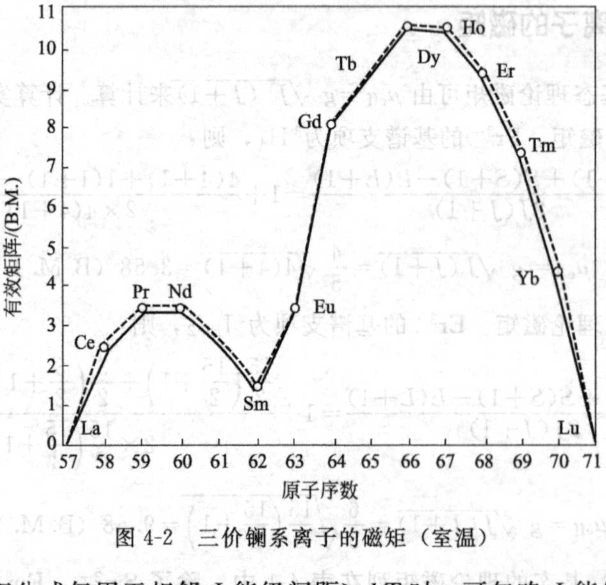

图 4-2 三价镧系离子的磁矩（室温）

② 当上述的磁矩公式仅用于相邻 J 能级间距 $>kT$ 时，可忽略 J 能级间的相互作用。离子在磁场作用下，J 态能级的变化仅产生一级塞曼（Zeemamm）效应。对于 J 能级间距较大（$>kT$）的一些离子，忽略 J 能级间的作用，可服从上述磁矩公式，计算结果与实测值基本相符。但 Sm^{3+}、Eu^{3+} 的基态 J 能级与最低激发态能级间距较小，因此由于 J 能级间的相互作用，它们的磁矩不服从上述磁矩公式，这也造成 Sm^{3+}、Eu^{3+} 磁矩的基态理论值与实测值有较大的偏差。

（3）稀土离子的电子结构决定了它们的磁性有如下特点。

① 除了 La、Lu、Sc、Y 外，其他稀土离子都含有成单电子，因此它们都有顺磁性，并

且大多数三价离子磁矩比 d-过渡元素离子的大。

② RE^{3+} 不同于 d-过渡元素离子，其磁矩决定于基态 J 值的大小。在镧系中，磁矩随基态 J 的变化而变化。在磁矩与原子序数的关系中出现二个峰，峰值在 Nd^{3+} 和 Ho^{3+} 处。如图 4-2 所示。

③ 在化合物中稀土离子(Ⅲ)的磁矩受环境影响较小，基本上与离子(Ⅲ)的理论磁矩接近，见表 4-2。由于稀土离子的成单电子处在离子的内层的 4f 壳层中，受到 $5s^2$、$5p^6$ 壳层对环境的屏蔽，因此受环境的影响较小，致使其化合物磁矩与离子（Ⅲ）的理论磁矩一致。

非三价稀土离子的磁矩与等电子的三价稀土离子磁矩基本上相同或接近，但也有例外。在整比的 PrO_2 中 Pr^{4+} 的磁矩为 2.48B.M.，与等电子的 Ce^{3+} 的磁矩 2.56B.M. 相近，但 Ce^{4+} 的磁矩不像 La^{3+} 那样，为 0，这是一个例外。二价的 Sm^{2+}、Eu^{2+}、Yb^{2+} 的磁矩或磁化率基本与等电子的 Eu^{3+}、Gd^{3+}、Lu^{3+} 相近。例如，Eu^{3+} 在 20℃时的摩尔磁化率（$25800\times4\pi\times10^{-12}$ SI 单位）与 Gd^{3+} 的摩尔磁化率（$25700\times4\pi\times10^{-12}$ SI 单位）接近，Yb^{2+} 的磁矩也和 Lu^{3+} 的磁矩一样，趋近于 0。

表 4-2　稀土配合物的分子磁矩　　单位：B. M.

离子 RE^{3+}	计算值	$RE_2(SO_4)_3\cdot8H_2O$	RE_2O_3	$[RE(EDTA)]^-$	$[RE(HEDTA)]^-$	$[RE(DCTA)]$	$RE(C_5H_5)_3$
La	0.00						
Ce	2.54	2.37					
Pr	3.58	3.47	3.71	3.6			3.47
Nd	3.62	3.52	3.71	3.6	3.3	3.5	3.52
Pm	2.68						
Sm	0.84	1.53	1.50	1.7	1.4	1.5	1.58
Eu	0.00		3.32	3.6	3.1	3.2	3.54
Gd	7.94	7.81	7.9	7.9	7.9	8.2	7.9
Tb	9.7	9.4					9.6
Dy	10.6		10.5				10.3
Ho	10.6	10.3	10.5				10.4
Er	9.6	9.6	9.5				9.4
Tm	7.6		7.2				7.0
Yb	4.5	4.4	4.5				4.3
Lu	0.00						

4.1.3 稀土金属的磁性

稀土金属的磁性主要与其未充满的 4f 壳层有关，金属的晶体结构也影响着它们的磁性变化。由于稀土金属的 4f 电子处在内层，其金属态的 $5d^1$、$6s^2$ 电子为传导电子，因此大多数稀土金属（除了 Sm、Eu、Yb 外）的有效磁矩与失去 $5d^1$、$6s^2$ 电子的三价离子磁矩几乎相同。各稀土金属的磁矩见表 4-3。

由于 Eu 和 Yb 金属只提供两个传导电子，以保持 4f 壳层半充满和全充满的稳定性，所以它们的有效磁矩与相应的二价离子的磁矩一致，和原子序数比它们大 1 的相邻金属的磁矩相近。如 Eu 在 100K 以上时，其磁化率服从 Curie-Welss 定律，$\theta=108K$，$\mu_{eff}=7.12B.M.$。这与 Gd 的磁矩相近，但略有偏差。Yb 的磁矩也接近于 Lu 的磁矩，但并非为

Lu^{3+}的$^1S_0$态的磁矩值，而呈弱顺磁性，这可能是由于其个别原子处在$^2F_{7/2}$基态上所致。有人假设在260个原子中有一个原子的4f壳层有一电子空穴（$4f^{13}$），即处在$^2F_{7/2}$态，其余的原子处在无磁的$^1S_0$态，就能使Yb呈弱的顺磁性。

在常温下稀土金属均为顺磁物质，其中La、Yb、Lu的磁矩<1。随着温度的降低，它们会发生由顺磁性变为铁磁性或反铁磁性的有序变化。有序状态的自旋不是以简单的平行或反平行方式取向，而以蜷线形或螺旋形结构取向。它们的Curie温度和Neel温度低于常温，Gd的Curie温度最高，为293.2K，其他金属的数值列在表4-3中。一些重稀土金属（如Tb、Dy、Ho、Er、Tm等）在较低温度时由反铁磁性转变为铁磁性，而Gd则是由顺磁性直接转变为铁磁性。

表4-3 稀土金属的磁性能

金属	基态	μ_{eff}理/B. M.	μ实/B. M.	x原/10^3	T_N/K	T_c/K
La	$^1S_0$	0	0.49	0.093		
Ce	$^2F_{5/2}$	2.54	2.51	2.43	12.5	
Pr	$^3H_4$	3.58	3.56	5.32	25	
Nd	$^4I_{9/2}$	3.62	3.3	5.65	20.75	
Pm	$^5I_4$	3.68				
Sm	$^6H_{5/2}$	0.84	1.74	1.27	14.8	
Eu	$^7F_0$	0	7.12	33.1	90	
Gd	$^8S_{7/2}$	7.94	7.98	356		293.2
Tb	$^7F_6$	9.7	9.77	193	229	221
Dy	$^6H_{15/2}$	10.6	10.67	99.8	178.5	85
Ho	$^5I_8$	10.6	10.8	70.2	132	20
Er	$^4I_{15/2}$	9.6	9.8	44.1	85	19.6
Tm	$^3H_6$	7.6	7.6	26.2	51～60	22
Yb	$^2F_{7/2}$	4.5	0.41	0.071		
Lu	$^1S_0$	0	0.21	0.0179		
Y	$^1S_0$	0	1.34	0.186		
Sc	$^1S_0$	0	1.67	0.25		

4.1.4 稀土金属与3d过渡金属化合物的磁性

稀土和其他金属可以形成各种金属间化合物，而只有稀土与非零磁矩的3d金属（Mn、Fe、Co、Ni）化合物具有重要的磁性。它们当中有些化合物具有优良的磁性能，如稀土与钴的$RECo_5$、RE_2Co_{17}的化合物，已是应用于工业上的一类永磁材料。

稀土金属与锰、铁、钴、镍等金属形成组成为RE_mB_n的金属间化合物，其中B代表3d-过渡金属，$m=1$，$n=2$、3、5；$m=2$，$n=7$、17；$m=4$，$n=3$等。Sm-Co体系形成七个不同组成的化合物：Sm_3Co、Sm_9Co_4、$SmCo_2$、$SmCo_3$、Sm_2Co_7、$SmCo_7$、$SmCo_{17}$等。它们的磁性因组成不同而有差异，从磁性材料基本要求（具有高的饱和磁化强度和高的居里点）考虑，以REB_5和RE_2B_{17}的两个系列化合物最为重要，它们的磁性特点如下。

（1）化合物的饱和磁化强度随稀土金属不同而异。轻稀土化合物的饱和磁化强度比重稀土化合物大，见图4-3。在稀土与3d-过渡金属化合物中存在RE-RE、RE-3d金属和3d金属-3d金属间的作用，其中RE-RE的作用比较弱，3d金属-3d金属作用最强，RE-3d金属的偶合强度居中。在RE与3d金属偶合中，它们的自旋磁矩在任何情况下都是反平行的。轻稀土金属的基态总角动量量子数 $J=L-S$，其磁矩与 3d 金属的磁矩相平行，而得到较大的联合磁矩。重稀土金属的基态总角动量量子数 $J=L+S$，稀土磁矩与 3d 金属磁矩反平行，而总磁矩减少，所以轻稀土与 3d-过渡金属化合物的饱和磁化强度比重稀土的同类化合物大。

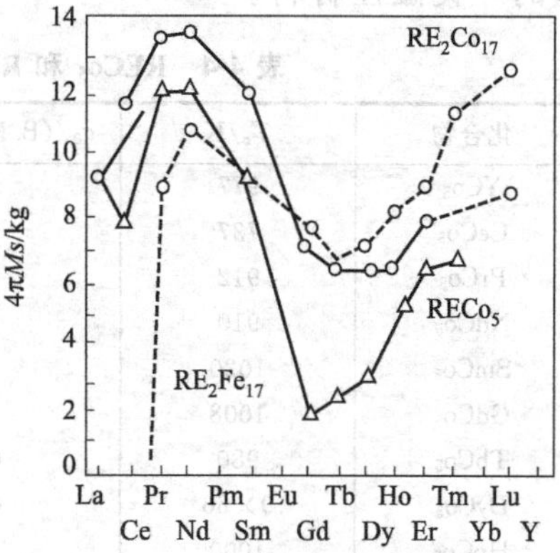

图 4-3　RE-Co 合金的饱和磁化强度

(2) 与稀土金属比较，REB_5 和 RE_2B_{17} 化合物有较高的 Curie 温度。$RECo_5$ 和 RE_2Co_{17} 的 Curie 温度均在 400K 以上，见图 4-4。它们在常温下是铁磁性物质，具有永磁材料的基本要求。Curie 温度的高低与交换能成正比。由于化合物的 3d-3d 电子间交换作用最强，Fe、Co、Ni 的 Curie 温度分别为 1041K、1394K、631K，所以化合物的 Curie 温度也较高。

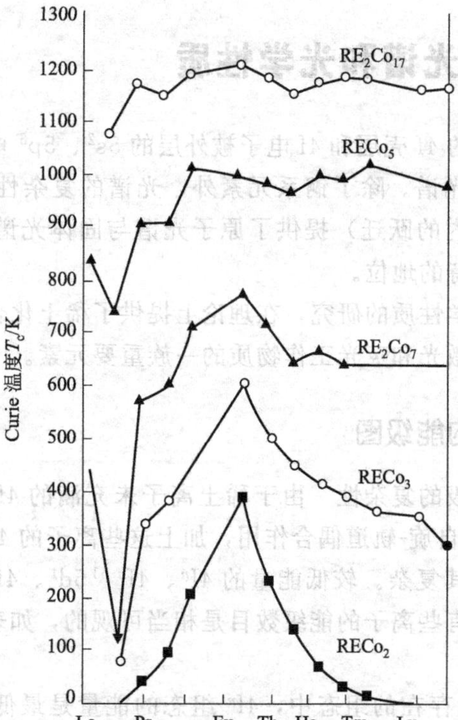

图 4-4　RE-Co 化合物的 Curie 温度

(3) $RECo_5$ 化合物具有六方晶系结构，它们的磁晶各向异性较强，易磁化方向为六重轴的 *c* 轴，其他方向不易磁化。几乎所有 $RECo_5$ 化合物在室温下均有单轴各向异性。单轴各向异性有利于产生高矫顽力，所以 $RECo_5$ 化合物具有较强的矫顽力和较高的最大磁能积，见表 4-4。RE_2Co_{17} 化合物具有六方和斜方两种晶系。多数 RE_2Co_{17} 化合物的易磁方向垂直于六方和斜方晶轴而位于基面内，磁晶各向异性较低，致使其矫顽力比 $RECo_5$ 的低。但它们的饱和磁化强度和 Curie 温度比 $RECo_5$ 高，所以它们也是有希望的一类磁性材料。

表 4-4　$RECo_5$ 和 RE_2Co_{17} 化合物的 Curie 点和绝对饱和磁化强度

化合物	T_c/K	σ_0/(B. M. /$RECo_5$)	化合物	T_c/K	σ_0/(B. M. /RE_2Co_{17})
YCo_5	977	6.8	Y_2Co_{17}	1167	27.8
$CeCo_5$	737	5.7	Ce_2Co_{17}	1083	26.1
$PrCo_5$	912	9.9	Pr_2Co_{17}	1171	31.0
$NdCo_5$	910	9.5	Nd_2Co_{17}	1150	30.5
$SmCo_5$	1020	6.0	Sm_2Co_{17}	1190	20.1
$GdCo_5$	1008	1.2	Gd_2Co_{17}	1209	14.4
$TbCo_5$	980	0.57	Tb_2Co_{17}	1180	10.7
$DyCo_5$	9×66	0.70	Dy_2Co_{17}	1152	8.3
$HoCo_5$	1000	1.1	Ho_2Co_{17}	1173	7.7
$ErCo_5$	986	0.46	Er_2Co_{17}	1186	10.1
$TmCo_5$	1020	1.9	Tm_2Co_{17}	1182	11.3

注：σ_0 是 0K 时的饱和磁化强度。

4.2　稀土元素的光谱和光学性质

稀土元素具有未充满的 4f 壳层和 4f 电子被外层的 $5s^2$、$5p^6$ 电子屏蔽的特性，使稀土元素具有极复杂的类线性的光谱。除了锕系元素外，光谱的复杂性是任何其他元素不能比拟的；谱线的锐度（4f 组态内的跃迁）提供了原子光谱与固体光谱间的重要桥梁，使荧光光谱在固体光谱学中占有独特的地位。

近年来，稀土元素光学性质的研究，在理论上提供了稀土化合物的结构和价键方面的重要信息，在实用上已成为激光和荧光工作物质的一族重要元素。

4.2.1　三价稀土离子的能级图

（1）三价稀土离子能级的复杂性　由于稀土离子未充满的 4f 壳层和它们的自由离子体系的 4f 电子的不可忽略的自旋-轨道偶合作用，加上这些离子的 4f、5d、6s 电子有相近的能量，使它们的能级关系极其复杂。较低能量的 $4f^n$、$4f^{n-1}5d^1$、$4f^{n-1}6s^1$ 和 $4f^{n-1}6p^1$ 组态就产生了众多的能级，其中有些离子的能级数目是相当可观的，如表 4-5 所示。有些能级的重叠使它们的能级更加复杂。

在稀土离子(Ⅲ) 可能存在的组态中，$4f^n$ 组态的能量是最低的，因此在光谱性质研究中也是最重要的。自由的 RE^{3+} 的 $4f^n$、$4f^{n-1}5d^1$、$4f^{n-1}6s^1$ 和 $4f^{n-1}6p^1$ 等组态的中心相对位置标示在图 4-5 中。其中，$4f^n$ 是基组态，下一个激发态是 $4f^{n-1}5d^1$。

（2）能级图　图 4-6 是三价稀土离子的 $4f^n$ 组态的能级图。各能级均以支谱项标志。图中的数值是由实验得到的光谱数据（如中性原子或自由离子的发射光谱数据），即是实验得到的光谱谱线，再以理论上处理，加以标记所以可能是不完全的。图中把基态能级的数值定为零，其他 J 能级的数值相当于该 J 能级和基态能级之能量差，即从基态跃迁到激发态所需的能量，单位为波数（cm^{-1}）。如图中 Ce^{2+} 的 $^2F_{7/2}$ 能级的数值为 $2257cm^{-1}$，即是 $^2F_{7/2}$ 和基态 $^2F_{5/2}$ 间的能量差。Pr^{3+} 的 $^3P_2$ 能级数值为 $23160cm^{-1}$，相当于从 $^3P_2$ 跃迁回基态 $^3H_4$ 时放出的能量。其他依次类推。

表 4-5 三价稀土离子的四个最低能级

RE^{2+}	RE^{3+}	n	基态	$4f^n$	能级数			总和	允许的跃迁
					$4f^{n-1}5d^1$	$4f^{n-1}6s^1$	$4f^{n-1}6p^1$		
—	La	0	$^1S_0$	1	—	—	—	1	—
La	Ce	1	$^2F_{5/2}$	2	2	1	2	7	8
Ce	Pr	2	$^3H_4$	13	20	4	12	49	324
Pr	Nd	3	$^4I_{9/2}$	41	107	24	69	241	5393
Nd	Pm	4	$^5I_4$	107	386	82	242	817	—
Pm	Sm	5	$^6H_{5/2}$	198	977	208	611	1994	306604
Sm	Eu	6	$^7F_0$	295	1878	396	1168	3737	—
Eu	Gd	7	$^8S_{7/2}$	327	2725	576	1095	4723	—
Gd	Tb	8	$^7F_6$	295	3006	654	1928	5883	—
Tb	Dy	9	$^6H_{15/2}$	198	2725	576	1095	4594	—
Dy	Ho	10	$^5I_8$	107	1878	396	1168	3549	—
Ho	Er	11	$^4I_{15/2}$	41	977	208	611	1837	—
Er	Tm	12	$^3H_6$	13	386	82	242	723	—
Tm	Yb	13	$^2F_{7/2}$	2	107	24	69	202	3773
Yb	Lu	14	$^1S_0$	1	20	4	12	37	217

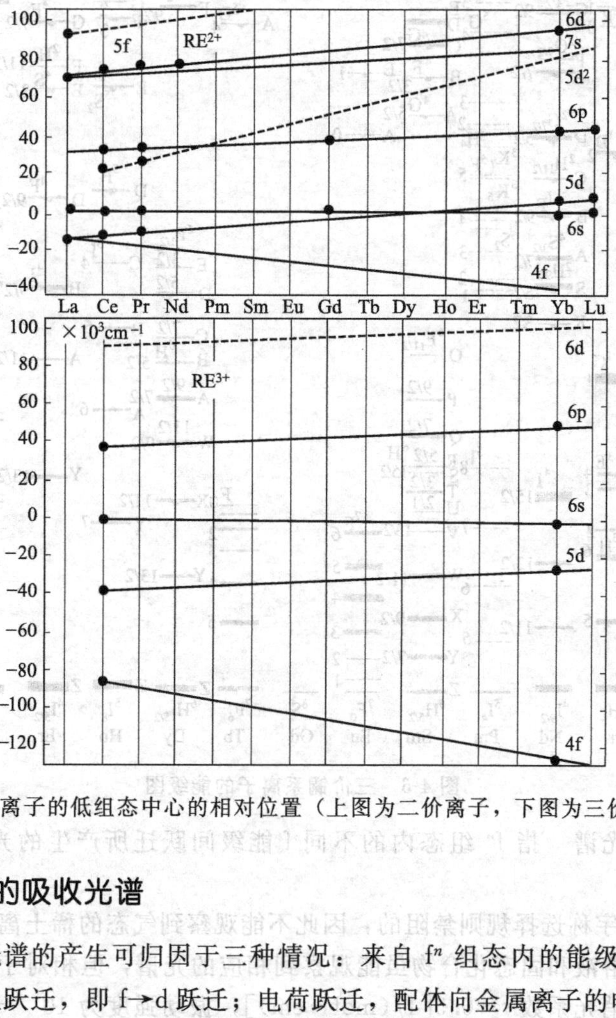

图 4-5 离子的低组态中心的相对位置（上图为二价离子，下图为三价离子）

4.2.2 稀土离子的吸收光谱

稀土离子吸收光谱的产生可归因于三种情况：来自 f^n 组态内的能级间的跃迁，即 f→f 跃迁；组态间的能级跃迁，即 f→d 跃迁；电荷跃迁，配体向金属离子的电荷跃迁。

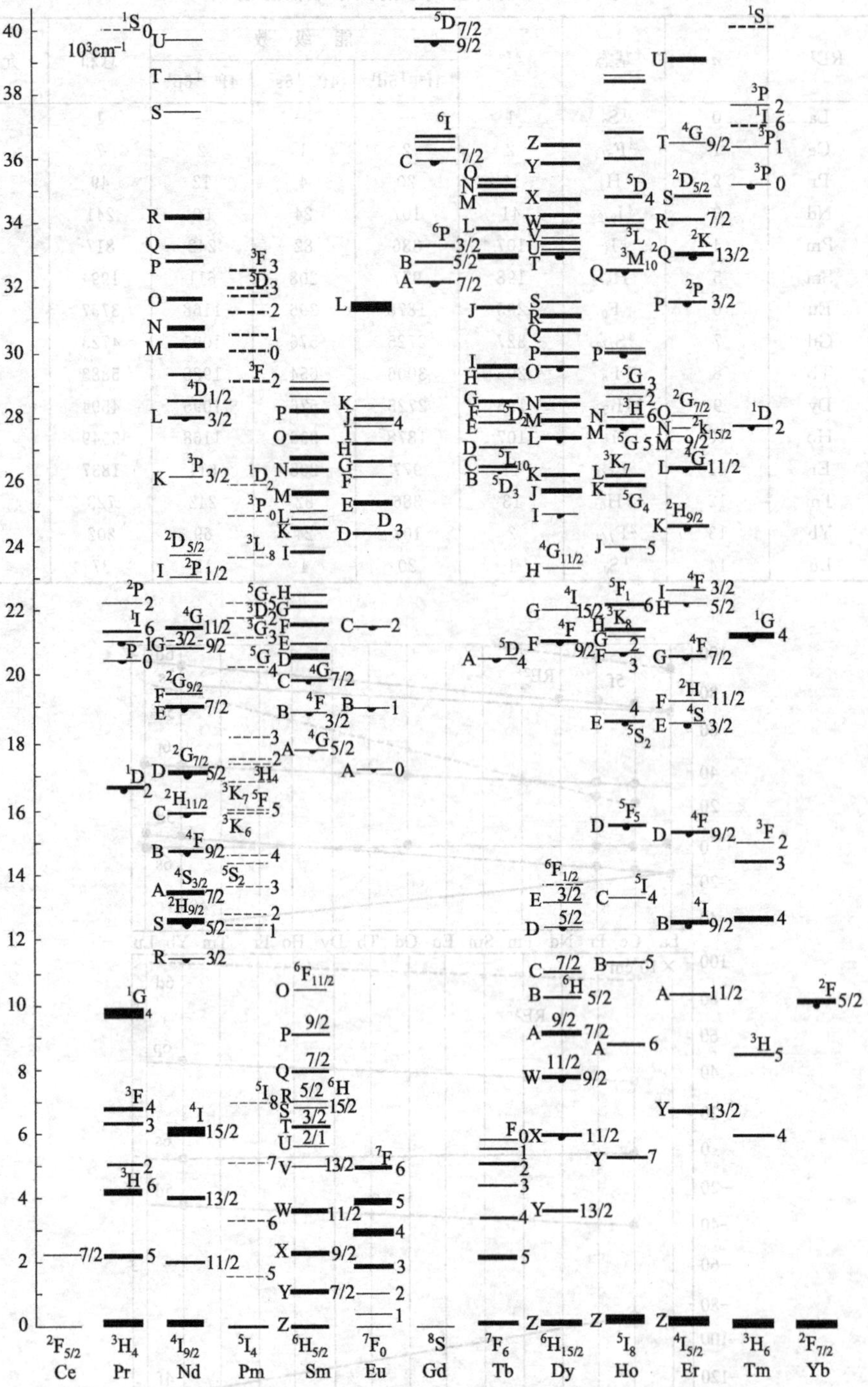

图 4-6　三价镧系离子的能级图

(1) f→f 跃迁光谱　指 f^n 组态内的不同 f 能级间跃迁所产生的光谱，它的特点如下所述。

① f→f 跃迁是宇称选择规则禁阻的，因此不能观察到气态的稀土离子的 f→f 跃迁光谱，由于配体场微扰，溶液和固态化合物虽能观察到相应的光谱，但相对于 d→d 跃迁来说，也是相当弱的，摩尔消光系数 ε≈0.5[1/(mol·cm)]，振动强度为 10^{-6}～10^{-5}（指主要的跃

迁类型-电偶极跃迁，这将在配合物光谱中述及)。

② f→f 跃迁光谱是类线性的光谱。谱带的尖锐原因是处于内层的 4f 电子受到 $5s^2$、$5p^6$ 电子的屏蔽，因此受环境的影响较小，所以自由离子光谱是类原子的线性光谱，甚至在溶液和固体化合物中，也是这样的，尤其在低温条件下更为明显。这一点与 d 区过渡元素的 d→d 跃迁光谱有所区别。d 区过渡元素离子的 d 电子是外层电子，易受环境的影响，因而谱带变宽。稀土离子的 f→f 跃迁谱带的分裂为 $100cm^{-1}$ 左右，而过渡元素的 d→d 跃迁的谱带分裂在 $1000\sim3000cm^{-1}$。

③ 谱带的范围较广。在近紫外，可见区和近红外区内都能得到稀土离子(Ⅲ) 的光谱。其中 Sc^{3+}、Y^{3+}、La^{3+}、Lu^{3+} 是封闭壳层结构，从基态跃迁及至激发态需要较高的能量，因而它们在 200～1000nm（$50000\sim10000cm^{-1}$）的范围内无吸收，所以它们是无色的。Ce^{3+}、Eu^{3+}、Gd^{3+}、Tb^{3+} 虽在 200～1000nm 范围内有特征的吸收带，但大部或全部吸收带均在紫外区内。

Yb^{3+} 的吸收带在近红外区内出现，所以 Ce^{3+}、Eu^{3+}、Gd^{3+}、Tb^{3+} 和 Yb^{3+} 也是无色的。换句话说，镧系元素中全空、半充满和全充满或接近全空、半充满的 4f 电子是稳定的，这些 f 电子遇见可见光时，很难被激发。Pr^{3+}、Nd^{3+}、Pm^{3+}、Sm^{3+}、Dy^{3+}、Ho^{3+}、Er^{3+}、Tm^{3+} 有的吸收带存在于可见区内，也就是说，基态和激发态的能量处于可见光的能量范围，遇到可见光就能吸收其中不同波长的光而呈现不同的特征颜色，因而它们是有色的。RE^{3+} 的主要吸收峰及其消光系数列在表 4-6 中。

表 4-6 在 H_2O-D_2O 中 RE^{3+} 在（水合）离子的吸收带（$\varepsilon>0.2$）

离子	峰位		ε	离子	峰位		ε
	cm^{-1}	nm			cm^{-1}	nm	
Dy	5837	1713	0.84	Dy	12398	806	1.82
Nd	5988	1670	0.25	Er	12462	802	0.27
Tm	6006	1665	1.04	Nd	12472	802	6.42
Pr	6309	1585	4.18	Pm	12484	801	0.74
Pr	6451	1550	4.51	Nd	12586	794	12.05
Sm	6622	1510	0.79	Ho	15608	641	3.19
Er	6667	1500	2.11	Pm	16000	625	0.44
Pr	6896	1450	3.60	Pm	16920	591	0.26
Sm	7143	1400	1.54	Pr	16980	589	1.88
Dy	7707	1297	1.22	Nd	17373	576	7.20
Sm	8051	1242	2.02	Pm	17605	568	4.43
Tm	8278	1208	1.11	Er	18215	549	0.21
Ho	8417	1188	0.74	Pm	18235	548	3.68
Tm	8529	1172	0.50	Pm	18315	546	3.45
Ho	8673	1153	0.87	Ho	18399	544	1.81
Dy	9066	1103	1.72	Er	18477	541	0.72
Sm	9199	1087	1.77	Ho	18632	537	4.74
Pr	9876	1012	0.20	Er	19128	523	3.40
Yb	10262	974	2.03	Nd	19198	521	4.33
Er	10262	974	1.14	Nd	19522	512	1.76
Sm	10520	951	0.36	Pm	20242	494	1.47
Dy	10995	910	2.44	Er	20375	491	0.93
Ho	11235	890	0.22	Er	20542	487	2.02
Nd	11556	865	4.01	Ho	20614	485	1.84

续表

离子	峰位		ε	离子	峰位		ε
	cm^{-1}	nm			cm^{-1}	nm	
Pr	20772	481	4.29	Er	22242	450	0.88
Ho	20833	480	0.48	Pr	22522	444	0.41
Sm	20894	479	0.60	Er	22624	442	0.43
Nd	21017	476	0.72	Nd	23386	428	1.14
Ho	21106	474	0.82	Pm	23640	423	0.20
Nd	21308	469	0.78	Ho	23708	422	0.89
Pr	21349	468	4.59	Ho	24033	416	2.55
Ho	21377	468	0.82	Sm	24096	415	0.47
Tm	21533	464	0.48	Er	24570	407	0.53
Sm	21580	463	0.54	Sm	24582	407	0.61
Pm	12804	781	1.46	Er	24704	405	0.67
Tm	12820	780	1.02	Pm	24876	402	0.46
Dy	13210	757	0.35	Eu	31505	317	1.01
Nd	13508	740	7027	Sm	31546	317	0.31
Pm	13624	734	3.04	Dy	33580	298	0.21
Nd	13665	732	5.93	Nd	33580	298	0.33
Pm	13980	715	0.48	Eu	33602	298	1.21
Pm	14239	702	2.54	Dy	33944	295	0.67
Tm	14347	697	0.92	Ho	34153	293	0.47
Nd	14600	685	0.22	Dy	34320	291	0.22
Pm	14625	684	2.11	Nd	34420	290	0.27
Tm	14663	682	2.43	Ho	34674	288	1.26
Nd	14721	679	0.50	Ho	34891	287	3.16
Er	15015	666	0.54	Eu	35100	285	0.57
Tm	15179	659	0.27	Tm	35211	284	0.27
Ho	15238	656	1.03	Tb	35223	284	0.25
Ho	15314	653	1.01	Sm	26752	374	0.70
Er	15328	652	1.97	Tb	27137	368	0.34
Sm	24925	401	3.31	Dy	27427	365	2.11
Dy	25227	396	0.23	Er	27457	364	2.08
Eu	25419	393	2.77	Sm	27624	362	0.75
Sm	25602	390	0.26	Eu	27678	361	0.64
Ho	25680	389	0.29	Ho	27716	361	2.27
Dy	25840	387	0.89	Tm	27809	360	0.80
Ho	25974	385	0.49	Er	27932	358	0.31
Eu	25988	385	0.33	Tm	28090	356	0.76
Eu	26330	380	0.31	Er	28120	356	0.85
Dy	26334	379	0.24	Nd	28296	353	5.30
Er	26385	379	6.68	Tb	28545	350	0.31
Tb	26510	377	0.21	Nd	28555	350	2.46
Eu	26624	376	0.36	Dy	28556	350	2.54
Eu	26702	374	0.36	Nd	28892	346	3.71
Nd	21668	462	0.52	Ho	28985	345	0.59
Pm	21786	459	0.63	Sm	29070	344	0.50
Er	22056	453	0.38	Nd	29410	340	0.21
Dy	22065	453	0.26	Dy	29595	338	0.34
Ho	22185	451	3.90	Pm	30039	333	4.73
Pm	22222	450	0.46	Ho	30048	333	0.82

续表

离子	峰位		ε	离子	峰位		ε
	cm^{-1}	nm			cm^{-1}	nm	
Nd	30469	328	0.68	Eu	37439	267	0.54
Pm	30478	328	4.96	Tm	38226	262	0.90
Dy	30798	325	1.78	Nd	38490	260	0.22
Pm	31250	320	2.53	Dy	38850	257	0.32
Eu	31270	320	0.24	Dy	39093	256	0.68
Gd	35920	278	0.29	Eu	39108	256	0.35
Ho	35997	278	2.07	Er	39200	255	7.89
Gd	36258	276	0.92	Eu	39872	251	0.80
Gd	36337	275	2.00	Ho	40064	250	0.39
Er	36443	274	0.31	Er	41152	243	0.89
Gd	36536	274	1.38	Ho	41560	241	3.16
Ho	36550	274	0.20	Er	41666	240	0.31
Gd	36576	273	1.22	Ho	42016	238	0.21
Tm	36576	273	0.23	Sm	42553	235	0.22
Er	36603	272	0.30	Er	43525	230	0.58
Gd	36710	272	3.41				

稀土离子的谱带和颜色已列在表 4-7 中。其中 f^n 和 f^{14-n}组态的有相同或相近的颜色，还可以看出具有未偶合电子的结构就有颜色。La^{3+}～Gd^{3+}的颜色变化和由Gd^{3+}～Lu^{3+}的情况是相似的，只有Pm^{3+}和Ho^{3+}(f^{14-n}）的例外。稀土离子颜色的这种“规律性”变化并不是内在的联系，因为 f^n 和 f^{14-n}的离子颜色虽相似，但谱带位置并不相同。物质的颜色只是未被该物质吸收的那些光波混合的结果。

稀土离子的 f→f 跃迁光谱，主要是 f^n 的基态向激发态的跃迁造成的，其中Sm^{3+}、Eu^{3+}除了基态（Sm^{3+}的$^8H_{5/2}$、Eu^{3+}的$^7F_0$）向激发态跃迁外，还存在由第一、第二激发态（Sm^{3+}的$^8H_{3/2}$、Eu^{3+}的$^7F_1$、$^7F_2$）向更高能态的跃迁。Sm^{3+}、Eu^{3+}的这种有别于其他离子情况，是由于Sm^{3+}的$^8H_{7/2}$态和Eu^{3+}的$^7F_1$、$^7F_2$ 态与基态的能差较小，常温下部分离子集居于上述能态的原因。

(2) f→d 跃迁光谱　稀土离子的 f→d 跃迁光谱不同于 f→f 跃迁光谱。$4f^n \rightarrow 4f^{n-1}5d^1$跃迁是组态间的跃迁。这种跃迁是宇称选择规则允许的，因而 4f→5d 的跃迁是较强的，摩尔消光系数一般在 50～800[1/(mol·cm)] 内，甚至更大；三价离子的吸收带一般在紫外区出现；由于 5d 能级易受周围离子的配体场影响，相对于 f→f 跃迁来说，谱带变宽。

一般来说，具有比全空或半充满的 f 壳层多一个或两个电子的离子易出现 $4f^n \rightarrow 4f^{n-1}5d^1$的跃迁，如$Ce^{3+}$($4f^1$)、$Pr^{3+}$($4f^2$) 和 Tb^{3+}($4f^8$) 等离子，它们的 $4f^n \rightarrow 4f^{n-1}5d^1$ 的能级比其他三价镧系离子的低，因此有可能出现 $4f^n \rightarrow 4f^{n-1}5d^1$ 的跃迁。

Ce^{3+}、Pr^{3+}和 Tb^{3+}的 $4f^n \rightarrow 4f^{n-1}5d^1$ 的跃迁在近紫外区出现，它们的光谱具有上面提及的特性，如表 4-8 指出的三价铈、谱、铽的氯化物和溴化物的第一个 f→d 跃迁吸收带。

由于二价稀土离子较三价稀土离子的有效核电荷少，大多数二价稀土离子的 $4f^n \rightarrow 4f^{n-1}5d^1$的能量差也较三价离子的小（见图 4-6)，因而一些二价离子在可见光区也有很强的 $4f^n \rightarrow 4f^{n-1}5d^1$ 跃迁吸收带，这是与同电子的三价离子光谱不同之处。

表 4-7 RE^{3+} 和 RE^{2+} 的颜色和吸收带

离子	未成电子对	基态	主要吸收带/nm	颜色	离子	未成电子对	基态	主要吸收带/nm
La^{3+}	$0(4f^0)$	$^1S_0$	无	无	Lu^{3+}	$0(4f^{14})$	$^1S_0$	无
Ce^{3+}	$1(4f^1)$	$^2F_{5/2}$	210.5	无	Yb^{3+}	$1(4f^{13})$	$^2F_{7/2}$	975.0
			222.0		Tm^{3+}	$2(4f^{12})$	$^3H_6$	360.0
			238.0					682.5
			252.0					780.0
Pr^{3+}	$2(4f^2)$	$^3H_4$	444.5	绿	Er^{3+}	$3(4f^{11})$	$^4I_{15/2}$	364.2
			469.0					379.2
			482.2					487.0
			588.5					522.8
Nd^{3+}	$3(4f^3)$	$^4I_{9/2}$	354.0	微				652.5
			521.8		Ho^{3+}	$4(4f^{10})$	$^5I_8$	287.0
			574.5					361.1
			739.5					416.1
			742.0	红				450.8
			797.5					537.0
			803.0					641.0
			868.0		Dy^{3+}	$5(4f^9)$	$^6H_{15/2}$	350.4
Pm^{3+}	$4(4f^4)$	$^5I_4$	548.5	粉				365.0
			568.0	红				910.0
			702.5	黄	Tb^{3+}	$6(4f^8)$	$^7F_6$	284.4
			735.5					350.3
Sm^{3+}	$5(4f^5)$	$^6H_{5/2}$	362.5	黄				367.7
			374.5					477.2
			402.0					
Eu^{3+}	$6(4f^6)$	$^7F_0$	375.5	无				
			394.1					
Gd^{3+}	$7(4f^7)$	$^8S_{7/2}$	272.9	无				
			273.3					
			275.4					
			275.6					
Sm^{2+}	$6(4f^6)$	$^7F_0$		红褐				
Eu^{2+}	$7(4f^7)$	$^8S_{7/2}$		黄				
Yb^{2+}	$0(4f^{14})$	$^1S_0$		绿				

表 4-8 室温时在无水乙醇中稀土三氯化物和三溴化物的第一个 f→d 跃迁的吸收带

$RECl_3$	$\sigma/1000cm^{-1}$	$\varepsilon_{最大}/[1/(mol \cdot cm)]$	$\sigma(-)/1000cm^{-1}$ (带的半宽度)
Ce	33.0	1200	1.5
Pr	44.2	1400	1.3
Tb	43.8	700	0.8
$REBr_3$			
Ce	22.0	800	1.3
Pr	43.8	1500	1.5
Tb	43.3	500	0.9
$CeCl_6^{3-}$	30.3	1600	0.8
$CeBr_6^{3-}$	29.15	1600	1.05
$TbCl_6^{3-}$	36.8	28	1.2
	42.75	1500	0.65
$TbBr_6^{3-}$	36.0	弱	0.9

(3) 电荷跃迁光谱　稀土离子的电荷跃迁光谱，是指配体向金属发生电荷跃迁而产生的光谱，是电荷密度从配体的分子轨道向金属离子轨道进行重新分配的结果。镧系配合物能否出现电荷跃迁带取决于配体和金属离子的氧化还原性。谱带的特点是有较强的强度和较宽的宽度。带的宽度一般比 f→d 的跃迁带宽二倍左右，这些数据列在表 4-9 和表 4-10 中。谱带的位置比 f→f 和 f→d 跃迁更加依赖于配体。

表 4-9　铕（Ⅲ）的配合物的电荷跃迁光谱

配　体	水溶液			配　体	乙醇溶液		
	σ /1000cm^{-1}	σ(−) /1000cm^{-1}	ε /[1/(mol·cm)]		σ /1000cm^{-1}	σ(−) /1000cm^{-1}	ε /[1/(mol·cm)]
NCS^-	34.2	3.2	60	NCS^-	28.9	2.9	
$S_2O_3^{2-}$	35.5	3.0		Cl^-	36.2	2.6	200
SO_4^{2-}	41.7	2.8	100		41.7		
SeO_4^{2-}	44	3.0		Br^-	31.2	3.6	110
$H_2PO_4^-$	45.8	3.1	140		37.6		180
H_2O	53.2	5.1	235		43.5		170

表 4-10　Sm^{3+}、Eu^{3+}、Tm^{3+}、Yb^{3+} 的氯化物和溴化物的第一电荷跃迁带

$RECl_6^{3-}$	σ /1000cm^{-1}	$\varepsilon_{最大}$ /[1/(mol·cm)]	σ(−) /1000cm^{-1}	$REBr_6^{3-}$	σ /1000cm^{-1}	$\varepsilon_{最大}$ /[1/(mol·cm)]	σ(−) /1000cm^{-1}
Sm	43.1	930	2.3	Sm	35.0	1050	2.4
Eu	33.2	400	2.1	Eu	24.5	250	2.0
Tm	46.8			Tm	38.6	300	
Yb	36.7	160	1.7	Yb	29.2	105	2.4

① 配体的影响　一般在易氧化的配体和易还原为低价离子（Sm^{3+}、Eu^{3+}、Tm^{3+}、Yb^{3+} 和 Ce^{4+}）的配合物光谱中易见到电荷跃迁带。对于给定离子来说，电荷跃迁带能否出现，配体的还原能力是十分重要的，例如对环戊二烯基配合物和环辛四烯配合物来说，由于环戊二烯基离子氧化为中性分子（C_5H_5）的能力较弱，Sm^{3+}、Yb^{3+} 的该配合物光谱中难以见到电荷跃迁带。但环辛四烯被氧化为中性分子的能力较环戊二烯基强，因此它的 Sm^{3+}、Yb^{3+} 的配合物光谱中均见到相应的电荷跃迁带。说明电荷跃迁带的出现与配体的性质密切相关。

给定金属离子的各配合物的电荷跃迁带的位置与配体的还原性也是有关的。表 4-9 指出了 Eu^{3+} 的配合物电荷跃迁带的位置是按 H_2O、$H_2PO_4^-$、SeO_4^{2-}、SO_4^{2-}、CNS^-（水溶液）的次序，从高波数向低波数方向移动的。CNS^- 有较强的还原能力，因此其配合物的电荷跃迁带处于低波数（电荷跃迁所需的能量较低）。同样，溴的还原能力较氯强，因此溴的 Sm^{3+}、Eu^{3+}、Yb^{3+} 配合物的电荷跃带总比氯配合物的相应带位低（见表 4-10）。

② 金属离子的影响　金属离子的氧化性也是影响电荷跃迁带的出现和位置的重要因素。在稀土元素中，只在能还原为二价的 Sm^{3+}、Eu^{3+}、Tm^{3+}、Yb^{3+} 的配合物光谱中见到电荷跃迁带，这说明了金属离子氧化性的影响。对于给定配体来说，上述四个 RE^{3+} 的跃迁带的位置次序与它们的电势顺序相当（见表 4-11）。Eu^{3+} 最易被还原为 Eu^{2+}，所以它的配合物的电荷跃迁带出现在较低波数，而 Tm^{3+} 的电荷跃迁带则处于较高波数，如氯化物的第一电荷跃迁带的次序：Eu^{3+}（33200cm^{-1}）＜Yb^{3+}（36700cm^{-1}）＜Sm^{3+}（43100cm^{-1}）＜Tm^{3+}（46800cm^{-1}），见表 4-10。

表 4-11　标准氧化电势（氢电极为参考电极）

元　素	Ⅱ-Ⅲ电势 E^0_{298K}	元　素	Ⅱ-Ⅲ电势 E^0_{298K}	元　素	Ⅱ-Ⅲ电势 E^0_{298K}
Ce	−3.2	Eu	−0.35	Er	−3.1
Pr	−2.7	Gd	−3.9	Tm	−2.3
Nd	−2.6	Tb	−3.7	Yb	−1.15
Pm	−2.6	Dy	−2.6		
Sm	−1.56	Ho	−2.9		

4.2.3　稀土配合物的光谱

对于稀土离子来说，其 f 电子虽受外层的 $5s^2$、$5p^6$ 电子的屏蔽，配体场对其影响较小，但配体场对 f→f 跃迁光谱的影响却是不可忽略的，对 f→f 跃迁光谱的产生具有重要的意义。

4.2.3.1　谱带的位移

(1) 电子云重排效应（Nephelauxetic effect）。在配合物光谱中已观察到，当同一中心离子（RE^{3+}）与不同配体结合时，其相同的 J 能级间的跃迁谱带位置略有移动，这种现象称为电子云重排效应。表 4-12 指出 Pr^{3+} 的各配合物吸收光谱的数据。

从自由离子和配合物的中心离子的相应谱带相比，其谱带有位移。这种位移对于 d 区过渡金属来说，称为电子云重排效应或伸展效应。电子云重排效应的引起是 d 电子的电子云由于共价键效应在配合物中要比在自由离子中可能更扩散一些（d 电子的离域作用），从而减少了 d 电子间排斥作用，引起了谱带的位移。

表 4-12　在配合物中 Pr^{3+} 的 $^3H_4 \rightarrow {}^1D_2$，$^3P_{0,1,2}$ 的跃迁

激发态	σ/(1000cm^{-1})					
	$PrCl_6^{3-}$	$PrBr_6^{3-}$	$Pr(H_2O)_9^{3+}$	$Pr^{3+}(LaCl_3)$	$Pr^{3+}(GdCl_3)$	$Pr^{3+}(LaBr_3)$
$^1D_2$	16.89	16.81	16.78	16.73	16.69	16.67
$^3P_0$	20.61	20.50	20.69	20.47	20.41	20.37
$^3P_1$	21.05	20.96	21.29	21.08	21.01	20.98
$^3P_2$	22.22	21.95	22.43	22.23	22.16	22.13

电子云重排效应可用电子云重排参数 β 来定量的表示：

$$\beta = \frac{B_{络离子}}{B_{自由离子}}(B\text{:Racah 参数})\ 或\ \beta = \frac{(F_K)络离子}{(F_K)自由离子}(F_K\text{:Slater 积分})$$

由于稀土配合物中电子云重排效应（$1-\beta$）值较小，因此可近似地以配合物和自由离子光谱中 f→f 跃迁的波数比值来表示电子云重排参数，$\beta = \frac{\sigma_{络离子}}{\sigma_{自由离子}}$，但稀土自由离子的能级是未知的，因而常采用水合离子的光谱数据作为标准，求相对的电子云重排效应 β'：

$$\beta' = \frac{\sigma_{络离子}}{\sigma_{自由离子}}$$

J. Φ. rgensen 等为了定义电子云重排效应，提出了说明相对于水合离子的配合物基态能级的稳定性方程：

$$\sigma_{络离子} - \sigma_{水合离子} = d\sigma - (d\beta)\sigma_{水合离子}$$

式中，$\sigma_{络离子}$，$\sigma_{水合离子}$ 为配合物和水合离子的谱带中心波数；$d\sigma$ 为基态能级的稳定作用；$d\beta$ 为电子云重排参数的变化。$d\sigma$、$d\beta$ 为一般由尽可能多的能级数据，$\sigma_{络离子} - \sigma_{水合离子}$

对 $\sigma_{水合离子}$ 作图来确定。对于某一给定中心离子来说，$\sigma_{络离子}-\sigma_{水合离子}$ 与 $\sigma_{水合离子}$ 的关系，大多是线性关系，但不是全部。关于一些离子的电子云重排参数已列在表 4-13 中。

表 4-13 稀土配合物的电子云重排效应

配合物	dσ	dβ	配合物	dσ	dβ	配合物	dσ	dβ
$PrCl_6^{3-}$	+0.25	1.9	$NdBr_6^{3-}$	+0.05	2.3	$Er^{Ⅲ}LaCl_3$	−0.03	0.3
$PrBr_6^{3-}$	+0.20	2.3	$Nd^{Ⅲ}LaCl_3$	−0.06	0.6	$Er^{Ⅲ}YCl_3$	0	0.9
$Pr^{Ⅲ}LaCl_3$	−0.04	0.8	A-Nd_2O_3	+0.20	3.6	C-Er_2O_3	+0.20	1.6
$Pr^{Ⅲ}GdCl_3$	0	1.2	$HoCl_6^{3-}$	+0.15	1.1	$TmCl_6^{3-}$	+0.20	1.3
$Pr^{Ⅲ}LaBr_3$	−0.05	1.3	C-Ho_2O_3	+0.45	2.5	C-Tm_2O_3	+0.30	1.5
$NdCl_6^{3-}$	+0.05	2.2	$ErCl_6^{3-}$	+0.01	1.2			

电子云重排效应的存在，说明配合物中中心离子与配体间存在共价作用，但比较弱。对于稀土离子来说，有中心离子和配体作用的两种机理（①4f 轨道直接参与生成分子轨道；②配体的电子密度若干部分转移到稀土的未填充的 6s、6p 轨道上。）来说明镧系离子和配体的共价作用。

（2）影响电子云重排效应的因素如下：

① 配体的性质。稀土离子的电子云重排参数的次序基本上与 d 区过渡元素离子一致。不同配体的轻稀土元素（Pr、Nd）配合物的（$1-\beta'$）值次序为：$F^-<H_2O<tart^{2-}<aca^-<bac^-<EDTA^{4-}<dipy<phen<Cl^-\leqslant Br^-\leqslant I^-\leqslant O_2^{2-}$。

② 金属离子的性质。不同金属离子与同一配体的键合能力不同，引起谱带位移值和方向也不同。对于稀土离子来说，一般是向长波方向移动，如表 4-10 所示，与水合离子比较，多数是红移，但个别也有蓝移情况。

③中心原子与配位原子的距离及配位数。电子云重排效应与中心离子的最近配位原子的距离和配位数的依赖关系见图 4-7 和图 4-8。Pr 和 Nd 配合物的 $^3H_4\rightarrow{}^3P_0$ 和 $^4J_{9/2}\rightarrow{}^2P_{1/2}$ 跃迁的吸收光谱与 PrO_x 和 NdO_x 生色团中 $r_{Pr—O}$ 和 $r_{Nd—O}$ 的平均距离的关系，及 Pr 和 Nd 的配位数与 $r_{Pr—O}$ 和 $r_{Nd—O}$ 之间的关系，表明随着 r 的减小，谱带向长波方向移动，配位数减小。在 Pr^{3+} 和 Nd^{3+} 的氧基二乙酸盐逐步配位时，由于氧基二乙酸根阴离子逐步取代水合离子中水分子，使 REO 基团中 RE—O 间的平均距离减小，谱带向长波方向移动（数据列在表 4-14 中），进一步说明金属离子与配位原子距离和配位数的变化是影响谱带位移的因素。

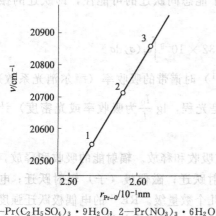

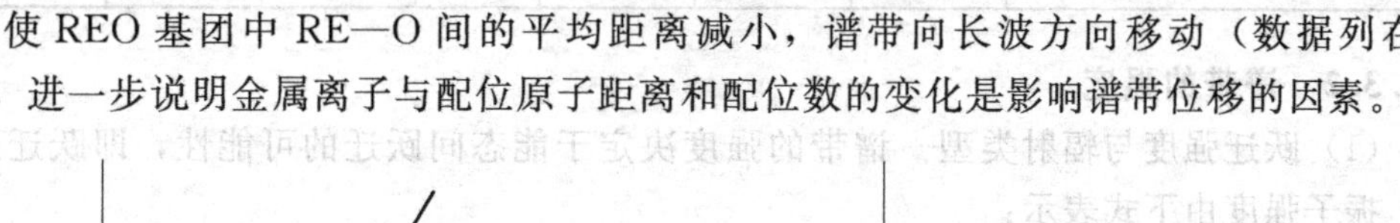

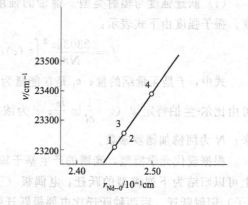

1—$Pr(C_2H_5SO_4)_3\cdot9H_2O$；2—$Pr(NO_3)_3\cdot6H_2O$；3—$PrMg(NO_3)_{12}\cdot24H_2O$

1—$Nd(BrO_3)\cdot9H_2O$；2—$Nd(Acac)_3\cdot3H_2O$；3—$K_3Nd(oda)_3\cdot2NdClO_4\cdot6H_2O$；4—$(C_5H_{11}N)[Nd(bac)_4]$

图 4-7 Pr 和 Nd 配合物的 $^3H_4\rightarrow{}^3P_0$ 和 $^4J_{9/2}\rightarrow{}^2P_{1/2}$ 跃迁的吸收光谱与 PrO_x 和 NdO_x 生色团中 $r_{Pr—O}$ 和 $r_{Nd—O}$ 的平均距离的关系

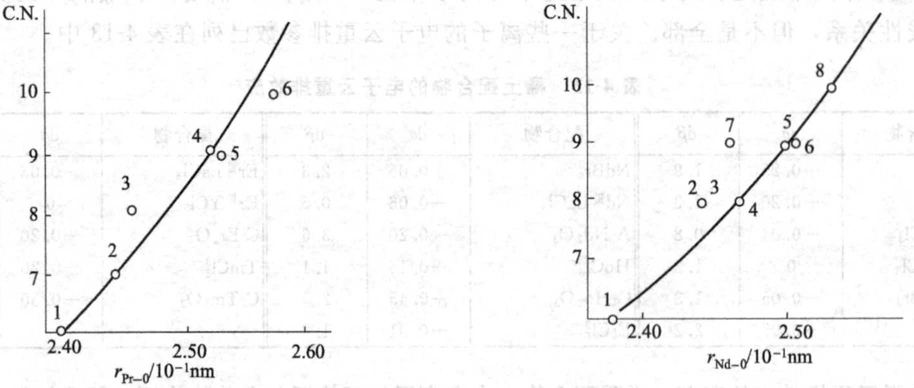

1—C-Pr_2O_3；2—$Pr_2(dpm)_6$；
3—$NH_4Pr(tta)_4 \cdot 24H_2O$；
4—$Pr_2(C_2O_4)_3 \cdot 10H_2O$；
5—$Pr(C_2H_5SO_4)_3 \cdot 9H_2O$
6—$Pr(NO_3)_3 \cdot 6H_2O$

1—C-Nd_2O_3；2—$Nd(tta)_3 \cdot 2TPPO$；
3—$(C_5H_6N)[Nd(tta)_4]$；4—$Nd(Acac)_3 \cdot 3H_2O$；
5—$Nd(BrO_3)_3 \cdot 9H_2O$；6—$Nd(C_2O_4)_3 \cdot 10H_2O$；7—$Na_2Nd(cda)_3 \cdot 2NaClO_4 \cdot 6H_2O$；8—$Nd(NO_3)_3 \cdot 4DMSO$

图 4-8　Pr 和 Nd 的配位数与 r_{Pr-O} 和 r_{Nd-O} 之间的关系

表 4-14　电子云重排效应，有效配位数与 Pr^{3+} 和 Nd^{3+} 与配体的平均距离 R(RE-O) 的关系

配合物	Pr^{3+}				Nd^{3+}			
	$\sigma(^3H_4 \rightarrow {}^3P_0)/cm^{-1}$	$(1-\beta')/10^{-3}$	(Pr-O)/nm	$C.N._{eff}$	$\sigma(^4I_{9/2} \rightarrow {}^3P_{1/2})/cm^{-1}$	$(1-\beta')/10^{-3}$	(Nd-O)/nm	$C.N._{eff}$
Ln(aq)	20750		0.259	11.2	23393		0.250	9
$Ln(OOCCH_2OCH_2COO)^+$	20719	1.5	0.258	11.0	23348	1.9	0.249	8
$Ln(OOCCH_2OCH_2COO)_2^-$	20689	3.1	0.257	10.5	23313	3.9	0.248	8
$Ln(OOCCH_2OCH_2COO)_3^{3-}$	20621	6.2	0.255	10.0	23279	4.9	0.247	8
$Na_3 \cdot Ln(OOCCH_2OCH_2COO)_3 \cdot 2NaClO_4 \cdot 6H_2O$	20582	8.1	0.254	9.5	23262	5.6	0.246	8

4.2.3.2　谱带的强度

(1) 跃迁强度与辐射类型　谱带的强度决定于能态间跃迁的可能性，即跃迁的振子强度。振子强度由下式表示：

$$f = \frac{2303mc^2}{N\pi e^2}\int \varepsilon_i(\sigma)\,d\sigma = 4.32 \times 10^{-9}\int \varepsilon_i(\sigma)\,d\sigma$$

式中，f 是无量纲的量；ε_i 是在能量为 $\sigma(cm^{-1})$ 时谱带的吸收率（摩尔消光系数），它可由比尔-兰伯特定律（$\varepsilon = \frac{1}{cl}\lg\frac{I_0}{I}$；$c$ 为浓度，l 是光程，$\lg\frac{I_0}{I}$ 为吸收率或光密度）计算出来；N 为阿佛加德罗常数。

根据现代光学模型，光谱的产生基于辐射能被吸收和释放。辐射能的吸收和释放，原则上可以归结为下列类型的跃迁：电偶极（子）辐射跃迁；磁偶极（子）辐射跃迁；电四极（子）辐射跃迁。后两种跃迁比电偶极跃迁强度弱几个数量级。RE^{3+} 的电偶极跃迁强度一般为 $10^{-5} \sim 10^{-6}$，磁偶极跃迁强度为 10^{-8} 左右，电四极跃迁强度估计为 10^{-11}。因此，实际上能观察到的跃迁是电偶极和磁偶极跃迁。实验振子强度以 $f_{实} = f_{电偶} + f_{磁偶}$ 表示。在没有电偶极跃迁的情况下，磁偶极和电四极跃迁就变得重要起来。对于稀土离子来说，主要是电偶极跃迁光谱，大部分不含磁偶极跃迁光谱。

(2) 选择规则　不管是哪一种跃迁都要服从选择规则，否则跃迁是不可能的。多电子原子的选择规则列入表 4-15 中。表中所指的数值是整个原子体系的量子数。选择规则的有效性决不是绝对的，有些限制将由于外场和内场的影响而放宽，现说明如下。

$\Delta S=0$ 的选择规则只有相对的有效性，它取决于自旋-轨道偶合的强弱程度。由于自旋-轨道偶合的结果，$\Delta S\neq0$ 的禁律通常被解除。稀土元素有较强的自旋-轨道偶合，所以它们的能级间跃迁不完全服从 $\Delta S=0$ 的选择规则。

宇称选择规则一般是较严格的，但也不是绝对的。由于稀土离子的 f→f 跃迁是 f^n 组态内的跃迁，终态和始态的宇称相同，因而电偶极跃迁是禁止的，磁偶极跃迁是允许的。但由于在配合物或晶体中，金属离子的对称中心移动或晶格的振动运动，使相反宇称的不同组态混入 f^n 组态中，因而宇称选择规则就可能部分的被解除，电偶极跃迁成为可能，这种跃迁称为诱导电偶极跃迁或强迫电偶极跃迁。它的强度虽比宇称规则允许的 f→d 的电偶极跃迁弱，但往往比 f^n 组态内的磁偶极跃迁强 1～2 个数量级。

J 的选择规则虽然也是严格的，但也不是绝对的。实验表明在配体场中引起电偶极跃迁的上下两能级的 ΔJ 可以大于 1 个单位，甚至是 6 个单位。

表 4-15　选择规则

跃迁类型	ΔJ	ΔM	宇称变化	ΔS	ΔL
电偶极	$0,\pm1$ $J_1+J_2\geqslant1$	$0,\pm1$	有	0	$0,\pm1$
磁偶极	$0,\pm1$ $J_1+J_2\geqslant1$	$0,+1$	无	0	$0,\pm1$
电四极	$0,\pm1,\pm2$ $J_1+J_2\geqslant1$	$0,\pm1,\pm2$	无	0	$0,\pm1,\pm2$

(3) 超灵敏跃迁（hypersensitive transition）　在理论上，f→f 跃迁的吸收强度是不大的，但某些 f→f 跃迁的吸收带的振动强度，随稀土离子周围环境的变化而明显增大，远远超过其他的跃迁。这种跃迁服从电-四极跃迁的选择规则，称这种跃迁为超灵敏跃迁。曾有人认为超灵敏跃迁是由于稀土离子周围介质的不均匀相或稀土离子周围环境的对称性的变化引起的。但这些观点仍不能说明一些实验现象，后来又有人提出了共价模型来加以说明。

稀土离子的超灵敏跃迁光谱的实例列在表 4-16 中。它的强度往往与配体的碱性、溶剂和金属离子的性质等因素相关。

表 4-16　稀土离子的超灵敏跃迁的一些实例

离　子	跃迁的 J 能级	波数范围/cm^{-1}	离　子	跃迁的 J 能级	波数范围/cm^{-1}
Pr^{3+}	${}^3H_4\rightarrow{}^3P_2$	22500	Dy^{3+}	${}^6H_{15/2}\rightarrow{}^6F_{11/2}$	7700
Nd^{3+}	${}^4I_{9/2}\rightarrow{}^4G_{5/2},{}^4G_{7/2}$	17300	Ho^{3+}	${}^5I_8\rightarrow{}^5G_6$	22100
Pm^{3+}	${}^5I_4\rightarrow{}^5G_2,{}^5G_3$	17700,18260		${}^5I_8\rightarrow{}^3G_6$	27700
Sm^{3+}	${}^6H_{5/2}\rightarrow{}^4F_{9/2},{}^6F_{1/2}$	17300,62000	Er^{3+}	${}^4I_{15/2}\rightarrow{}^2G_{11/2},{}^4G_{11/2}$	19200,26500
Eu^{3+}	${}^7F_0\rightarrow{}^5D_0,{}^5D_1,{}^5D_2$ ${}^7F_1\rightarrow{}^5D_0,{}^5D_1,{}^5D_2$		Tm^{3+}	${}^3H_6\rightarrow{}^3H_4$	12600

4.2.3.3　谱带的精细结构

用高分辨能力的摄谱仪对 RE^{3+} 溶液和晶体进行摄谱，在低温时，通常可发现其吸收和发射光谱是由若干组尖锐的谱线组成的。每组谱线的整个空间约为 300cm^{-1}或更小些，各组吸收带的距离约为 1000cm^{-1}，组中谱线间的距离在 100cm^{-1}或更低些，只有少数是 200cm^{-1}或更高些。这些组内的尖锐谱线即为光谱的精细结构。图 4-9 是 $Er(C_2H_5SO_4)_3\cdot 9H_2O$ 的一些谱带，由 Er^{3+} 的基态 $^4I_{15/2}$ 向激发态跃迁，尤其在 T=4.2K 时所摄的谱图更为明显地表明了由尖锐的谱线组成的线组、每组谱带间的距离和组中谱线的间距。

人们认为，以球形对称的自由 RE^{3+} 的每一 J 能级，在配体场的影响下，其原有的对称性被破坏，消除了 $^{2S+1}L_J$ 项的 J 能级的（$2J+1$）重简并，J 能级分裂为若干 J_z 能级（此时 J 相同，J_z 不同），在符合选择规则的条件下，不同的 J_z 能级间的跃迁，就产生了光谱的精细结构。

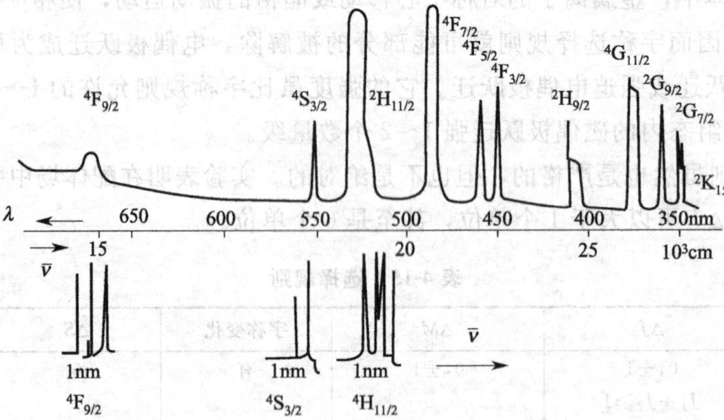

图 4-9 $Er(C_2H_5SO_4)_3\cdot 9H_2O$ 的吸收光谱（$^4I_{15/2}\rightarrow{}^4F_{9/2}$，$^4S_{3/2}$ 等）（上图 77K，下图 4K）

J 能级的（$2J+1$）重简并消除程度，决定于 RE^{3+} 所处的配体场的对称性和强度。如 J=4，在 C_{30} 对称性的配体场中，分裂为 6 个 J_z 能级，在 C_{20} 对称性的配体场中，分裂为 9 个 J_z 能级。不同配体场中 J 能级分裂为 J_z 能级的数目可根据群论方法得到，已在表 4-17 中指出。其中 J=0 或 1/2 时，在任何场中都不会发生分裂。

表 4-17 在配体场中不同 J 能级分裂后的亚能级数

配体场的对称性	J	0	1	2	3	4	5	6	7	1/2	3/2	5/2	7/2	9/2	11/2	13/2	15/2
	$2J+1$	1	3	5	7	9	11	13	15	2	4	6	8	10	12	14	16
C_2、C_{2h}、C_{2v}、D_2、D_{2h}		1	3	5	7	9	11	13	15								
C_3、C_{3v}、C_{3h}、C_h、D_{3h}、D_{3d}、C_{6v}		1	2	3	5	6	7	9	10	1	2	3	4	5	6	7	8
C_{4v}、C_{4h}、D_{4h}、D_{2d}、S_4		1	2	4	5	7	8	10	11								
T、T_h、T_d、O、O_h		1	1	2	3	4	4	6	6	1	1	2	3	3	4	5	5

对谱带精细结构的分析，一般来说是不容易的，因为它相当复杂，尤其在溶液中，溶剂的影响，使谱带加宽，不易辨认出谱带的精细结构。在某些情况下，同样的分裂模型可能得出一种以上的配体场对称性。只在一些较简单的情况下，谱带的分析才是可能的。当跃迁是发生在两个能级中，其中有一能级的 J 值为 0 或 1/2 时，就有可能对谱带进行粗略的分析。

现以 $Eu(terpy)_3(ClO_4)_3$ 的配合物光谱为例加以说明。在不同的非中心对称的配体场中，Eu^{3+} 的 $^5D_0\rightarrow{}^7F_J$ 跃迁可能性和 ^7F_J 的分裂。因为 $^5D_0$ 的 J 能级是非简并的，所以光谱的精细结构来自于 $^5D_0$ 向 ^7F_J 的各亚能级跃迁。$Eu(terpy)_3(ClO_4)_3$ 配合物的对称性为 D_3，在 D_3 对称场中 Eu^{3+} 的 ^7F_J 能级分裂情况为：

$J=0$ 是非简并的，以群论符号 A_1 来标记。

$J=1$ 分裂为 2 个能级，以群论符号 A_2+E 标记。

$J=3$ 分裂为 5 个能级，其中一个以 A_1，两个以 A_2，另二个以 E 标记。

$J=4$ 分裂为 6 个能级，两个以 A_1，一个以 A_2，三个以 E 标记。

$^5D_0 \to {}^7F_J$ 跃迁光谱如图 4-10 根据 $^5D_0$ 与 ^7F_J 的各 J 态能量差范围和选样规则，只有 $^5D_0 \to {}^7F_1$（磁偶极跃迁）和 $^5D_0 \to {}^7F_2$、$^7F_4$（电偶极跃迁）是可能的，有明显的谱线，$^5D_0 \to {}^7F_1$ 的其他态的跃迁是相当弱的，以至难以见到。各线组中各谱线的指派汇列在表 4-18 中。由于配合物中 ClO_4^- 的微扰，使 D_3 的配体场成分进一步分裂，每一线组中谱线数多于跃迁允许的配体场成分数。

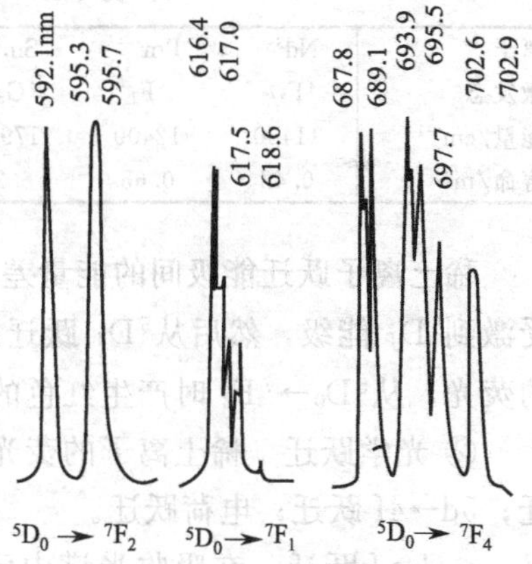

图 4-10 $Eu(terpy)_3(ClO_4)_3$ 的荧光性质

表 4-18 $Eu(terpy)_3(ClO_4)_3$ 光谱的指派（配合物的对称性为 D_3）

$^5D_0 \to {}^7F_J$	在 D_3 中配体场分裂成分	允许的跃迁	指 派/nm
$^7F_4$	$2A_1+A_2+3E$	A_2+3E	702.9,702.6(E);697.7(A_2) 695.5,693.9(E);689.1,687.8(E)
$^7F_3$	A_1+2A_2+2E	$2A_2+2E$	在 649.9 有单线,跃迁微弱
$^7F_2$	A_1+2E	2E	618.6,617.5(E);617.0,616.4(E)
$^7F_1$	A_2+E	A_2+E	592.1(A2);595.7,595.3(E)
$^7F_0$	A_1	无	无跃迁

4.2.4 稀土离子的荧光和激光性质

由稀土离子的 4f 电子引起的荧光和激光性能在 20 世纪 60 年代已引起人们的兴趣，在理论和应用方面已进行了广泛的研究。稀土元素作为荧光和激光材料已获得了应用，而且是稀土化合物应用的一个重要方面。

稀土离子的荧光和激光光谱属于稀土离子的发射光谱。稀土离子具有亚稳态的一些激发态是稀土离子产生荧光和激光的原因。目前已发现一些稀土离子（处于镧系中间的一些元素）具有荧光和激光性能。

4.2.4.1 稀土的荧光性能

受紫外光、X 射线和电子射线等照射后发光，在照射停止后很快停止发光的物质称为荧光物质，所发出的这种光称为荧光。镧系中间的元素一般都可以产生不同强度和波长的荧光。尤其是 Sm^{3+}、Eu^{3+}、Tb^{3+}、Dy^{3+} 等离子能产生强的荧光，因而它们的化合物可作为荧光材料。

(1) 稀土的荧光光谱　具体如下所述。

① 稀土荧光的产生　在紫外线等高能射线的激发下，处在溶液或化合物中的 RE^{3+} 被激发，从基态跃迁到激发态，然后再从激发态返回到能量较低的能态时，放出辐射能而发光，这种光即为荧光。但荧光能被检出，要求该激发态的寿命要比其他激发态的长，以至在体系的温度下，热平衡在激发态辐射发射前就达到，大多数情况下，这些激发态与下一个低能态的能量差在整个能级中相比是最大的。各离子的有关能级和它的辐射寿命见表 4-19。

表 4-19 RE^{3+}（水）激发态的寿命（计算的）

离子	Nd^{3+}	Pm^{3+}	Sm^{3+}	Eu^{3+}	Gd^{3+}	Tb^{3+}	Dy^{3+}	Ho^{3+}	Er^{3+}
激发态	$^4F_{3/2}$	$^5F_1$	$^4G_{5/2}$	$^5D_0$	$^6P_{7/2}$	$^5D_4$	$^4F_{9/2}$	$^5S_2$	$^5S_{3/2}$
能量/cm^{-1}	11460	12400	17900	17277	32200	20500	21100	18500	18350
寿命/ms	0.42	0.65	6.26	9.67	10.9	9.02	1.85	0.37	0.66

稀土离子跃迁能级间的能量差不同，因而发出不同颜色的荧光。如 Y_2O_2S 中 Eu^{3+} 往往受激到^5D_J 能级，然后从^5D_J 跃迁到较低能级而辐射，产生荧光，从$^5D_0 \rightarrow {}^7F_1$ 时产生橙色的荧光，从$^5D_0 \rightarrow {}^7F_2$ 时产生红色的荧光。

② 光学跃迁 稀土离子的荧光光谱也像吸收光谱一样，来自三个方面的跃迁：f→f 跃迁；5d→4f 跃迁；电荷跃迁。

a. f→f 跃迁。在吸收光谱中已经指出，能级间的跃迁受到选择规则的限制，纯 f 组态内的电偶极跃迁是宇称选择规则禁阻的，而磁偶极跃迁是允许的，所以在宇称禁阻未消除时，在荧光光谱中只能观察到磁偶极跃迁光谱。但当被激的 RE^{3+} 未处在晶格的对称中心时，由于晶体场的微扰，使 f 组态混入不同宇称状态，宇称禁律在某种程度上被解除，因此电偶极跃迁成为可能，不但能观察到磁偶极跃迁光谱，也能观察到电偶极跃迁光谱。当被激的 RE^{3+} 处于晶格的对称中心时，对于电偶极跃迁来说，宇称禁律是不能被解除的，一般来说，观察不到电偶极跃迁光谱。但由于晶体本身振动，使宇称禁律在某种程度上被解除，有时也能观察到电偶极跃迁带，谱带强度比 RE^{3+} 未处在晶格对称中心时的相应谱带弱得多。

下面以 Eu^{3+} 在不同晶体中的荧光光谱为例，说明 f→f 跃迁中电偶极跃迁的情况和产生的光谱。Eu^{3+} 的荧光光谱是$^5D \rightarrow {}^7F$ 态间的跃迁。从电偶极跃迁的选择规则来看，它受宇称选择规则和自旋选择规则（$\Delta S=0$）所限制，跃迁是不允许的。但由于 RE^{3+} 的自旋-轨道偶合程度较大，$\Delta S=0$ 的选择规则在一定程度上可以消除，不同多重性间跃迁是可能的。宇称禁律能否消除，决定于 Eu^{3+} 在晶格中的位置。

在岩盐结构的 $NaLuO_2$ 的晶格（见图 4-11）中，Eu^{3+} 占据部分 Lu 的位置，处在晶格的对称中心，电偶极跃迁是禁阻的，所以观察到的主要是磁偶极跃迁光谱，如图 4-12 所示。在 590nm 附近的$^5D_0 \rightarrow {}^7F_1$ 跃迁，发出橙色的荧光。在 610nm 附近的弱谱带是$^5D_0 \rightarrow {}^7F_2$ 的电偶极跃迁，这是由于晶格离子振动，使 Eu^{3+} 的对称性偏离，电偶极跃迁不能被绝对地禁阻，因此有时也观察到它的光谱。

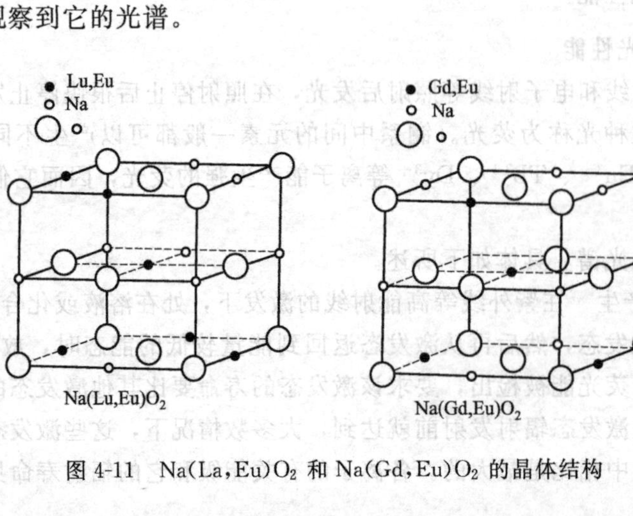

图 4-11 $Na(La,Eu)O_2$ 和 $Na(Gd,Eu)O_2$ 的晶体结构

在岩盐结构的 $NaGdO_2$ 晶格（见图 4-11）中，Eu^{3+} 占据部分 Gd 的位置，但此晶格没有对称中心，宇称禁律可以消除，电偶极跃迁是可能的，因此在 $NaGdO_2$ 中，Eu^{3+} 的光谱不仅能观察到磁偶极跃迁的谱线，亦能观察到电偶极跃迁的谱线，如图 4-12 中的 $^5D_0 \rightarrow {}^7F_2$ 的跃迁。强迫电偶极的 $\Delta J \leqslant 6$ 的选择规则决定，始态的 $J=0$ 时，终态的 J 应为 2、4、6，所以 $^5D_0 \rightarrow {}^7F_2$ 的跃迁是电偶极跃迁（产生红色的荧光）。由于 $^5D_0 \rightarrow {}^7F_2$ 的电偶极跃迁强度比 $^5D_0 \rightarrow {}^7F_1$ 的磁偶极跃迁强，所以在 $NaGdO_2$ 中 Eu^{3+} 发出红色的荧光。

其他稀土离子也存在 f^n 组态内的跃迁而产生的荧光光谱，它们的能级跃迁情况见表 4-20。

b. 5d→4f 跃迁和电荷跃迁　5d→4f 和电荷跃迁的荧光光谱与吸收光谱有相似的特点，它们的出现往往以稀土离子的电子壳层的填充情况有关。可以见到 Ce^{3+}、Eu^{2+}、Tb^{3+} 等离子的 5d→4f 跃迁的荧光光谱和 Eu^{3+} 的电荷跃迁光谱。从电子填充情况来看，当三价离子相互比较时，Gd^{3+}（$4f^7$，半充满）的激发态在较高能态，Tb^{3+}（$4f^8$，半充满加一个电子）的 4f 壳层的电子容易放出一个电子成为稳定的 $4f^7$ 态，所以 $4f^8 \rightarrow 4f^7 5d^1$ 跃迁的能量较低，基组态的 Tb^{3+} 易激发到 $4f^7 5d^1$ 组态，因此可见到从 5d→4f 的荧光光谱。Ce^{3+}（$4f^1$，全空加一个电子）的情况也相似于 Tb^{3+}。Eu^{3+}（$4f^6$，半充满减去一个电子）的 4f 壳层容易接受一个电子为半充满态，所以电荷跃迁所需的能量较低，相应地也可见到电子跃迁的荧光光谱。

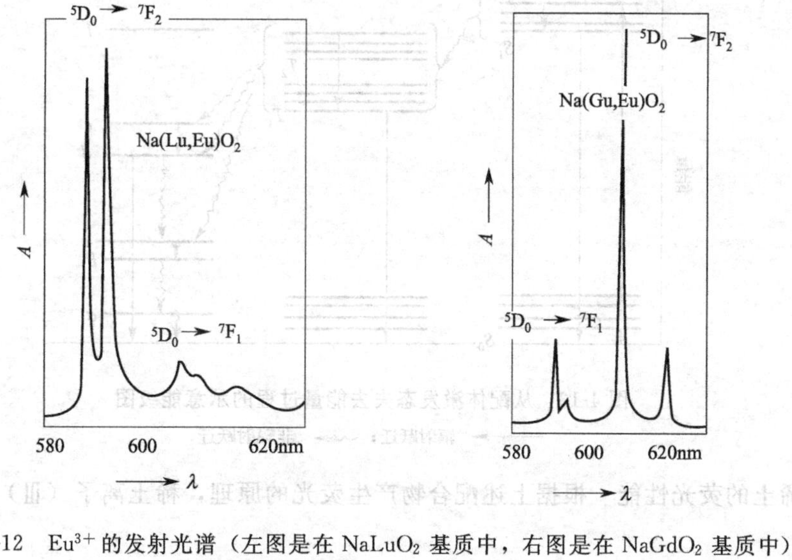

图 4-12　Eu^{3+} 的发射光谱（左图是在 $NaLuO_2$ 基质中，右图是在 $NaGdO_2$ 基质中）

表 4-20　稀土离子的荧光光谱

离　子	f→f 跃迁始态→终态	波长或颜色	离子	f→f 跃迁始态→终态	波长或颜色
Pr^{3+}	$^1D_2 \rightarrow {}^3H_4$	红	Gd^{3+}	$^6P \rightarrow {}^8S$	313nm
	$^3P_0 \rightarrow {}^3H_4$	绿	Tb^{3+}	$^5D_4 \rightarrow {}^7F$	蓝、紫
	$^1S_0 \rightarrow {}^3H_4$	蓝		$^5D_3 \rightarrow {}^7F$	
Eu^{3+}	$^5D_0 \rightarrow {}^7F_1$	橙	Dy^{3+}	$^4F_{9/2} \rightarrow {}^6H_{15/2}$	470～500nm
	$^5D_0 \rightarrow {}^7F_2$	红		$^4F_{9/2} \rightarrow {}^6H_{13/2}$	570～600nm

上述二种荧光光谱的产生过程不完全相同。5d→4f 荧光有两种跃迁过程。一是从 5d 直

接辐射跃迁而产生荧光，如Ce^{3+}。另一是从 5d 态逐步衰减到 f 组态的激发态，然后再跃迁到基态或较低能态而产生荧光。例如Tb^{3+}，它受激至 $4f^7 5d^1$ 态，然后衰减至 f^8 组态的 $^5D_3$ 或 $^5D_4$（见图 4-6），再辐射至基态，产生荧光。荧光能否产生还往往决定于晶体的性质。Eu^{3+} 的电荷跃迁荧光是从电荷跃迁态衰减至 f 组态的激发态，然后再辐射至基态而产生的。

（2）荧光产生的物理过程　配合物荧光的能量跃迁过程，一般可分三步来说明（跃迁过程标在图 4-13 中）：①先由配体吸收辐射能，从单重态的基态 S_0 跃迁至激发态 S_1，其激发能可以辐射方式回到基态 S_0（配体荧光），也可以非辐射方式传递给三重态的激发态 T_1 或 T_2；②三重态的激发能也可以辐射方式失去能量，回到基态（磷光），或以非辐射方式将能量转移给阳离子（图中是稀土离子）；③处于激发态的阳离子（稀土离子）的能量跃迁也有两种方式，以非辐射方式或辐射方式跃迁到较低能态，再至基态。当以辐射方式从高能态跃迁到较低能态时，就产生荧光。当一些稀土离子的激发态与配体的三重态相当或在三重态以下时，就可能由配体的三重态将能量转移给稀土离子，稀土离子从基态跃迁到激发态，然后处在激发态的离子，以辐射方式跃迁到低能态而发出荧光。

当一些配合物的配体不吸收紫外光时，其荧光的产生，可通过电荷跃迁或 $4f^n \rightarrow 4f^n5d$ 跃迁至相应的激发态，再以非辐射衰变至 $4f^n$ 组态的激发态，此激发态再向低能态跃迁时，也可产生荧光。

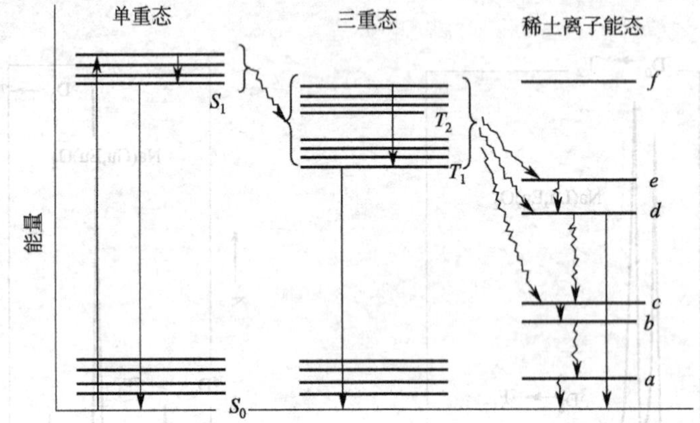

图 4-13　从配体激发态失去能量过程的示意能级图

——→ 辐射跃迁；⁓⁓→ 非辐射跃迁

（3）稀土的荧光性能　根据上述配合物产生荧光的原理，稀土离子（Ⅲ）的荧光性能可分为三类。

① Sc^{3+}、Y^{3+}、La^{3+}、Lu^{3+} 四种元素没有 4f→4f 跃迁，所以它们没有荧光。Gd^{3+}（$4f^7$），它的最低激发态的能级较高（约 32000cm^{-1}），见图 4-14，一般在所研究的配体的三重态能级以上，不易产生荧光。但在能吸收较高能量的晶格中能观察到 Gd^{3+} 的荧光，这往往是由 Gd^{3+} 的 ^6P 多重态跃迁到其他稀土离子或基质的基团上引起的。

② Sm^{3+}、Eu^{3+}、Tb^{3+} 和 Dy^{3+} 这四个离子的配合物能产生强荧光，它们的激发态往往与配体的三重态相当，能量转移效率较高。

③ Pr^{3+}、Nd^{3+}、Ho^{3+}、Er^{3+}、Tm^{3+} 和 Yb^{3+} 产生弱荧光，这些离子谱项间能量差较小，非辐射可能性增加，致使荧光减弱。

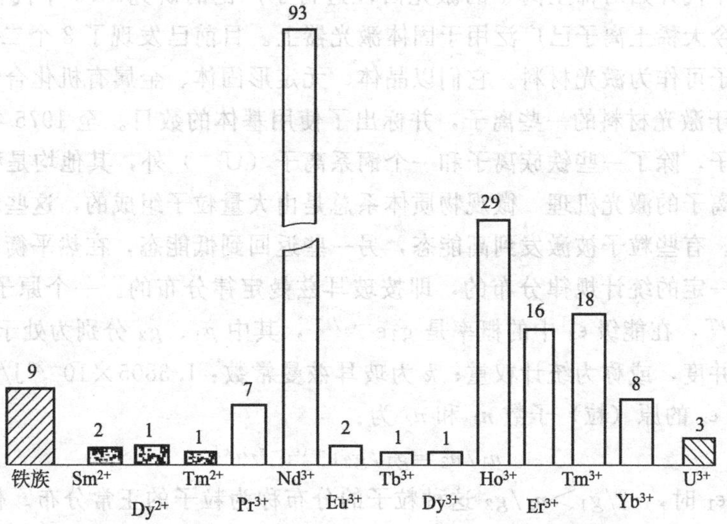

图 4-14 激光离子及基质数

(4) 稀土荧光材料及其应用 稀土化合物作为一类有希望的荧光材料，已获得实际应用。在荧光材料中，稀土离子既可作为基质的组成部分，亦可作为激活离子。Y^{3+}、La^{3+}、Lu^{3+}的化合物可作为荧光材料中的基质，因为它们在可见光区和紫外光区无吸收；Eu^{3+}、Tb^{3+}等离子由于具有较强的荧光性能，可作为激活离子。稀土元素已是荧光材料的重要组成部分。

稀土离子的荧光材料已用于彩色电视显像管、荧光灯、X 光增感屏等器件中，它们的组成和实际用途归集成表 4-21。其中 Eu^{3+} 为激活离子的 Y_2O_3-Eu^{3+} 和 Y_2O_2S-Eu^{3+} 的荧光材料用作彩色显像管的红、绿、蓝的三基色的红色荧光粉后，使显像管的发光性能得到了改善。Y_2O_3-Eu_2^{3+} 在稀土荧光材料中亮度大，显橙红色。Y_2O_2S-Eu^{3+} 的发光亮度和颜色在 Y_2O_3-Eu^{3+} 和 YVO_4-Eu^{3+}（红光较深）居中，它在 610nm 附近发光，谱带窄，接近于人的视觉灵敏范围，有较大的流明当量，如原来的红色荧光粉 $Cd_{0.8}Zn_{0.2}S$：Ag^+ 为 80，Y_2O_3-Eu^{3+} 为 305，Y_2O_3S-Eu^{3+} 为 255 流明/光能，且它们对电流的饱和极限比较大，对彩色不失真有重要的作用，所以这类红色的荧光材料成功地获得了应用。

表 4-21 稀土荧光材料

荧光材料的组成	激发光源	发光颜色	用 途
YVO_4-Eu^{3+}	紫外线	红	高压水银灯
Y_2O_3-Eu^{3+}	电子射线	红	彩色电视显像管
Y_2O_2S-Eu^{3+}	电子射线	红	彩色电视显像管
$Sr_2P_2O_7$-Eu^{2+}	紫外线		照相复制用灯
$Y_3Al_5O_{12}$-Ce^{3+}	电子射线		彩色电视信号的飞点扫描器
LaF_3-Yb,Er^{3+}	红外线	绿	固体指示装置(上转换材料)
$Ca_2P_2O_7$-Dy^{3+}	电子射线	白	雷达显像管
BaFCl-Eu^{2+}	X 射线		X 光增感屏
Gd_2O_2S-Tb^{3+}	X 射线		X 光增感屏

4.2.4.2 稀土的激光性能

Sm^{3+}（以 CaF_2 为基体）和 Nd^{3+}（$CaWO_4$ 为基体或玻璃为基体）用于激光材料以后，

在20世纪60年代开始对稀土离子的激光活性进行了广泛的研究。70年代稀土的激光材料得到了发展，今天稀土离子已广泛用于固体激光器上。目前已发现了3个二价稀土离子和9个三价稀土离子可作为激光材料。它们以晶体、无定形固体、金属有机化合物等为基体。图4-13指出了用于激光材料的一些离子，并标出了使用基体的数目。至1975年，已用到激光器上的金属离子，除了一些铁族离子和一个锕系离子（U^{8+}）外，其他均是稀土离子。

(1) 稀土离子的激光机理　微观物质体系总是由大量粒子组成的，这些粒子可通过各种形式交换能量。有些粒子被激发到高能态，另一些返回到低能态，在热平衡时，处于各个能级的粒子是按一定的统计规律分布的，即按玻耳兹曼定律分布的。一个原子在能级 ε_1 中的概率是 $g_1 e^{-\varepsilon_1/kT}$，在能级 ε_2 中的概率是 $g_2 e^{-\varepsilon_2/kT}$，其中 g_1、g_2 分别为处于能级 ε_1 和 ε_2 的状态数，即简并度，或称为统计权重；k 为玻耳兹曼常数：1.3805×10^{-23} J/K。因此，分别处于能级 ε_1 和 ε_2 的原（粒）子数 n_1 和 n_2 为：

$$n_1/n_2 = g_1/g_2 e^{-(\varepsilon_1-\varepsilon_2)/kT}$$

在 $T>0$、$\varepsilon_2>\varepsilon_1$ 时，$n_1/g_1>n_2/g_2$ 这种粒子的分布称为粒子的正常分布。仅在外界能源激发下，这种粒子正常分布的热平衡可能被破坏，使处于高能态 ε_2 的粒子数 n_2 大大地增加，以致达到：$n_2/g_2>n_1/g_1$，这时的粒子分布称为粒子的反常分布。

激光是一种光量子放大现象，是受激辐射放大的简称。为了获得光量子放大，首先要破坏粒子的正常分布实现粒子的反常分布。但各种物质并非都能实现粒子的反常分布。能实现粒子反常分布的物质，也不是在该物质任何两个能级间都能实现的，而必须具备一定的条件（具有适当的能级和必要的能量输入系统）。处于反常分布的粒子体系在一定条件下就可能产生激光。在激光材料中，能实现粒子反常分布的物质为激活介质。

大多数稀土离子可作为激活介质。在稀土离子的4f电子组态中。具有较长激发态原子寿命的能级——亚稳态（平均寿命在 $10^{-3}\sim10^{-5}$s，比一般激发态寿命的 $10^{-8}\sim10^{-9}$s 长），是实现粒子反常分布的条件。

现以 Nd^{3+} 为例，因为 Nd^{3+} 具有与稀土激光原理有关的大多数物理现象。它的基谱项分裂有几千 cm^{-1} 的数量级，可在室温下工作，当用 $CaWO_4$ 为基体时，可得到特别低的阈值，在室温下典型数值是1～2J，并且 Nd^{3+} 还可掺入各种玻璃中，作为激光材料，所以钕是稀土元素中在激光工作物质中应用最广泛的一种重要材料。

Nd^{3+} 的能级的跃迁情况可用图4-15说明（此图是 Nd^{3+} 的较低能级图）。当光照射时，Nd^{3+} 中电子受激吸收，基态电子可跃迁到 $^4F_{3/2}$，或以上的能级，在高能级的电子可以较快的、无辐射的跃迁到平均寿命最长（2.3×10^{-4}s）的 $^4F_{3/2}$ 态上，然后集中在 $^4F_{3/2}$ 的电子再跃迁到 ^4I_J 各态。在此过程中，由于 $^4I_{13/2}$ 和 $^4I_{11/2}$ 与基态 $^4I_{9/2}$ 的能差较大（$^4I_{11/2}\sim{}^4I_{9/2}$ 能差约为 2000cm^{-1}），在室温时处于 $^4I_{13/2}$、$^4I_{11/2}$ 态的离子较少，因此受激后，在 $^4I_{3/2}$ 态的离子比处在 $^4I_{13/2}$ 或 $^4I_{11/2}$ 的离子多，这样就可能在 $^4I_{3/2}$ 与 $^4I_{13/2}$ 或 $^4I_{3/2}$ 与 $^4I_{11/2}$ 的两个能态间实现粒子反常分布，因而就有可能产生激光。Nd^{3+} 的 $^4I_{3/2}\rightarrow{}^4I_{11/2}$ 的跃迁代表了图4-16中指出的四能级激光的一个接近理想的实例。

(2) 稀土离子的激光性能　具体如下所述。

① 大多数稀土离子可作为激活离子（Sm^{2+}、Dy^{2+}、Tm^{2+} 和 Pr^{3+}、Nd^{3+}、Eu^{3+}、Tb^{3+}、Dy^{3+}、Ho^{3+}、Er^{3+}、Tm^{3+}、Yb^{3+} 等3个二价离子，9个三价离子），其激光光谱在500～3000nm的范围内（如图4-17）。这虽比气体和半导体激光器所产生的波长范围小，但较有机染料和其他类型激光器要大些。

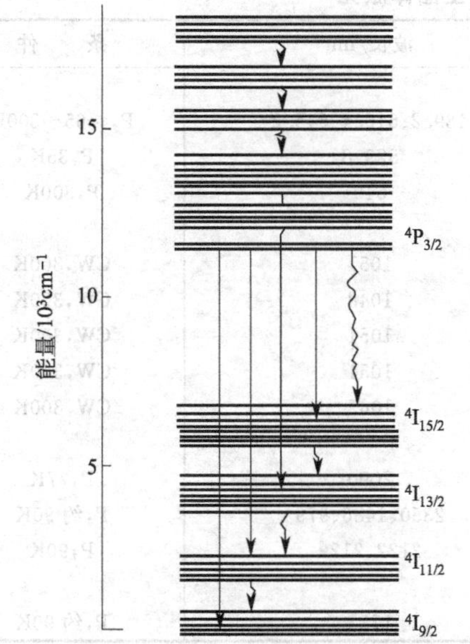

图 4-15 Nd^{3+} 的能级和辐射、无辐射跃迁
（曲线：无辐射跃迁；直线：辐射跃迁）

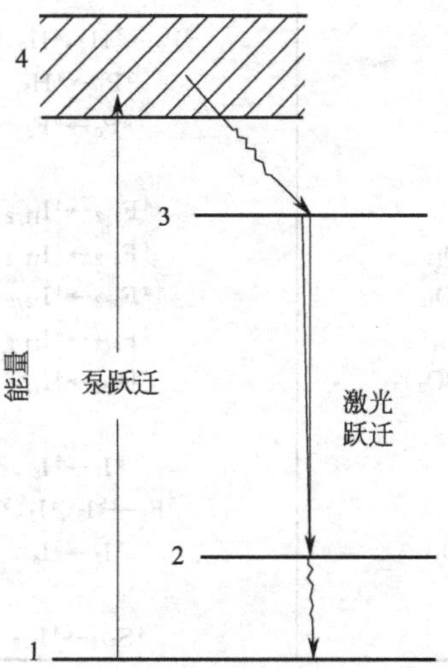

图 4-16 四级激光系统的能级图

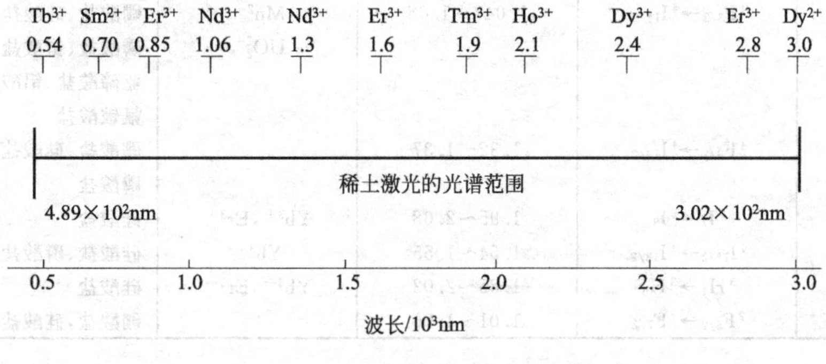

图 4-17 稀土激光的光谱范围和波长

② 稀土离子用于激光材料时，其能级系统属于四能级系统，如图 4-16 所示。电子的跃迁过程是基态电子受激跃迁到能级 3 或能级 4，在能级 4 的电子快速的、有效的再跃迁到亚稳态能级 3，再由能级 3 返回到能级 2，再至基态。由于激光跃迁的终点能级 2 是在基态上的激发态在正常情况下，处于此态的离子较少，因此亚稳态 3 和能级 2 容易实现粒子反常分布，这样比基态作为终态的三级激光更为有利，因为基态为终态的话，需要一半以上的离子激发，才可能实现粒子的反常分布，所以采用上述跃迁过程，可以降低泵源的要求。一些三价稀土离子的能级和激光跃迁已标在图 4-18 中。

③ 稀土离子为激光工作物质的类型有固体激光、液体激光和气体激光工作物质。在这些类型中稀土作为激活离子的实例见表 4-22～表 4-25。

(3) 应用　稀土离子产生的激光可提供脉冲和连续的单色光，具有亮度高、方向性好、相干性好等优点，已在实验室中、光学光谱、全息摄影和激光熔融及医疗上得到应用，也用于材料加工、通信和军事中。

表 4-22　整比化合物的稀土晶体激光

晶　　体	激光跃迁	波长/nm	条　　件
Pr^{3+}			
$PrCl_3$	$^3P_0 \to {}^3H_4, {}^3H_6, {}^3F_2$	489.2、616.4、645.2	P,≤65～300K
	$^3P_1 \to {}^3H_5$	529.8	P,35K
$PrBr_3$	$^3P_0 \to {}^3F_2$	640	P,300K
Nd^{3+}			
NdP_5O_{14}	$^4F_{3/2} \to {}^4I_{11/2}$	1051	CW,300K
$LiNdP_4O_{12}$	$^4F_{3/2} \to {}^4I_{11/2}$	1048	CW,300K
$NaNdP_4O_{12}$	$^4F_{3/2} \to {}^4I_{11/2}$	1051	CW,300K
$KNdP_4O_{12}$	$^4F_{3/2} \to {}^4I_{11/2}$	1051	CW,300K
$NdAl_3(BO_3)_4$	$^4F_{3/2} \to {}^4I_{11/2}$	1065	CW,300K
Ho^{3+}			
HoF_3	$^5I_7 \to {}^5I_8$	2090	P,77K
$LiHoF_4$	$^5F_5 \to {}^5I_5, {}^5I_6, {}^5I_7$	2350、1486、979	P,约 90K
$Ho_3Al_5O_{12}$	$^5I_7 \to {}^5I_8$	2122、2129	P,90K
Er^{3+}			
$LiErF_4$	$^4S_{3/2} \to {}^4I_{9/2}$	1732	P,约 90K

注：P 表示脉冲；CW 表示连续。

表 4-23　稀土玻璃激光

离　　子	跃　　迁	波长/$10^3\mu m$	敏　化　剂	玻　　璃
Nd^{3+}	$^4F_{3/2} \to {}^4I_{9/2}$	0.921		硼酸盐、硅酸盐(77K)
	$^4F_{3/2} \to {}^4I_{11/2}$	1.047～1.08	Mn^{2+}	硼酸盐、硅酸盐
			UO_2^{2+}	磷酸盐、锗酸盐
				亚碲酸盐、铝酸盐
				氟铍酸盐
	$^4F_{3/2} \to {}^4I_{13/2}$	1.32～1.37		硼酸盐、硅酸盐
				磷酸盐
Ho^{3+}	$^5I_7 \to {}^5I_8$	1.95～2.08	Yb^{3+}, Er^{3+}	硅酸盐
Er^{3+}	$^4I_{13/2} \to {}^4I_{18/2}$	1.54～1.55	Yb^{3+}	硅酸盐、磷酸盐
Tm^{3+}	$^3H_4 \to {}^3H_6$	1.85～2.02	Yb^{3+}, Er^{3+}	硅酸盐
Yb^{3+}	$^2F_{5/2} \to {}^2F_{7/2}$	1.01～1.06		硼酸盐,硅酸盐

表 4-24　稀土螯合物激光

离　　子	跃　　迁	波长/nm	温度/℃
Nd^{3+}	$^4F_{3/2} \to {}^4I_{11/2}$	1057	30
Eu^{3+}	$^5D_0 \to {}^7F_2$	611～613	−150～+30
Tb^{3+}	$^5D_4 \to {}^7F_5$	547	30

表 4-25　铊惰性液体激光

溶　　剂	跃　　迁	波长/nm	溶　　剂	跃　　迁	波长/nm
$SOCl_2:SnCl_4$	$^4F_{3/2} \to {}^4I_{11/2}$	1055	$POCl_3:TiCl_4$	$^4F_{3/2} \to {}^4I_{11/2}$	1053
	$^4F_{3/2} \to {}^4I_{13/2}$	1330	$PBr_3:AlBr_3$	$^4F_{3/2} \to {}^4I_{11/2}$	1066
$POCl_3:SnCl_4$	$^4F_{3/2} \to {}^4I_{11/2}$	1051	$SbBr_3$		
$POCl_3:ZnCl_2$	$^4F_{3/2} \to {}^4I_{11/2}$	1051			

4.2.5　稀土离子光谱的能级分析

近年来稀土离子的光谱能级分析和计算已有发展，但还不能完全地说明所有的稀土离子

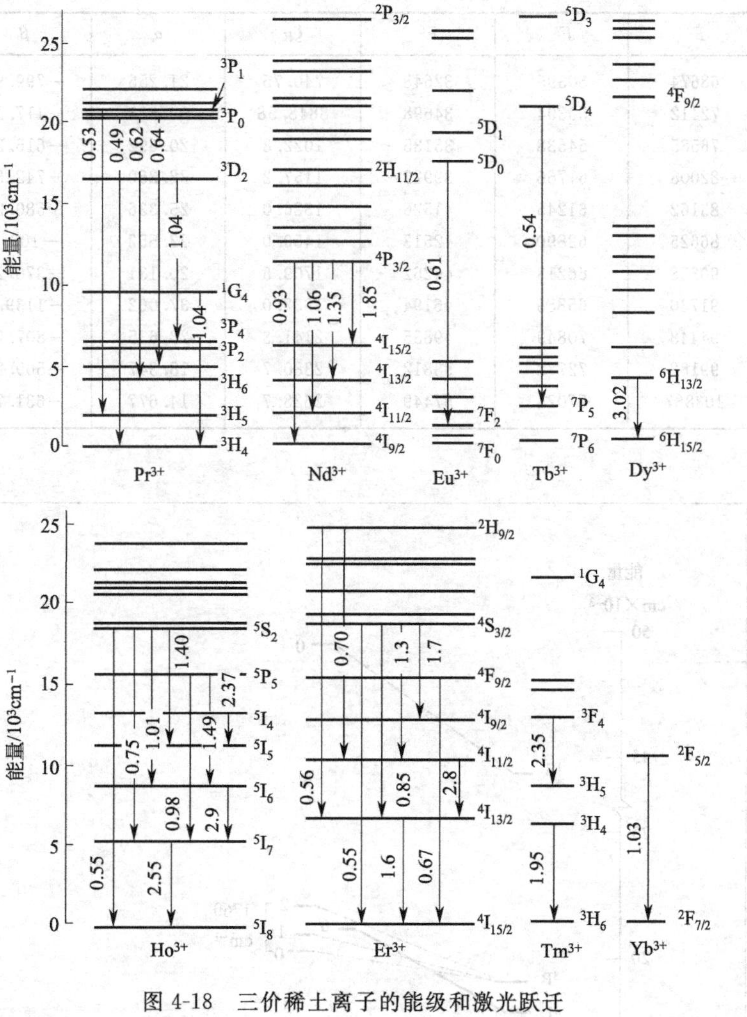

图 4-18 三价稀土离子的能级和激光跃迁

光谱，其能级计算也是相当复杂的。下面仅定性地简述一些影响能级计算的因素。

假若只考虑 $4f^n$ 组态内的跃迁，稀土离子中闭壳层电子对各 $4f^n$ 态的影响是相同的，只是 $4f^n$ 组态内的电子产生有效的相互作用。因此稀土离子能级计算的现代模型的主要项可写为：

$$E = \sum_{K=0}^{6} F^K(nf, nf) f_k + \xi_{4f} A_{SO} + E_{cl} + E_{cf}$$

式中，f_k 和 A_{SO} 表示静电和自旋-轨道作用的角度部分，用张量算符技术可准确地计算出。F^K 和 ξ_{4f} 是径向部分。F^K 为 Slater 积分，它代表 f 电子间的纯静电相互作用。K 必须是偶数，并且 $K<21$，因此对 f 电子来说，$K=0$、2、4、6 四个常数。对给定组态来说，$K=0$，F^K 是常数，有关数据列在表 4-26 中。ξ_{4f} 是自旋-轨道偶合常数，它们的近似值可由 Hartee-Fock 方法得到，也能由实验数据确定的参数来处理。

E_{cl} 是近几年才加到模型中的，用以说明混合组态的影响。考虑到组态相互作用，往往在参量中引入三个参数 α、β、γ，它们的数值也列在表 4-26 中。E_{cf} 是晶体场或配体场的相互作用项。对于溶液光谱来说，室温时可以忽略晶体场的影响。上述提到的各主要项的相对大小，表示在 Pr^{3+} 的能级图（图 4-19）中。

表 4-26　RE^{3+}（水合离子）的能级参数值　　　　单位：cm^{-1}

元　素	F^2	F^4	F^6	ζ_{4f}	α	β	γ
Pr^{3+}	68674	50395	32648	740.75	21.255	−799.93	1342.91
Nd^{3+}	72412	50394	34698	8848.58	0.5611	−117.15	1321.3
Pm^{3+}	76585	54538	35135	1022.8	20.692	−616.29	1967.5
Sm^{3+}	82008	61766	39922	1157.2	22.250	−742.55	796.64
Eu^{3+}	83162	61245	41526	1326.0	25.336	−580.25	1155.7
Gd^{3+}	86625	62890	42513	1450.0	22.552	−103.7	996.98
Tb^{3+}	90358	66213	44262	1709.5	20.131	−370.21	1255.9
Dy^{3+}	91730	65886	46194	1932.0	37.062	−1139.1	2395.3
Ho^{3+}	94448	70849	49835	2141.3	23.635	−807.20	1278.4
Er^{3+}	99182	72778	53812	2380.7	18.347	−509.28	649.71
Tm^{3+}	103887	77024	57449	2628.7	14.677	−631.79	—

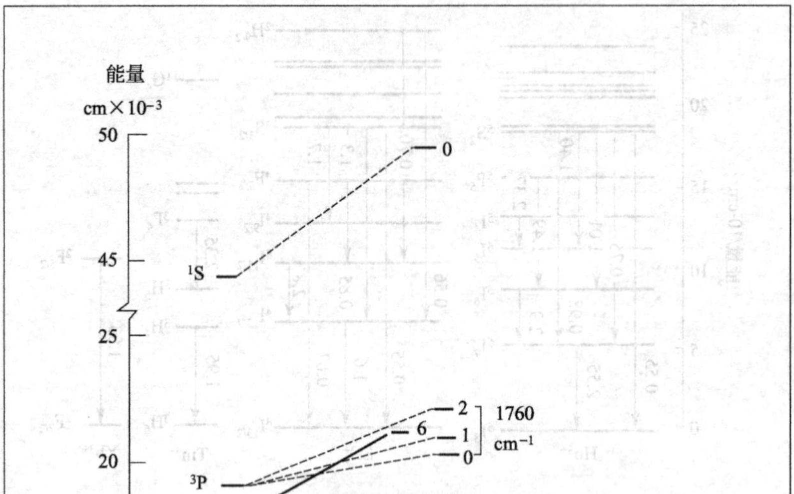

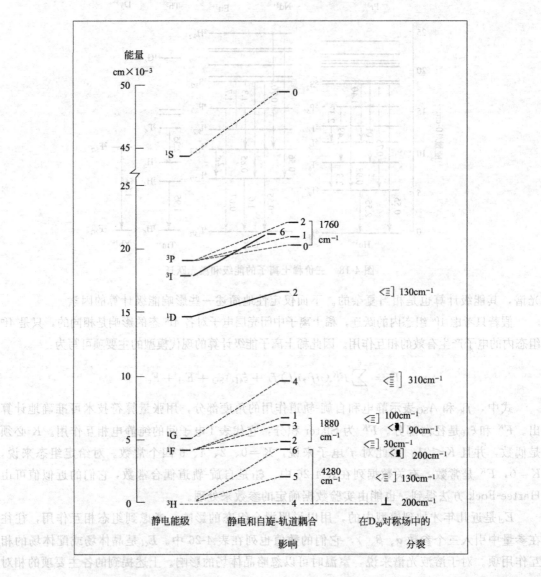

图 4-19　三价 Pr^{3+}（$4f^2$）的能级图

(1) 对于自由离子来说，上式中的主要项是静电和自旋-轨道作用项，它可近似的表示为：

$$E=\sum_{K=0}^{6}F^{K}(nf,nf)f_k+\xi_{4f}A_{SO}$$

这仅近似适用于低能级的情况。一般来说，计算值和实验结果有相当的偏差，对于 $Pr^{3+}(4f^2)$ 这样简单的情况，观察和计算结果甚至相差近 $500cm^{-1}$，因此此式要进一步改正。

若上式包括了 E_{c_1} 项，则计算和实验结果的平均偏差可以降至十几个 cm^{-1}。若再考虑磁相互作用的影响，如自旋-自旋偶合和一个电子自旋与另一电子轨道的偶合，可以进一步地得到改正。这些磁相互作用是组态相互作用的1/10，因此所得的结果和实验结果相一致。

(2) 对于配合物来说，中心离子受配体的影响。J 能级发生分裂，体系能量应包括 E_{cf} 项。

第5章

主要三价稀土化合物

由于稀土元素的化学性质是相似的，所以可以讨论整个稀土元素化合物，而无需对它们逐个讨论。在这一章中，只讨论常见的主要的三价稀土化合物，关于二价和四价稀土化合物则另辟一章专门讨论。

5.1 稀土元素氧化物和氢氧化物

5.1.1 稀土元素氧化物

5.1.1.1 氧化物的制备和结构

除了Ce、Pr、Tb外，其余稀土元素的氧化物（RE_2O_3）均可由灼烧氢氧化物、含氧酸盐［$RE_2(CO_3)_3$、$RE_2(C_2O_4)_3$、$RE_2(SO_4)_3$ 等，但 $REPO_4$ 例外］或令稀土金属与氧直接化合来制备。将Ce、Pr、Tb的高价氧化物还原也可以得到三价氧化物 RE_2O_3。

在空气中灼烧Ce、Pr、Tb的氢氧化物和含氧酸盐，分别得到 CeO_2、Pr_6O_{11}（$4PrO_2 \cdot Pr_2O_3$）、Tb_4O_7（$2TbO_2 \cdot Tb_2O_3$）。Pr_2O_3 与原子氧在450℃反应，或在300℃、50.66×10^5 Pa与分子氧反应可以得到 PrO_2。不定组成的氧化铽与原子氧反应也可得到 TbO_2。

在2000℃以下，稀土的三氧化二物具有图5-1所示的A、B、C的三种结构。氧化物的结构主要决定于金属离子的大小和生成的温度。

在图5-1(c)的A型 RE_2O_3 结构中，稀土离子是七配位的，六个氧原子八面体地围绕着金属原子，另外还有一个氧原子处在八面体的一个面上。在结构B［图5-1(d)］中，金属也是七配位的，其中六个氧原子是八面体排布的，余下的一个氧原子与金属原子的键要比其他的键长。在氟化钙型结构中，每个金属原子被八个氧原子包围，它们分布在一个立方体的八个角顶上。每个氧原子又被分布在四面体角顶上的四个金属原子所包围。C型结构［图5-1(b)］是在氟化钙型结构中移去了1/4的阴离子，金属离子是六配位的。C型 RE_2O_3 的结构和氟化钙结构类似，这能说明为什么C型的 RE_2O_3 容易与高价铈、镨、铽的氧化物（它们都是氟化钙型结构的）生成混合晶体。

稀土氧化物（RE_2O_3）的结构与温度关系表示在稀土氧化物的相图（图5-2）中。在

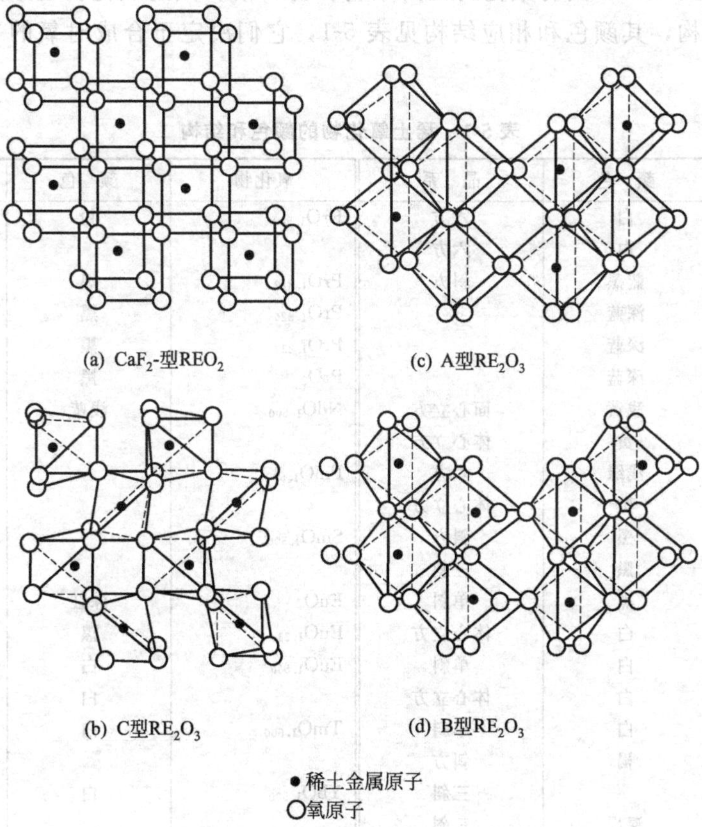

图 5-1　稀土氧化物的结构

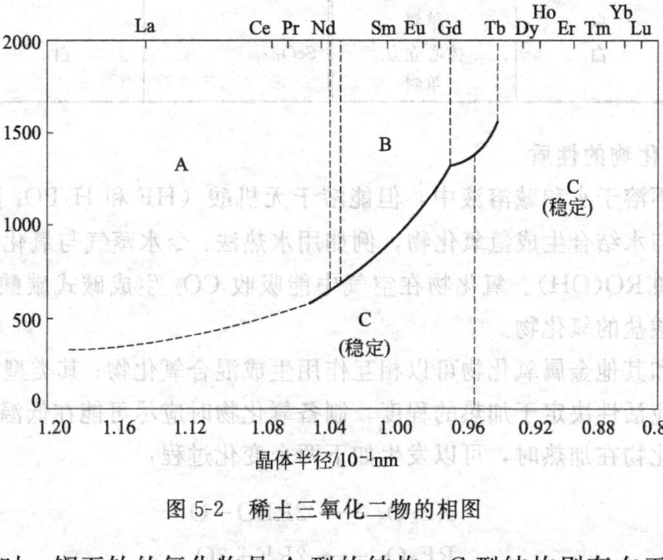

图 5-2　稀土三氧化二物的相图

2000℃以下的温度时，镧至钕的氧化物是 A 型的结构，C 型结构则存在于钇和从钬至镥的氧化物中，其他稀土氧化物，在低温时也是 C 型结构，在一定温度时转变为 B 型。RE_2O_3 的结构形式是可以相互转变的，例如 C 型 Eu_2O_3 约在 1100℃时转变为 B 型，在 2040℃转变为 A 型。在 2000℃以上还有两种结构型式，H 型和 X 型。

CeO_2、PrO_2、TbO_2 具有氟化钙型的结构。铈、镨、铽的氧化物还形成一系列不定组成的有缺陷的结构，其颜色和相应结构见表 5-1，它们决定于合成时氧的平衡分压和加热过程。

表 5-1　稀土氧化物的颜色和结构

氧化物	颜　色	晶　系	氧化物	颜　色	晶　系
$LaO_{1.500}$	白	六方	$ErO_{1.500}$	粉	体心立方
$CeO_{1.500}$	白	六方			单斜
$CeO_{1.714}$	蓝黑	斜方	$PrO_{1.818}$	黑	单斜
$CeO_{1.778}$	深蓝		$PrO_{1.826}$	黑	面心立方
$CeO_{1.800}$	深蓝		$PrO_{1.833}$	黑	单斜
$CeO_{1.818}$	深蓝		PrO_2	黑	面心立方
CeO_2	浅黄	面心立方	$NdO_{1.500}$	浅蓝	六方
$PrO_{1.5}$	黄	体心立方			体心立方
	浅绿	六方	$PmO_{1.500}$		体心立方
$PrO_{1.66}$	黑	体心立方			单斜
$PrO_{1.714}$	黑	斜方	$SmO_{1.500}$		体心立方
$PrO_{1.778}$	黑	三斜			单斜
$PrO_{1.800}$	黑	单斜	EuO	深红	岩盐
$GdO_{1.500}$	白	体心立方	$EuO_{1.33}$	黑	单斜
	白	单斜	$EuO_{1.500}$	白	体心立方
$TbO_{1.500}$	白	体心立方		白	单斜
	白	单斜	$TmO_{1.500}$	白	体心立方
$TbO_{1.714}$	褐	斜方			单斜
$TbO_{1.809}$		三斜	$YbO_{1.500}$	白	体心立方
$TbO_{1.818}$	深褐	三斜			单斜
$TbO_{1.838}$		单斜	$LuO_{1.500}$	白	体心立方
$TbO_{1.95}$	深褐	面心立方			单斜
$DyO_{1.500}$	白	体心立方	$YO_{1.500}$	白	体心立方
	白	单斜			单斜
$HoO_{1.500}$	白	体心立方	$ScO_{1.500}$	白	体心立方
		单斜			

5.1.1.2　稀土氧化物的性质

稀土氧化物不溶于水和碱溶液中，但能溶于无机酸（HF 和 H_3PO_4 除外）生成相应的盐。氧化物可以与水结合生成氢氧化物，例如用水热法：令水蒸气与氧化物一起加热，可以得到 $RE(OH)_3$ 和 RO(OH)。氧化物在空气中能吸收 CO_2 生成碱式碳酸盐。在 800℃进行灼烧可得到无碳酸盐的氧化物。

稀土氧化物和其他金属氧化物可以相互作用生成混合氧化物；其类型如表 5-2 所示。

氧化物的反应活性决定于加热的程度。制备氧化物时应尽可能在低温下灼烧以便获得最高活性。稀土氧化物在加热时，可以发生如下两个变化过程：

$$RE_2O_3 \longrightarrow 2REO+O$$

$$RE_2O_3 \longrightarrow 2RE+3O$$

这两种反应决定于反应物是轻稀土氧化物还是重稀土氧化物。轻稀土氧化物分解为一氧化物，而重稀土氧化物分解为金属。

稀土氧化物的热力学性质见图 5-3 和表 5-3。稀土氧化物的热稳定性和氧化钙、氧化镁的相当，熔点和沸点较高。氧化物磁矩与相应的三价离子的磁矩相近。熔点、沸点和磁矩数据也列在表 5-3 中。

表 5-2 稀土的复合氧化物

ABO_4（锆英石类型）	$A_2B_2O_7$（烧绿石类型）	$A_3B_5O_{12}$（石榴石类型）	ABO_4（白钨矿类型）	ABO_3（钙钛矿类型）	ABO_3（钙钛矿类型）
$REAsO_4$	$RE_2Sn_2O_7$	$RE_3Al_5O_{12}$	$REGeO_4$	$REAlO_3$	$RETiO_3$
$REPO_4$	$RE_2Zr_2O_7$	$RE_3Ga_5O_{12}$	$RENbO_4$	$RECrO_3$	$REVO_3$
$REVO_4$		$RE_3Fe_5O_{12}$	$RETaO_4$	$RECoO_3$	Ba(RE,Nb)O_3
				$REGaO_3$	
				$REFeO_3$	
				$REMnO_3$	
				$RENiO_3$	

表 5-3 稀土氧化物的一些性质

氧化物	RE^{3+}的基态	实测磁矩/(M.B.)	熔点/℃	沸点/℃	热力学函数(298.15K)/(4.184kJ/mol)		
					$\Delta H_形$	$\Delta S_形$	$\Delta G_形$
La_2O_3	$^1S_0$	0.00	2256	3620	428.7	70.04	407.82
Ce_2O_3	$^2F_{5/2}$	2.56	2210±10	3730	430.9	73.50	409.00
Pr_2O_3	$^3H_4$	3.55	2183	3760	435.8	70.50	414.80
Nd_2O_3	$^4I_{9/2}$	3.66	2233	3760	432.37	71.12	411.17
Pm_2O_3	$^5I_4$	(2.83)	2320				
Sm_2O_3	$^6H_{5/2}$	1.45	2269	3780	433.89	70.65	412.82
Eu_2O_3	$^7F_0$	3.51	2291	3790	392.3	76.0	369.6
Gd_2O_3	$^8S_{7/2}$	7.90	2339	3900	433.94	68.3	413.4
Tb_2O_3	$^7F_0$	9.63	2303		445.6	71.0	424.4
Dy_2O_3	$^6H_{15/2}$	10.5	2228	3900	446.8	73.5	424.9
Ho_2O_3	$^5I_8$	10.5	2330	3900	449.5	71.9	428.1
Er_2O_3	$^4I_{15/2}$	9.5	2344	3920	453.59	71.86	432.16
Tm_2O_3	$^3H_6$	7.39	2341	3945	451.4	72.4	429.8
Yb_2O_3	$^2F_{7/2}$	4.34	2355	4070	433.68	70.32	412.72
Lu_2O_3	$^1S_0$	0.00	2427	3980	448.9	71.9	427.5
Y_2O_3	$^1S_0$	0.00	2376		448.9		
Sc_2O_3	$^1S_0$	0.00	2403±20				

5.1.1.3 特殊物性稀土氧化物的制备

随着科学技术的发展，作为新材料的原始材料的稀土氧化物得到了越来越广泛的应用，而且不同的用途要求稀土氧化物具有不同的物理化学特性，这样稀土氧化物的制备向着具有特殊物理化学性状的方向发展，如要求制备不同粒径、不同比表面积、不同形貌的稀土氧化物和稀土复合氧化物粉体等。

工业上制备稀土氧化物主要采用碳酸氢铵和草酸沉淀法，得到稀土的碳酸盐或草酸盐，然后灼烧得到稀土氧化物。近年来由于考虑成本的因素，碳酸稀土沉淀成为常用的方法，尤其是在轻稀土氧化物制备中。但这样制得的稀土氧化物，粒度一般为 3～10μm 左右，比表面积<20m^2/g，不具有特殊的物理化学性状，如果要制备超细、大颗粒、高比表面积稀土氧化物或复合氧化物还需要用特殊的方法。

(1) 超细稀土氧化物的制备　超细稀土化合物有着更为广泛的用途，如超导材料、功能陶瓷材料、催化剂、传感材料、抛光材料、发光材料、精密电镀以及高熔点高强度合金等都

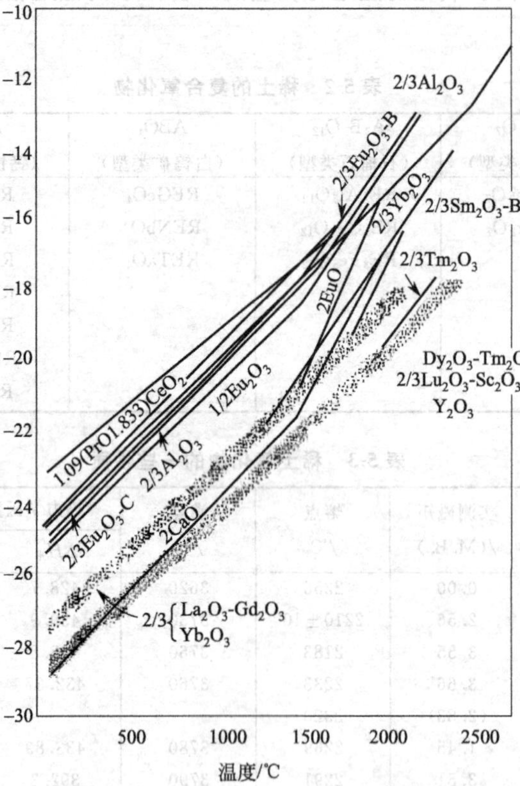

图 5-3　稀土氧化物的生成自由能

需要稀土超细粉体，稀土超细化合物的制备已成为近年来的研究热点。

稀土超细粉体的制备方法按物质的聚集状态分为固相法、液相法和气相法。固相法处理量大，但其能量利用率低，在粉体制备过程中易引入杂质，制备出的粉体粒度分布宽，形态难控制，且同步进行表面处理比较困难；气相法制备粉体纯度高、粒度小、单分散性好，然而设备复杂、能耗大、成本高，这些都严重制约了它们的应用发展；相比之下，液相法具有合成温度低、设备简单、易操作、成本低等优点，是目前实验室和工厂广泛采用的制备稀土化合物超细粉体的方法。液相法主要有溶胶-凝胶法、沉淀法、水热法、微乳液法、醇盐水解法和模板法等，其中最适合工业化生产的首选沉淀法。

沉淀法是把沉淀剂加入到金属盐溶液中进行沉淀，然后经过过滤、洗涤、干燥、热分解得到粉体材料，操作比较简单，是一种最经济的制备稀土化合物超细物粉体的方法。沉淀法包括直接沉淀法、共沉淀法和均匀沉淀法等。直接沉淀法是将沉淀剂加入到金属的盐溶液中，得到前驱体化合物，然后加热分解获得超细粉体；共沉淀法是在混合金属盐溶液中加入沉淀剂，得到各种成分均一的沉淀；但上述两种方法沉淀时，沉淀剂的加入可能会使局部沉淀剂浓度过高，产生不均匀现象，因此添加在溶液中经化学反应可缓慢生成沉淀剂的物质，就是均匀沉淀法。

在沉淀法中，碳酸氢铵沉淀法和草酸沉淀法是目前生产普通稀土氧化物的经典方法，只要控制适宜的条件或加以改变就可以制备超细稀土化合物粉体，因而是最适合工业生产的方法，也是研究较多的方法。

碳酸氢铵是廉价易得的工业原料，碳酸氢铵沉淀法是近年来发展起来的一种制备稀土氧化物超细粉体的方法，具有操作简单、成本低、适合工业化生产的特点。内蒙古科技大学李梅课题组用碳酸氢铵沉淀法制备了一次粒径为140nm，二次粒径为63nm的超细CeO_2，对其进行了表征，并用有机化合物对其进行了表面改性，同时研究了超细氧化铈对橡胶的改性作用，用超细氧化铈作为橡胶助剂添加到橡胶中可以提高橡胶的弹性、耐磨性等力学性能。同时在超细氧化铈的制备过程中研究了碳酸氢铵沉淀法的稀土浓度、沉淀剂浓度、沉淀温度、沉淀酸度、沉淀剂加入速度等操作条件对稀土超细粉体粒径和形态的影响。实验表明稀土浓度、沉淀温度、沉淀剂浓度是主要影响因素。

李梅课题组在研究中发现，稀土浓度是能否形成均匀分散超细粉体的关键，在沉淀Ce^{3+}离子的实验中，当浓度合适时，一般为0.2～0.5mol/L，沉淀过程顺利，碳酸盐沉淀经烘干、灼烧得到氧化铈超细粉体，粒度小、均匀、分散性好；当浓度过高时，则晶粒生成速度快，生成的晶粒多且小，开始沉淀就出现团聚，碳酸盐严重团聚、并呈条状，最后得到的氧化铈仍然团聚严重、且粒度较大；而当浓度过低时，则晶粒生成速度较慢，但晶粒容易长大，也得不到超细氧化铈。稀土离子浓度太大和太小时，产物粒子都会呈现出不规则和团聚。在化学反应中，温度是一个起决定性的主要因素，当反应温度低于50℃时，沉淀形成较快，生成晶核多而粒度小，反应中CO_2和NH_3逸出量较少，沉淀呈黏糊状，不易过滤和洗涤，用乙醇洗多次后烘干，虽然粒径很小，但团聚严重，分散性不好，且较硬，灼烧成氧化铈仍有块状存在，研细后经电镜分析，团聚严重，粒径较大；当反应温度为60～70℃时，就有一个溶解-沉淀过程，沉淀速度相应缓慢，这时过滤较快，颗粒很松散，不形成堆积，得到的氧化铈，电镜分析表明，颗粒很细，且均匀，基本呈球状。碳酸氢铵浓度也影响氧化铈的粒径，当碳酸氢铵浓度<1mol/L时，得到的氧化铈粒径很小，且均匀；当碳铵浓度>1mol/L时，会出现局部沉淀，造成团聚，得到的氧化铈粒径较大，且团聚严重。

草酸沉淀法是利用草酸溶液滴加到金属离子溶液后生成草酸盐沉淀，经过滤、洗涤、干燥、灼烧得到氧化物粉体。该法操作简单、实用、经济、可工业化，是传统的制备稀土氧化物粉末的方法，但所制备的稀土氧化物粒径一般在3～10μm。李梅课题组用普通草酸盐沉淀法制备超细氧化铈，通过正交实验详细地研究了沉淀方式、沉淀剂浓度、硝酸铈浓度、反应温度、滴加速度等沉淀条件对氧化铈粒径的影响，通过仔细控制沉淀条件，得到了体积中心粒径的D_{50}为1.011μm的超细氧化铈粉体。课题组也对草酸盐沉淀法进行了一些改进，用以制备稀土化合物超细粉体。先用氨水沉淀稀土离子，得到氢氧化稀土胶体，再用草酸转化，也可制得超细稀土氧化物，这样克服了氢氧化稀土难过滤的缺点，用该法制备了$D_{50}<1\mu m$，比表面积小于$50m^2/g$的用于精密抛光的超细氧化铈，也用此法制得了粒径<1.0μm的CeO_2粉体。在滴加草酸溶液的同时滴加氨水溶液，恒定反应过程的pH值，可以得到粒径<1.0μm的CeO_2粉体。将EDTA加入到Ce^{3+}浓度为0.1～0.5mol/L的$Ce(NO_3)_3$溶液中，用稀氨水调至pH=9，加入草酸铵，在50℃时以滴加2mol/L的HNO_3溶液，至pH=2时，沉淀完全，可得到粒径为40～100nm的CeO_2粉体。

沉淀法制备稀土超细化合物粉体工艺中，在沉淀反应、干燥、灼烧等阶段均会导致不同程度的团聚。因此，在制备过程中，通过调节pH值，采用不同的沉淀剂，添加分散剂等方法使中间产物充分分散，选择合适的干燥方法，最后经过灼烧得到分散性良好的稀土化合物超细粉体。李梅课题组对草酸铈沉淀过程中的成核、生长和团聚进行了详细的研究（见5.2.4稀土元素的草酸盐）。

沉淀法具有设备简单易行、工艺过程易控制、易于商业化等优点，具有工业推广价值，但也存在一些缺点，如沉淀的过滤和洗涤比较困难，添加的沉淀剂易影响产品的纯度，不同的金属离子开始沉淀的时间不同或沉淀速度不同导致沉淀物不均匀等。

(2) 高比表面积稀土氧化物及复合氧化物的制备 CeO_2-ZrO_2 复合氧化物固溶体具有高的储氧能力和良好的热稳定性，用作汽车尾气净化三效催化剂受到了广泛的关注。由于催化反应一般在表面进行，在催化反应与吸附过程中，高比表面积的 CeO_2-ZrO_2 通常因其本身具有更多活性组分，从而表现出更高的催化与吸附活性，所以要求制备高比表面积的 CeO_2-ZrO_2 复合氧化物。同时其他催化材料、陶瓷材料等也需要高比表面积稀土化合物。

高比表面积稀土氧化物及复合氧化物的制备方法主要是液相法，包括沉淀法、溶胶-凝胶法、模板法、微乳液法、络合法等，其中研究最多的是沉淀法和溶胶-凝胶法，有许多专利和文章发表，而以沉淀法最具工业生产价值。

沉淀法是制备铈锆固溶体较为常用的方法，将沉淀剂加入到金属盐溶液中，将可溶的组分转化为难溶化合物，经过滤、洗涤、干燥、灼烧等步骤得到目标化合物。沉淀法所用的沉淀剂一般是氨水、碳酸氢铵等，或两者联合使用，而以碳铵、氨水-碳铵沉淀剂具有工业生产前景。共沉淀法所得到的沉淀为铈锆的氢氧化物或盐类，需经过高温热分解才能形成铈锆固溶体，而高温会导致比表面积下降，另外在沉淀、干燥和灼烧过程中会使粒子聚集长大。近年来，李梅课题组通过各种手段来改进共沉淀法，取得了多项专利。

李梅课题组采用碳酸氢铵-氨水混合沉淀剂沉淀金属离子，加入一定量的表面活性物质，制备出高比表面积 $Ce_{0.75}Zr_{0.25}O_2$ 固溶体，其比表面积500℃下灼烧2h为143.26m^2/g，1000℃下老化2h为24.6m^2/g。均相沉淀法可以控制沉淀速度，减少离子的团聚，也是制备高比表面积稀土化合物常用的方法，课题组用尿素—氨水均相沉淀法制备了比表面积大于50m^2/g，粒径为90nm的 Y_2O_3 粉体。在400～1000℃下热分解含肼（或肼盐）的相应的铈锆前驱体化合物而得到高比表面积纳米铈锆复合氧化物，该复合氧化物在高温下长时间灼烧仍保持单相。将微波加热技术用于铈锆混合离子的共沉淀反应，得到了比表面积为125m^2/g、粒度分布均匀的立方相大比表面积 $Ce_{0.75}Zr_{0.25}O_2$ 复合氧化物。

为降低催化剂的成本，课题组尝试用不经分离的包头混合轻稀土镧铈或镧铈镨富集物代替铈制备催化材料，并对其进行掺杂研究，也取得了较好的结果，这对降低催化剂的成本，综合利用包头轻稀土资源具有重要意义。

(3) 大颗粒稀土氧化物的制备 随着新材料技术的发展，具有可控粒径的稀土化合物展现出良好的市场前景。除小颗粒稀土化合物具有特殊的应用领域外，大颗粒的稀土化合物也具有广阔的应用市场。如装饰品生产厂家希望购买粒径大于20μm、松装密度大于1.5g/cm^3的氧化铈，作为特殊抛光材料。

国内外在大颗粒稀土氧化物制备研究方面，也和超细粉体制备一样，有许多方法，其中最适合工业化生产的方法当属沉淀法，但制备的粉体的体积中心粒径 D_{50} 小于20μm。在我国稀土生产中，稀土氧化物的生产主要采用草酸盐沉淀法和碳酸盐沉淀法，但这两种方法所生产的氧化铈的体积中心粒径 D_{50} 都小于10μm，且粒度分布不均匀，松装密度 ρ 都小于1.5g/cm^3，达不到大颗粒稀土化合物的应用要求。

李梅课题组对草酸沉淀法和碳酸氢铵沉淀法制备大颗粒稀土氧化物进行了仔细的研究。用草酸沉淀法通过仔细控制沉淀过程，制备出了 $D_{50}\geqslant 30\mu m$，松装密度>2.0g/cm^3的大颗粒氧化铈；用碳酸氢铵沉淀法通过添加晶种和添加剂，仔细控制沉淀过程，制备出了 $D_{50}\geqslant 20\mu m$，松装密度>1.8g/cm^3的大颗粒氧化铈，而且研究了制备条件对其粒度和流动性的影响，以及大颗粒氧化铈的应用。草酸沉淀法制备的大颗粒氧化铈为六棱柱状（见 5-4 图），可用于硬度高的装饰品表面抛光，碳酸氢铵沉淀法制备的大颗粒氧化铈为菜花形（见 5-5 图），可用于硬度较低的装饰品表面抛光。两种方法生产的大颗粒氧化铈均可作为玻璃添加剂使用，但碳酸盐体系制备的氧化铈成本低。

5.1.2 稀土元素的氢氧化物

5.1.2.1 氢氧化物的制备和结构

把氨水或碱加到稀土盐的溶液中，可沉淀出氢氧化物 $RE(OH)_3$，在热溶液中可使沉淀聚沉。温度高于 200℃时，氢氧化物 $RE(OH_3)$ 转变成脱水的氢氧化物 REO(OH)。一般情况下，稀土氢氧化物为胶状沉淀。用水热法，在 193～420℃和 12.159×10^5～7.093×10^7 Pa 的条件下，将 RE_2O_3-H_2O-NaOH 长时间处理可以从 NaOH 的溶液中生长出晶状的稀土氢氧化物（La～Yb，Y），这些氢氧化物均为六方晶系（图 5-6）。Lu 和 Sc 则可用 $RE(OH)_3$ 在 NaOH 溶液中在 157～159℃条件下制取，晶体为立方晶系。新沉淀的 $RE(OH)_3$ 晶体结构不完善，La～Gd 形成晶型沉淀，而 Tb～Lu 为无定型。

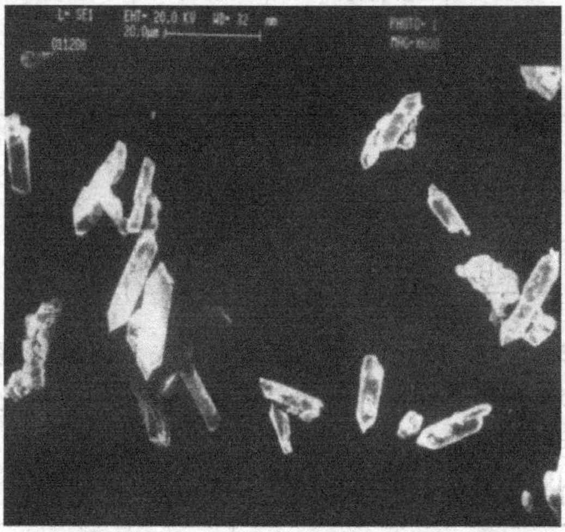

图 5-4 草酸盐沉淀法制备的氧化铈的 SEM

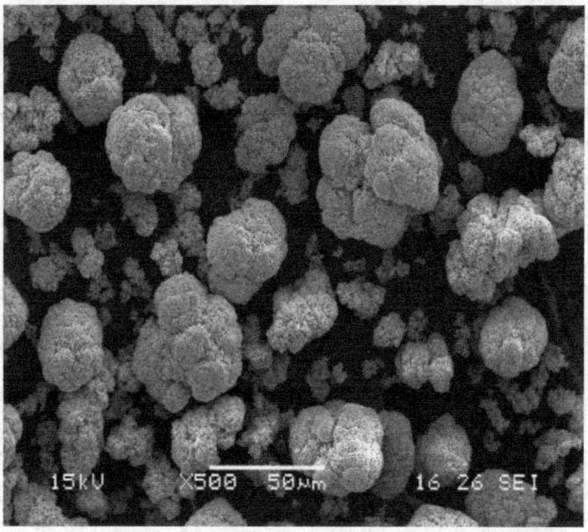

图 5-5 碳酸盐沉淀法制备的氧化铈的 SEM

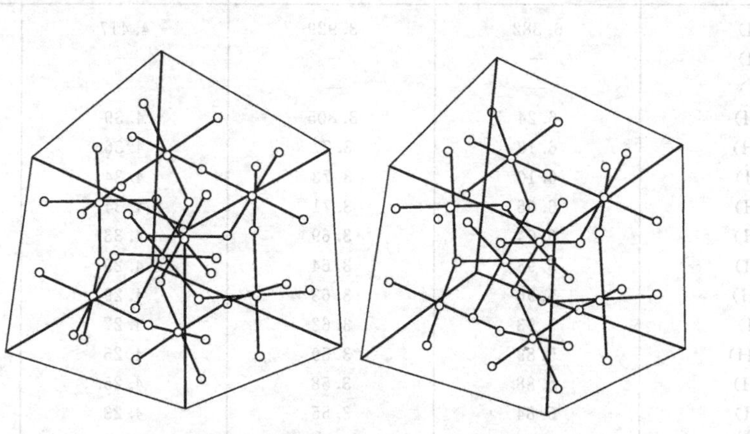

图 5-6 立方晶系的 $RE(OH)_3$ 的晶体结构

在不同盐的溶液中氢氧化物开始沉淀的pH值略有不同。由于镧系收缩，三价镧系离子的离子势（Z/r）随原子序数的增大而增加，所以开始沉淀的pH值随原子序数的增大而降低，见表5-4。

表5-4 $RE(OH)_3$的物理性质

氢氧化物	颜色	沉淀的pH值			$RE(OH)_3$溶度积(25℃)	晶格常数/10^2pm	
		硝酸盐	氯化物	硫酸盐		a	c
$La(OH)_3$	白	7.82	8.03	7.41	1.0×10^{-19}	6.52	3.86
$Ce(OH)_3$	白	7.60	7.41	7.35	1.5×10^{-20}	6.50	3.82
$Pr(OH)_3$	浅绿	7.35	7.05	7.17	2.7×10^{-20}	6.45	3.77
$Nd(OH)_3$	紫红	7.31	7.02	6.95	1.9×10^{-21}	6.42	3.67
$Sm(OH)_3$	黄	6.92	6.83	6.70	6.8×10^{-22}	6.35	3.65
$Eu(OH)_3$	白	6.82	—	6.68	3.4×10^{-22}	6.32	3.63
$Gd(OH)_3$	白	6.83	—	6.75	2.1×10^{-22}	6.30	3.61
$Tb(OH)_3$	白	—	—	—	—	6.28	3.57
$Dy(OH)_3$	黄	—	—	—	—	6.26	3.56
$Ho(OH)_3$	黄	—	—	—	—	6.24	3.53
$Er(OH)_3$	浅红	6.75	—	6.50	1.3×10^{-23}	6.225	3.51
$Tm(OH)_3$	绿	6.40	—	6.21	2.3×10^{-24}	6.21	3.49
$Yb(OH)_3$	白	6.30	—	6.18	2.9×10^{-24}	6.20	3.46
$Lu(OH)_3$	白	6.30	—	6.18	2.5×10^{-24}	—	—
$Y(OH)_3$	白	6.95	6.78	6.83	—	6.245	3.53

5.1.2.2 氢氧化物的性质

稀土氢氧化物的脱水反应如下：

$$2Ln(OH)_3\cdot nH_2O\xrightarrow{-2nH_2O}2Ln(OH)_3\xrightarrow{-2H_2O}2LnO(OH)\xrightarrow{-H_2O}Ln_2O_3$$

从La到Lu离子半径逐渐减小，离子势逐渐增大，极化能力逐渐增大，失水温度也逐渐降低。$RE(OH)_3$不溶于碱，易溶于无机酸。稀土氢氧化物溶于酸生成盐，胶状的氢氧化物有足够的碱性，可从空气中吸收二氧化碳而生成碳酸盐。

表5-5 LnO(OH)的晶格常数

化合物	晶格常数/10^{-2}pm			β/(°)
	a	b	c	
LaO(OH)	6.382	3.929	4.417	108.0
CeO(OH)	—	—	—	—
PrO(OH)	—	—	—	—
NdO(OH)	6.24	3.805	4.39	108.1
SmO(OH)	6.13	3.77	4.36	108.6
EuO(OH)	6.10	3.73	4.34	108.9
GdO(OH)	6.06	3.71	4.34	108.9
TbO(OH)	6.04	3.69	4.33	109.0
DyO(OH)	5.98	3.64	4.29	109.0
HoO(OH)	5.96	3.63	4.29	109.0
ErO(OH)	5.93	3.62	4.27	109.2
TmO(OH)	5.89	3.59	4.25	109.3
YbO(OH)	5.88	3.58	4.25	109.4
LuO(OH)	5.84	3.55	4.23	109.5
YO(OH)	5.92	3.63	4.29	109.1

脱水的稀土氢氧化物 REO(OH) 也可以在高温、高压下通过水热合成法来制备，得到的化合物属于单斜晶系，能溶于酸。他们的性质汇列在表5-5中。三价铈的氢氧化物是不稳定的，只能在真空条件下制备。它在空气中将被缓慢氧化，在干燥情况下很快地变成黄色的四价铈的氢氧化物，可用来分离铈与其他稀土。如果溶液中有次氯酸盐或次溴酸盐，则在氢氧化物沉淀时就会很快地将三价铈氧化成四价铈。因此，三价铈的氢氧化物是一种强还原剂。

5.2 重要的稀土含氧酸盐

5.2.1 稀土元素的硝酸盐和硝酸复盐

5.2.1.1 稀土元素的硝酸盐

稀土氧化物、氢氧化物、碳酸盐或稀土金属与硝酸作用则生成相应的硝酸盐，并使溶液蒸发结晶可得到水合硝酸盐。无水硝酸盐可用氧化物在加压下与四氧化二氮在150℃反应来制备。

水合硝酸盐的组成为 $RE(NO_3)_3 \cdot nH_2O$，其中 n=3、4、5、6。轻稀土的 $La(NO_3)_3 \cdot 6H_2O$、$Ce(NO_3)_3 \cdot 6H_2O$、$Pr(NO_3)_3 \cdot 6H_2O$、$Sm(NO_3)_3 \cdot 6H_2O$ 均为三斜晶系。

$$\left.\begin{array}{l} RE_2O_3 \\ RE(OH)_3 \\ RE_2(CO_3)_3 \end{array}\right\} + HNO_3 \longrightarrow RE(NO_3)_3 \cdot nH_2O;\ n=3、4、5、6\ (一般)$$

稀土硝酸盐在水中的溶解度很大（>2mol/L，25℃），且随温度升高而增大（见表5-6）。

表 5-6 硝酸盐在水中的溶解度

$La(NO_3)_3$-H_2O 体系		$Pr(NO_3)_3$-H_2O 体系		$Sm(NO_3)_3$-H_2O 体系	
温度/℃	溶解度(无水盐，质量分数)/%	温度/℃	溶解度(无水盐，质量分数)/%	温度/℃	溶解度(无水盐，质量分数)/%
5.3	55.3	8.3	58.8	13.6	56.4
15.8	57.9	21.3	61.0	30.3	60.2
27.7	61.0	31.9	63.2	41.1	63.4
36.3	62.6	42.5	65.9	63.8	71.4
48.6	65.3	51.3	69.9	71.2	75.0
55.4	67.6	64.7	72.2	82.8	76.8
69.9	73.4	76.4	76.1	86.9	83.4
79.9	76.6	92.8	84.0	135.0	86.3
98.4	78.8	127.0	85.0		

稀土硝酸盐的稀溶液是典型的1∶3电解质，它像氯化物一样，在0.01mol/L溶液中的电导遵守Onsager（翁萨格）方程式。迁移数与浓度的平方根呈线性关系。在无限稀释情况下，迁移数随镧系元素原子序数的增大而下降。

稀土硝酸盐易溶于无水胺、乙醇、丙酮、乙醚及乙腈等极性溶剂中，并可用磷酸三丁酯

(TBP）及其他萃取剂萃取。

稀土硝酸盐热分解时放出氧和氧化氮，最后转变为氧化物，稀土硝酸盐转变为氧化物的最低温度见表 5-7。

表 5-7　稀土硝酸盐转变为氧化物的最低温度

硝酸盐	氧化物	温度/℃	硝酸盐	氧化物	温度/℃
Sc	Sc_2O_3	5810	Pr	Pr_6O_{11}	505
Y	Y_2O_3	480	Nd	Nd_2O_3	830
La	La_2O_3	780	Sm	Sm_2O_3	750
Ce	CeO_2	450			

5.2.1.2　稀土元素的硝酸复盐

稀土硝酸盐与碱金属（一价阳离子或 NH_4^+）或碱土金属（二价阳离子）硝酸盐可形成复盐，如 $La(NO_3)_3 \cdot 2NH_4NO_3$、$Y(NO_3)_3 \cdot 2NH_4NO_3$、$Ce(NO_3)_3 \cdot 2KNO_3 \cdot 2H_2O$ 和 $La(NO_3)_3 \cdot 3Mg(NO_3)_2 \cdot 24H_2O$ 等。

这些复盐溶解度的差异较简单硝酸盐的大，所以早期曾用复盐的分级结晶法来分离单个稀土元素。20℃时 $Ln(NO_3)_3 \cdot 2NH_4NO_3 \cdot 4H_2O$ 的相对溶解度为：La：1.0；Ce：1.5；Pr：1.7；Nd：2.2；Sm：4.6。在硝酸介质中镁复盐的相对溶解度：La：1.0；Ce：1.2；Pr：1.2；Nd：1.5；Sm：3.8；锰复盐的相对溶解度：La：1.0；Ce：1.2；Nd：1.5；Sm：2.5。具有离子半径约 0.08nm 的二价金属一般可与稀土硝酸盐形成复盐。随着二价离子半径的增大，复盐的溶解度也增大，例如锰复盐（Mn^{2+}=0.091nm）的溶解度比相应的镁复盐（Mg^{2+}=0.078nm）的溶解度大约 3 倍。当温度升高时复盐的溶解度显著增大见图 5-7。

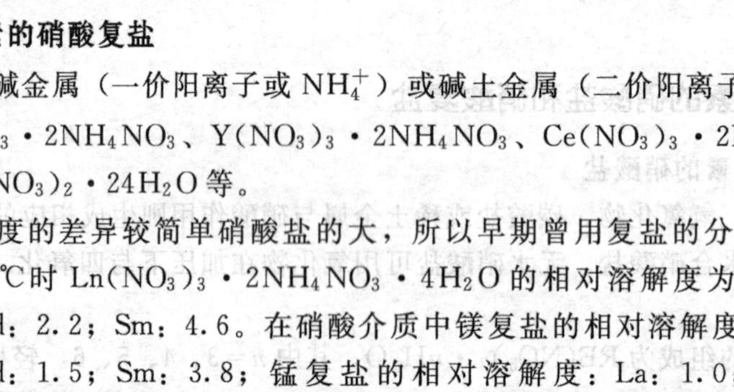

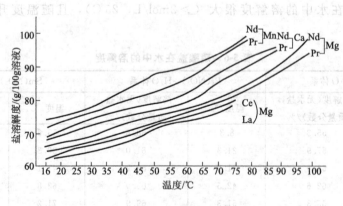

图 5-7　稀土复盐在水中的溶解度

5.2.2　稀土元素的硫酸盐及硫酸复盐

5.2.2.1　稀土元素的硫酸盐

稀土氧化物、氢氧化物、碳酸盐与硫酸作用则生成相应的硫酸盐 $RE_2(SO_4)_3 \cdot nH_2O$，通常 La 和 Ce 的 n=9，其他稀土的 n=8，但也有 n=3，5，6 的。稀土氧化物与略过量的浓硫酸反应、水合硫酸盐的高温脱水或酸式盐的热分解均可产生无水硫酸盐，升高温度进一步分解为氧基硫酸盐，最后生成氧化物。硫酸盐的物理性质列在表 5-8 中。

表 5-8 水合硫酸盐的物理常数

硫酸盐	晶格常数					密度/(g/cm³)
	晶系	$a/10^2$pm	$b/10^2$pm	$c/10^2$pm	β	
$La_2(SO_4)_3 \cdot 9H_2O$	六方	10.98		8.13		2.821
$Ce_2(SO_4)_3 \cdot 9H_2O$	六方	10.997		8.018		2.831
$Ce_2(SO_4)_3 \cdot 8H_2O$	斜方	9.926	9.513	17.329		2.87
$Pr_2(SO_4)_3 \cdot 8H_2O$	单斜	13.690	6.83	18.453	102°52′	2.82
$Nd_2(SO_4)_3 \cdot 8H_2O$	单斜	13.656	6.80	18.426	102°38′	2.856
$Pm_2(SO_4)_3 \cdot 8H_2O$	单斜	13.620	6.79	18.390	102°29′	2.90
$Sm_2(SO_4)_3 \cdot 8H_2O$	单斜	13.590	6.77	18.351	102°20′	2.930
$Eu_2(SO_4)_3 \cdot 8H_2O$	单斜	13.566	6.781	18.334	102°14′	2.98
$Gd_2(SO_4)_3 \cdot 8H_2O$	单斜	13.544	6.774	18.299	102°11′	3.031
$Tb_2(SO_4)_3 \cdot 8H_2O$	单斜	13.502	6.751	18.279	102°09′	3.06
$Dy_2(SO_4)_3 \cdot 8H_2O$	单斜	13.491	6.72	18.231	102°04′	3.11
$Ho_2(SO_4)_3 \cdot 8H_2O$	单斜	13.646	6.70	18.197	102°00′	3.149
$Er_2(SO_4)_3 \cdot 8H_2O$	单斜	13.443	6.68	18.164	101°58′	3.19
$Tm_2(SO_4)_3 \cdot 8H_2O$	单斜	13.428	6.67	18.124	101°57′	3.22
$Yb_2(SO_4)_3 \cdot 8H_2O$	单斜	13.412	6.65	18.103	101°56′	3.286
$Lu_2(SO_4)_3 \cdot 8H_2O$	单斜	13.400	6.64	18.088	101°54′	3.30
$Y_2(SO_4)_3 \cdot 8H_2O$	单斜	13.471	6.70	18.200	101°59′	2.558

$$Ln_2(SO_4)_3 \cdot nH_2O \xrightarrow{155\sim260℃} Ln_2(SO_4)_3 + nH_2O$$

$$Ln_2(SO_4)_3 \xrightarrow{800\sim850℃} Ln_2O_2SO_4 + 2SO_3$$

$$Ln_2O_2SO_4 \xrightarrow{1050\sim1150℃} Ln_2O_3 + SO_3$$

无水稀土硫酸盐是粉末，容易吸水，溶于水时放热。硫酸盐的溶解度随温度升高而下降（见图 5-8），因此易于重结晶。20℃时，稀土硫酸盐的溶解度由铈至铕而依次降低，由钆至镥而依次升高（见表 5-9 和图 5-8）。

表 5-9 稀土硫酸盐 $RE_2(SO_4)_3 \cdot 8H_2O$ 在水中的溶解度

元素	在 100g 水中所溶解的质量/g		元素	在 100g 水中所溶解的质量/g	
	20℃	40℃		20℃	40℃
La	3.8	1.5	Dy	5.07	3.34
Ce	23.8	10.3	Ho	8.18	4.52
Pr	12.74	7.64	Er	16.00	6.53
Nd	7.00	4.51	Tm		
Sm	2.67	1.99	Yb	34.78	82.99
Eu	2.56	1.93	Lu	47.27	16.93
Gd	2.87	2.19	Y	9.76	4.9
Tb	3.56	2.51			

5.2.2.2 稀土元素的硫酸复盐

稀土硫酸盐与碱金属硫酸盐能形成硫酸复盐 $RE_2(SO_4)_3 \cdot M_2SO_4 \cdot nH_2O$。$RE_2(SO_4)_3$-$M_2SO_4$-$H_2O$ 的三元体系相图指出，复盐为 $RE_2(SO_4)_3 \cdot M_2SO_4 \cdot nH_2O$，共中 n=0、2、8 等，如 $Y_2(SO_4)_3 \cdot (NH_4)_2SO_4 \cdot 8H_2O$、$Dy_2(SO_4)_3 \cdot (NH_4)_2SO_4 \cdot 8H_2O$、$Y_2(SO_4)_3 \cdot K_2SO_4 \cdot 2H_2O$、$Dy_2(SO_4)_3 \cdot K_2SO_2 \cdot 2H_2O$、$Y_2(SO_4)_3 \cdot Na_2SO_4 \cdot 2H_2O$、

$Dy_2(SO_4)_3 \cdot Na_2SO_4 \cdot 2H_2O$、$KSc(SO_4)_3$、$KSc(SO_4)_2$ 等。

$$\left.\begin{matrix} Na_2SO_4 \\ K_2SO_4 \\ (NH_4)_2SO_4 \end{matrix}\right\} + RE_2(SO_4)_3 \cdot nH_2O \longrightarrow xRE_2(SO_4)_3 \cdot yMe_2SO_4 \cdot nH_2O$$

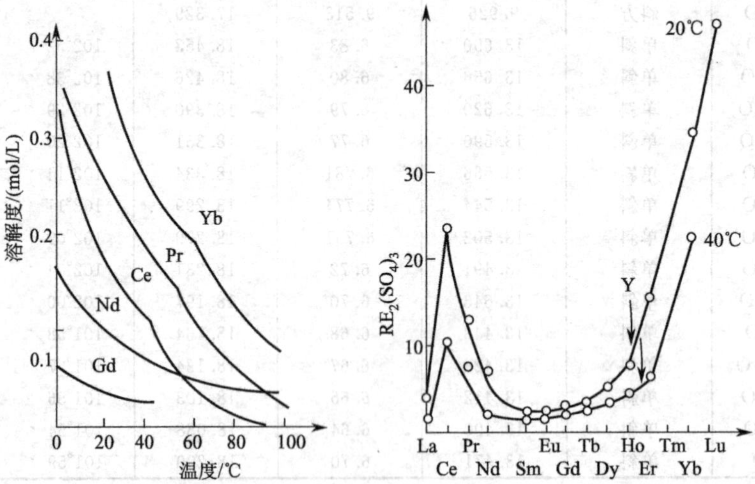

图 5-8 某些镧系元素的硫酸盐在水中的溶解度与温度的关系

依溶液浓度、沉淀剂过量和温度不同，其 y/x 比值为 1～6。当沉淀剂过量不大时，沉淀复盐的组成多半是 $RE_2(SO_4)_3 \cdot Me_2SO_4 \cdot nH_2O$；（$n$=0，2，8），在温度高于 90℃时，则生成无水盐。如 $Y_2(SO_4)_3 \cdot K_2SO_4 \cdot 8H_2O$。

$RE_2(SO_4)_3 \cdot Me_2SO_4 \cdot nH_2O$ 难溶于沉淀剂的过饱和溶液，溶解度随 $(NH_4)_2SO_4 > K_2SO_4 > Na_2SO_4$ 递减，且随温度的升高而下降。相对来说，轻稀土硫酸复盐的溶解度较重稀土硫酸复盐的小，所以用硫酸复盐来沉淀稀土元素时，轻稀土优先沉淀出来，而重稀土则部分留在溶液中。因此可以利用轻、重稀土硫酸复盐溶解度的差异进行轻、重稀土元素分组。硫酸复盐的溶解度随着稀土元素原子序数增大而增大，依复盐的溶解度的差异将稀土元素分三组：

① 铈组（La～Sm），硫酸复盐难溶。

② 铽组（Eu～Dy），硫酸复盐微溶。

③ 钇组（Ho～Lu，Y），硫酸复盐易溶。

稀土硫酸盐与浓硫酸反应可生成酸式硫酸盐，随硫酸浓度增大，它的溶解度减小。

稀土硫酸复盐与热的浓碱作用转化为氢氧化物：

$$RE_2(SO_4)_3 \cdot Na_2SO_4 + 6NaOH \longrightarrow 2RE(OH)_3 + 4Na_2SO_4$$

5.2.3 稀土元素的碳酸盐

5.2.3.1 稀土元素的碳酸盐的通性

向可溶性稀土盐的稀溶液中加入略过量的碳酸盐，即可生成稀土碳酸盐沉淀。

$$2RE^{3+} + \left\{\begin{matrix} NaHCO_3 \\ (NH_4)_2CO_3 \\ NH_4HCO_3 \end{matrix}\right. \longrightarrow RE_2(CO_3)_3 \cdot nH_2O\downarrow$$

若加入钾或钠的碳酸盐则生成碱式盐 $RE(OH)CO_3 \cdot nH_2O$ 和其正碳酸盐的混合物晶体。

稀土水合碳酸盐均属斜方晶系。它们能和大多数酸反应，在水中的溶解度在 10^{-7}～10^{-5} 范围内，数据见表 5-10。

稀土碳酸盐在 900℃时热分解为氧化物。在热分解过程中，存在着中间的碱式盐 $RE_2O_3 \cdot 2CO_2 \cdot 2H_2O$、$RE_2O_3 \cdot 2.5CO_2 \cdot 3.5H_2O$。分解温度大多随原子序数增加而降低。稀土碳酸盐与碱金属碳酸盐可以生成稀土碳酸复盐 $RE_2(CO_3)_3 \cdot Na_2SO_4 \cdot H_2O$。

表 5-10 碳酸盐在水中的溶解度

碳酸盐	溶解度 25℃/(mol/L)	碳酸盐	溶解度 25℃/(mol/L)
$La_2(CO_3)_3$	2.38×10^{-7}	$Gd_2(CO_3)_3$	7.4×10^{-6}
	1.02×10^{-6}	$Dy_2(CO_3)_3$	6.0×10^{-6}
$Ce_2(CO_3)_3$	$0.7\sim1.0\times10^{-6}$	$Y_2(CO_3)_3$	1.54×10^{-6}
$Pr_2(CO_3)_3$	1.99×10^{-6}		2.52×10^{-6}
$Nd_2(CO_3)_3$	3.46×10^{-6}	$Er_2(CO_3)_3$	2.10×10^{-6}
$Sm_2(CO_3)_3$	1.89×10^{-6}	$Yb_2(CO_3)_3$	5.0×10^{-6}
$Eu_2(CO_3)_3$	1.94×10^{-6}		

稀土的三氯乙酸盐水解，发生如下的均相反应：

$$2Ln(C_2Cl_3O_2)_3 + 3H_2O \longrightarrow Ln_2(CO_3)_3 + 6CHCl_3 + 3CO_2$$

所得沉淀为正碳酸盐，但随着原子序数的增加，生成碱式盐的趋势也增加。

5.2.3.2 晶型稀土碳酸盐的制备

在稀土工业生产中，稀土碳酸盐是一种重要的产品，同时也是多种稀土产品的中间原料，用途广泛，所以占有极其重要的地位。

以前，在稀土工业上从稀土溶液中沉淀稀土一般采用草酸作沉淀剂，该方法的优点是沉淀的结晶性好，易于过滤和洗涤，与共存离子分离的选择性也较好，不足之处是成本高，草酸有毒，对人体和环境有不良的影响，而且草酸盐必须灼烧后转变为氧化物，再用酸溶解才能转变为其他稀土盐类化合物。用碳酸氢铵(碳铵)代替草酸作沉淀剂可克服上述不足，但由于碳酸稀土的溶解度小，析出的沉淀常为无定型，使固液分离比较困难，且对杂质的分离选择性也较差，因此限制了碳铵沉淀剂的使用。所以必须研究晶型碳酸稀土的沉淀方法，才能使碳酸氢铵沉淀方法得到广泛的应用。近年来，人们经过大量的研究和生产实践，已经找到了能促进碳酸稀土结晶的有效方法，在工业生产中已经可以制备不同稀土的晶型碳酸盐沉淀，使碳酸氢铵沉淀稀土得到了广泛的应用，取得了明显的经济效益。下面就介绍碳酸氢铵沉淀制备晶型碳酸稀土的方法。

在稀土溶液中加入碳酸氢铵后发生如下反应：

$$2RE^{3+} + 3HCO_3^- \longrightarrow RE_2(CO_3)_3 + 3H^+$$
$$H^+ + HCO_3^- \longrightarrow CO_2\uparrow + H_2O$$

上述两个反应方程式合并后总反应为：

$$2RE^{3+} + 6HCO_3^- \longrightarrow RE_2(CO_3)_3\downarrow + 3CO_2\uparrow + 3H_2O$$

碳酸稀土结晶过程必然伴随着溶液 pH 值的下降，存在着一个消耗 HCO_3^- 而放出 H^+

的结晶化反应。晶型碳酸稀土的结晶生长机制是在沉淀过程中，如果形成沉淀的正、负离子聚集成晶核，再进一步沉积成沉淀微粒的聚集速度大于构晶离子按一定顺序排列于晶格内的定向速度时，所得的沉淀为非晶型的。由于碳酸稀土的溶解度 S 很小，形成沉淀的聚集速度 $V=K(Q-S)/S$ 很大，所以首先析出的都是无定型碳酸稀土。结晶状碳酸稀土的自发形成多半是在稀土接近沉淀完全而又未沉淀完全的加料比条件下，经陈化过程而发生的，此时溶液中存在着游离的稀土离子，但浓度不高，碳酸根的量由碳酸稀土的沉淀平衡控制。由于 K_{sp}值（即 S 值）的大小与沉淀颗粒的大小有关，对于颗粒细小的无定形沉淀对应一个稍大的 K_{sp}值，平衡时溶液中 RE^{3+} 与 CO_3^{2-} 的离子积稍大于结晶状碳酸稀土的 K_{sp}值，此时具备形成晶状碳酸稀土的热力学条件。其相对过饱和度（$Q-S)/S$ 值小，聚集度小，只要定向速度适当，就可形成晶型晶核。不同的碳酸稀土的结晶活性有很大的差别，关键就在于它们晶核形成的速度相差很大。在有晶型晶核存在时，由亚稳态的无定型沉淀向晶型沉淀的转变是一个较快的过程，使无定型沉淀溶解，游离出的 RE^{3+} 和 CO_3^{2-} 定向排列成晶态碳酸稀土，这样就得到晶状碳酸稀土。在无定型碳酸稀土转化为晶型碳酸稀土的过程中，通常都伴随着溶液 pH 值的下降和少量 CO_2 气体的放出。

李梅课题组通过试验发现，加料比是影响碳酸稀土结晶最主要的因素，因为加料比的大小直接影响到结晶的成核与生长机制，在结晶诱导期内，沉淀表面稀土离子或碳酸根离子的吸附和诱导成核是决定结晶难易的关键因素。其他影响碳酸稀土结晶的因素还有沉淀温度、搅拌强度、陈化时间以及晶种的加入等。适当提高沉淀温度有利于成核和结晶生长，但一般不宜超过 60℃。搅拌的影响一方面与沉淀的均匀性有关，另一方面也与反应和结晶过程中 CO_2 的逸出速度有关，更主要的是与沉淀颗粒的胶态化有关，所以适度的搅拌对结晶是有利的，但过强的搅拌对成核有不利的影响，而对成核之后的结晶生长和二次成核是有利的。陈化过程存在着小晶体逐渐溶解，大晶体逐渐长大的效应，所以适当的陈化时间对碳酸稀土的结晶是有利的。晶种是一定形态的沉淀物晶体的原始状态，它可以诱导碳酸稀土晶体的形成，适当的晶种数量也有利于碳酸稀土晶体的形成和生长。此方法仔细控制沉淀过程，也可制备体积中心粒径 D_{50} 大于 50μm、粒度分布均匀的大颗粒稀土碳酸盐。

工业上沉淀碳酸稀土的工艺条件一般是：稀土溶液的浓度为 40～100g/L，pH＝2～3，沉淀温度为 40～60℃，加入约 10%的晶种，然后在搅拌下缓慢加入碳铵，其用量是稀土氧化物的 1.5～1.6 倍，至溶液的 pH＝6～7，沉淀完全后，40～60℃陈化 2～5h，然后离心甩干、洗涤，可以得到∑REO≥45%的碳酸稀土晶体，得到的碳酸稀土晶体是水合稀土碳酸盐。沉淀过程中加入少量的消泡剂，可以加速碳酸稀土的结晶，利于晶体的生长，使碳酸稀土晶体排列变得有序、形状规则、颗粒粗大、包裹的杂质较少，易于过滤和洗涤，可以由氯化稀土溶液直接生产氯根含量为 50～100ppm 的低氯根晶型碳酸稀土。

5.2.4 稀土元素的草酸盐

可用均相沉淀的方法制备稀土草酸盐，即将稀土中性溶液与草酸甲酯回流下进行水解，沉淀出草酸盐。草酸和草酸铵也可用作草酸盐的沉淀剂。如果稀土盐溶液是强酸性的（<1mol)，加入试剂后要用氨水将 pH 值调至 2。轻稀土和钇生成正草酸盐，而重稀土则生成正草酸盐和草酸铵复盐 $NH_4RE(C_2O_4)_2$ 沉淀。

工业上，采用草酸作沉淀剂，在加热的情况下制备稀土草酸盐，然后再将 pH 值调至 2，这样得到的草酸稀土沉淀结晶性好，易于过滤和洗涤，与共存离子分离的选择也较好。

稀土草酸盐沉淀法也是制备超细稀土氧化物，以及大颗粒稀土氧化物的常用方法。通过控制沉淀方式，控制稀土草酸盐的成核、生长和团聚，可以制备不同粒径的稀土草酸盐前驱体，从而得到不同粒径的稀土氧化物。所以有必要研究稀土草酸盐沉淀过程中的成核、生长和团聚行为。

文献以稀土硝酸盐为原料、草酸为沉淀剂采用连续沉淀法制备草酸铈粉体。研究了操作条件，如：加料位置、搅拌速度、料液加入速度和反应物浓度等对草酸铈结晶过程中的成核速率与生长速率的影响。得到了成核速率和生长速率与过饱和度关系的经验方程如式(5-1)和式(5-2)：

$$B=3.01\times10^{8}\Delta C^{1.65} \tag{5-1}$$

$$G=5.17\times10^{-6}\Delta C^{1.82} \tag{5-2}$$

式中，B 为成核速率；G 为生长速率；ΔC 为溶质绝对过饱和度。

根据草酸铈结晶动力学的研究结果，将整个草酸铈沉淀过程从时间与空间上划分为成核(主要发生成核以及一定程度的生长）与生长（主要进行生长和团聚过程，没有成核发生）两个阶段。成核与生长过程是控制前驱体晶粒大小与晶体结构的关键步骤，因此将成核与生长过程从空间与时间上进行分割，成核所需最小过饱和比的公式如下：

$$\ln S=\frac{v\gamma_s}{\varphi kT}\sqrt{\frac{-\beta\gamma_s}{kT\ln B/\Omega}}$$

式中，$\Omega=2D/d^5=2D/v^{\frac{5}{3}}$；$\beta=\dfrac{4K_a^3}{27K_v^2}$，$\phi=VkT\ln S$；$D$ 为扩散系数，v 为分子体积；k 为玻耳兹曼常数；V 为 1mol 溶质分子电离的离子物质的量；γ_S 为固体的表面能；K_a^3，K_v^2 分别为面积和体积形状因子。

在生长阶段，随着搅拌速度的增加团聚体的粒径在不断长大，草酸铈颗粒的生长为扩散控制生长机制；生长温度的升高有利于增大碰撞概率和传质系数的增大，从而使得团聚体粒径增大；不同的酸度对应不同的 Zeta 值，对应不同的粒径；同时不同的添加剂如电解质和表面活性剂对于颗粒的粒径具有不同的作用。建立了比功率、过饱和比和团聚体尺寸的模型如下：

$$L_{\text{mean}}=(9.17\times10^{-12}\varepsilon^{1/2}-5.03\times10^{-12}\varepsilon)\int_0^t S^{2.15}\,dt$$

将该模型一般化为：

$$L_{\text{mean}}=(K_1\varepsilon^{1/2}-K_2\varepsilon)\int_0^t (At-B)^{2.15}\,dt$$

其中 A、B 值分别为 1.40 和 24.96。式中，ε 为比功率；S 为过饱和比；K_1，K_2 为比例常数，与颗粒的大小及碰撞几率等因素有关。

轻稀土草酸盐和草酸钇结晶为 10 水合物。而重稀土草酸盐含结晶水较少。草酸盐的晶体结构数据见表 5-11，它们属于单斜或三斜晶系。

表 5-11 草酸盐和草酸复盐的晶格常数

草酸盐	晶系	晶格常数					
		$a/10^2$pm	$b/10^2$pm	$c/10^2$pm	$\alpha/(°)$	$\beta/(°)$	$\gamma/(°)$
$Sc_2(C_2O_4)_3 \cdot 6H_2O$	三斜	9.317	8.468	9.489	93.04	106.50	86.27
$Y_2(C_2O_4)_3 \cdot 10H_2O$	单斜	11.09	9.57	9.61		118.4	
$La_2(C_2O_4)_3 \cdot 10H_2O$	单斜	11.81	9.61	10.47		119.0	
$Ce_2(C_2O_4)_3 \cdot 10H_2O$	单斜	11.780	9.625	10.401		119.01	
$Pr_2(C_2O_4)_3 \cdot 10H_2O$	单斜	11.254	9.633	10.331		114.52	
$Nd_2(C_2O_4)_3 \cdot 10H_2O$	单斜	11.678	9.652	10.277		118.92	
$Pm_2(C_2O_4)_3 \cdot 10H_2O$	单斜	11.57	9.61	10.27		118.8	
$Sm_2(C_2O_4)_3 \cdot 10H_2O$	单斜	11.577	9.643	10.169		118.87	
$Eu_2(C_2O_4)_3 \cdot 10H_2O$	单斜	11.089	9.635	10.120		114.25	
$Gd_2(C_2O_4)_3 \cdot 10H_2O$	单斜	11.516	9.631	10.08		118.82	
$Tb_2(C_2O_4)_3 \cdot 10H_2O$	单斜	10.997	9.611	10.020		114.11	
$Dy_2(C_2O_4)_3 \cdot 10H_2O$	单斜	11.433	9.615	9.988		118.76	
$Ho_2(C_2O_4)_3 \cdot 10H_2O$	单斜	11.393	9.906	9.955		118.75	
$Er_2(C_2O_4)_3 \cdot 10H_2O$	单斜	11.359	9.616	9.940		118.72	
$Er_2(C_2O_4)_3 \cdot 6H_2O$	三斜	9.644	8.457	9.836	93.54	105.99	85.05
$Tm_2(C_2O_4)_3 \cdot 6H_2O$	三斜	9.620	8.458	9.808	93.44	106.12	85.13
$Yb_2(C_2O_4)_3 \cdot 6H_2O$	三斜	9.611	8.457	9.778	93.33	106.24	85.29
$Lu_2(C_2O_4)_3 \cdot 6H_2O$	三斜	9.597	8.455	9.578	93.42	106.27	85.41

所有草酸盐在水中的溶解度都很小，轻稀土可以定量地以草酸盐从溶液中沉淀出来。一些草酸盐的溶解度见表 5-12 和图 5-9～图 5-11。在一定酸度条件下，草酸盐的溶解度随镧系原子序数的增大而增加。在碱金属草酸盐的溶液中，轻、重稀土的溶解度有明显的差别。重稀土草酸盐的溶解度明显增加，因为生成了草酸根的配合物：$RE(C_2O_4)_n^{3-2n}$ ($n=1,2,3$)。如需溶解草酸盐，可将草酸盐与碱溶液一起煮沸而将它转化为氢氧化物沉淀，然后将它溶解在酸中。

表 5-12 草酸盐在水中的溶解度

$RE_2(C_2O_4) \cdot 10H_2O$	溶解度(无水盐)/(g/L)	$RE_2(C_2O_4) \cdot 10H_2O$	溶解度(无水盐)/(g/L)
La	0.62	Yb	0.69
Ce	0.41	Gd	0.55
Pr	0.74	Sm	3.34
Nd	0.74		

稀土草酸盐热分解时生成碱式碳酸盐和氧化物。完全转化为氧化物的温度约在 800～900℃。灼烧稀土草酸盐应在铂皿中进行，因为在高温下，稀土氧化物容易和含二氧化硅的容器壁反应生成硅酸盐。

5.2.5 稀土元素的磷酸盐和多磷酸盐

在 pH=4.5 的稀土溶液中加入磷酸钠可得到稀土磷酸盐沉淀。磷酸盐的组成为 $REPO_4$ 或 $REPO_4 \cdot nH_2O$ ($n=0.5$～4)。La～Gd 的 $REPO_4$ 属于单斜晶系，其中 $LaPO_4$、$CePO_4$ 和 $NdPO_4$ 各有两种晶态，另一晶态为六方晶系。Tb～Lu 和 Y 的 $REPO_4$ 属于四方晶系。水合磷酸盐主要有两种晶态，La～Dy 的水合磷酸盐属于六方晶系，Ho～Lu 的水合磷酸盐属于四方晶系。稀土磷酸盐在水中溶解度较小，$LaPO_4$ 的溶解度为 0.017g/L，$GdPO_4$ 为

0.0029g/L，$LuPO_4$ 为 0.013g/L。用类似于磷酸盐的制备方法，也可得到焦磷酸盐。焦磷酸盐的组成为 $RE_4(P_2O_7)_3$。它们在水中的溶解度为 $10^{-3}\sim10^{-2}$ g/L，见表 5-13。稀土磷酸盐可被加热的浓硫酸分解，当用碱中和含有磷酸根的硫酸溶液时，在 pH＝2.3 时，可析出酸式稀土磷酸盐 $RE_2(HPO_4)_3$，而磷酸钍则在 pH＝1 时便析出，据此可实现稀土与钍的初步分离。

$$RE^{3+} + PO_4^{3-} \longrightarrow REPO_4 \cdot nH_2O\downarrow \ (n=0.5\sim4)$$

$$4RE^{3+} + 3P_2O_7^{4-} \longrightarrow RE_4(P_2O_7)_3\downarrow$$

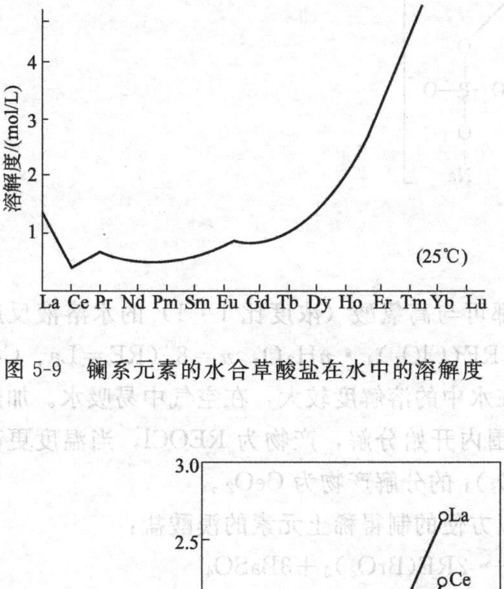

图 5-9　镧系元素的水合草酸盐在水中的溶解度

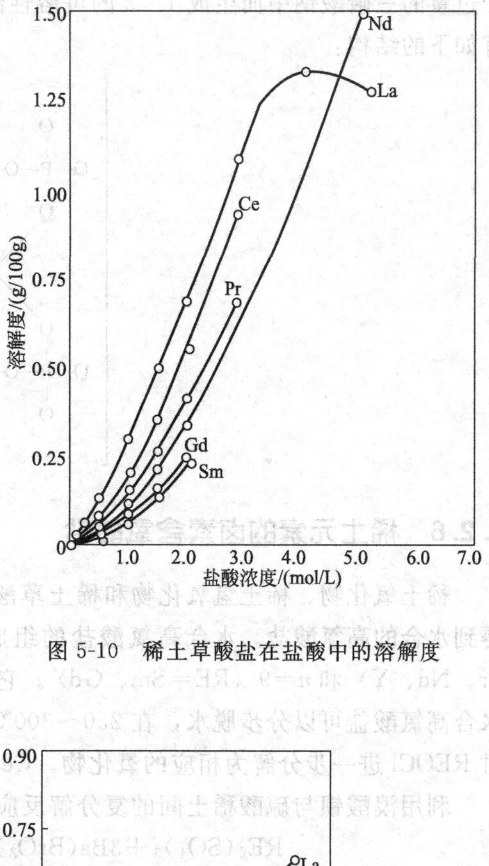

图 5-10　稀土草酸盐在盐酸中的溶解度

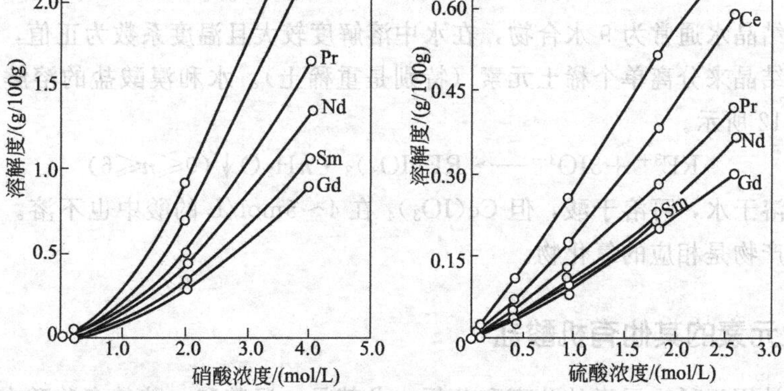

图 5-11　稀土草酸盐在硝酸和硫酸中的溶解度

表 5-13 稀土焦磷酸盐在水中的溶解度（25℃）

盐的组成	饱和溶液的 pH	溶解度/(g/L)	盐的组成	饱和溶液的 pH	溶解度/(g/L)
$La_4(P_2O_7)_3$	6.50	1.2×10^{-2}	$Gd_4(P_2O_7)_3$	7.00	9.0×10^{-3}
$Ce_4(P_2O_7)_3$	6.80	1.1×10^{-2}	$Dy_4(P_2O_7)_3$	6.93	9.4×10^{-3}
$Pr_4(P_2O_7)_3$	6.87	1.05×10^{-2}	$Er_4(P_2O_7)_3$	6.90	9.9×10^{-3}
$Nd_4(P_2O_7)_3$	6.95	9.8×10^{-3}	$Lu_4(P_2O_7)_3$	6.80	1.15×10^{-3}
$Sm_4(P_2O_7)_3$	6.95	9.5×10^{-3}	$Y_4(P_2O_7)_3$	7.00	7.0×10^{-3}

多聚磷酸盐如三磷酸钠与稀土盐溶液作用，首先生成正盐沉淀 $Ln_5(P_3O_{10})_3$。沉淀可溶于过量的三磷酸钠中而生成 1∶2 的可溶性配合物，其中络阴离子 $[Na_4Ln(P_3O_{10})_2]^{3-}$ 可能有如下的结构：

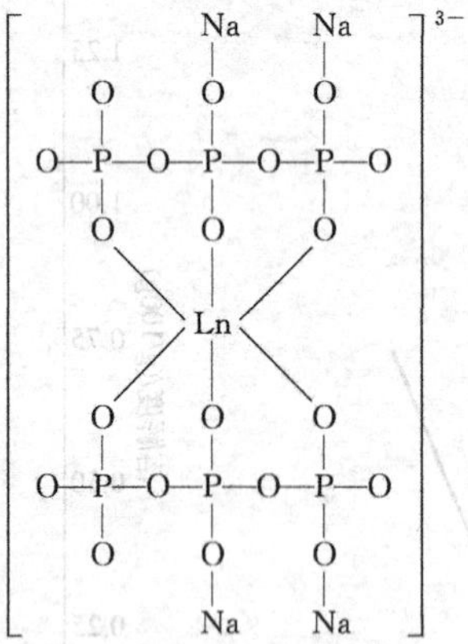

5.2.6 稀土元素的卤素含氧酸盐

稀土氧化物、稀土氢氧化物和稀土草酸盐都可与高氯酸（浓度比 1∶1）的水溶液反应得到水合的高氯酸盐。水合高氯酸盐的组成为 $RE(ClO_4)_3 \cdot nH_2O$，$n=8$（RE＝La、Ce、Pr、Nd、Y）和 $n=9$（RE＝Sm、Gd）。它们在水中的溶解度较大，在空气中易吸水。加热水合高氯酸盐可以分步脱水，在 250～300℃范围内开始分解，产物为 REOCl，当温度更高时 REOCl 进一步分解为相应的氧化物。$Ce(ClO_3)_3$ 的分解产物为 CeO_2。

利用溴酸钡与硫酸稀土间的复分解反应可以方便的制得稀土元素的溴酸盐：

$$RE_2(SO_4)_3 + 3Ba(BrO_3)_2 \longrightarrow 2RE(BrO_3)_3 + 3BaSO_4$$

$$RE(ClO_4)_3 + 3KBrO_3 \longrightarrow RE(BrO_3)_3 + 3KClO_4$$

溴酸盐的结晶水通常为 9 水合物，在水中溶解度较大且温度系数为正值，早期曾用稀土溴酸盐的分级结晶来分离单个稀土元素（特别是重稀土）。水和溴酸盐的溶解度及其与温度的关系如图 5-12 所示。

$$RE^{3+} + 3IO^{3-} \longrightarrow RE(IO_3)_3 \cdot nH_2O \downarrow \ (0 \leqslant n \leqslant 6)$$

碘酸盐微溶于水，可溶于酸，但 $Ce(IO_3)_4$ 在 4～5mol/L 的酸中也不溶。稀土碘酸盐受热分解的最终产物是相应的氧化物。

5.2.7 稀土元素的其他有机酸盐

许多羧酸被用于稀土元素的分离和分析，尤其是 α-羟基和 α-胺基多羧酸在离子色谱中已广泛应用。具体内容见第 7 章。

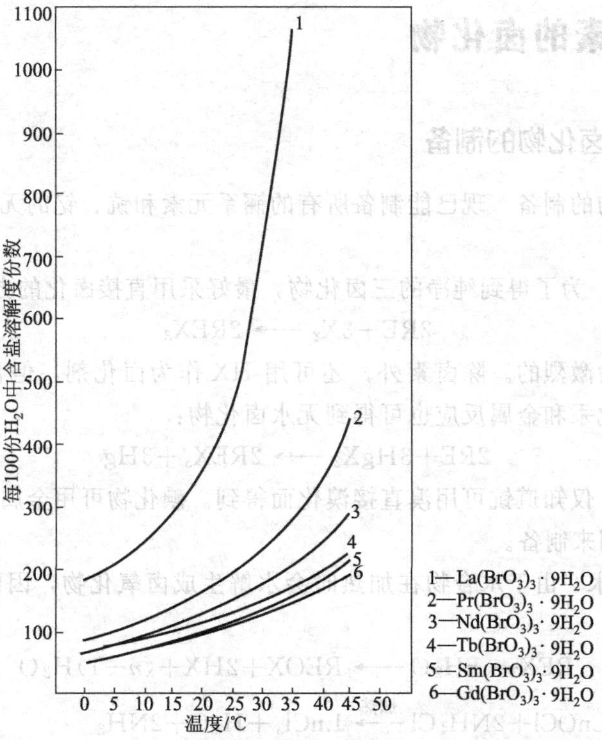

图 5-12 水和溴酸盐的溶解度与温度的关系

5.2.8 稀土盐的溶解度

三价稀土化合物的 NO_3^-、ClO_4^-、CNS^-、BrO_3^-、CH_3COO^-、Cl^-、Br^-、I^- 的盐能溶于水。但 F^-、OH^-、CO_3^{2-}、$C_2O_4^{2-}$、CrO_4^{2-}、PO_4^{3-} 等阴离子与稀土离子生成的化合物，由于离子间引力增大，因而溶解度降低了。

表 5-14 稀土盐在水中的溶解度倾向

阴离子	铈组(Z=57～63)	钇组(Z=64～71)
F^-	难溶	难溶
Cl^-、Br^-、I^-、ClO_4^-、BrO_3^-、NO_3^-、$CHCOO^-$、$C_2H_5SO_4^-$、CNS^-	可溶	可溶
OH^-	难溶	难溶
SO_4^{2-}(碱金属复盐)	在碱金属硫酸盐中难溶	溶解在碱金属硫酸盐中
PO_4^{3-}	难溶	难溶
CO_3^{2-}	难溶，不溶在碳酸盐的溶液中	难溶，溶在碳酸盐的溶液中
$C_2O_4^{2-}$	难溶，不溶在草酸盐的溶液中	难溶，溶在草酸盐的溶液中

轻、重稀土盐的溶解度有较大的差别，因此可用于铈组和钇组元素的分离，例如利用硫酸复盐 $RE_2(SO_4)_3 \cdot M_2SO_4 \cdot nH_2O$（M=Na、K、Tl）在溶解度上的差异，对稀土元素分组。稀土盐在水中的溶解度差异见表 5-14。相邻元素的相应盐的溶解度相差很小，但随原子序数的递变，溶解度逐渐变化，使镧系两头元素的相应盐的溶解应有十分明显的差别。

5.3　稀土元素的卤化物

5.3.1　稀土元素卤化物的制备

(1) 无水卤化物的制备　现已能制备所有的镧系元素和钪、钇的无水卤化物。重要的制备方法有下述几种。

① 金属的卤化　为了得到纯净的三卤化物，最好采用直接卤化的方法，如：

$$2RE+3X_2 \longrightarrow 2REX_3$$

这类反应一般是较为激烈的。除卤素外，还可用 HX 作为卤化剂，但目前仅用来制备氟化物和氯化物。令卤化汞和金属反应也可得到无水卤化物：

$$2RE+3HgX_2 \longrightarrow 2REX_3+3Hg$$

在三溴化物中，仅知道钪可用溴直接溴化而得到。碘化物可用金属与碘直接反应，也可用 NH_4I 与金属作用来制备。

② 水合物的脱水　由于水合物在加热时会水解生成卤氧化物，因而使无水卤化物中夹杂了不纯物：

$$REX_3 \cdot nH_2O \longrightarrow REOX+2HX+(n-1)H_2O$$

$$LnOCl+2NH_4Cl \xrightarrow{加热} LnCl_3+H_2O+2NH_3$$

因此水合卤化物的脱水要在脱水剂存在的条件下进行。最老的方法是在 HX 的气氛下脱水，温度从 105～350℃可以脱去大部分的水。这个方法对于氯化物是比较好的，而不能用此法得到纯净的溴化物和碘化物。采用真空脱水的方法，即在真空条件下并小心地控制温度可获得无水的 $REBr_3$（除镥外），用此法不能得到无水碘化物。无水碘化物可采用在 HI 和 H_2 气氛下加热水合碘化物的方法来制备。

在稀土卤化物中加入过量的卤化铵进行脱水是较好的方法。按 1mol 的 $RECl_3$ 加入 6mol 的 NH_4Cl 到稀土氯化物中，在碘化物则加入摩尔比为 1/12(REI_3/NH_4I) 的 NH_4I。然后将溶液蒸发至干，并将产物在真空下缓慢加热到 200℃除去所有的水分，再把温度升高到 300℃，升华除去多余的卤化铵这样可得纯净的稀土卤化物，一般在管式炉中进行。

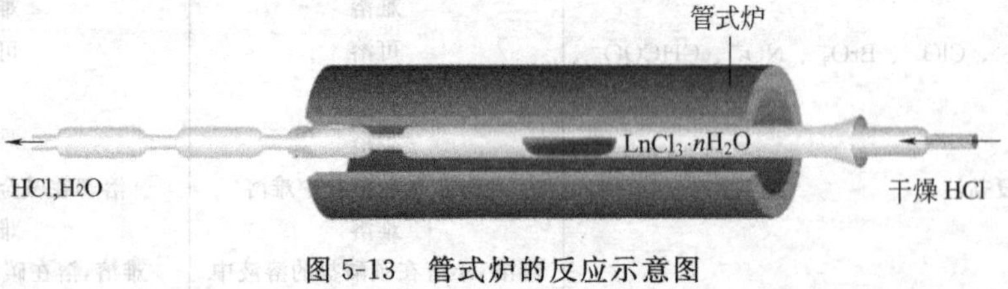

图 5-13　管式炉的反应示意图

也可用乙酸酐或乙酰氯等作脱水剂。把水合盐与氯化亚硫酰或溴化亚硫酰一起回流，也能得到无水的氯化物或溴化物，但在真空和加热的条件下不能完全除去痕量的亚硫酰。

$$REX_3 \cdot 6H_2O+6SOCl_2(SOBr_2) \longrightarrow REX_3+6SO_2\uparrow+12HCl\uparrow(HBr)$$

③ 氧化物的卤化　在三氟化物的制备中，可以用 NH_4F、F_2、ClF_3、BrF_3、SF_4、SF_6、CCl_2F_2、CCl_3F 等作氟化剂与氧化物作用来制备无水的氟化物。令 RE_2O_3 与 CaF_2 共熔也可能得到氟化物。

$$RE_2O_3 + 6NH_4F \longrightarrow 2REF_3 + 3H_2O + 6NH_3$$

$$RE_2O_3 + 3CaF_2 \xrightarrow{\text{加热}} 2REF_3 + 3CaO$$

令稀土氧化物与氯化剂如 CCl_4、HCl、Cl_2、SCl_2、S_2Cl_2、$SOCl_2$、NH_4Cl、PCl_5 等作用可以得到无水的稀土氯化物，例如：常用的氯化剂有 HCl、CCl_4 等。

$$4RE_2O_3 + 3S_2Cl_2 + 9Cl_2 \longrightarrow 8RECl_3 + 6SO_2$$

$$4RE_2O_3 + 12S_2Cl_2 \longrightarrow 8RECl_3 + 6SO_2 + 18S$$

$$RE_2O_3 + 3SOCl_2 \longrightarrow 2RECl_3 + 3SO_2$$

$$RE_2O_3 + 3CCl_4 \xrightarrow{\text{低温}} 2RECl_3 + 3COCl_2$$

$$RE_2O_3 + 3CCl_4 \xrightarrow{\text{高温}} 2RECl_3 + 3Cl_2 + 3CO$$

最好的方法是在还原剂存在下进行氯化反应，例如在碳的存在下令氧化物与 Cl_2 或 HCl 反应可以得到三氯化物：

$$RE_2O_3 + 3Cl_2 + 3C \longrightarrow 2RECl_3 + 3CO$$

$$RE_2O_3 + 6HCl + 3C \longrightarrow 2RECl_3 + 3CO + 3H_2$$

因为仅用 Cl_2 或 HCl 与 RE_2O_3 反应时，会产生氯氧化物：

$$RE_2O_3 \xrightarrow{Cl_2} 2REOCl + 1/2O_2$$

$$RE_2O_3 \xrightarrow{2HCl} 2REOCl + H_2O$$

所以最好采用挥发性的卤化物和还原剂，如 CCl_4、CCl_4/Cl_2、$CHCl_3$、$COCl_2$、CO/Cl_2、SCl_2、S_2Cl_2、S_2Cl_2/Cl_2 或 $SOCl_2$ 等来进行氧化物的卤化。这种方法具有效率高、流程短的优点，但对高温氯化腐蚀的设备较难解决，其中大多数氯化剂用来制取试剂用途的氯化物。

制备稀土溴化物可用 CO/Br_2、CBr_4、S_2Br_2 或 S_2Cl_2/HBr 等试剂作为卤化剂与稀土氧化物作用，如：

$$RE_2O_3 + 3Br_2 + 3CO \longrightarrow 2REBr_3 + 3CO_2$$

卤化铵与 RE_2O_3 在高温下反应也可得到相应的卤化物，其反应为：

$$RE_2O_3 + 6NH_4Cl \longrightarrow 2RECl_3 + 3H_2O + 6NH_3$$

实际上氯化铵与不同的稀土氧化物作用，先生成 $nNH_4Cl \cdot RECl_3$ 型的中间化合物，它们的组成与镧系元素原子序数有关。La-Nd 的轻稀土氧化物氯化时，可生成 $2NH_4Cl \cdot RECl_3$ 型的中间化合物，反应方程式如下：

$$RE_2O_3 + 10NH_4Cl \longrightarrow 2(2NH_4Cl \cdot RECl_3) + 6NH_3\uparrow + 3H_2O\uparrow$$

氯化铵与 Sm-Gd 的氧化物作用时，整个反应过程分三步进行，先生成 $3NH_4Cl \cdot RECl_3$ 型中间化合物，进一步分解为 $2NH_4Cl \cdot RECl_3$，最后生成 $RECl_3$。

氯化铵与重稀土（Dy～Lu）氧化物反应时，生成 $3NH_4Cl \cdot RECl_3$ 型中间化合物，反应方程式如下：

$$RE_2O_3 + 12NH_4Cl \longrightarrow 2(3NH_4Cl \cdot RECl_3) + 6NH_3\uparrow + 3H_2O\uparrow$$

无论是 $2NH_4Cl \cdot RECl_3$，还是 $3NH_4Cl \cdot RECl_3$，随着镧系元素原子序数增加，它们的热稳定性逐渐升高，这可能和它们络合能力增强有关。氯化铵与铈、镨和铽的氧化物反应时，反应产物中都含有氯氧化物，得不到纯的无水氯化稀土。所以铈、镨和铽进行氯化时，应加入能使四价化合物还原的还原剂。氯化铵氯化法比较简单，无须专门的合成设备和控制装置，氯化温度也不太高。一般氯化铵的用量为理论量的两倍。过量的氯化铵随 N_2 或 He 气流升华或通过真空升华而除去。

还有一些方法也曾用于制备无水卤化物。如令氨合物 $ScF_3 \cdot 0.4NH_3$、$YF_3 \cdot 0.35NH_3$ 和 $LnF_3 \cdot nNH_3$ 等的热分解可获得无水氟化物，通过卤化物的交换反应可从一种卤化物制备另一种卤化物。将碳化物或氢化物卤化也可产生相应的卤化物，例如：

$$2YC_3 + 3Cl_2 \longrightarrow 2YCl_3 + 6C$$

$$LnC_2 + 3HBr \longrightarrow LnBr_3 + 2C + 3/2H_2$$

$$CeH_3 + 3HBr \longrightarrow CeBr_3 + 3H_2$$

(2) 水合卤化物的制备　将稀土氧化物或碳酸盐直接溶解在氢卤酸中或将无水卤化物直接溶解于水中，都可得到稀土卤化物的溶液。氟化物可由其他化合物［如 $RE(NO_3)_3$］与氢氟酸作用来制备。卤化物除了氟化物外都有较大的溶解度，并且在蒸发时倾向于过饱和，不易用直接蒸发的方法析出纯净的水合物。氯化物和溴化物可在蒸发它们的溶液时，通入卤化氢（防止水解）来制备饱和溶液，然后蒸发浓缩以析出水合物。此法对于碘化物的制备效果较差。

稀土水合卤化物的水合数是不相同的，见表 5-15。水合氟化物组成一般为：$LnF_3 \cdot H_2O$。

表 5-15　稀土水合卤化物的水合数

<table>
<tr><th>REX3</th><th>Sc</th><th>Y</th><th>La</th><th>Ce</th><th>Pr</th><th>Nd</th><th>Pm</th><th>Sm</th><th>Eu</th><th>Gd</th><th>Tb</th><th>Dy</th><th>Ho</th><th>Er</th><th>Tm</th><th>Yb</th><th>Lu</th></tr>
<tr><td>RECl3</td><td colspan="2">←6→</td><td></td><td></td><td colspan="13">←6→</td></tr>
<tr><td></td><td></td><td></td><td colspan="2">←7→</td><td colspan="13"></td></tr>
<tr><td>REBr3</td><td>5</td><td></td><td></td><td></td><td colspan="13"></td></tr>
<tr><td></td><td></td><td></td><td>6</td><td>6</td><td colspan="13">←6→</td></tr>
<tr><td></td><td></td><td></td><td></td><td>7</td><td>7</td><td colspan="12"></td></tr>
<tr><td></td><td></td><td></td><td></td><td></td><td></td><td></td><td></td><td></td><td></td><td></td><td></td><td></td><td></td><td></td><td></td><td></td><td>8</td></tr>
<tr><td>REI3</td><td>6</td><td></td><td></td><td></td><td></td><td></td><td></td><td></td><td></td><td></td><td colspan="7">←8→</td></tr>
<tr><td></td><td></td><td colspan="9">←9→</td><td colspan="7"></td></tr>
</table>

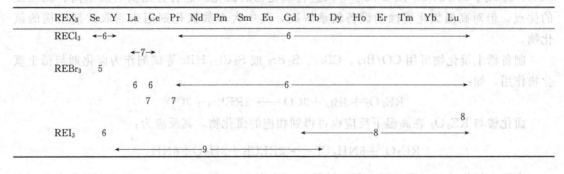

$$\left.\begin{array}{l} RE \\ RE_2O_3 \\ RE(OH)_3 \\ RE_2(CO_3)_3 \end{array}\right\} + HX \longrightarrow REX_3 \cdot nH_2O$$

(3) 卤氧化物的制备　蒸发卤化物的水溶液和水合卤化物脱水时都会发生水解而产生卤氧化物。卤氧化物的制备还可采用下述方法：

① 氟氧化物可用氧化物与无水氯化氢或氟化物在 800～900℃进行反应来制取；

② 氯氧化物可由无水氯化物与氧反应、水合物与氧反应或氧化物与氯反应来制备，草酸盐 $RE(C_2O_4)Cl$ 高温分解也可得到氯氧化物。

5.3.2 稀土元素卤化物的性质

无水卤化物和卤氧化物的物理性质和物理常数都列于表 5-16 和表 5-17 中。

表 5-16 稀土卤化物的物理性质

化学式	熔点/℃	沸点/℃	结晶学数据 体系	晶格常数/10^2pm a_0	b_0	c_0	密度/(g/cm³)	热力学数据/(kJ/mol) $\Delta H_{形成}$	$\Delta H_{熔化}$	$\Delta H_{气化}$
LaF_3	1490		六方	7.186		7.352	5.936	(−1762.3)		
CeF_3	1437	2327	六方	7.112		7.279	6.157	(−1741.3)		
PrF_3	1395	2327	六方	7.075		7.238	6.14	(−1728)	33	259
NdF_3	1374		六方	7.030		7.200		(−1715)		259
SmF_3	1306	2327	六方	6.956		7.120	6.925	(−1695)	33	
EuF_3	1276	(2327)	六方	6.916		7.091	7.088	(−1636)		
GdF_3	1231	(2277)	六方	(7.064)		(6.900)				
TbF_3	1172	(2277)	六方	(7.035)		(6.875)			33	251
DyF_3	1154	(2277)	六方	(7.010)		(6.849)		(−1665)		251
		(2277)	斜方	6.460	6.909	4.376	7.465			
HoF_3	1143	(2227)	六方	6.833		6.984	7.829			
			斜方	6.404	6.875	4.379	7.644	(−1635)	33	251
ErF_3	1140	(2227)	六方	(6.952)		(6.797)				
			斜方	6.352	6.848	4.380	7.814	(−1640)	33	251
TmF_3	1158	(2227)	六方	6.763		6.927	8.220	(−1635)		
			斜方	6.283	6.811	4.408	7.971		33	251
YbF_3	1157	(2227)	六方	(6.987)		(6.745)		(−1573)		
			斜方	6.216	6.786	4.434	8.168			
$GdBr_3$	931	(1377)	六方	7.539		20.83	3.138	−771.3	41.8	167.4
$TbBr_3$	955	(1327)	六方	7.526		20.838	3.155	(−707.1)	41.8	167.4
$DyBr_3$	955	(1317)	六方	7.488		20.833	3.210	−694.5	41.8	171.5
$HoBr_3$	1010	(1297)					3.240	−686.1	41.8	171.5
$ErBr_3$	1020	(1277)	六方	7.451		20.78	3.279	−677.8	41.8	167.4
$TmBr_3$	(1015)	(1257)	六方	7.415		20.78	3.321	−576.5	41.8	167.4
$YbBr_3$	(1030)	分解	六方	7.434		20.72	3.331	(−598.3)	41.8	
	1045	(1207)	六方	7.395		20.71	3.386	−556.7	45.9	159
LuF_3	1182	(1427)	六方	(6.87)		(6.72)			33	251
			斜方	6.181	6.731	4.446	8.44	(−1640)	33	251
$LaCl_3$	852	2700	六方	7.483		4.364	3.848	(−1070.7)	54	
$CeCl_3$	802	1925	六方	7.450		4.315		(−1057.7)		
$PrCl_3$	786	1905	六方	7.422		7.275		(−1054.8)	50.6	218.8
$NdCl_3$	760							−1027.6	50.2	216.7
$SmCl_3$	678		六方	7.378		4.171		−1016.7	33	
$EuCl_3$	623	分解	六方	7.369		4.133		−975.7		
$GdCl_3$	602	(1577)	六方	7.363		4.105		−1004.5	40.1	188.3
$TbCl_3$	588	(1547)						(−1008.3)	29.3	188.3
$DyCl_3$	654	(1627)	单斜	6.91	11.97	6.40		(−987.4)	29.3	188.3
$HoCl_3$	720	(1507)	单斜	6.85	11.85	6.39		−974.8	29.3	184.1
$ErCl_3$	776	(1497)	单斜	6.80	11.79	6.39		−884.5	32.6	184.1
$TmCl_3$	821	(1487)	单斜	6.75	11.73	6.39		−958.1	37.6	184.1
$YbCl_3$	854	分解	单斜	6.73	11.65	6.38		−956.8	37.6	
$LuCl_3$	892	(1477)	单斜	6.72	11.60	6.39		−953.5	37.6	179.9

续表

化学式	熔点/℃	沸点/℃	结晶学数据				密度/(g/cm³)	热力学数据/(kJ/mol)		
			体系	晶格常数/10^2pm				$\Delta H_{形成}$	$\Delta H_{熔化}$	$\Delta H_{气化}$
				a_0	b_0	c_0				
$LaBr_3$	783							(−974.8)	54.4	
$CeBr_3$	772	1705						(−953.9)		
$PrBr_3$	693	1547						−941.4	47.3	
$NdBr_3$	684							−933	45.2	188.3
$SmBr_3$	664	1645						(−903.7)		195.8
$EuBr_3$	(705)	分解						(−849.4)		
$GdBr_3$	785	(1487)						(−895.4)	36.4	
$TbBr_3$	(830)	(1483)						(−882.8)	37.6	184.1
$DyBr_3$	881	(1473)						(−874.5)	37.6	184.1
$HoBr_3$	914	(1467)						(−866.1)	41.8	184.1
$ErBr_3$	950	(1457)						(−857.7)	41.8	179.9
$TmBr_3$	(955)	(1437)						(−849.3)	41.8	179.9
$YbBr_3$	940	分解						(−774)	41.8	179.9
$LuBr_3$	960	(1407)						(−836.8)	41.8	
LaI_3	761		斜方	4.37	14.01	10.04	2.246	−790.7		175.7
CeI_3	761	1397	斜方	4.341	14.00	10.015	2.273	−774	51.8	
PrI_3	733	1377	斜方	4.309	13.98	9.958	2.309	−635.9	53.1	
NdI_3	775		斜方	4.284	13.97	9.948	2.342	(−664.8)	40.5	171.5
SmI_3	820		六方	7.490	9	20.80	3.141	(−728)	37.6	171.5
EuI_3	(880)	分解						(−665.3)		

表 5-17 稀土氟氧化物和氯氧化物的物理常数

LnOF			LnOCl				
化学式	结构	$a/10^2$pm	化学式	结构	$a/10^2$pm	$c/10^2$pm	$\Delta H_{形成}$(25℃)/(kJ/mol)
LaOF	斜方	7.132	LaOCl	PbFCl	4.119	6.883	112.96
	立方	5.756					
CeOF	立方	5.703	CeOCl		4.080	6.831	—
PrOF	斜方	7.016	PrOCl		4.051	6.810	96.15
	立方	5.644					
NdOF	斜方	6.953	NdOCl		4.018	6.782	93.05
	立方	5.595					
SmOF	斜方	6.865	SmOCl		3.982	6.721	87.69
	立方	5.519					
EuOF	斜方	6.827	EuOCl		3.965	6.695	—
GdOF	斜方	6.800	GdOCl		3.950	6.672	79.49
TbOF	斜方	6.758	TbOCl		3.927	6.645	84.51
					3.911	6.620	—
HoOF	立方	5.523	HoOCl		3.893	6.602	—
					3.88	6.58	—
YOF	立方		YOCl		3.903	6.597	—

关于卤化物在水溶液中的性质已进行了较多的研究。已测到一系列无水氯化物在水中的溶解焓和水合物在水中的溶解焓，见表 5-18 和图 5-14。无水氯化物的溶解焓为负值，一般随 $LaCl_3$ 至 $LuCl_3$ 而增加，表明水合焓（负值）随三价镧系离子半径的减少而增加。

表 5-18　卤化物在水中的溶解焓　　　　单位：kJ/mol

元素	无水氯化物(25℃)	水合氯化物(25℃)		无水碘化物(20℃)
		$6H_2O$	$7H_2O$	
La	−137.7	−44.6	−28.00	−201
Ce	−143.9	—	−28.9	−205
Pr	−149.4	−38.06	−23.91	−209
Nd	−156.9	−38.21	—	−216
Pm	−161.9	—	—	—
Sm	−166.9	−36.04	—	−233
Eu	−170.3	−36.46	—	—
Gd	−181.6	−38.15	—	−252
Tb	−192.5	−39.97	—	—
Dy	−209	−41.73	—	−253
Ho	−213.4	−43.58	—	−256
Er	−215.1	−44.95	—	−257
Tm	−215.9	−46.53	—	−262
Yb	−215.9	−48.18	—	—
Lu	−218.4	−49.62	—	−276
Y	−224.7	−46.24	—	−268
Sc	—	−31.8	—	—

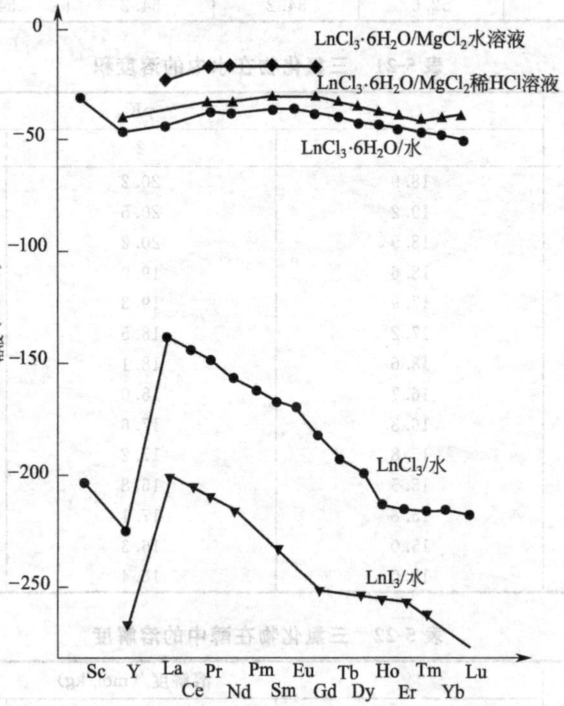

图 5-14　稀土氯化物在水中的溶解度

碘化物的溶解焓数据见表 5-18，其溶解焓与氯化物的一样，随三价镧系离子半径减少而增大，并且碘化物的溶解焓较相应氯化物的更负。

除了氟化物外，卤化物在水中均有较大的溶解度（见表 5-19），并且溶解度随温度升高而增大（见表 5-20）。氟化物在水中是难溶的，它们的溶度积 K_{sp} 为：

$$K_{sp}=[Ln^{3+}][F^-]^3$$

K_{sp}已经过测定，但所报道的数据略有差别。表 5-21 列出了几组数据。

表 5-19 三氯化物在水中的溶解度（25℃）

氯化物	溶解度/(mol/kg)	氯化物	溶解度/(mol/kg)
$LaCl_3\cdot 7H_2O$	3.894	$TbCl_3\cdot 7H_2O$	3.5795
$CeCl_3\cdot 7H_2O$	3.748	$DyCl_3\cdot 7H_2O$	3.6302
$PrCl_3\cdot 7H_2O$	3.795	$HoCl_3\cdot 7H_2O$	3.739
$NdCl_3\cdot 7H_2O$	3.9307	$ErCl_3\cdot 7H_2O$	3.784
$SmCl_3\cdot 7H_2O$	3.641	$YbCl_3\cdot 7H_2O$	4.003
$EuCl_3\cdot 7H_2O$	3.619	$LuCl_3\cdot 7H_2O$	4.136
$GdCl_3\cdot 7H_2O$	3.5898	$YCl_3\cdot 7H_2O$	3.948

表 5-20 在不同温度时三氯化物在水中的溶解度

三氯化物	溶解度/(kg/100kg)					
	−10℃	0℃	10℃	25℃	30℃	50℃
YCl_3		43.3	43.4	43.5	44.0	45.2
$LuCl_3$	47.4	47.2	48.2	48.8	49.8	51.6
$NdCl_3$	49.1	49.2	49.3	49.7	50.5	52.2
$GdCl_3$	48.4	48.2	48.3	48.7	49.3	50.8
$ErCl_3$		50.7	51.0	51.3	51.6	52.5
$LaCl_3$		52.6	54.2	54.2	54.6	55.1

表 5-21 三氟化物在水中的溶度积

三氟化物	pK_{sp}		
	1	2	3
LaF_3	18.9	20.2	17.1
CeF_3	19.2	20.5	17.1
PrF_3	18.9	20.2	17.0
NdF_3	18.6	19.9	17.1
SmF_3	17.9	19.3	16.0
EuF_3	17.2	18.5	15.4
GdF_3	18.6	18.1	15.3
TbF_3	16.7	18.0	14.9
DyF_3	16.3	17.6	14.6
HoF_3	15.8	17.2	14.6
ErF_3	15.5	16.8	14.5
TmF_3	15.8	17.1	14.6
YbF_3	15.0	16.3	14.6
LuF_3	15.0	16.4	14.6

表 5-22 三氯化物在醇中的溶解度

氯化物	溶解度/(mol/kg)		
	MeOH	EtOH	iPrOH
YCl_3	4.38	2.92	0.91
$YbCl_3$	2.45	1.26	0.004
$NdCl_3$	2.75	1.36	0.04
$SmCl_3$	3.33	1.97	0.23
$GdCl_3$	4.21	2.43	0.32
$DyCl_3$	4.00	2.85	1.14
$ErCl_3$	4.53	3.41	0.84
$LaCl_3$	4.90	4.26	0.80

稀土卤化物在无水溶剂中的溶解度数据也已测得，在醇中溶解度一般随碳链的增长而下降，在甲醇和乙醇中的溶解度都较大，见表 5-22。在醚、二氧六环和四氢呋喃中的溶解度较小。在磷酸三丁酯中有相当大的溶解度。

在稀溶液中，氯化物和溴化物都是典型的 1∶3 电解质。在 0.01mol/L 溶液中的电导遵守 Onsager 方程式。在浓度 0.005～0.05mol/L 溶液中活度系数与德拜-洪特理论推导的结果相符。

水合卤化物在热分解时总伴随有水解反应：

$$REX_3 \cdot nH_2O \longrightarrow REOX(固) + 2HX(气) + (n-1)H_2O$$

因此水合物脱水总不能得到纯净的无水卤化物。

水合氟化物在空气中脱水后总含有小量的氟氧化物；在惰性气氛或真空中可以定量地除去氟化物中的水分。稀土氟化物吸湿性小、不易水解、在空气中稳定性好。是一种高熔点的固态化合物，不溶于热水和稀矿物酸中，但稍溶于氢氟酸和热的浓盐酸中，并随着原子序数的增大，溶解度减小。硫酸能将稀土三氟化物转化成硫酸盐，同时放出 HF。从镧到钕以及钬和铥的三价氟化物是六方晶系，从钐到镥以及钇的三价氟化有两种变体，室温下为斜方晶系，高温下为六方晶系。

水合氯化物在惰性气氛中脱水可以得到组成接近于 $RECl_3$ 的化合物，但严格无氧是困难的。轻稀土水合氯化物在氮气氛中脱水可得到 $RECl_3 \cdot nH_2O$（n=3，2，1），重稀土水合氯化物在氮气中脱水可得到 $RECl_3 \cdot nH_2O$（n=4，1）的中间水合物。无水稀土氯化物是白色固体，热稳定性好，具有较高的熔点和沸点，并具有良好的导电性能，这些性质都表明它们是离子化合物，而三价铁、铝、铬的氯化物都是共价化合物，较易挥发，因此在氯化过程中可以根据它们的挥发性不同而使其与稀土元素分离。

水合溴化物的热分解与水合氯化物的热分解相似，可由轻稀土水合溴化物生成 $REBr_3 \cdot H_2O$、$REBr_3$ 和 REOBr；从重稀土溴化物生成 $REBr_3$-REOBr 混合物、REOBr 和 RE_2O_3。

5.4 稀土元素的硫属化合物

5.4.1 稀土硫化物

5.4.1.1 稀土硫化物的制备

(1) 稀土一硫化物 RES 的制备　具体步骤如下所述。

① 在封管中将两种单质按一定比例混合，令温度慢慢上升，然后保持于 1000℃，可得到一硫化物：

$$RE + S \xrightarrow{1000℃} RES$$

② 用铝还原 RE_2S_3。将混合物保持在 1000～1200℃，产生中间产物 RE_3S_4，继续加热至 1500℃，并在 1.333Pa 真空下，即产生一硫化物，而副产物硫化铝 Al_2S_3 则升华分出。

$$9RE_2S_3 + 2Al \xrightarrow{1000\sim1200℃} 6RE_3S_4 + Al_2S_3\uparrow$$

$$3RE_3S_4 + 2Al \xrightarrow{1500℃和1.333Pa} 9RES + Al_2S_3\uparrow$$

③ 将金属氢化物与倍半硫化物在 1800～2200℃和 1.333×10^{-3}～1.333×10^{-2} Pa 压力

下反应也可得到一硫化物：

$$Ce_2S_3 + CeH_3 \xrightarrow{1800\sim2000℃和1.333\times10^{-3}\sim1.333\times10^{-2}Pa} 3CeS + 3/2H_2$$

④ 在熔盐中电解倍半硫化物来制备一硫化物。例如，将 $CeCl_3$ 和 Ce_2S_3 溶解在 NaCl-KCl 低共熔混合物中，在 800℃时，进行电解。最初的还原产物是金属铈，随后铈溶解在熔盐中将倍半硫化物还原：

$$Ce_2S_3 \longrightarrow Ce_3S_4 \longrightarrow CeS$$

硫化铕 EuS 不能用上述方法制备。但 H_2S 和 $EuCl_3$ 反应生成 EuS：

$$2EuCl_3 + 3H_2S \longrightarrow 2EuS + 6HCl + S$$

(2) 稀土倍半硫化物 RE_2S_3 的制备。在石墨反应器中，以干燥的 H_2S 气同 RE_2O_3 进行反应，在 500℃先生成硫氧化物，继续把温度升高至 1250～1300℃，即得 RE_2S_3：

$$3H_2S + RE_2O_3 \xrightarrow{1250\sim1300℃} RE_2S_3 + 3H_2O$$

也可在 600℃（或更高些温度）真空中将二硫化物热分解来制备 RE_2S_3：

$$2RES_2 \xrightarrow{真空，600℃} RE_2S_3 + S$$

(3) 稀土四硫化三物 RE_3S_4 的制备　具体步骤如下所述。

① 在石墨坩埚中，以 1500～1600℃将硫化物与倍半硫化物进行反应：

$$RES + RE_2S_3 \xrightarrow{1500\sim1600℃} RE_3S_4$$

② 用铝还原倍半硫化物。先将反应物加热至 1100～1200℃，再加热至 1500℃，蒸出 Al_2S_3，留下 RE_3S_4：

$$9RE_2S_3 + 2Al \xrightarrow{1100\sim1200℃} 6RE_3S_4 + Al_2S_3$$

③ 金属氢化物和倍半硫化物反应。在硫化氢的气氛中，将混合物加热至 400℃，然后将产品在真空中加热至 2000℃，可得四硫化三物，本法适用于制备 Ce_3S_4：

$$CeH_3 + 4Ce_2S_3 \xrightarrow{真空，2000℃} 3Ce_3S_4 + 3/2H_2$$

④ 铕的相应化合物的制备是用 EuS 和需要量的硫黄，在封闭管中温度保持 600℃，经数天，即得 Eu_3S_4：

$$3EuS + S \xrightarrow{600℃} Eu_3S_4$$

钐的相应化合物是将倍半硫化物或二硫化物在真空泵中加热至 1800℃来制备：

$$3Sm_2S_3 \xrightarrow{真空，1800℃} 2Sm_3S_4 + S$$

(4) 稀土二硫化物 RES_2 的制备。通过 RE_2S_3 和 S（硫黄）反应来制备。反应要在封管中进行。并于 600℃加热数天，可得 RES_2：

$$RE_2S_3 + S \xrightarrow{600℃} 2RES_2$$

(5) 稀土硫氧化物 RE_2O_2S 的制备。

① 用稀土氧化物和倍半硫化物直接反应，可得硫氧化物。在混合物中含过量 20%的硫化物。真空下于 1350℃反应 3h，冷却后用 10%醋酸与多余的硫化物反应以除去过剩的硫化物：

$$2RE_2O_3 + RE_2S_3 \xrightarrow{真空，1350℃} 3RE_2O_2S$$

② 将稀土氧化物与 H_2S 在 550～600℃下反应，所得的产品中含有一些硫化物，可用

10%醋酸浸取除去硫化物杂质：

$$RE_2O_3 + H_2S \xrightarrow{550 \sim 600℃} RE_2O_2S + H_2O$$

铕的硫氧化物要用摩尔比为EuS：0.5S的硫化物、硫和氧化物反应来制备。

③ 倍半硫化物在500℃与水蒸气反应发生部分水解，可得硫氧化物。在反应中用氢气作水蒸气的载体，并控制水蒸气的比例，即得到硫氧化物：

$$RE_2S_3 + 2H_2O \xrightarrow{600℃} RE_2O_2S + 2H_2S$$

5.4.1.2 稀土硫化物的性质

稀土硫化物的熔点较高（见表5-23）。RE_2S_3 在熔点时有较高的蒸气压。RE_3S_4 比 RE_2S_3 的挥发性小，但 Sm_3S_4 在低于熔点时于1600℃开始挥发。

表5-23 硫化物的熔点 单位：℃

硫化物		La	Ce	Pr	Nd	Sm	Gd	Dy	Er	Y
倍半硫化物	γ	2080	2060	1795	2010	1780	1885	1490		
	β	1915	1700	1775						
	δ							1470	1730	1600
一硫化物			2450							
四硫化三物		>2000	>2000	>2000	>2000	1800				

稀土硫化物在高温时分解，如 Sm_2S_3 在1800℃分解，留下 Sm_3S_4；Y_2S_3 在1700℃分解为 Y_5S_7；Yb_2S_3 在1000℃分解为 Yb_5S_7。RES_2 高于600℃时在真空中分解为 RE_2S_3。

$$3Sm_2S_3 \xrightarrow{1800℃} 2Sm_3S_4 + S$$

$$5Y_2S_3 \xrightarrow{1700℃} 2Y_5S_7 + S$$

$$5Yb_2S_3 \xrightarrow{1000℃} 2Yb_5S_7 + S$$

$$2RES_2 \xrightarrow{600℃} RE_2S_3 + S$$

稀土硫化物在空气中加热200～300℃时，开始氧化为碱式硫酸盐。例如，Ce、Pr、Nd、Sm的二硫化物、硫氧化物都可氧化为碱式硫酸盐（温度要高于600℃）。硫化物比硒化物、碲化物容易被氧化。

稀土硫化物在空气中是稳定的，但在室温下、湿空气中略有些水解，放出硫化氢。

稀土硫化物不溶于水，容易与酸反应放出硫化氢，但酸对 RE_3S_4 和 RE_2O_2S 的反应较慢。

一些稀土硫化物由于f-d跃迁产生有效的光吸收，可作为无机颜料使用，如红色硫化铈（γ-Ce_2O_3），其颜色深红、无毒性、遮盖加强、热稳定性好并强烈吸收紫外线，是取代有毒铅颜料的首选材料，Sm_2S_3 呈现黄色也可以作为颜料使用，同时也可以对硫化稀土进行掺杂以提高它的稳定性和改变色度，近年来已成功开发了一系列环保型稀土硫化物颜料。

5.4.2 稀土硒化物和碲化物

5.4.2.1 稀土硒化物的制备和性质

（1）稀土的一硒化物RESe的制备　具体步骤如下所述。

① 将稀土金属和单质硒的1：1混合物放在封管中，加热950～1000℃，直接反应生成

稀土硒化物：

$$RE+Se \xrightarrow{950\sim1000℃} RESe$$

② 用金属铝还原稀土氧化物和倍半硒化物的混合物。反应物放在石墨坩埚中，真空下加热至1350℃时产物中含有 RE_3Se_4 和 RESe，继续加热至1700℃时则还原反应完全，铝和它的低价氧化物挥发分离：

$$RE_2O_3+2RE_2Se_3+3Al \xrightarrow{1700℃} 6RESe+3AlO\uparrow$$

③ 用钠或钙还原倍半硒化物，反应在封管中进行。用钠还原时，反应温度为600℃，用钙还原时反应温度为1000℃。其反应为：

$$Ce_2Se_3+2Na \xrightarrow{600℃} 2CeSe+Na_2Se$$

钐、铕、镱的一硒化物也可由下述方法制备。倍半硒化钐在真空下加热至1700℃，即分解为一硒化钐。铕的一硒化物可由 H_2Se 与氧化铕或氯化铕反应而得到。用氢气还原 Yb_2Se_3 也能得到 YbSe。

RESe 的实际组成接近于 $RESe_{0.95}$，Sm、Eu、Yb 的一硒化物的磁性和导电性都与其他稀土一硒化物有差别。磁矩表明，除了 Sm、Eu、Yb 的一硒化物外，其他一硒化物中稀土离子都是三价态［$RE^{3+}(e^-)Se^{2-}$］的，而一硒化物中的 Sm、Eu、Yb 表现为二价态，它们具有盐型硒化物的性质。稀土一硒化物的熔点较高，在1500～2100℃范围内的数值见表5-24。从导电性能可知，Sm、Eu、Yb 的一硒化物具有半导体的特性。

表 5-24　稀土一硒化物的一些性质

元素	熔点/℃	磁矩/B. M.	电阻/(Ω·cm)
La		0.16	5.41×10^{-5}
Ce	约 1800	2.28	1.18×10^{-4}
Pr		3.3	1.39×10^{-4}
Nd	约 2100		3.71×10^{-4}
Sm			2×10^{3}
Eu	1860～1865		$\sim10^{7}$
Gd			1.3×10^{-4}
Tb			
Dy			
Ho			
Er	约 1800		1.7×10^{-4}
Tm			
Yb	＞1940		100

(2) 稀土的倍半硒化物 RE_2Se_3 的制备　稀土的倍半硒化物可由如下方法制备。

① 金属氧化物或氯化物和硒化氢反应可制得倍半硒化物。以氧化物为起始原料时，反应温度为1000℃，用氯化物为起始原料时，反应温度为600～800℃：

$$RE_2O_3+3H_2Se \xrightarrow{1000℃} RE_2Se_3+3H_2O$$

$$2RECl_3+3H_2Se \xrightarrow{600\sim800℃} RE_2Se_3+6HCl$$

② 由两个单质直接化合来制备倍半硒化物。反应在封管中进行，反应温度约为800℃：

$$2RE+3Se \xrightarrow{800℃} RE_2Se_3$$

③ 将二硒化物分解或还原。例如：La～Nd 的二硒化物在1200℃下分解可生成倍半硒

化物。而钆的二硒化物只要在800℃下分解就生成了倍半硒化物：

$$2RESe_2 \xrightarrow{1200℃} RE_2Se_3 + Se$$

轻稀土从La～Nd的倍半硒化物组成为$RESe_{1.33}$～$RESe_{1.50}$。它们的熔点比相应的一硒化物略低些，例如：Ce_2Se_3的熔点为1600～2050℃；Sm_2Se_3的熔点大于1540℃；Gd_2Se_3的熔点约为1500℃；Er_2Se_3为1520℃；Yb_2S_3大于1665℃。它们的磁矩接近于三价稀土离子的实际磁矩。它们有较大的电阻，轻稀土倍半硒化物的电阻率在10^3～$10^8\Omega \cdot m$。

(3) 稀土的二硒化物$RESe_2$的制备　二硒化物可由倍半硒化物和硒在封管中于600℃下作用来制备：

$$RE_2Se_3 + Se \xrightarrow{600℃} 2RESe_2$$

令稀土金属在Se蒸气流中反应，在1250℃下，反应约9h，也可制得二硒化物：

$$RE + 2Se \xrightarrow{1250℃，9h} RESe_2$$

从La～Gd的二硒化物组成范围为$RESe_{1.8}$～$RESe_{2.0}$。磁性测量证明稀土离子是三价的。在真空中于500～700℃时加热，则会慢慢地失去硒，发现有RE_2Se_3相。

(4) 稀土硒氧化物RE_2O_2Se的制备　用氧化物和倍半硒化物于1350℃，在真空中反应2h可得硒氧化物：

$$2RE_2O_3 + RE_2Se_3 \xrightarrow{1350℃，2h} 3RE_2O_2Se$$

在1000℃下用氢气和H_2Se混合气体与稀土氧化物进行硒化反应，也可得到硒氧化物：

$$RE_2O_3 + H_2Se \xrightarrow{1000℃} RE_2O_2Se + H_2O$$

RE_2O_2Se具有六方晶系结构，它的化学稳定性比RE_2Se_3要高。RE_2O_2Se和铝在1350℃加热可还原为RESe。

5.4.2.2 稀土碲化物的制备和性质

各种碲化物如RETe、RE_3Te_4、RE_2Te_3、$RETe_2$、RE_2O_2Te、Te等都已得到。

(1) 稀土的一碲化物RETe的制备　一碲化物可由两种单质直接化合得到。反应在封管中进行，最高温度为1000～1100℃。本法常用于轻稀土和钇的碲化物的制备：

$$RE + Te \xrightarrow{1000～1100℃} RETe$$

也可由倍半碲化物在950℃和氢反应，还原为一碲化物。本法用于YbTe的制备，但用此法制备钐的一碲化物未获成功：

$$Yb_2Te_3 + H_2 \xrightarrow{950℃} 2YbTe + H_2 + Te$$

也可用三氯化物和碲反应来制备。本反应仅限于制备铕的一碲化物：

$$4EuCl_3 + 7Te \longrightarrow 4EuTe + 3TeCl_4$$

稀土离子的一碲化物有较高的熔点，见表5-25。除了Sm、Eu、Yb的一碲化物外，其他稀土的一碲化物的磁矩都接近于相应三价稀土离子的磁矩。Sm、Eu、Yb的一碲化物磁矩与二价稀土离子磁矩接近，并且它们的电阻率与其他稀土一碲化物的相差较大，如SmTe为2000Ω·cm；YbTe为7000Ω·cm。Sm、Eu、Tm、Yb的一碲化物具有半导体特性。其他稀土的一碲化物的电阻率较小，为10^{-2}～$10^{-3}\Omega \cdot m$，例如：NdTe为$4\times10^{-3}\Omega \cdot m$，ErTe为$1\times10^{-2}\Omega \cdot m$。

表 5-25 稀土-碲化物的熔点 单位:℃

元素	La	Ce	Nd	Sm	Gd	Yb
RETe 的熔点	1720	1640～1890	2040	1910～1930	1870	1720～1760
RE_2Te_3 的熔点	1485	1665～1890	1620	1440～1550	1420	

(2) 稀土的四碲化三物的制备 用二碲化物在真空中于 950～1100℃下分解可得 RE_3Te_4：

$$3RETe_2 \xrightarrow{950\sim1100℃，真空} RE_3Te_4 + 2Te$$

(3) 稀土的倍半碲化物 RE_2Te_3 的制备 将单质按配比直接化合可制得倍半碲化物。反应在封闭管中进行，反应温度达到 950℃。稀土的倍半碲化物熔点在 1400℃以上，见表 5-25：

$$2RE + 3Te \xrightarrow{950℃} RE_2Te_3$$

(4) 稀土的二碲化物 $RETe_2$ 的制备 两物质的单质按配比直接化合，反应温度为 550～600℃，可得到二碲化物：

$$RE + 2Te \xrightarrow{550\sim660℃} RETe_2$$

二碲化物具有四面体结构，和 Fe_2As 的结构相似。在真空中于 400℃下分解失去碲，产物组成接近于 RE_3Te_4。

(5) 稀土碲氧化物 RE_2O_2Te 的制备 稀土氧化物和单质碲在 1000℃反应，用氢气作为碲蒸气的载气，可制得碲氧化物：

$$2RE_2O_3 + 3Te \xrightarrow{1000℃} 2RE_2O_2Te + TeO_2$$

La 至 Dy 的碲氧化物是用此法制备的，它们具有四方系的结构。RE_3O_2Te 的化学稳定性很高，能缓慢地溶解在王水和熔化的碱中。在空气中加热时会发生缓慢的氧化反应。碲被氧所取代。

5.4.3 稀土硫属化合物的结构

硫属化合物有各种晶体结构。一硫化物的结构均属于立方晶系。Nd、Gd、Er、Sm、Yb 的一硒化物和一碲化物也属于立方晶系（面心立方 NaCl 型的结构）。La、Nd、Dy 的二硫化物结构属于四方晶系，Ce、Pr、Sm 的二硫化物是立方晶系结构，Eu、Gd 的二硫化物结构为六方晶系。

研究得最详细的是 RE_2X_3（X＝S、Se、Te）的结构。在 RE_2S_3 的结构中有 α、β、γ、δ、ε、ζ 六种晶型，如图 5-15 所示。其中，α 型为正交系的 Gd_2S_3 型；β 型为四方系的 $Pr_{10}S_{14}O$ 型；γ 型为立方系的 Th_3P_4 型；δ 型为单斜系的 Er_2S_3 型；ε 型为菱形体的 Al_2O_3 型；ζ 型为

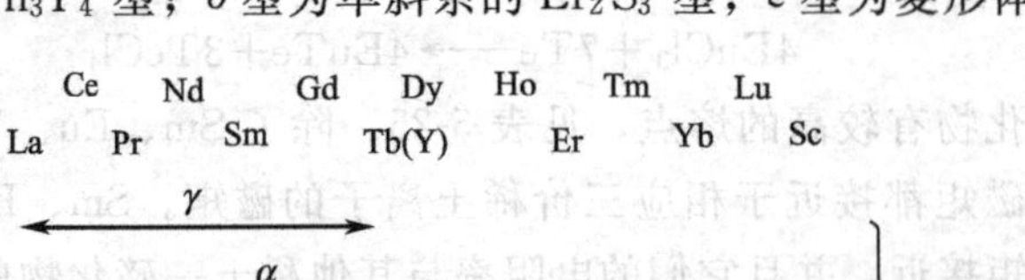

图 5-15 稀土硫化物的结构类型

立方系的 Tl_2O_3 型。

硒化物和碲化物的结构几乎相同，因为它们的阳离子和阴离子的比值非常接近。它们有 γ、η、ϕ、ζ 的晶型。其中 ζ 型的结构不详，η 型为斜方系的 Sc_2S_3 型，其他符号与硫化物相同。硫属化合物晶型在一定温度和压力下会发生转变，如：

$$\alpha La_2S_3 \xrightleftharpoons{900℃} \beta La_2S_3$$

$$\alpha Nd_2S_3 \xrightleftharpoons{1180℃} \gamma Nd_2S_3$$

5.4.4 稀土硫属化合物的价态

稀土元素在硫属化合物中的价态有+2、+3，而没有+4。在 Ce_2S_4 的化合物里，四个S原子中二个是以 $(S\text{-}S)^{2-}$ 基团存在的，该化合物的磁性表明 Ce 是+3 价的。此化合物与 CeO_2 不同，Ce_2S_4 是顺磁性的。

在 REX 化合物中，除了 Sm、Eu、Tm、Yb 外，其他稀土离子表现出三价态 $RE^{3+}(e^-)X^{2-}$。Sm、Eu、Yb 在化合物中则表现出二价态，Tm 只在 TmTe 中表现出二价态。

稀土二价态的硫属化合物的稳定性随阴离子的电负性降低而增加。例如，Eu_2O_3 是正常化合物，而 Eu_2S_3 是不存在的，正常的硫化物是 EuS。三价铕只存在于含强电负性阴离子的三元硫化物（Eu_2O_2S、Eu_2O_2Se、EuSF 等）中，或在复合硫化物 $Eu_5Sn_3S_{12}$[Eu_2(Ⅲ)Eu_2(Ⅱ)Sn_3(Ⅳ)S_{12}]、$Eu_4Sn_2S_9$[Eu_2(Ⅲ)Eu_2(Ⅱ)Sn_2(Ⅳ)S_9] 中。虽已合成 Eu_3S_4 化合物，但加热时它易分解为 EuS。在硫化物中 Yb 三价态是稳定的，正常的硫化物仍是 Yb_2S_3。但加热时 Yb_2S_3 分解为 Yb_3S_4。在碲化物中就只有 YbTe 的存在，又如 Tm 在硫属化合物中三价态是稳定的，二价态只存在于一碲化物中。

5.5 稀土元素的氮族化合物

5.5.1 稀土元素氮族化合物的制备

（1）氮化物的制备　具体步骤如下所述。

① 金属与氮气直接化合。在电弧炉中，把金属加热至 800～1200℃，通入氮气进行反应，可得 REN。其反应为：

$$2RE + N_2 \xrightarrow{800\sim1200℃} 2REN$$

② 稀土氢化物与氮气作用，反应温度为 900～1000℃。亦可由稀土氢化物与氨作用来快速氮化，反应温度为 600～800℃(La～Sm) 或 1000～1200℃(Gd～Lu)：

$$REH_3 + N_2 \xrightarrow{900\sim1000℃} REN + NH_3$$

③ 把金属铕和镱溶解在液氨中，先形成 $RE(NH_3)_6$，然后缓慢地变为 $RE(NH_2)_2$，再在真空条件下，温度高于 1000℃，产生三价的氮化物 EuN 和 YbN。

（2）磷化物的制备　将两种单质混合放在封管中，逐渐升温至 900℃，使之发生反应，然后将反应容器骤冷，在真空下加热至 600℃可除去过量的磷：

$$RE + P \xrightarrow{900℃} REP$$

Eu 和 Yb 的氨溶液与 PH_3 反应产生 $RE^{2+}(PH_3)_3 \cdot 7NH_3$，然后热分解可得到 EuP 和 YbP。

（3）砷化物是由稀土金属和砷在封管中加热 1000～1500℃来制备的，反应时间约需10～15h：

$$RE + As \xrightarrow{1000\sim1500^\circ C,\ 10\sim15h} REAs$$

（4）稀土金属和锑按 1∶1 配比混合，在 1000～1050℃加热几小时可生成锑化物 RESb：

$$RE + Sb \xrightarrow{1000\sim1050^\circ C} RESb$$

（5）与其他第Ⅴ族的稀土化合物一样，铋化合物可由稀土金属与铋在低于铋的熔点温度下反应来制备。

5.5.2 稀土元素氮族化合物的性质

现能合成氮族的稀土化合物有 REN、REP、REP_2、REP_5、REP_7、RE_8As、RE_5As_3、RE_4As_3、REAs、RE_3Sb、RE_2Sb、RE_5Sb_3、RE_4Sb_3、RESb、$RESb_2$、RE_3Bi、RE_2Bi、RE_4Bi_3、REBi、$REBi_2$ 等。化合物中金属离子一般均为三价态，而 Eu 和 Yb 有呈二价态的。Ce 可以四价态存在于化合物（如 CeN、CeP）中，在正常条件下，Ce 在黄铜色的 CeN 中几乎是四价态的。

REN、REP、REAs、RESb、REBi 都具有立方晶系 NaCl 型的结构。REN 的晶格常数随稀土元素的半径减小而减小的。金属-氮键有些是离子型的，而其他第Ⅴ族的稀土化合物主要是共价键的。

大多数稀土氮化物是半金属的导体，ScN、GdN、YbN 等氮化物具有半导体的特性。氮族稀土化合物的熔点都是相当高的，REN 的熔点高于 2400℃；REP 的熔点为 2200～2600℃（见表 5-26）；REBi 的熔点在 1800℃左右。

表 5-26 氮族稀土化合物的熔点

氮化物	熔点/℃	磷化物	熔点/℃
LaN	2450		
CeN	2560		
PrN	2570		
NdN	2560		
GdN	2900	GdP	2540
YN	2570		

表 5-27 氮族稀土化合物生成焓　　单位：4.184kJ/mol

化合物	$\Delta H_{形}$	化合物	$\Delta H_{形}$	化合物	$\Delta H_{形}$
YN	71.5	NdAs	72.7	LaSb	70.8
LaN	72.0	SmAs	72.0		52.0
CeN	78	GdAs	74.4	NdSb	58.8
NdN	73	TbAs	75.0	GdSb	65.5
LuN	72.2	DyAs	78.1	LuSb	44.7
YP	73.7	HoAs	72.3	YBi	44.0
LaP	72.2	ErAs	75.6	LaBi	53.0
LuP	73	TmAs	72.8	CeBi	53
YAs	77.4	YbAs	61.8	PrBi	47.8
LaAs	73.0	LuAs	75.2	NdBi	53.2
CeAs	68.9	YSb	50.0	DyBi	45
PrAs	73.4		53.0		

REN 等化合物的生成焓列于表 5-27 中。

REN 在高温时是稳定的。根据蒸气压测定，REP 的热稳定性随镧系原子序数增加而降低。开始分解的温度估计高于 400℃。

REN 在湿空气中会水解，放出氨。它们能溶于酸中。与碱作用时，将水解生成氢氧化物并放出氨：

$$REN + 3H_2O \longrightarrow RE(OH)_3 + NH_3$$

5.6 稀土元素的碳族化合物

5.6.1 稀土元素碳族化合物的制备

（1）稀土元素碳化物的制备　稀土元素能生成三种主要类型的碳化物：RE_3C、RE_2C_3 和 REC_2。它们的制备方法如下。

① 将稀土氧化物和碳放在坩埚中，在氩气气氛中加热 2000℃进行反应。当碳略过量时，可生成二碳化物：

$$RE_2O_3 + 7C \xrightarrow{2000℃} 2REC_2 + 3CO$$

② 将稀土金属和所需的碳混合压球，放在钽坩埚中加热熔化，可制得碳化物。

③ 稀土金属的氢化物和石墨混合，再在真空中加热至 1000℃，也可得到碳化物。

（2）稀土元素硅化物的制备　稀土元素的硅化物有 RESi、$RESi_2$、RE_3Si_5、RE_5Si 和 RE_3Si_2 等类型。它们的制备方法有以下几种。

① 在熔化的硅酸盐浴中电解稀土氧化物。电解质为硅酸钙、氟化钙和氯化钙混合物。电解条件为 1000℃和 8～10V。在阴极生成硅化物。

② 用硅还原稀土氧化物。将反应物磨细并混匀放在刚玉器皿中，在真空中加热 1100～1600℃，可得到 $RESi_2$。其反应为：

$$RE_2O_3 + 7Si \xrightarrow{1100\sim1800℃，真空} 2RESi_2 + 3SiO\uparrow$$

此法曾用于制备轻或中稀土的二硅化物。

③ 单质直接化合。将单质硅和金属粉末混合做成团块，在真空中熔化，可制得 RE。曾用此法制备 $LaSi_2$。

5.6.2 稀土元素碳族化合物的性质

Sm～Lu 和 Y 的 RE_3C 具有面心立方的 Fe_4N 型的化合物的结构。La～Ho 和 Y 的 RE_2C_3 的结构为体心立方。镧系元素和 Y 的 REC_2 具有体心四方的 CaC_2 型的结构。

RE_2C_3 和 REC_2 具有金属的导电性。由磁矩数值表明，除了镱和钐外，其他稀土元素（不包括铕）在 REC_2 中呈三价态的。REC_2 的熔点一般高于 2000℃。La_2C_3、Pr_2C_3 和 Nd_2C_3 的熔点分别为 1430℃、1557℃、1620℃。所有的稀土碳化物在室温下遇水都水解，生成稀土氧化物和气体产物。RE_3C 水解得到甲烷和氢的混合物。RE_2C_3 和 REC_2 与水反应得到乙炔（分别为 50％和 70％），伴随有氢和少量的碳氢化合物。YbC_2 水解产生乙炔。

$RESi_2$ 有几种结构：轻、中稀土二硅化物在低温时为正交晶系，高温时为四方晶系；重稀土（Er～Lu）的二硅化物为六方晶系。

$RESi_2$ 的熔点在 1500℃左右（例如：YSi_2 为 1520℃；$LaSi_2$ 为 1520℃；$CeSi_2$ 为 1420℃；$NdSi_2$ 为 1525℃；$EuSi_2$ 为 1500℃；$GdSi_2$ 为 1540℃；$DySi_2$ 为 1550℃等）。其电阻率比相应金属的电阻率大，电阻温度系数为正，但在 500℃时电阻率的温度系数变为负。它们容易与盐酸、氟氢酸作用，并与 Na_2CO_3-K_2CO_3 的低共熔物作用而被分解。

5.7 稀土元素硼化物

5.7.1 稀土元素硼化物的制备

现在已经用合成的方法得到了 REB_n 的化合物，其个 $n=2$，3，4，5，6，12。研究得较多的是 REB_4 和 REB_6，它们的制备方法如下。

（1）在熔化的硼酸盐浴中电解稀土氧化物，加入碱金属或碱土金属氟化物以降低盐浴的黏度和熔点。电解是在石墨坩埚中、在 950～1000℃的温度下、以 3～15V 的分解电压进行的。以坩埚为阳极，水冷的碳棒或钼棒作阴极。产品的含硼量高于 REB_6。在阴极可能有单质硼出现，此法的产率较低。

（2）用碳还原稀土氧化物和硼的氧化物。本法的缺点是在反应温度下氧化硼会挥发，粗产品中会混有碳：

$$RE_2O_3+4B_2O_3+15C \longrightarrow 2REB_4+15CO\uparrow$$

（3）以碳化硼还原稀土氧化物。在稀土氧化物中加入硼和碳或碳化硼，然后将混合物做成团块，在 1500～1800℃于真空中或氢气中加热，反应如下：

$$RE_2O_3+3B_4C \xrightarrow{1500\sim1800℃，真空} 2REB_6+3CO\uparrow$$

（4）用单质硼还原稀土氧化物。还原反应为 1500～1800℃，在硼化锆或钼容器中进行。反应中氧化硼会挥发损失。其还原反应为：

$$2RE_2O_3+22B \xrightarrow{1500\sim1800℃，真空} 4REB_4+3B_2O_2\uparrow$$

$$2RE_2O_3+30B \xrightarrow{1500\sim1800℃，真空} 4REB_6+3B_2O_2\uparrow$$

此法不能用于制备 YbB_4，因为金属镱有较高的蒸气压。ErB_6 也不能用此法制备，因在此反应温度下 ErB_6 相对 ErB_4 和 B 来说是不稳定的。

此法也可用于制备 REB_{12}。

（5）两种单质直接化合。将稀土金属和单质硼按配比混合，做成团块，在真空或氩气中加热 1300～2000℃，可得到硼化物：

$$RE+6B \xrightarrow{1300\sim2000℃，真空} REB_6$$

5.7.2 稀土元素硼化物的性质

（1）稀土元素的六硼化物　除了钷外的 REB_6 均已合成得到，它们属于立方晶系，CsCl 型。金属原于占据立方体的每一角顶，硼则位于立方体的中心。它们是金属键型的，因为它们都有很高的导电率，其电阻率与稀土金属的电阻率相近。

REB_6 的熔点均高于 2000℃（见表 5-28）。

REB_6 在加热时要发生分解，其反应为：

$$REB_6 \longrightarrow RE+6B \quad (\text{I})$$

$$6REB_6 \longrightarrow 6REB_4+12B \quad (\text{II})$$

对于蒸气压较高的稀土金属来说，其 REB_6 按（Ⅰ）式进行分解；对于蒸气压较低的稀土金属，则 REB_6 是依（Ⅱ）式进行的，但也有例外。

REB_6 能溶于王水、硫酸和硝酸的混合物（微热的条件下）、硝酸（微热的条件下）、氢氧化钠和过氧化氢的混合液及 15%的氢氧化钠溶液中。

(2) 稀土元素的四硼化物　REB_4 均属于四方晶系，它们的晶格常数随镧系离子的半径减小而减小，见表 5-28。化合物为离子键。它们有较高的熔点，例如 YB_4 的熔点为 2800℃，LaB_4 的熔点为 1800℃。

表 5-28　稀土元素的硼化物的一些性质

六硼化物			四硼化物			
元素	晶格常数 /10^2pm	熔点/℃	元素	晶格常数/10^2pm a	c	熔点 /℃
La	4.153	2715	La	7.30	4.17	1800
Ce	4.141	2187	Ce	7.205	4.090	
Pr	4.130	2610	Pr	7.20	4.11	
Nd	4.1260	2610	Nd	7.219	4.102	
Sm	4.1333	2580	Sm	7.147	4.0696	
Eu	4.178	2660	Eu			
Gd	4.1078	2510	Gd	7.144	4.0479	
Tb	4.1020	2340	Tb	7.118	4.0286	
Dy	4.0976	2200	Dy	7.101	4.0174	
Ho	4.096	2180	Ho	7.086	4.0079	
Er	4.101	2185	Er	7.071	4.0337	
Tm	4.110		Tm			
Yb	4.1468	2370	Yb	7.01	4.00	
Lu	4.11	2170	Lu	6.98	3.93	
Sc	4.43		Sc	7.7	3.64	
Y	4.113		Y	7.09	4.01	2800

5.8　稀土元素氢化物

5.8.1　稀土元素氢化物的制备

稀土氢化物可由稀土金属与 H_2 直接反应来制备，产物常为 REH_2。

$$RE+H_2 \longrightarrow REH_2$$

多数稀土金属还可生成 REH_3，并生成非整比氢化物。氢化物的存在范围见表 5-29。

5.8.2　稀土元素氢化物的结构

稀土氢化物按其结构可分为三组。第一组是 La、Ce、Pr、Nd 的氢化物。它们的二氢化物具有立方系结构，与三氢化物可生成连续固溶体。第二组是 Y、Sm、Gd、Tb、Dy、Ho、Er、Tm 和 Lu 的氢化物，它们具有氟化钙型结构，三氢化物为立方系结构。第三组是 Eu 和 Yb 的二氢化物，属于正交系结构，类似于碱土金属氢化物。氢化物的晶格常数列于表 5-30中。

表 5-29　稀土氢化物的存在范围

第一组氟化钙型	第二组氟化钙型	第二组六方型	第三组正交型
$LaH_{1.95\sim3}$	$YH_{1.902\sim2.3}$	$YH_{2.77\sim3}$	$EuH_{1.86\sim2}$
$CeH_{1.8\sim3}$	$SmH_{1.92\sim2.55}$	$SmH_{2.59\sim3}$	$YbH_{1.80\sim2}$
$PrH_{1.9\sim3}$	$GdH_{1.8\sim2.3}$	$GdH_{2.85\sim3}$	
$NdH_{1.9\sim3}$	$TbH_{1.90\sim2.15}$	$TbH_{2.81\sim3}$	
	$DyH_{1.95\sim2.08}$	$DyH_{2.86\sim3}$	
	$HoH_{1.902\sim2.24}$	$HoH_{2.95\sim3}$	
	$ErH_{1.86\sim2.13}$	$ErH_{2.97\sim3}$	
	$TmH_{1.99\sim2.41}$	$TmH_{2.76\sim3}$	
	$LuH_{1.85\sim2.23}$	$LuH_{2.78\sim3}$	

表 5-30　稀土氢化物的晶格常数

氢化物	晶系	晶格常数/10^2pm	氢化物	晶系	晶格常数/10^2pm
LaH_2	面心立方	$a=5.663$	LaH_3	面心立方	$a=5.604$
CeH_2	面心立方	$a=5.580$	CeH_3	面心立方	$a=5.539$
PrH_2	面心立方	$a=5.515$	PrH_3	面心立方	$a=5.486$
NdH_2	面心立方	$a=5.496$	NdH_3	面心立方	$a=5.42$
YH_2	面心立方	$a=5.205$	YH_3	六方	$a=3.672$
ScH_2	面心立方	$a=4.783$			$c=6.659$
SmH_2	面心立方	$a=5.363$	SmH_3	六方	
GdH_2	面心立方	$a=5.303$	GdH_3	六方	$a=3.782$
TbH_2	面心立方	$a=5.246$	TbH_3	六方	$c=6.779$
DyH_2	面心立方	$a=5.201$	DyH_3	六方	$a=3.73$
HoH_2	面心立方	$a=5.165$	HoH_3	六方	$c=6.71$
ErH_2	面心立方	$a=5.123$	ErH_3	六方	$a=3.700$
TmH_2	面心立方	$a=5.090$	TmH_3	六方	$c=6.658$
LuH_2	面心立方	$a=5.033$	LuH_3	六方	$a=3.671$
EuH_2	正交	$a=6.254$			$c=6.615$
		$b=3.806$			$a=3.642$
		$c=7.212$			$c=6.560$
YbH_2	正交	$a=5.904$	$YbH_{2.55}$	面心立方	$a=3.621$
		$b=3.580$			$c=6.526$
		$c=6.794$			$a=3.599$
					$c=6.489$
					$a=3.558$
					$c=6.443$
					$a=5.192$

5.8.3　压力-组成等温图

氢和稀土金属的作用可用压力-组成等温图来表示，平衡图如图 5-16 所示。图中 *AB* 段为氢在金属中的溶解，溶解度随氢压而增大，到 *B* 点开始生成氢化物，*BC* 平台为金属与氢化物共存区，压力保持恒定不变，称为 *T* 时的平台压力。到 *C* 点金属完全生成 REH_2。*CD*

线为氢在 REH_2 中的溶解，到 D 开始生成 REH_3。DE 为 RHE_2 和 REH_3 共存线，也有它自身的平台压力，到 E 时完全生成 REH_3。

在高温时，稀土和氢体系的相图较复杂，除了金属相变外，还会发生氢化物的相变。

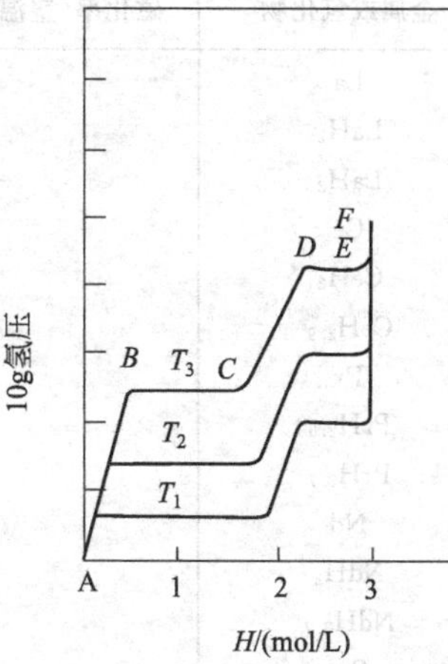

图 5-16 稀土金属-氢体系的压力-组成图

5.8.4 稀土元素氢化物的热力学性质

稀土氢化物的一般热力学数据可从氢化物的相平衡的氢气压力测量而得到。热力学关系为：

$$\Delta G^0 = \Delta H^0 - T\Delta S = -RT\ln K$$

平衡的氢气压与平衡常数的关系是：$\Delta G_f = \Delta H_f - T\Delta S_f = RT\ln P$

$$K = 1/P \text{（}P\text{ 是氢化物的平衡氢气压）}$$

对于 REH_2 型的氢化物可根据此式由实验求出热力学数据。对于其他类型氢化物则采用其他方法求出。

稀土二氢化物的热力学数据列在表 5-31 中，数据是从二氢化物的分解压力数值计算得到的。

表 5-31 稀土氢化物的热力学数据

二氢化物	$-\Delta H_{形}$ /(4.184kJ/molH$_2$)	$-\Delta S_{形}$ /(4.184kJ/molH$_2$/deg)	$-\Delta G_{形}$ /(4.184kJ/molH$_2$)
La	49.6	35.7	39.0
Ce	49.3	35.6	38.7
Pr	49.8	35.0	39.4
Nd	50.5	34.8	40.1
Sm	48.2	32.6	38.5
Gd	46.9	31.7	37.5
Tb	50.9	33.8	40.8
Dy	52.7	35.8	42.0
Ho	54.0	36.7	43.0
Er	53.5	36.3	42.7
Tm	53.8	36.3	43.0
Yb	43.3	33.4	33.3
Lu	49.5	36.3	38.7
Y(＜900℃)	54.3	34.9	43.9
Y(＜900℃)	44.4	27.1	—
Sc	48.0	34.8	37.6

5.8.5 稀土元素氢化物的磁性和导电性

(1) 磁性 轻稀土金属（Ce～Sm）形成氢化物以后，磁性基本不变；重稀土氢化物的磁性比金属的磁性低。镧由于没有 f 电子，它形成 LaH_2 时，磁性略有下降，LaH_3 是抗磁性的（见表 5-32）。

大多数氢化物是反铁磁性的，而 NdH_2 具有铁磁性。

铕和镱的氢化物与其他稀土氢化物有明显的不同。由于它们的＋2 价态的稳定性，EuH_2 的磁矩（7.0B. M.）接近于 Eu^{2+} 的磁矩（7.94B. M.）。由于 Eu^{2+} 有 7 个 f 电子，有强磁性。EuH_2 在低温（25K）时变为铁磁性的物质。

表 5-32 稀土氢化物的磁性

金属或氢化物	磁化率(室温)/(10^4 emu/mol)	磁矩 1B. M.	Wiss 常数 K	T_c,T_N/K
La	0.95			
LaH_2	0.59			
LaH_3	−0.20			
Ce	25	2.54	−37	T_N=12.5
CeH_2	25	2.50	−16	
$CeH_{2.9}$	23	2.44	−16	
Pr	49	3.41	7	T_N=25
$PrH_{2.0}$	51	3.69	−33	
$PrH_{2.7}$	48	3.36	−34	
Nd	44	3.33	4	T_N=19
NdH_2	50	3.38	−30.4	T_N=6.2
$NdH_{2.7}$	45	3.41	−39.1	T_N=3
Sm	11			T_N=106
SmH_2	11			
$SmH_{2.9}$	9			
Eu	330	7.94		T_N=95
$EuH_{1.9}$	240	7.0	25	T_c=16
Gd	2500	7.94	302	T_c=293
GdH_2	250	7.7	3	T_N=21,30.5
GdH_3	215	7.3	−3	T_N=3.3
Tb	1380	9.85	230	T_N=235
$TbH_{2.0}$	350	9.8	−6	T_N=16
$TbH_{3.0}$		9.7	−7	
Dy	910	9.9	160	T_N=184
DyH_2	465	10.8	−16	T_N=5.0
DyH_3	390	9.5	−2	T_N=3.5
Ho	650	10.4	86	T_N=135
HoH_2	395	9.9	−5	T_N=8
HoH_3	425	10.1	−8	
Er	510	9.9	56	T_N=88
ErH_2	360	9.8	−18	T_N=2.1～2.4
ErH_3	350	9.5	−19	
Tm	365	7.5	32	T_N=56
TmH_2	220	7.6	−40	
TmH_3	210	7.5	−34	
YbH_2	～3			
$YbH_{2.55}$	40			
YH	165			
$YH_{2.1}$	95			
$YH_{2.8}$	55			

(2) 导电性能　除了 YbH_2 和 EuH_2 外，REH_2 是金属导体。缺氢的 REH_2 ($REH_{1.8\sim1.9}$) 导电性能比稀土金属要好，见表 5-33。氢化物的电阻小于金属电阻。YbH_2 和 EuH_2 相似于碱土金属氢化物，它们是半导体或绝缘体。YbH_2 在室温时电阻为 $10^7\,\Omega\cdot$cm，电阻随温度升高而减小，在 150℃时，电阻为 $2.5\times10^4\,\Omega\cdot$cm，从它的电阻与温度关系来看，它具有半导体的性质。EuH_2 的电阻未见道导。

表 5-33 缺氢的二氢化物与相应金属的电阻比值

元素	La	Ce	Pr	Nd	Gd	Dy	Ho	Er	Lu	Y
$REH_{2-\delta}/RE$	0.28	0.44	0.37	0.37	0.35	0.28	0.23	0.23	0.16	0.27
	0.31			0.39	0.34			0.19	0.17	

接近于三氢化物组成时的氢化物由金属导体变为半导体。在 H/RE 大于 2.8 以后，表现出典型的半导体行为。一般认为六方形的稀土三氢物 REH_3 具有半导体性能。

5.8.6 稀土合金氢化物

稀土与过渡金属或碱金属生成金属间化合物，它们与氢能生成氢化物，因而具有吸氢能力。

(1) 稀土与过渡金属合金的氢化物　稀土与 Fe、Co、Ni 形成 REM_5 型化合物，具有六方 CaCu 型结构，并能生成正交系的氢化物。其中，研究最多的是 La-Ni 体系的化合物（发现不少于六个，见表 5-34），且 La 原子小于 50%时有两个相，它们都有吸氢性能，$LaNi_5$ 是较优良的吸氢材料。在 $LaNi_5$-H_2 体系的压力-组成等温线图（图 5-17）中，在 21℃时氢化物组成接近于 LaNi-H_6，分解压力为 2.533×10^5 Pa。在高压下还能继续吸收氢，如在 23℃和 131.72×10^5 Pa 时，氢化物的组成为 $LaNiH_{7.8}$。用金属-氢体系的压力-组成图的平台来计算生成焓是−30.125kJ/mol。

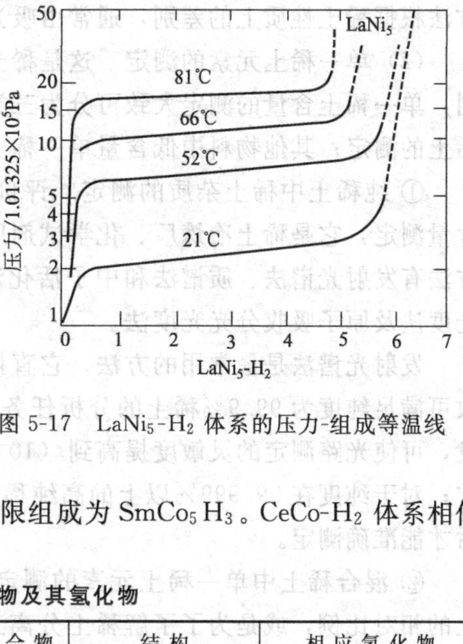

图 5-17 $LaNi_5$-H_2 体系的压力-组成等温线

在 $LaCo_5$-H_2 体系的压力-组成等温图中，有二个平台，说明有 $LaCo_5H_{3.35+0.1}$ 和 $LaCo_5H_{4.3\pm0.1}$ 的氢化物相。在 1301.72×10^5 Pa 时，组成为 $LaCo_5H_x$（$x>8$）。$SmCo_5$ 的氢化物的极限组成为 $SmCo_5H_3$。CeCo-H_2 体系相似于 $SmCo_5$-H_2 体系。

表 5-34 La-Ni 体系的化合物及其氢化物

化合物	结构	相应氢化物	化合物	结构	相应氢化物
LaNi	正交(CrB 型)	$LaNiH_{2.6}$、$LaNiH_{3.0}$、$LaNiH_{3.6}$	$LaNi_3$	菱形($PuNi_3$ 型)	$LaNi_3H_{5.3}$、$LaNiH_5$
La_2Ni_3	正交	La_2Ni_3H(?)	La_2Ni_7	六方(Ce_2Ni_7 型)	$LaNi_7H_{10}$
$LaNi_2$	立方($MgCu_2$ 型)	$LaNi_2D_{4.10}$、$LaNi_2H_{4.5}$	$LaNi_5$	六方($CaCu_5$)	$LaNi_5H_{6.5}$、$LaNiH_{7.8}$

EuH_2 和金属 Ru 在 800℃和 1.01×10^5 Pa 下生成 Eu_2RuH_6。该化合物的电阻表明其具有半导体的性质，磁化率表明服从 Curie-Weiss 定律，$\Theta=43K$。Yb_2RuH_6 的化合物已合成得到，与 Eu_2RuH_6 有相似的结构和性质，为氟化钙型。

(2) 稀土与锂、镁合金的氢化物　LiH 与 EuH_2 在氢气气氛下反应生成 $LiEuH_3$。它是固液异组成的化合物，在 760℃时熔化，还可能生成 $LiEu_2H_5$。

La、Ce、Pr、Nd 与 Mg 的合金都能吸收大量的氢气，La_2Mg_{17} 的氢化物组成为 $La_2Mg_{17}H_{12}$。现在金属氢化物作为贮氢材料已有广泛研究。$LaNi_5$ 是常用的贮氢材料，贮氢能力大于 190～200cm³/g。$LaNi_5$ 为铁灰色，在空气中因氧化而自燃。$LaNi_5$ 吸氢，放氢迅速，可反复使用。

5.9　三价稀土离子的化学分析

从具体的分析要求出发，稀土定量分析可分为二大类型：一是稀土总量的测定，其中包括稀土分组含量的测定；二是单一稀土元素的测定。

(1) 稀土总量的测定　这是地质部门、稀土冶炼厂和稀土应用部门常见的分析项目。稀土总量的测定根据各稀土元素化学性质的相似性，可采用重量法、容量法和吸光光度法。重量法和容量法一般用于稀土含量较高的样品，例如稀土矿物原料、稀土提取过程中的料液和各种稀土产品；吸光光度法常用于稀土含量较低的样品，岩石矿物和钢铁合金材料。在稀土农用推广中测定土壤和农作物植株、果实中的稀土含量多采用吸光光度法。稀土总量的测定通常先要进行必要的分离，以除去可能产生干扰的非稀土杂质，否则就不能得到准确的结果。

铈组稀土含量和钇组稀土含量的测定是地质部门综合评价稀土矿物的依据之一。其测定方法根据稀土性质上的差别，通常由吸光光度法直接测定，有时先经分离再用光度法测定。

(2) 单一稀土元素的测定　这是稀土分析中最重要而又比较困难的任务，按分析样品不同，单一稀土含量的测定大致可分为三类：纯稀土中痕量稀土杂质的测定；混合稀土中单一稀土的测定；其他物料中低含量单一稀土的测定。

① 纯稀土中稀土杂质的测定　评价纯稀土的质量最主要的依据是痕量单个稀土杂质的含量测定，它是稀土冶炼厂、化学试剂厂和某些稀土应用部门不可缺少的分析项目。常用的方法有发射光谱法、质谱法和中子活化法，有时也可用 X 射线荧光光谱法、极谱法、吸光光度法及原子吸收分光光度法。

发射光谱法是最常用的方法，它直接测定稀土的灵敏度一般为 ($10^{-3}\%\sim10^{-2}\%$)，大致可满足纯度为 99.9%稀土的分析任务，测定的精密度约为±10%，采用控制气氛光谱激发，可使光路测定的灵敏度提高到 ($10^{-4}\sim10^{-3}$)%，能满足纯度为 99.99%稀土的发现要求；对于纯度在 99.999%以上的高纯稀土，一般需要先将稀土杂质用适当的分离方法富集后才能准确测定。

② 混合稀土中单一稀土元素的测定　为了确定稀土矿物原料或混合稀土产品中各种稀土的相对比例，或是为了了解稀土分离工艺中料液组分的变化情况，最有效的方法是 X 射线荧光光谱法。这种方法可以直接测定混合稀土中含量大于 0.01%的单一稀土，测定的精密度一般可达±(5%～10%)。

此外，火焰发射分光光度法、原子吸收分光光度法、吸光光度法等也可用于混合稀土中单一稀土元素的测定，尽管这些方法只适于一些组成简单的样品，但是所使用的仪器比较简单、普遍，因此受到重视。对于混合稀土中的一些变价元素特别是铈，经常用氧化还原滴定法进行测定。

③ 其他样品中低含量单一稀土元素的测定　这类样品指岩石、陨石、非稀土矿物、核燃料动力反应堆材料等。由于样品中稀土含量很低，通常要先进行稀土元素的分离富集，然后进行测定，其测定方法与前两类单一稀土的测定方法大致相同。但是因为样品中稀土含量很少，基体是各种非稀土元素，有时取样量少，而且要求可靠的全分析数据，所以最好使用中子活化分析法或质谱同位素稀释法等灵敏度高而又比较精密的测定方法。

作为常量稀土测定的标准分析方法，重量分析和滴定分析在许多部门的例行分析和仲裁分析中仍然广泛使用，研究工作仅见个别报道。作为经典的化学分析方法，重量法和滴定法对各种单一稀土元素测定的选择性较差，往往只能用于测定稀土总量。氧化还原滴定法可用于少数变价稀土元素的选择性测定。国际上在测定稀土总量时，对于混合轻稀土产品采用EDTA法，对于混合重稀土则采用重量法和滴定法相结合，以减少误差。

5.9.1 重量分析法

5.9.1.1 概述

测定稀土的重量法主要是稀土草酸盐重量法。关于草酸盐重量法的各种条件及影响因素有很多文献报道，但近年来对该法的研究报道很少。该法对常量稀土的测定，虽然比较费时，但草酸稀土测定可与大部分共存元素分离，又易过滤，对混合稀土总量的测定，其精确度和精密度均超过其他方法。国内外常量稀土总量的仲裁分析或标准分析方法均是采用重量法。

草酸盐重量法一般用于稀土含量大于5%的试样分析，除了稀土精矿、稀土冶金中间产品及稀土化合物之外，许多以单一稀土或混合稀土为主要成分的稀土功能材料，如稀土贮氢材料、稀土磁性材料、稀土超导材料以及许多稀土中间材料的分析，也常采用草酸盐重量法测定稀土总量。在纯稀土产品分析中，稀土总量的草酸盐重量法是必不可少的，但也存在。其他沉淀剂，如用二苯基羟乙酸、肉桂酸、苦杏仁酸沉淀钪，用亚甲基膦酸沉淀镧，用8-羟基喹啉沉淀铕、钆和钐等也有报道。

5.9.1.2 草酸盐重量法

该方法是将草酸盐沉淀分离法得到的沉淀灼烧成氧化物进行称量。

草酸是沉淀稀土最常用的沉淀剂。在含稀土的微酸性溶液中，加入过量草酸，可得到稀土草酸盐沉淀，且其组成为$RE_2(C_2O_4)_3 \cdot nH_2O$，结晶水$n$一般为5，6，9，10。在使用均相沉淀时，可用草酸甲酯或草酸丙酮做沉淀剂。当铁量比稀土量大40倍时，用草酸铵做沉淀剂的分离效果较好。碱金属草酸盐不宜做沉淀剂，因为碱金属同稀土形成不溶性复盐而带入沉淀，它们还会同钇组稀土形成可溶性草酸配合物而使得稀土沉淀不完全。影响草酸盐重量法的因素很多，主要有以下几个方面。

(1) 稀土草酸盐的溶解度　稀土草酸盐难溶于水，在水中的溶解度，列于表5-35中。由表可知，轻稀土草酸盐的溶解度很小，如1L水中可溶解镧、铈、镨、钕、钐的草酸盐约0.4～0.7mg，而钇、镱的草酸盐则为1.0mg和3.3mg。因此，对于重稀土试样，草酸盐重量法的结果容易偏低，对于钬、铒、铥、镱、镥含量高的试样，由于它们的草酸盐溶解度较大，采用草酸盐重量分析法会是结果偏低1%～2%，此类试样的总稀土重量法有待进一步完善。

表5-35　稀土草酸盐在水中的溶解度（25℃）

稀土草酸盐	1L水中无水草酸盐的溶解量/mg	稀土草酸盐	1L水中无水草酸盐的溶解量/mg
$La_2(C_2O_4)_3$	0.62	$Sm_2(C_2O_4)_3$	0.54
$Ce_2(C_2O_4)_3$	0.41	$Yb_2(C_2O_4)_3$	3.34
$Pr_2(C_2O_4)_3$	0.74	$Y_2(C_2O_4)_3$	1.00
$Nd_2(C_2O_4)_3$	0.49		

(2) 草酸根活度对稀土草酸盐沉淀的影响　稀土草酸盐的溶解度不是很小，因此进行稀

土草酸盐沉淀分离时，稀土含量不宜太低，溶液体积不宜过大，同时应使溶液保持合适的草酸根活度。考虑到同离子效应，应有较大的草酸根活度；但是为了避免生成 $RE(C_2O_4)^+$、$RE(C_2O_4)^{2-}$、$RE(C_2O_4)_3^{3-}$ 等络离子而使稀土遭到损失，同时考虑到盐效应，不能有过大的草酸根活度，文献就草酸根活度对稀土沉淀的影响做过详细研究。各种稀土草酸盐的溶解度在草酸根活度为 $\lg\alpha_{C_2O_4^{2-}}=-3.5\sim5.5$ 是最小。

决定草酸根活度的主要因素是草酸浓度和氢离子活度。为了控制合适的草酸根活度，有两种操作方法：一是先加入适量的草酸，再将溶液调节至一定的 pH 值；另一是先将溶液调节至一定的 pH 值，再加入适量的草酸。当溶液最终 pH 恒定时，草酸根活度与草酸总浓度之间呈线性关系，即草酸浓度增大一倍，草酸根活度也增大一倍。

在实际的稀土分析中，更普遍的是采用先调节溶液 pH 值，然后加入草酸的操作方法。一般在溶液 pH 值 2～3 时加入草酸，草酸浓度以 10～40g/L 为宜。也有人在含轻稀土溶液中加入草酸后再将 pH 调节至 2，当稀土存在量低于 50mg 时，沉淀酸度也应降低，而当稀土存在量较高时，如对 200mg 左右的稀土，当 pH＝1.5～1.7 时用草酸沉淀，尚可得到满意的结果。

(3) 温度、搅拌和陈化时间对稀土草酸盐沉淀的影响　适当地提高沉淀时的温度，保持适当的陈化时间，对于提高共存元素的分离效果是必要的，因为升温和陈化，有利于沉淀晶体的长大，有利于减少共存元素的共沉淀。但是陈化时间过长，又会引起钙、铁等元素的沉淀。Broadhead 等研究后提出：草酸沉淀稀土一般应在 70～80℃进行，在不断搅拌下加入草酸热溶液。沉淀完全后应加热煮沸 1～2min，但煮沸时间不易太久，否则钇有损失。添加草酸时应防止局部过浓，应注意慢慢地加入并充分搅拌，否则沉淀容易聚集成块状而包含杂质，且难以洗涤。陈化时间一般为 2～5h。

(4) 铵盐及其他共存元素对稀土沉淀的影响　铵盐对铈组稀土草酸盐沉淀影响不大，但对钇组稀土能与草酸生成 $(NH_4)_3RE(C_2O_4)_3$ 配合物而使结果偏低。因此，在沉淀钇组稀土时，不宜用草酸铵做沉淀剂，也不要在调节酸度时引进大量铵离子。少量 Ba、Mg 和碱金属对分离没有干扰，但其含量与稀土相当时就会出现共沉淀。少量的 Fe、Al、Ni、Co、Mn、Cr、Zr、Hf、Ta、Nb、U、V、W、Mo 可被分离，但大量的 Be、Al、Fe、Cr、V、Zr、Mo、W 会使稀土沉淀不完全，且随着这些元素在溶液中浓度的增大，稀土草酸盐的沉淀率随之降低。特别是 Zr、Fe、V、Al 影响更明显。稀土草酸盐沉淀率降低的主要原因是由于生成了包含稀土和这些共存元素在内的组分复杂的不易离解的可溶性配合物的缘故。总之，对于共存元素含量较高的样品，必须在草酸盐沉淀之前，先用其他方法进行预分离，必要时还要进行两次草酸盐沉淀分离。

(5) 介质对稀土草酸盐沉淀方法的影响　由于条件不同。稀土草酸盐沉淀可成为结晶状或近于凝胶状。

沉淀稀土草酸盐宜在盐酸或硝酸介质中进行，稀土草酸盐在硝酸介质中的溶解度比在盐酸介质中稍高一些，所以最好在盐酸介质中进行沉淀。应该避免在硫酸介质中进行草酸盐沉淀，否则部分稀土会成为硫酸盐沉淀，不利于下一步灼烧成氧化物。

在有机溶剂存在下，稀土草酸盐的溶解度更小。加入乙醇、丙酮可调高沉淀率，缩短陈化时间。加入适量六亚甲基四胺，能增大结晶粒度，且易于过滤。

5.9.1.3　重量法测定的灼烧温度及氧化物组成

将稀土以草酸盐等形式沉淀，最后灼烧成氧化物进行称量，这是重量法测定稀土总量的最主要方法。此外，还可以用8-羟基喹啉或铜铁试剂等为沉淀剂定量沉淀稀土，将沉淀烘干为组成一定的稀土化合物或灼烧为稀土氧化物，最后进行称量。

(1) 稀土沉淀转化为氧化物的温度　稀土氢氧化物、硝酸盐和碳酸盐在850℃以上灼烧，均可转化为氧化物。稀土氟化物即使在1200℃以上灼烧也不能完全转化为氧化物。若干钪盐灼烧成氧化物所需温度可作比较：氢氧化钪542℃，草酸钪608℃，8-羟基喹啉钪600℃，2-甲基-8-羟基喹啉钪660℃，大多数草酸盐在400～800℃开始时就开始分解并最后转化成氧化物。也有文献指出：用放射性同位素示踪研究重量法测定稀土氧化物的灼烧温度，结果表明：稀土草酸盐、氢氧化物沉淀在1000℃以上才灼烧完全。在定量分析时，一般将稀土草酸盐于900～1000℃灼烧1h，以确保完全转化成稀土氧化物。

许多稀土有机化合物，例如稀土与8-羟基喹啉或苦杏仁酸等形成的化合物，可灼烧成氧化物进行称量。如：苦杏仁钪除了可在800℃灼烧成氧化钪形式称量外，亦可在105℃烘干后以$Sc[C_6H_5(OH)COO]_3$形成称量。另外，苯基乙酸、二苯羟乙酸均可作为重量法测定钪的试剂，可选用650℃为灼烧温度；二苯羟乙酸作为试剂测定钪时，沉淀在140℃或160℃均可干燥至恒重。在140℃干燥后的物质相当于二苯羟乙酸钪单水化合物$Sc[(C_6H_5)_2C(OH)COO]_3 \cdot H_2O$；在160℃干燥恒重则相当于无水二苯羟基乙酸钪$Sc[(C_6H_5)_2C(OH)COO]_3$；经两种温度干燥后的沉淀均是固定组成。

(2) 稀土氧化物的称量形式　经灼烧后，大部分稀土呈三价氧化物，即稀土氧化物的组成除铈、镨和铽之外，均为倍半氧化物$REO_{1.5}$；氧化铈的组成为CeO_2；镨和铽为三价和四价共存，其中氧化镨组成为Pr_6O_{11}，即$4PrO \cdot Pr_2O_3$；氧化铽的组成为Tb_4O_7，即$TbO_2 \cdot Tb_2O_3$，氧化镨和氧化铽的实际织成形式比较复杂 在通常的分析中，如果认定氧化镨的组成为Pr_6O_{11}，引入的最大负误差是1.05%。严格地讲，镨只有在300～500℃灼烧并经过足够缓慢的冷却，才形成Pr_6O_{11}。

各种稀土草酸盐的分解温度差别较大。草酸铈于360℃就能转化成氧化铈，而草酸镧转化为氧化物时温度高达735～800℃；因此，为了保证所有稀土草酸盐完全转化成氧化物这样组成恒定的称量形式，就要求灼烧温度在900℃以上。

稀土氧化物能从空气中吸收水分和二氧化碳。其中氧化镧和氧化钕的吸收作用特别强。随着原子序数的增大，稀土氧化物的吸收性能也随之减弱。在高温下长时间灼烧，有利于稀土氧化物晶体长大，降低晶体比表面积，减少因吸收作用而引起的测量误差。但在较高温度下灼烧成的氧化物，随灼烧时间延长，越不易溶于稀酸中。因此，如果稀土氧化物若需溶解供进一步分析，就不宜在较高温度下长时间灼烧。灼烧时间一般为30～60min，灼烧后的稀土氧化物自马弗炉中取出后，稍放冷后就应立即置于干燥器中，冷至室温后，迅速称量，以免吸收空气的水分和二氧化碳，导致测量误差。

5.9.2 滴定法

5.9.2.1 概述

滴定法以前称为容量法。该法简便、快速，被测成分的含量范围较宽，适于常量分析和半微量分析，准确度较高。

滴定分析法主要是基于氧化还原反应和络合反应。对于稀土矿物原料分析、稀土冶金的流程控制和某些稀土材料分析，络合滴定法常用于测定稀土总量。氧化还原滴定法常用于测定铈、铕等变价元素。单一稀土的滴定法精密度与重量法相当，而操作步骤比重量法简单，所费时间较短，常用于组分较简单的试样中稀土元素测定。一些组分较简单的稀土中间合金或其他稀土材料也可以采用连续滴定的方法分别测定稀土元素和其他元素，或结合简单的分离步骤将稀土与其他元素分开后分别滴定。

乙二胺四乙酸二钠盐（EDTA）仍然是应用最广泛的络合滴定剂，用于光学玻璃、激光材料、超导材料、稀土薄膜、有机稀土化合物、稀土氧化物、矿物，合金中稀土元素的测定，彩电荧光级 Y_2O_3 和 Eu_2O_3 的标准分析方法。铈（Ⅳ）的氧化还原滴定法（见第 6 章）仍然是选择性测定各类试样中常量和微量铈的有效方法。

5.9.2.2 络合滴定法

（1）氨羧络合剂应用于稀土元素的滴定　稀土元素的络合滴定是基于三价稀土离子与氨羧络合剂的络合反应，形成一定组成的稳定配合物。如三价稀土离子与乙二胺四乙酸（EDTA）的反应：

$$RE^{3+} + H_4Y \longrightarrow REY^- + 4H^+$$

稀土元素的 EDTA 配合物较稳定，其 $\lg K$ 值在 15～19 之间，形成稀土配合物的稳定常数彼此相差不大，一般只能滴定稀土总量。稀土络合滴定中，除了广泛使用 EDTA 作滴定剂外，还有环己烷乙二胺四乙酸（CYDTA）、二亚乙基三胺五乙酸（DTPA）、乙二醇二乙醚二胺四乙酸（EGTA）、2-羟基乙基乙二胺四乙酸（HED-TA）、氨三乙酸（NTA）等。其中 DTPA 和 HEDTA 在某些方面胜过 EDTA，如以 HEDTA 作滴定剂，可用于钍存在下稀土总量的测定，以 DTPA 作络合剂可以进行钍与稀土的连续测定。

组成较简单、干扰元素较少的试样，可用 EDTA 直接滴定求得稀土总量。单个稀土元素与大量干扰元素共存时，EDTA 滴定法常与掩蔽剂、化学分离相结合进行测定。如 La-Ni-Sn-Mn、La-Ni-Sn、Nd-Fe-B、YBaCaO 中稀土的滴定。氟离子和磷酸根能与稀土形成沉淀，而单个稀土元素和钪，可在磷酸根存在下用 DTPA 滴定。在酸性试液中加入过量 DTPA 后，用六亚甲基四胺调 pH＝5～5.5，以二甲酚橙作指示剂，用硝酸锌反滴定。

（2）稀土络合滴定的金属指示剂　用于稀土络合滴定的金属指示剂有数十种，如二甲酚橙、偶氮胂Ⅲ、偶氮胂Ⅰ、铬黑 T、紫脲酸铵、次甲基蓝、PAN、PAR、溴邻苯三酚红和一些混合指示剂。在 pH＝5～6 的介质中，最常用的指示剂为二甲酚橙。近年来也报道了用半二甲酚橙、半甲基蓝、偶氮胂 M、偶氮氯膦 Mn 和三元配合物作指示剂测定镧系元素。

甲基百里酚蓝也是常用的指示剂，终点由蓝色变为黄色，终点的观察比二甲酚橙差些，但这种指示剂不易被金属离子所封闭。

偶氮类显色剂作为络合滴定稀土的指示剂时，其终点变化不敏锐，一般由绿色变为蓝紫色，再变为红紫色。这类指示剂的优点可在 pH＝5 左右滴定，在此条件下常见元素的干扰比较小，而且指示剂水溶液很稳定，封闭指示剂的情况较少。

采用光度滴定比目视观察终点有更高的精密度和更低的测定下限。如在 pH＝4.5～6.4 的微酸性介质中，用偶氮胂Ⅲ作指示剂，以 EDTA 在 660nm 波长处进行光度滴定，提高了稀土微量滴定的灵敏度和准确度。

（3）提高络合滴定的选择性　EDTA 能与许多金属离子生成稳定的配合物，为了提高稀土元素络合滴定的选择性，利用控制络合滴定的酸度，改变滴定剂或滴定方式、使用掩蔽剂，采用各种化学方法分离干扰元素等，都是一些行之有效的方法，必要时将这些方法联合起来使用才能达到预期效果。

① 控制络合滴定的酸度　氨羧络合剂对金属离子的配位能力随酸度而改变，酸度越低，

络合能力越强，酸度越高，络合能力越弱。另一方面，不同的金属与 EDTA 的配位能力不同，配位能力强的，在高酸度下仍能络合；配位能力弱的，只能在低酸度下配位。此外，金属指示剂的显色，掩蔽剂掩蔽干扰离子的反应，也要求一定的酸度。因此，络合滴定必须控制在一定的酸度范围内进行。对于稀土元素而言，EDTA 滴定的适宜酸度是 pH＝5～6，当 pH＜5，由于 EDTA 配合物，主要是稳定常数较小的镧、铈（Ⅲ），配合物不够稳定，配位反应进行不完全；pH＞6，部分稀土离子可能发生水解，且 EDTA 与更多的金属离子配位，导致干扰影响增大。适当控制酸度，可实现稀土元素的选择性滴定或简单体系的连续滴定。

以二甲酚橙作指示剂，在 pH＝2.5～3 用 DTPA 先滴定钍，然后在 pH＝5.0～5.5 的六亚甲基四胺缓冲介质中，用 EDTA 滴定稀土，可在钇组稀土存在下实现钍和稀土的连续滴定。

② 使用掩蔽剂　当被测稀土元素和干扰金属离子与滴定剂形成配合物的稳定性差不多时，就不可能进行选择滴定。在这种情况下，通过加入掩蔽剂，增大配合物稳定性的差别，可以达到选择滴定的目的。掩蔽剂可以是一种络合剂、沉淀剂或氧化还原剂，其中以络合掩蔽法应用最广。如铁、钴、镍、锌，镉、汞、铅、银、铜、铝和铀对稀土滴定的干扰可用铜试剂和磺基水杨酸消除。

以二甲酚橙作指示剂滴定微量稀土时，调节 pH＝5～6，可避免镁和碱土金属的干扰；用适量的邻菲咯啉可掩蔽铜、钴、镍、锌、锰；二巯基丙醇可掩蔽铅、锌、铋；铜可用硫脲掩蔽；铁（Ⅲ）可用盐酸羟胺和磺基水杨酸掩蔽。

在金属离子 EDTA 配合物的溶液中，加入一种试剂，将已络合的 EDTA 或金属离子释放出来，称为解蔽。某些选择性的掩蔽剂可用于解蔽，采用置换滴定法，也可提高稀土元素络合滴定的选择性。如在含有稀土元素、重金属和铁的溶液中，加入 EDTA 后，以二甲酚橙作指示剂，用锌盐返滴定，测量金属离子。继而加入氟化铵从稀土 EDTA 配合物中解蔽出 EDTA，再以锌盐滴定测定相应的稀土元素总量，以 H_2O_2 作掩蔽剂可用于大量铀中少量钇的测定，用 NaH_2PO_4 选择性置换反应，可从重稀土中测定轻稀土。陈焕光等在系统研究硫羟乳酸在络合滴定中的掩蔽性能时发现，可在 pH＝5.5 时滴定 Yb^{3+}，La^{3+}，Ce^{3+}，Cu^{2+}，Cr^{3+} 等许多金属离子。

③ 化学分离　试样中干扰元素较多，借控制酸度或使用掩蔽剂尚不能消除干扰影响时，就需要将被测定组分与干扰组分分离。

稀土草酸盐、氟化物和氢氧化物的溶解度很小，还有一些非稀土元素能与铜试剂生成沉淀。利用这些性质，可使稀土元素与许多非稀土元素分离。这些经典的分离稀土的沉淀法的研究，近两年已不多见。除了沉淀分离法外，还有液-液萃取分离法、离子交换分离法和色谱分离法等。

第6章 稀土元素低价和高价重要化合物

稀土元素一般都能生成反映ⅢB族元素特征的+3氧化态。但在一定条件下，它们还能生成+2和+4氧化态。由于稀土元素的电子结构和热力学及动力学因素，其中钐、铕、铥和镱等较其他稀土元素更易呈+2氧化态，而铈、镨、铽和镝等可呈+4氧化态。

本章将介绍稀土元素的+2和+4氧化态的重要化合物、它们的溶液化学和化合物的稳定性等。

6.1 二价稀土元素

6.1.1 重要的二价稀土元素化合物

6.1.1.1 二价稀土元素的含氧酸盐

(1) 氢氧化物 $Sm(OH)_2$、$Eu(OH)_2$ 和 $Yb(OH)_2$ 分别是血红色的、黄色的和绿色的固体，其中以 $Eu(OH)_2$ 较为稳定。

$Eu(OH)_2$ 可用10mol/LNaOH和金属铕反应来制备。在 Eu^{2+} 的溶液中加入NaOH溶液，在100℃和真空条件下可以得到 $Eu(OH)_2 \cdot H_2O$ 沉淀。

$Eu(OH)_2$、$Sm(OH)_2$ 和 $Yb(OH)_2$ 极易氧化，甚至在惰性气氛中也被氧化，形成三价氢氧化物。

$Eu(OH)_2$ 与 $Sr(OH)_2$、$Ba(OH)_2$ 同晶，属于正交晶系，晶格常数 $a=6.701\times10^2$pm，$b=6.197\times10^2$pm，$c=3.652\times10^2$pm。

(2) 硫酸盐 稀土（Ⅱ）的硫酸盐可从相应的二价稀土溶液中加入其他的硫酸盐而沉淀出来。稀土硫酸盐的颜色与溶液中相应的二价稀土离子的颜色相近。

稀土硫酸盐像硫酸钡一样，难溶于水。

$SmSO_4$ 和 $EuSO_4$ 属于正交晶系；$YbSO_4$ 是六方晶系的，与 $CePO_4$ 同晶。它们的晶格常数列在表6-1中。

在湿空气中，二价稀土硫酸盐易被氧化为三价态化合物。

表 6-1　二价硫酸盐和碳酸盐的结构

化合物	颜色	晶系	晶格常数/10^2pm		
			a	*b*	*c*
$SmSO_4$	橙黄	正交	8.45	5.38	6.91
$EuSO_4$	白	正交	8.32	5.34	6.82
$SrSO_4$	白	正交	8.539	5.352	6.866
$BaSO_4$	白	正交	8.8701	5.4534	7.1507
$SmCO_3$	橙褐	正交	8.58	5.97	5.09
$EuCO_3$	黄	正交	8.45	6.05	5.10
$YbCO_3$	淡绿	正交	8.13	5.87	4.98
$CaCO_3$	白	正交	7.968	5.741	4.958
$SrCO_3$	白	正交	8.414	6.029	5.107
$BaCO_3$	白	正交	8.8345	6.5490	5.2556

(3) 碳酸盐　把其他碳酸盐加入二价稀土溶液中可析出稀土碳酸盐。沉淀出的碳酸盐颜色与溶液中相应的二价离子的颜色相近。

稀土碳酸盐（$SmCO_3$、$EuCO_3$、$YbCO_3$）均属于正交晶系碳酸钙的结构，晶格常数列在表 6-1 中。

稀土碳酸盐也极易被湿空气和水所氧化，一般 $EuCO_3$ 可保存在封管中：

$$EuSO_4+Na_2CO_3+H_2O \longrightarrow Na_2SO_4+EuCO_3 \cdot H_2O$$

(4) 草酸盐　硫酸铕（Ⅱ）和饱和草酸铵溶液反应，可以得到草酸铕（Ⅱ）$EuC_2O_4 \cdot H_2O$。它是红褐色的，与草酸锶同晶，不溶于水，但能溶于酸，而被分解：

$$EuSO_4+(NH_4)_2C_2O_4 \xrightarrow{H_2O} (NH_4)_2SO_4+EuC_2O_4 \cdot H_2O$$

(5) 磷酸铕盐　按比例向 Eu(Ⅱ) 溶液中加入磷酸盐溶液，可得到 $Eu_3(PO_4)_2$ 沉淀。$Eu_3(PO_4)_2$ 是浅绿色的。晶体结构和 $Sr_3(PO_4)_2$ 相似。

可见二价 Ln 的硫酸盐和碳酸盐及草酸盐与碱土金属 Sr、Ba 的同类化合物为异质同晶物。

6.1.1.2　二价稀土元素卤化物

钕（$4f^4$）、钷（$4f^5$）、钐（$4f^6$）、铕（$4f^7$）、镝（$4f^{10}$）、铥（$4f^{13}$）和镱（$4f^{14}$）的二氯化物、二溴化物和二碘化物，钐、铕和镱的二氟化物，以及镧、铈、镨和钆的二碘化物都是已知的，它们的制备方法和性质如下。

(1) 制备方法　二卤化物是以三卤化物为原料，用氢气（或 LiB_4）、稀土金属、锌或镁等为还原剂，在一定温度下进行还原反应制备的。如：

$$2REX_3+H_2 \longrightarrow 2REX_2+2HX$$

$$2REX_3+RE \longrightarrow 3REX_2$$

$$2TmI_3+Tm \xrightarrow{500\sim600℃} 3TmI_2$$

$$2REX_3+Zn \longrightarrow 2REX_2+ZnX_2$$

$$2REX_3+Mg \longrightarrow 2REX_2+MgX_2$$

其中以三卤化物与相应的稀土金属作用最为常用，因为此法可以得到所有已知的二卤化物，而且产品纯度最高。

此外，利用三卤化物的热分解可得到相应的二卤化物，如：

$$2SmI_3 \xrightarrow{700℃} 2SmI_2 + I_2$$

或用稀土金属与卤化汞反应，也能得到二卤化物。

$$RE + HgX_2 \xrightarrow{300\sim400℃} REX_2 + Hg$$

上述方法并不能用来制备所有的二卤化物，而有局限性。目前所知的二卤化物的制备情况列于表 6-2 中。

表 6-2　二卤化物的制备方法

方法	制备得到的化合物
三卤化物的氢还原	钐、铕和镱的二氯化物、二溴化物和二碘化物及铕的二氟化物
三卤化物的稀土金属还原	钐、铕和镱的二氯化物、二溴化物，钐和镱的二氟化物，镧、铈、镨、钕、钆、镝和铥的二碘化物
三卤化物的锌还原	钐、铕、镱的二氯化物
三卤化物的镁还原	钐的二氯化物
三卤化物的碳还原	钐的二氟化物
三卤化物的热分解	铕的二氟化物、钐的二碘化物
稀土金属还原卤化汞	铥和镝的二碘化物

（2）性质　具体介绍如下。

① 二卤化物的结构　二卤化物的结构和晶格常数及配位数列在表 6-3 中。钐、铕、镱和铥等二卤化物的结构与碱土金属卤化物是同晶的。氟化物在正常条件下具有氟化钙结构，八个氟原子位于以金属为中心的立方体的八个角顶，金属的配位数为 8。氯化物在正常条件下有两种结构，一种是二氯化铅结构，金属处在一个三棱柱的中心，六个氯原子处在三棱拄的六个角顶，另有 3 个氯原子处在三棱柱的三个垂直面的中心方向上，金属的配位数为 9，形成了三帽三棱柱结构。另一种是碘化锶结构，金属的配位数为 7，四个氯在金属下方的一个四方形的四个角顶上，另三个氯在金属上方的一个三角形的三个角顶。二溴化物具有溴化锶和氯化钙的结构。二碘化物具有溴化锶、碘化锶、碘化镉和碘化铕的结构。配位数一般为 6～8。

表 6-3　稀土元素二卤化物的性质

化合物	颜色	结构	晶格常数/10^2pm	配位数	熔点/℃
SmF_2	紫色	CaF_2 型	5.869	8	
EuF_2	淡黄绿	CaF_2 型	5.840	8	
YbF_2	淡灰	CaF_2 型	5.599	8	
NdF_2	深绿	$PbCl_2$ 型	$a_0=9.06$ $b_0=7.59$ $c_0=4.50$	9	841
$SmCl_2$	红褐色	$PbCl_2$ 型	$a_0=8.993$ $b_0=7.556$ $c_0=4.517$	9	855
$EuCl_2$	白	$PbCl_2$ 型	$a_0=8.965$ $b_0=7.538$ $c_0=4.511$	9	731
$DyCl_2$	黑	SrI_2 型	$a_0=13.38$ $b_0=7.06$ $c_0=6.76$	7	721
$TmCl_2$	深绿	SrI_2 型	$a_0=13.10$ $b_0=6.93$ $c_0=6.68$	7	718

续表

化合物	颜色	结构	晶格常数/10^2pm	配位数	熔点/℃
$YbCl_2$	绿黄	SrI_2 型	$a_0=13.139$	7	702
			$b_0=6.948$		
			$c_0=6.698$		
$SmBr_2$	红褐色	$SrBr_2$ 型	$a_0=9.506$	8/7	669
		$PbCl_2$ 型	$b_0=7.997$	9	
			$c_0=4.754$		
$EuBr_2$	白	$SrBr_2$ 型	$a_0=11.574$	8/7	683
			$c_0=7.098$		
$YbBr_2$	黄	$CaCl_2$ 型	$a_0=6.63$	6	673
			$b_0=6.93$		
			$c_0=4.37$		
NdI_2	深紫	SrBr 型		8/7	562
SmI_2	深绿	EuI_2 型		7	520
EuI_2	褐绿	EuI_2 型	$a_0=7.62$	7	580
			$b_0=8.23$		
			$c_0=7.88$		
			$\beta=98°$		
		SrI_2 型	$a_0=15.12$		
			$b_0=8.18$	7	
			$c_0=7.83$		
DyI_2	深紫	$CdCl_2$ 型	$a_0=7.445$	6	659
			$\alpha=36.1°$		
TmI_2	黑	CaI_2 型	$a_0=4.520$	6	756
			$c_0=6.976$		
YbI_2	黑		$a_0=4.503$	6	772
			$c_0=6.972$		

由于镧系收缩，镧系离子（Ⅱ）的半径随原子序数的增加而递减，它们的配位数也随之减少。在阴离子体积增大时，同一金属的配位数随氯、溴、碘的次序而降低，但氟化物是例外，金属的配位数为 8，较氯化物的配位数低。

② 卤化物的磁性　稀土二卤化物的磁性有两类。

a. 二卤化物的磁矩（或磁化率）与 RE^{2+} 的基态理论磁矩相符。铕和镱的二卤化物以及钕的二氯（碘）化物都属于这一类。如 EuX_2 的磁矩接近于 Eu^{2+}［Xe］$4f^7$ 的基态 $^8S_{7/2}$ 的理论值（7.9B. M.）；YbX_2 是反磁性的，因为 Yb^{2+}［Xe］$4f^{14}$ 的基态 $^1S_0$ 的理论磁矩为 0；$NdCl_2$ 和 NdI_2 磁矩为 2.8B. M.，接近于 Nd^{2+}［Xe］$4f^4$ 的基态 $^5I_4$ 的理论磁矩（2.68B. M.）。SmX_2 在室温时的磁矩为 3.5B. M.，虽与 Sm^{2+} 或 Eu^{3+} 的［Xe］$_4f^7$ 的基态 $^8F_0$ 的理论磁矩（=0）不相符，但其数值与 Eu^{3+} 的实测磁矩相近（其原因见第 3 章第 3.2 节）。

b. 二卤化物的磁矩与 RE^{3+} 的基态理论值接近。镧、铈、镨和钆的二碘化物的磁矩（或磁化率）接近于相应的 RE^{3+} 的理论磁矩。如 LaI_2，若为 La^{2+} 的话，它的理论磁矩应为 2.54B. M.，但在室温时，它是反磁性的，这与 La^{3+} 的磁性相符。

③ 二卤化物的价态　二卤化物中稀土离子的不同价态不仅表现在磁性上，而且在导电性等方面也体现了这种差别。

a. 盐型二卤化物　其中稀土离子呈二价态（RE^{2+}），组态为［Xe］$4f^{n+1}$，具有典型的二价离子的性质。离子式可表示为 $RE^{2+}(X^-)_2$，称为盐型二卤化物。属于此类的化合物有钐、铕和镱等的二卤化物及铥的二氯化物和二碘化物等。

b. 金属型二卤化物　化合物中稀土离子呈现三价离子或金属的性质，组态为 $[Xe]4f^n5d^1$，离子式为 $RE^{3+}(e^-)(X^-)_2$，其中一个电子处在由部分的金属 5d 轨道和部分的阴离子外层轨道所组成的导带中，表现出与金属相似的一些性质。例如 LaI_2 有较高的电导，室温时的电阻率为 $64\times10^{-6}\Omega\cdot cm$，与金属镧的导电性相近，并有金属光泽。镧、铈、镨和钆的碘化物均属此类化合物，它们也呈现 RE^{3+} 的磁性，熔点均比盐型的二碘化物高。

在已得到的 10 个二碘化物中，镧、铈、镨和钆的二碘化物属于金属型的化合物，而钕、钐、铕、镝、铥和镱的二碘化物则属于盐型化合物。

④ 二卤化物的化学性质　稀土元素的二氯化物、二溴化物和二碘化物在空气和水中不稳定，能迅速被氧化成三价化合物，并放出 H_2。$NdCl_2$、$DyCl_2$ 和 $TmCl_2$ 与 H_2O 的作用十分激烈，放出 H_2 并生成 $RE(OH)_3$ 沉淀。

6.1.1.3　二价稀土元素的氧族化合物

(1) 二价稀土元素的氧化物　EuO 是目前得到的最稳定的低价稀土氧化物。YbO 和 SmO 是不易制备的。

① 制备方法　EuO 是用 Eu_2O_3 为原料，以金属镧或金属铕为还原剂进行还原而得到的。以 Eu_2O_3 与金属 Eu 的反应最为适宜，反应在钽或钼的容器中进行，温度在 800～2000℃间，最后蒸馏除去过量的金属。此外，也可令稀土的氯氧化物与氢化锂在 600～800℃和真空下进行反应，以获得低价的氧化物。Eu_2O_3 与石墨的混合物，在温度升高到 1300℃时，也可生成 EuO。

$$Eu_2O_3+Eu\xrightarrow{800\sim2000℃}3EuO$$

$$Eu_2O_3+C\xrightarrow{1300℃}2EuO+CO$$

$$2EuOCl+LiH\xrightarrow{600\sim800℃}2EuO+LiCl+HCl$$

在液氨体系中，在－33℃或更低的温度下，令金属镱与氧气作用，或在低压下于 200～300℃使金属和氧反应可制备 YbO。

$$2Yb+O_2\xrightarrow{\leqslant30℃}2YbO$$

$$2Yb+O_2\xrightarrow{200\sim300℃，低压}2YbO$$

② 性质　EuO 是一种暗红色的固体，它的物理性质列在表 6-3 中。它在干或湿空气中均无明显反应。它的热力学性质列在表 6-4 中。其他低价氧化物性质尚不清楚。

(2) 二价稀土的硫属化合物　稀土元素的单硫属化合物均已制备出来了，制备方法见第 5 章。它们类似于二卤化物，有两类性质不同的化合物。

① 晶格常数　它们均属于 NaCl 型结构。以晶格常数与镧系原子序数作图（图 6-1）时，发现除了 Sm、Eu、(Tm)、Yb 外，它们均在一条平滑曲线上。但 SmS、EuS、YbS、SmSe、EuSe、YbSe 和 SmTe、EuTe、TmTe、YbTe 的晶格常数比其他稀土元素的硫属化合物高，说明在这些化合物中，Sm、Eu、(Tm) 和 Yb 的离子体积较其他元素有明显的增大。

表 6-4 二价稀土氧化物和硫属化合物的性质

化合物	晶格常数 a(NaCl 型)/10^2pm	磁性	电阻率(室温)/(Ω·cm)
SmS	5.97	顺磁性 $X(T=0)=9.47\times10^{-3}$	10^{-1}~10^{-3}
SmSe	6.202	顺磁性 $X(T=0)=7.92\times10^{-3}$	10^{3}~10^{4}
SmTe	6.601	顺磁性 $X(T=0)=7.15\times10^{-3}$	>10^{7}
EuO	5.14	铁磁性 $T_c=68K$	高电阻率
EuS	5.97	铁磁性 $T_c=16.5K$	高电阻率
EuSe	6.19	反铁磁性 $T_N=4.6K$ 铁磁性 $T_c=2.8K$	高电阻率
EuTe	6.60	反铁磁性 $T_N=8K$	高电阻率
TmTe	6.34	反铁磁性 $T_N=0.21K$	1~10^{-1}
TmSe	5.35	复杂	10^{-3}~10^{-4}
YbS	5.68	反磁性	高电阻率
YbSe	5.93	反磁性	高电阻率
YbTe	6.36	反磁性	高电阻率

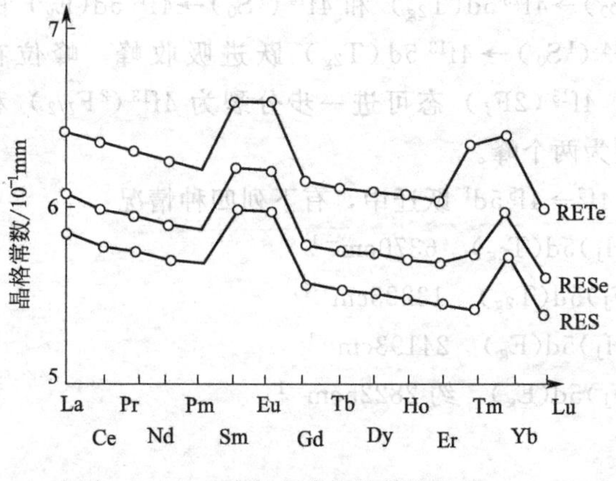

图 6-1 镧系硫属化合物的晶格常数

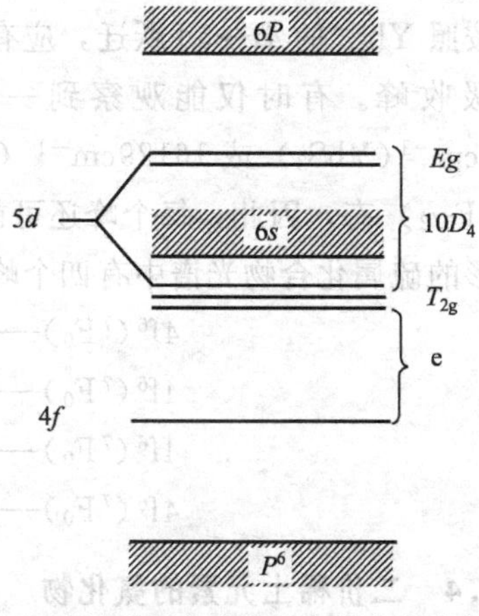

图 6-2 铕的硫属化合物和氧化物的能级

② 磁性 Sm、Em、(Tm)、Yb 的单硫属化合物的磁性也与其他稀土的相应化合物的不同。Sm、Eu、(Tm)、Yb 的单硫属化合物的磁矩与 RE^{2+}($4f^{n+1}$) 的基态磁矩相符 (Sm 为 4.3~4.6B.M.，Eu 的为 7.6~8.2B.M.，Yb 的为反磁性)，说明在单硫属化合物中 Sm、Eu、Yb 呈二价态。TmSe 和 TmTe 的磁矩为 4.96B.M. 和 6.32B.M. (50~300K)、处在 Tm^{2+} 和 Tm^{3+} 的基态理论磁矩 (4.5~7.5B.M.) 之间，说明在 TmSe 中 Tm 以三价的为主，而在 TmTe 中 Tm 以二价为主，其晶格常数也反映 TmSe 和 TmTe 的不同。

除了 Sm、Eu、(Tm)、Yb 外，其他硫属化合物的磁矩往往表现出 RE^{3+} 的磁矩，如

GdS的磁矩接近于Gd^{3+}的[Xe]$4f^7$的基态理论值，而不是Gd^{2+}的[Xe]$4f^8$或[Xe]$4f^7 5d^1$的理论磁矩，说明在GdS中Gd表现为三价离子。

③ 导电性和光学性质。

a. 导电性　钐、铕、镱的硫属化合物具有半导体或绝缘体性质，它们的电阻率见表6-4。其他稀土硫属化合物的电阻率为$10^{-4}\Omega \cdot cm$，有半金属的特性。

b. 光谱性质　钐、铕、镱的硫属化合物光谱属于4f～5d的跃迁光谱。它们的能级跃迁情况如下：

由铕的硫属化合物能级图（图6-2）表明，4f能级在价带和导带之间，价带p^6由阴离子的外层p轨道组成，导带由Eu^{2+}的6s轨道组成。5d轨道在八面体场中分裂为T_{2g}和E_g二个组态，在T_{2g}金属的6s轨道之下，E_g在6s轨道之上。假若发生从Eu^{2+}的基态$4f^7(^8S_{7/2})$到$4f^6(^7F_J)5d$的4f～5d跃迁的话，就可能观察到二个吸收峰，即$4f^7(^8S_{7/2}) \rightarrow 4f^6(^7F_J)5d(T_{2g})$和$4f^7(^8S_{7/2}) \rightarrow 4f^6(^7F_J)5d(E_g)$的跃迁。第一个吸收峰是低能吸收峰，后一个吸收峰是高能吸收峰。实验测得的硫属化合物的吸收光谱和反射光谱低能吸收峰的峰位约为$16129cm^{-1}$，高能吸收峰的峰位约为$32258\ cm^{-1}$。

表6-5　二价铕的氧化物和硫属化合物的热力学性质

项目	EuO	EuS	EuSe	EuTe
$\Delta H_f^{\ominus}$/(kJ/mol)	−519.6	−443.5	−392.5	−389.9
$\Delta S^{\ominus}$/(kJ/mol)	83.7	95.8	106.3	114.6
$\Delta G_f^{\ominus}$/(kJ/mol)	−562.7	−439.3	−388.3	−385.7

按照Yb^{2+}的4f→5d跃迁，应有$4f^{14}(^1S_0) \rightarrow 4f^{13}5d(T_{2g})$和$4f^{14}(^1S_0) \rightarrow 4f^{13}5d(E_g)$的两个吸收峰。有时仅能观察到一个从$4f^{14}(^1S_0) \rightarrow 4f^{13}5d(T_{2g})$跃进吸收峰，峰位在$12096cm^{-1}$($YbS_2$)或$16129cm^{-1}$(YbTe)。$4f^{13}(2F_J)$态可进一步分裂为$4f^{13}(^2F_{7/2})$和$4f^{13}(^2F_{5/2})$态，因此，每个峰还可能再分裂为两个峰。

钐的硫属化合物光谱中有四个峰位，在$4f^6 \rightarrow 4f^5 5d^1$跃迁中，有下列四种情况：

$$4f^6(^7F_0) \longrightarrow 4f^5(^6H_J)5d(T_{2g}) \quad 6370cm^{-1}$$

$$4f^6(^7F_0) \longrightarrow 4f^5(^6F_J)5d(T_{2g}) \quad 13225cm^{-1}$$

$$4f^6(^7F_0) \longrightarrow 4f^5(^6H_J)5d(E_g) \quad 24193cm^{-1}$$

$$4f^6(^7F_0) \longrightarrow 4f^5(^6F_J)5d(E_g) \quad 约\ 28225cm^{-1}$$

6.1.1.4　二价稀土元素的氨化物

金属铕和镱均能溶解于液氨中，并发生如下反应：

$$RE(固) \longrightarrow RE^{2+}(氨) + 2e^-(氨)$$

得到蓝色的溶液。对该溶液进行适当处理，可得到$RE(NH_2)_2$和$RE(NH_3)_6$两种氨化物。

(1) $RE(NH_2)_2$化合物　$Eu(NH_2)_2$是把铕的液氨溶液放在封闭的容器中，加热至20～50℃而得到的。但用此法不能得到纯的$Yb(NH_2)_2$，只能得到$Yb(NH_2)_2$和$Yb(NH_2)_3$的混合物[最好也只能达到75%的$Yb(NH_2)_2$]。$Yb(NH_2)_2$可由金属镱和干燥的氨，在4.053×10^5Pa的气压下进行反应来制备。

$RE(NH_2)_2$是橙色的固体。它易水解为黄色的$Eu(OH)_2 \cdot H_2O$，并慢慢地氧化为$Eu(OH)_3$。

$Yb(NH_2)_2$ 是铁锈色或褐色的固体。磁性测量表明化合物中仍含有 Yb(Ⅲ)。

(2) $RE(NH_3)_6$ 化合物　将铕和镱的液氨溶液蒸发，可得到组成接近于 $Eu(NH_3)_6$ 和 $Yb(NH_3)_6$ 的化合物。

$Eu(NH_3)_6$ 和 $Yb(NH_3)_6$ 是褐色金属状的固体。具有体心立方结构，与碱土金属的六氨合物相似。

$Eu(NH_3)_6$ 和 $Yb(NH_3)_6$ 的分解反应为：

$$Eu(NH_3)_6(\text{固}) \longrightarrow RE(\text{固}) + 6NH_3(\text{气})$$

反应的热力学数据列在表 6-6 中，这些数据表明 $Eu(NH_3)_6$ 比 $Yb(NH_3)_6$ 略稳定一些。

表 6-6　$RE(NH_3)_6$ 的热力学数据（273.15K）

化合物	$\Delta H^{\ominus}/(kJ/mol)$	$\Delta G^{\ominus}/(kJ/mol)$	$\Delta S/(kJ/mol)$
$Eu(NH_3)_6$	39.7	4.6	128.0
$Yb(NH_3)_6$	37.2	2.51	127.2

$Eu(NH_3)_6$ 的磁矩（7.9B.M.）接近于 Eu^{2+} 的基态理论值，$Yb(NH_3)_6$ 的磁矩 0.50B.M.。

6.1.1.5　二价稀土元素的碳化物

在稀土元素的碳化物中，只有碳化铕呈现盐型化合物的性质；碳化镱仅含部分的盐型化合物；碳化钐，主要呈现金属型化合物的性质，它的电导接近于金属钐。

EuC_2、YbC_2 具有 CaC_2 的结构，它们的晶格常数比其他 REC_2 的大些，但 YbC_2 的晶格常数比 EuC_2 的小。

EuC_2 的磁性如 Eu(Ⅱ) 的化合物一样。在低温下它是铁磁性物质，Curie 点温度是 40K。YbC_2 的磁矩为 4.14B.M.，与 Yb^{3+} 的理论磁矩 4.6B.M. 相近。YbC_2 中约存在 80%的 Yb^{3+} 和 Yb^{2+}。EuC_2 是黑色的固体，YbC_2 是金色的固体。在湿空气中发生水解放出乙炔。在 1000K 以上开始分解为元素：

$$REC_2(\text{固}) \xrightarrow{1000℃} RE(\text{气}) + 2C(\text{固})$$

6.1.1.6　二价稀土元素的六硼化物

SmB_6、EuB_6 和 YbB_6 的性质与其他的 REB_6 有明显区别。晶格常数、磁性和导电性等都可表明两类硼化物的差异。

(1) 晶格常数　REB_6 均属于立方晶系 CaB_6 结构。除了 Sm、Eu 和 Yb 的六硼化物外，其余 REB_6 的晶格常数均位于由 REB_6 的晶格常数与稀土原子序数作图的一条平滑曲线上，而 SmB_6、EuB_6 和 YbB_6 的晶格常数均在这条曲线以上，见图 6-3。这说明 SmB_6、EuB_6 和 YbB_6 的晶格常数比其他的 REB_6 的晶格常数大。相应的其离子体积也较大。

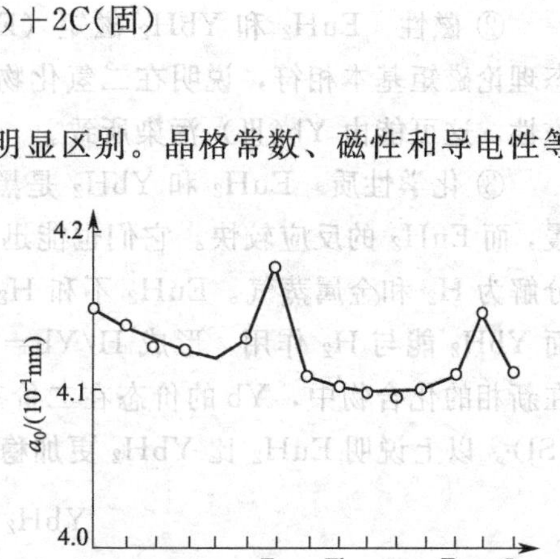

图 6-3　镧系六硼化物的晶格常数（立方结构）

(2) 导电性　相对于其他 REB_6 来说，SmB_6、EuB_6 和 YbB_6 有较大的电阻。尤其 SmB_6 更为明显、因而是优异的高温半导体材料 REB_6 的电阻率列在表 6-7 中。

表 6-7 六硼化物的电阻率

硼化物	LaB_6	CeB_6	PrB_6	NdB_6	SmB_6	EuB_6	GdB_6	TbB_6	YbB_6
电阻率/($\mu\Omega\cdot cm$)	15.0	29.4	19.5	20.0	207.0	84.7	44.7	37.4	46.6

(3) 磁性 在80～200K的范围内，EuB_6、YbB_6 的磁矩也与二价离子的磁矩相符，分别为8.1B.M.和0。而 SmB_6 的磁矩为2.52B.M.。即在 Sm^{2+} 和 Sm^{3+} 的磁矩之间。

根据 EuB_6 和 YbB_6 的上述性质推断，它们是盐型硼化物，而 SmB_6 在盐型和金属型硼化物之间。在室温时，硼化物中二价钐与三价钐的比例是2：3。

6.1.1.7 二价稀土元素的氢化物

稀土元素均能形成 REH_2 的二氢化物，其中只有 EuH_2 和 YbH_2 是二价稀土氢化物，其他二氢化物中稀土离子具有 $RE^{3+}(e^-)H_2^-$ 的性质。

(1) EuH_2 和 YbH_2 的制备 在常压下，金属铕、金属镱和氢结合形成接近于 $REH_{2.0}$ 的化合物，反应温度为350℃：

$$Eu(Yb)+H_2 \xrightarrow{350℃} EuH_2(YbH_2)$$

(2) EuH_2 和 YbH_2 的性质。

① 晶体结构 常温时，EuH_2 和 YbH_2 为正交晶系，和碱土金属氢化物的晶体结构相似，是变形的九配位 $PbCl_2$ 结构。晶格常数见表6-8。它们与其他稀土元素的二氢化物结构（立方晶系）有明显的不同。

表 6-8 铕和镱的二氢化物、二氘化物的晶格常数（正交晶系）

化合物	$a/10^2$pm	$b/10^2$pm	$c/10^2$pm
EuD_2	6.21	3.77	7.16
EuH_2	6.26	3.80	7.21
YbD_2	5.861	3.554	6.758
YbH_2	5.904	3.57	6.792

② 磁性 EuH_2 和 YbH_2 磁矩（EuH_2：7.0B.M.，YbH_2 是反磁性的）与 RE^{2+} 的基态理论磁矩基本相符，说明在二氢化物中Eu和Yb是呈二价态的。YbH_2 有时具有弱的顺磁性，这可能由Yb(Ⅲ)污染所致。

③ 化学性质 EuH_2 和 YbH_2 是黑色的。它们能与水发生反应，其中 YbH_2 的反应较慢，而 EuH_2 的反应较快。它们也能迅速地与酸反应。在800℃以上时，YbH_2 和 EuH_2 均分解为 H_2 和金属蒸气。EuH_2 不和 H_2 发生作用，直至 6.079×10^6Pa，EuH_2 也不再加氢。而 YbH_2 能与 H_2 作用，形成 H/Yb=2.55 比较稳定的新相（黑色的）。磁化率测定表明，在新相的化合物中，Yb的价态在二价态和三价态之间，其摩尔磁化率为 $4140\times10^{-12}\times4\pi$(SI)。以上说明 EuH_2 比 YbH_2 更加稳定：

$$YbH_2 \xrightarrow{800℃} Yb\uparrow + H_2\uparrow$$

6.1.2 二价稀土离子的水溶液性质

在溶液中，存在血红色的 Sm^{2+}、淡黄色的 Eu^{2+} 和绿色的 Yb^{2+} 是肯定的，但它们不稳定。其中以 Eu^{2+} 最为稳定，可在溶液中保持相当长的时间。

溶液中二价离子（Sm^{2+}、Eu^{2+}、Yb^{2+}）可采用汞阴极电解还原三价离子或钠汞齐还原三价离子的方法而得到。Eu^{2+}还可用锌还原或电解还原 Eu^{3+} 的方法来制备。

它们的性质如下。

（1）氧化还原性　它们的氧化还原电位为：$E^{\ominus}_{En^{3+}/Eu^{2+}}=-0.35V$，$E^{\ominus}_{Yb^{3+}/Yb^{2+}}=-1.15V$，$E^{\ominus}_{Sm^{3+}/Sm^{2+}}=-1.15V$。$Sm^{2+}$ 的还原能力最强，Yb^{2+} 次之，相对来说 Eu^{2+} 较稳定。

在溶液中二价离子均易被氧化为相应的三价离子，其反应为：

$$Eu^{2+}+H^{+}\longrightarrow Eu^{3+}+1/2H_2\uparrow$$

当有氧气时，氧化反应加快，发生如下反应：

$$1/2O_2(气)+H^{+}(水)+Eu^{2+}(水)\longrightarrow Eu^{3+}(水)+1/2H_2O_2(水)$$

或　$$O_2(气)+4H^{+}(水)+4Eu^{2+}(水)\longrightarrow 4Eu^{3+}(水)+2H_2O$$

（2）热力学性质　由于 Sm^{2+} 和 Yb^{2+} 在溶液中极不稳定，对其溶液化学研究较少，现只测得 Eu^{2+} 水合作用的有关热力学数据，如：

$$\Delta H_f(Eu^{2+},水)=-527.6\pm8kJ/mol$$

$$\Delta G_f(Eu^{2+},水)=-539.7\pm12kJ/mol$$

$$\Delta S^{\ominus}(Eu^{2+},水)=-8.4\pm40J/(K\cdot mol)$$

（3）盐的溶解度　RE^{2+} 与碱土金属 M^{2+}（尤其 Ba^{2+}）的性质相似。它们的氢氧化物溶于水，硫酸盐难溶于水。这与 RE^{3+} 的性质不同，这些差异可用于稀土元素的相互分离。

Eu^{2+} 还与一些阴离子形成难溶化合物，从溶液中沉淀出来，如硼酸盐、碳酸盐、磷酸盐、铬酸盐、硫酸盐、亚硫酸盐、亚磷酸盐、柠檬酸盐和焦磷酸盐等。

（4）磁性　溶液中 Eu^{2+} 的磁化率（26.25×10^3 cgs/g）与三价钆离子的磁化率（26.1×10^3 cgs/g）一致，说明在溶液中肯定存在 Eu^{2+}。

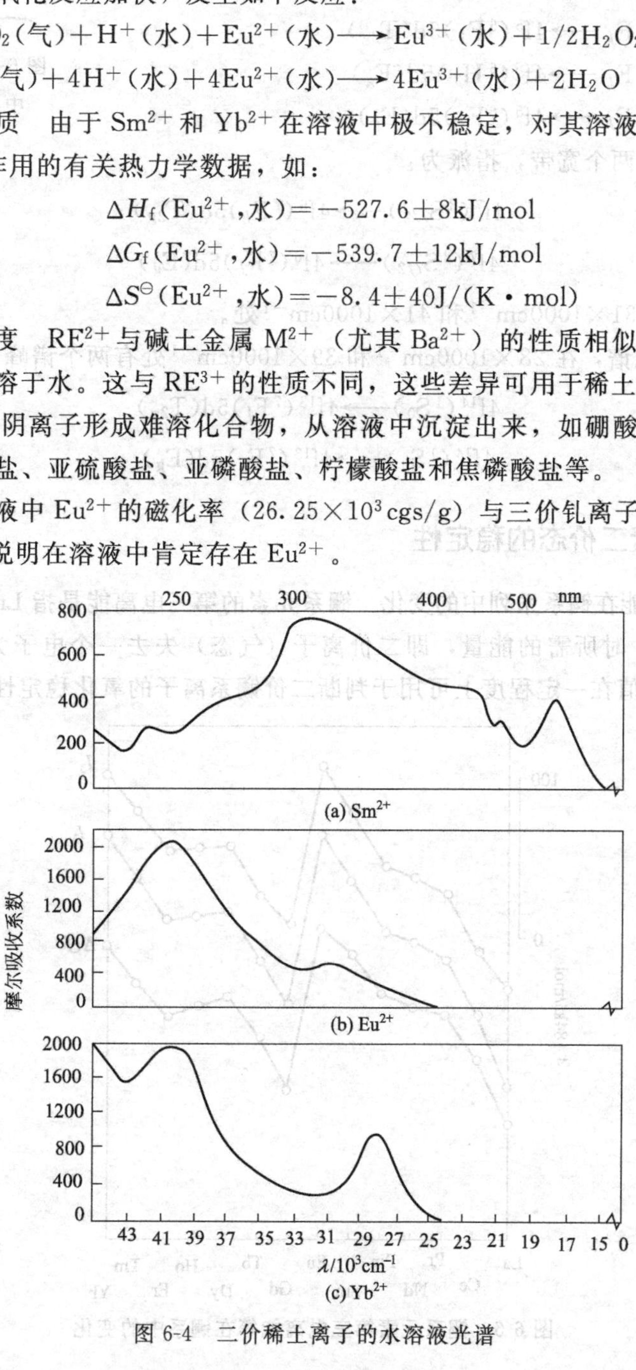

图 6-4　二价稀土离子的水溶液光谱

(5) 光谱性质　Sm^{2+}、Eu^{2+}和 Yb^{2+}的溶液也存在 f-d 跃迁的光谱，其特点强度较大(摩尔消光系数在 200～2000)，个别峰出现在可见区且谱带较宽，见图 6-4。

Sm^{2+}的溶液光谱在 10000～50000cm^{-1}范围内，有 5～6 个谱带。其中宽带的指派可根据固体光谱的情况给以粗略地说明。在 $4f^5 5d$ 组态中，$4f^5$ 的谱项^6H 和^6F 位于较低能级；5d 在八面体场中分裂为 T_{2g}和 E_g 态，能级位置如图 6-5。从能级图推断可能有下述四种从基态^7F_J 向激发态的跃迁光谱：

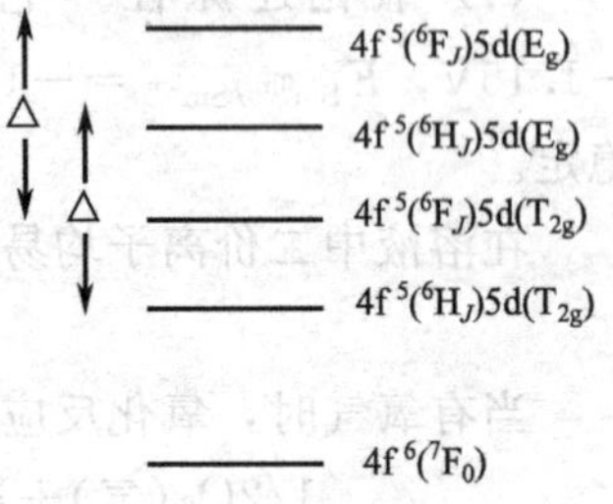

图 6-5　在八面体场中 Sm^{2+}的能级

$$^7F_J \longrightarrow 4f^5(^6H_J)5d(T_{2g})$$

$$^7F_J \longrightarrow 4f^5(^6F_J)5d(T_{2g})$$

$$^7F_J \longrightarrow 4f^5(^6H_J)5d(E_g)$$

$$^7F_J \longrightarrow 4f^5(^6F_J)5d(E_g)$$

Eu^{2+}的溶液光谱有两个宽带，指派为：

$$4f^7(^8S_{7/2}) \longrightarrow 4f^6(^7F_J)5d(T_{2g})$$

$$4f^7(^8S_{7/2}) \longrightarrow 4f^6(^7F_J)5d(E_g)$$

两个谱带的峰位在 31×1000cm^{-1}和 41×1000cm^{-1}处。

Yb^{2+}的溶液光谱，在 28×1000cm^{-1}和 39×1000cm^{-1}处有两个谱峰，指派为：

$$4f^{14}(^1S_0) \longrightarrow 4f^{13}(^7F_J)5d(T_{2g})$$

$$4f^{14}(^1S_0) \longrightarrow 4f^{13}(^7F_J)5d(E_g)$$

6.1.3　稀土元素二价态的稳定性

(1) 第三电离能在镧系系列中的变化　镧系元素的第三电离能是指 $Ln^{2+}([Xe]4f^{n+1}) \longrightarrow Ln^{3+}([Xe]4f^n)+e^-$ 时所需的能量，即二价离子（气态）失去一个电子为三价离子（气态）所需的能量。其数值在一定程度上可用于判断二价镧系离子的氧化稳定性。根据镧系离子的

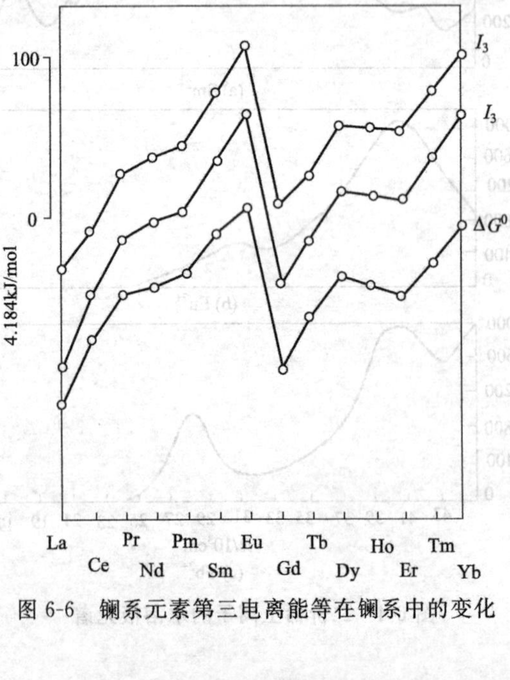

图 6-6　镧系元素第三电离能等在镧系中的变化

第三电离能的高低。二价离子的氧化稳定性次序应为：La＜Ce＜Pr＜Nd＜Pm＜Sm＜Eu≫Gd＜Tb＜Dy＞Ho＞Er＜Tm＜Yb。

在镧系元素的第三电离能（I_3）与原子序数的关系（见图 6-6）中。Eu 和 Yb 的第三电离能（I_3）较其他的镧系元素大，而 La 和 Gd 的 I_3 比相邻元素小。这反映了具有半充满 f 亚层的 Eu(Ⅱ）和具有全充满 f 亚层的 Yb(Ⅱ）有相对氧化稳定性，而 La(Ⅱ）和 Gd(Ⅱ）易失去一个电子，具有全空 f 亚层的 La(Ⅲ）和具有半充满 f 亚层的 Gd(Ⅲ）的结构，因此，相对来说，Gd(Ⅱ）和 La(Ⅱ）是极不稳定的 I_3 在镧系中的变化，可分两个系列来说明。粗略地说，I_3 随 La 至 Eu，和随 Gd 至 Yb 而增大。但在前一系列中的 Pr、Nd 和 Pm 与后一个系列中的 Dy、Ho 和 Er 间的变化甚小，出现不规则的现象。

总的来说，镧系元素的第三电离能（见表 6-9）是相当低的，因此它们的二价离子容易被氧化为三价离子。

表 6-9 稀土元素的第三电离能

元素	热力学循环/10^{-19}J			光谱计算/10^{-19}J	
	1	2	3	4	5
La	30.72	30.72	30.72	30.72	30.72
Ce	32.04	32.16	32.21	32.36	32.36
Pr	34.60	34.66	34.69	34.63	34.63
Nd	35.56	35.35	35.34	35.47	35.00
Pm				35.75	35.30
Sm	37.93	37.93	37.93	37.53	37.16
Eu	39.88	39.93	40.26	39.56	39.50
Gd	33.00	33.27	33.19	33.05	32.80
Tb	35.08	34.66	35.23	35.10	34.78
Dy	36.68	36.75	37.02	36.51	36.52
Ho	37.01	36.54	36.87	36.59	36.52
Er	36.20	36.39	36.63	36.43	36.43
Tm	38.12	38.06	38.27	37.93	37.93
Yb	40.53	40.08	39.98	40.09	40.09

(2) 二价态的氧化反应的自由能变化　现以 $LnCl_2$ 的氧化反应为例给予说明。$LnCl_2$ 的氧化反应为：

$$LnCl_2(固)+1/2Cl_2(气)\longrightarrow LnCl_2(固)$$

其自由能数据见图 6-6 和表 6-10。它们在镧系中变化次序为：

La＜Ce＜Pr＜Nd＜Pm＜Sm＜Eu≫Gd＜Tb＜Dy＞Ho＞Er＜Tm＜Yb。这一次序与镧系元素的第三电离能所预示的结果一致，说明镧系中自由能的变化与镧系元素第三电离能的变化有一定的关系。

上述反应的自由能变化与第三电离能的关系可由该反应的热力学循环加以说明，其表示如下：

$$\begin{array}{ccccc}
LnCl_2(固) & + & 1/2Cl_2(气) & \xrightarrow{\Delta H^{\ominus}} & LnCl_3(固) \\
\downarrow U_2+3RT & & \downarrow \Delta H_f^{\ominus}(Cl^-,气) & & \downarrow U_3+4RT \\
Ln^{2+}(气)+2Cl^-(气) & + & Cl^-(气) & \xrightarrow{I_3'+5/2RT} & Ln^{3+}(气)+3Cl^-(气)
\end{array}$$

由此得到：$\Delta H^{\ominus}=U_2-U_3+I_3'+\Delta H^{\ominus}[(Cl^-，气)]+3/2RT$　　(Ⅰ)

$$\Delta G^{\ominus}=U_2-U_3+I_3'+\Delta H^{\ominus}[(Cl^-，气)]+3/2RT-T\Delta S^{\ominus}\quad(Ⅱ)$$

其中 U_2 是固态二氯化物的晶格能。该镧系的二氯化物是二价化合物时，镧系离子具有 $[Xe]4f^{n+1}$ 基组态（n 是三价离子的 f 电子数），与气态的 Ln^{2+} 的基组态 $[Xe]4f^{n+1}$ 一致；U_3 是固态三氯化物的晶格能；I_3 是镧系元素的第三电离能，它相应于如下的解离过程：

$$Ln^{2+}[Xe]4f^{n+1}\longrightarrow Ln^{3+}[Xe]4f^{n}$$

但其中 Lu^{2+} 和 Gd^{2+} 各具有 $[Xe]5d^1$ 和 $[Xe]4f^7 5d$ 的组态。对于 I_3 来说，La^{2+} 和 Gd^{2+} 是由 $[Xe]4f^1$ 和 $[Xe]4f^8$ 组态出发而解离为相应 $Ln^{3+}[Xe]4f^n$ 的，所以这两个离子的 I_3' 稍低于 I_3，I_3' 与 I_3 在镧系中的变化是相似的。

对于各镧系元素的同样反应来说，其热力学循环中的 $\Delta H^{\ominus}$ $[(Cl^-，气)]$ 和 $3/2RT$ 是不变的，熵变也认为是常数，因此自由能有如下关系：

$$\Delta G^{\ominus}=U_2-U_3+I_3'+常数$$

$\Delta G^{\ominus}$ 在镧系中的变化主要决定于 $LnCl_2$ 和 $LnCl_3$ 的晶格能和第三电离能的变化。

离子晶体晶格能 $U=\frac{A}{r_++r_-}\left(1-\frac{\rho}{r_++r_-}\right)$ 的变化主要决定于离子半径的变化。从二价的 $LnCl_2$ 的摩尔体积和三价离子半径推断，具有 $[Xe]4f^{n+1}$ 类型的二价离子半径和三价离子半径在整个镧系中是递减的，所以 U_2 和 U_3 从 La 到 Yb 是渐增的，见表 6-10。因此，$\Delta G^{\ominus}$ 在镧系中的曲折变化是由 I_3' 所引起的，$\Delta G^{\ominus}$ 与 I_3' 在镧系中有相似的变化。上面认为晶格能仅由离子半径的变化而变化，这基于镧系离子的 4f 轨道处于内层，受 $5s^2 5p^6$ 的屏蔽，以致受配体场影响较少。

对于二价化合物的其他氧化反应，如：

$$Ln^{2+}(水)+H^+(水)\longrightarrow Ln^{3+}(水)+1/2H_2(气)$$

等和歧化反应，如：　　$LnCl_2(S')\longrightarrow 1/3Ln(S)+2/3LnCl_3$

等的自由能在镧系中的变化也与 I_3' 在镧系中的变化有相似的关系。

表 6-10　镧系氯化物的晶格能及氧化反应的自由能

元素	$U_2/LnCl_2$(固) /(J/mol)	$U_3/LnCl_3$(固) /(J/mol)	ΔG_{298} /(kJ/mol)	元素	$U_2/LnCl_2$(固) /(J/mol)	$U_3/LnCl_3$(固) /(J/mol)	ΔG_{298} /(kJ/mol)
La	2071	4343	−640	Gd	2175	4477	−569
Ce	2092	4387	−536	Tb	2192	4506	−397
Pr	2109	4414	−377	Dy	2213	4531	−297
Nd	2130	4427	−322	Ho	2219	4556	−314
Pm	2138	4439	−285	Er	2234	4586	−356
Sm	2171	4452	−176	Tm	2243	4616	−259
Eu	2159	4464	− 88	Yb	2272	4628	−134

其氧化反应：$LnCl_2(固)+1/2Cl_2(气)\longrightarrow LnCl_3(固)$

(3) 镧系金属在三氯化物中的溶解度　镧系金属可溶解在相应的三氯化物中。溶解过程发生如下反应，即：

$$Ln(固)+2Ln^{3+}(溶)\longrightarrow 3Ln^{2+}(溶)$$

其溶解能力与歧化反应的 $-\Delta G^{\ominus}$ 有关，因此也可以估计 Ln^{2+}(熔) 歧化反应的稳定性，和镧系元素的二价态相对于三价态的稳定性。

镧系金属在相应三氯化物中的溶解度次序为：La＜Ce＜Pr＜Nd＜(Pm)＜Sm、Eu≫Gd

<Tb<Dy>Ho>Er<Tm、Yb，这基本上与 I_3' 的次序一致，见图 5-5。金属铕和金属镱在三氯化物中的溶解度较大，说明 Eu 和 Yb 的二价态要比其他镧系元素稳定。

6.1.4 二元稀土化合物中金属离子的两种价态

在碘化物、单硫属化合物、二氢化物、二碳化物和六硼化物中，镧系元素存在两种价态，如：

二氢化物：$Ln^{2+}[4f^{n+1}](H_2^-)$，$Ln^{3+}[4f^n]\ e^-(H_2^-)$

单硫化物：$Ln^{2+}\ [4f^{n+1}]\ S^{2-}$，$Ln^{3+}\ [4f^n]\ e^-S^{2-}$

六硼化物：$Ln^{2+}\ [4f^{n+1}]\ B_6^{2-}$，$Ln^{3+}\ [4f^n]\ e^-B_6^{2-}$

碘化物：$Ln^{2+}\ [4f^{n+1}]\ (I^-)_6$，$Ln^{3+}\ [4f^n]\ e^-\ (I^-)_6$

第一类化合物称为盐型化合物，第二类称为金属型化合物。因与金属的电子组态有相似之处，固态 Ln 金属的 f 壳层的一个电子进入由部分 5d 和 6s 组成的导带中，其组态为 $[Xe]4f^n5d^16s^2$。在金属型的化合物中，金属离子的 $4f^{n+1}$ 中的一个电子进入处在导带的 5d 或 6s 轨道，它的离子形式为 $Ln^{3+}[4f^n](e^-)(X^-)_2$。

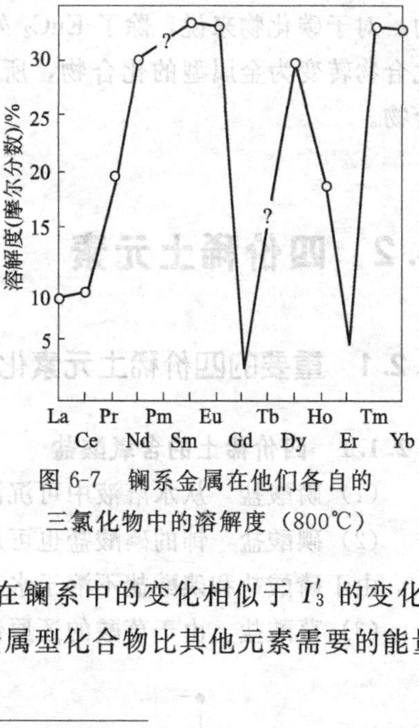

图 6-7 镧系金属在他们各自的三氯化物中的溶解度（800℃）

同一类型二种价态化合物的导电性也有显著的区别。二价的盐型化合物一般是绝缘体或半导体，三价金属型化合物有金属的导电性。

镧系元素是否形成盐型化合物或金属型化合物，决定于下述过程中自由能的变化。如：

$$LnH_2(\text{盐型}) \longrightarrow LnH_2(\text{金属型})$$

或 $Ln^{2+}[4f^{n+1}](H^-)_2 \longrightarrow Ln^{3+}[4f^n](e^-)(H^-)_2$

过程中的 $\Delta G^\ominus$。此过程相当于 $Ln^{2+}\ [4f^{n+1}]$ 减少一个电子变为 $Ln^{3+}[4f^n]$，所需能量即为 I_3'，因此 $\Delta G^\ominus$ 在镧系中的变化相似于 I_3' 的变化。从 I_3' 的数值可以预见，Eu 和 Yb 从盐型化合物转变为金属型化合物比其他元素需要的能量

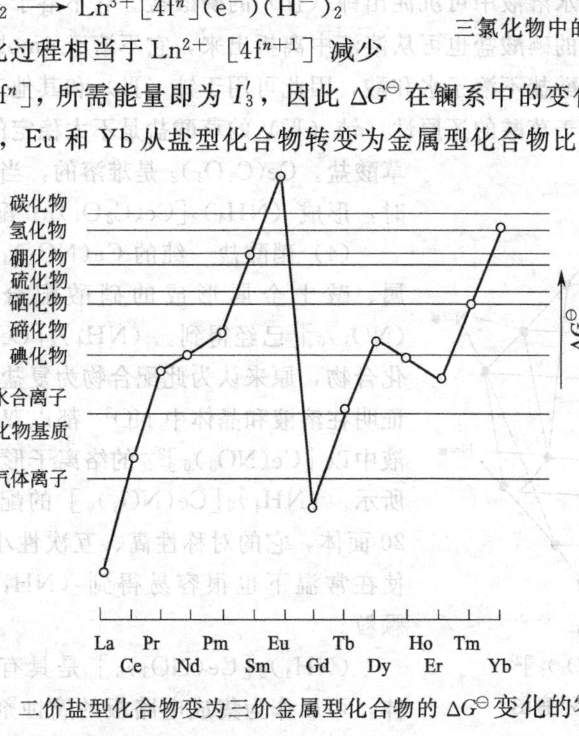

图 6-8 二价盐型化合物变为三价金属型化合物的 $\Delta G^\ominus$ 变化的零线

较多，这说明 Eu 和 Yb 的二价盐型化合物是稳定的。各类盐型化合物的稳定情况见图 6-8 和表 6-11，它们不仅与 I_3' 有关，也与阴离子的性质有关。

表 6-11 盐型和金属型化合物在镧系中的分布

化合物	盐型化合物的元素	金属型化合物的元素
碘化物	Nd、(Pm)、Sm、Eu、Dy、Tm、Yb	La、Ce、Pr、Gd
碲化物	Sm、Eu、Tm、Yb	La-Pm、Gd-Er
硒化物	Sm、Eu、(Tm)、Yb	La-Pm、Gd-Tm
硫化物	Sm、Eu、Yb	La-Nd、(Pm)、(Sm)、Gd-Tm
硼化物	Sm、Eu、Yb	La-(Pm)、(Sm)、Gd-Tm
氢化物	Eu、Yb	La- Sm、Gd-Tm
碳化物	Eu(Yb)	La- Sm、Gd-Tm、Yb

图 6-8 是盐型化合物转变为金属型化合物的 $\Delta G^{\ominus}$ 的变化。对于该转变来说，在零线以上的化合物在热力学上是不利的（如 SmI_2、EuI_2 等）；零线以下的化合物在热力学上是有利的。对于碳化物来说，除了 EuC_2 外，其余的 LnC_2 的 $\Delta G^{\ominus}$ 都在零线以下。因而易于从盐型化合物转变为金属型的化合物，所以除了 EuC_2 外，其余的稀土的二碳化物都是金属型化合物。

6.2 四价稀土元素

6.2.1 重要的四价稀土元素化合物

6.2.1.1 四价稀土的含氧酸盐

（1）磷酸盐 从水溶液中可沉淀出铈（Ⅳ）的磷酸盐。它不溶于 $4mol/L HNO_3$。

（2）碘酸盐 铈的碘酸盐也可从溶液中离析出来，它不溶于 $6mol/L\ HNO_3$。

由于磷酸盐和碘酸盐不溶于水和酸，因此可用于铈（Ⅳ）和其他三价稀土的分离。

（3）草酸盐 由于草酸的还原性，铈（Ⅳ）的草酸盐是不太稳定的。易产生铈（Ⅲ）的草酸盐。$Ce(C_2O_4)_2$ 是难溶的，当与 $(NH_4)_2C_2O_4$ 作用时，形成 $(NH_4)_2[Ce(C_2O_4)_4]$ 配合物而溶解。

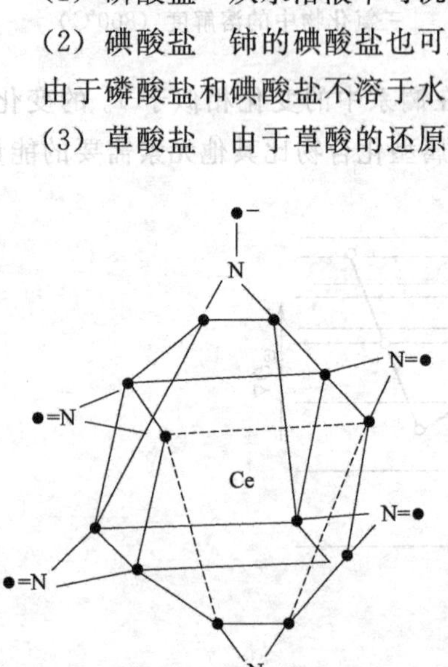

图 6-9 $[Ce(NO_3)_6]^{2-}$ 络阴离子结构示意图

（4）硝酸盐 纯的 $Ce(NO_3)_4$ 尚未制得，但与碱金属、碱土金属形成的硝酸配合物，如 $(NH_4)_2[Ce(NO_3)_6]$ 已经得到。$(NH_4)_2[Ce(NO_3)_6]$ 是可溶性的化合物，原来认为此配合物为复盐。但经物理方法鉴定，证明在溶液和晶体中 NO^{3-} 都以双齿配位到 Ce^{4+}，在溶液中以 $[Ce(NO_3)_6]^{2-}$ 的络离子形式存在，结构如图 6-9 所示。$(NH_4)_2[Ce(NO_3)_6]$ 的配位数为 12，是规则的 20 面体，它的对称性高、互次性小、比较稳定，因此即使在常温下也很容易得到 $(NH_4)_2[Ce(NO_3)_6]$ 晶体颗粒。

$(NH_4)_2[Ce(NO_3)_6]$ 是具有强氧化性的橘红色晶体，可以作为集成电路板的腐蚀剂和聚丙烯酰胺的引发剂等使用，下面介绍硝酸高铈铵的制备方法。

在加热的情况下，用浓硝酸溶解氢氧化铈或低温焙烧的氧化铈，发生如下反应：

$$Ce(OH)_4 + 6HNO_3 \longrightarrow H_2[Ce(NO_3)_6] + 4H_2O$$

$$CeO_2 + 6HNO_3 \longrightarrow H_2[Ce(NO_3)_6] + 2H_2O$$

在溶液中不仅有 $H_2[Ce(NO_3)_6]$ 存在，而且还有 $H[Ce(NO_3)_6]^-$ 和 $[Ce(NO_3)_6]^{2-}$ 络阴离子存在。在硝酸高铈溶液中加入硝酸铵，缓慢搅拌，逐渐析出橘红色的 $(NH_4)_2[Ce(NO_3)_6]$ 晶体，其反应方程式为：

$$H_2[Ce(NO_3)_6] + 2NH_4NO_3 \longrightarrow (NH_4)_2[Ce(NO_3)_6]\downarrow + 2HNO_3$$

$(NH_4)_2[Ce(NO_3)_6]$ 在水中的溶解度较大，并随着温度的升高，溶解度明显增大。但其在硝酸溶液中溶解度较小，随着酸度的增大，溶解度呈降低趋势。在硝酸溶液中的溶解度也随着温度的升高而增大。

李梅课题组通过试验发现，在 CeO_2 浓度为 120～150g/L，酸度为 6～8mol/L 的 Ce^{4+} 溶液中，缓慢加入量为 CeO_2 4～5 倍（摩尔比）的 NH_4NO_3，控制反应温度为 50～70℃，缓慢搅拌后，析出橘红色的 $(NH_4)_2[Ce(NO_3)_6]$ 晶体，用离心机甩干，烘干即得 $(NH_4)_2[Ce(NO_3)_6]$ 产品。合成收率大于 90%，产品的 $\sum REO > 31\%$，$Ce^{4+}/\sum Ce > 98\%$，产品的颜色为橘红色，粒度粗大有光泽。在制备中，合成温度过低，也可得到 $(NH_4)_2[Ce(NO_3)_6]$，但产品的颜色为黄色，粒度较小，且稀土总量偏低（$\sum REO < 28.5\%$），达不到产品的质量要求。

(5) 硫酸盐。CeO_2 与浓 H_2SO_4 作用可生成 $Ce(SO_4)_2$。在溶液中它不稳定，当溶液中加入 H_2SO_4 时，可使 $Ce(SO_4)_2$ 稳定，在酸性溶液中 $Ce(SO_4)_2$ 可氧化 H_2O_2。

$$2Ce(SO_4)_2 + H_2O_2 \longrightarrow Ce_2(SO_4)_3 + H_2SO_4 + O_2\uparrow$$

硫酸铈（Ⅳ）还与碱金属硫酸盐形成复盐：$Ce(SO_4)_2 \cdot 2(NH_4)_2SO_4 \cdot 2H_2O$。

(6) 其他类型的盐。具有钙钛矿型结构的 $BaCeO_3$、$BaPrO_3$、$BaTbO_3$ 是利用 $BaCO_3$ 与相应的镧系氧化物在氧气中与 1350℃加热制得的，分别为白色、棕黄色、黄色。在 $BaCeO_3$ 中加入 Nd_2O_3，颜色由白变黑，这是由于 Nd(Ⅳ) 取代了部分 Ce(Ⅳ) 而形成 Ba_2CeNdO_6 的缘故，Nd(Ⅳ)/Ce(Ⅳ)＝30%。

6.2.1.2 四价稀土的卤化物

在四价稀土卤化物中，仅得到四氟化物和氟或氯的配合物，但未曾制得其他的四卤化物。

(1) 四氟化物　具体制备方法及其性质如下所述。

① 四氟化物的制备　用 $CeCl_3$、CeO_2、CeF_3（或 $CeF_3 \cdot 1/2H_2O$）等为原料进行氟化反应，可得到 CeF_4，反应条件见表 6-12。氟化反应所用的氟化剂有 F_2、ClF_3 和 XeF_3 等。在溶液中由四价铈离子与 HF 作用，也可得到氟化物，但含有水，要使该水合物 $CeF_4 \cdot H_2O$ 脱水来制备无水的四氟化铈是困难的，因为在脱水时，绝大部分 $CeF_4 \cdot H_2O$ 分解为 CeF_3。CeF_4 可作探照灯的电极。TbF_4 可用三价化合物氟化反应来制备：

$$2TbF_3 + F_2 \xrightarrow{300\sim500℃} 2TbF_4$$

制备 PrF_4 比较困难，通过下述反应：

$$Na_2PrF_6(固) + 2HF(液) \longrightarrow 2NaHF_2(液) + PrF_4(固)$$

可得 PrF_4，但纯度很低，仅含 40%。若在氟的气氛中制备，可以提高 PrF_4 的纯度。

表 6-12 四价稀土氟化物的制备方法

合成的化合物	起始原料	反应温度/℃	合成的化合物	起始原料	反应温度/℃
CeF_4	CeF_3+F_2		TbF_4	CeF_3+ClF_3	300～450
CeF_4	CeO_2+F_2	350～500		TbF_3+F_2	320
CeF_4	CeF_3+F_2	300～350		$Tb+F_2$	
	$Ce+F_2$			TbF_3+ClF_3	300～450
	$CeF_3 \cdot 1/2H_2O+F_2$	350		TbF_3+XeF_2	300～350

KrF_2 的液态 HF 溶液与 PrF_3 作用，只能得到 30% 的 PrF_4：

$$Pr_6O_{11}+12KrF_2 \longrightarrow 12Kr+6PrF_4(100\%)+11/2O_2$$

② 四氟化物的性质　铈、镨、铽的四氟化物是白色的，具有正交 UF_4 的结构，金属离子与位于四方反棱柱角顶上的八个氟原子配位。它们的晶格常数列在表 6-13 中。

表 6-13 四氟化物的晶格常数

化合物	$a_0/10^2$pm	$b_0/10^2$pm	$c_0/10^2$pm	$\beta/(°)$
CeF_4	12.58	10.58	8.28	126
PrF_4	12.47	10.54	8.18	126.4
TbF_4	12.10	10.30	7.90	126
HfF_4	11.66	9.82	7.60	126.1

四氟化物易被还原，在溶液中，它们可被还原为三价离子，放出氧气。例如 CeF_4、TbF_4 缓慢地溶解于稀硝酸中时，得到 Ce^{3+} 或 Tb^{3+}，并放出氧气。

铈、镨、铽的四氟化物的分解压力明显不同。CeF_4 在 500℃下，氟的分解压力为 66.66Pa；在 700℃下，不与干氧作用；质谱表明：高真空下 CeF_4 可以升华，在温度为 800～950℃，在真空中也很少分解，这说明 CeF_4 是相当稳定的。但 TbF_4、PrF_4 在较低温度下就分解失氟。TbF_4 在室温和真空下就有相当大的分解压力。

$$TbF_4 \longrightarrow TbF_3+F_2$$

$$2PrF_4 \xrightarrow{90℃,N_2} 2PrF_3+F_2$$

四氟化铈能被还原性的气体还原，如 CeF_4 在 350℃时可被 H_2、NH_3 和 H_2O（气）还原为 CeF_3，高温时，与 H_2O（气）生成 CeO_2。CeF_4 和 CeO_2 在 400℃时产生 CeF_3 和 O_2。

$$3CeF_4+CeO_2 \xrightarrow{400℃} 4CeF_3+O_2$$

它们易被还原，在溶液中被还原为三价离子，放出氧气：

$$TbF_4、CeF_4+稀\ HNO_3 \xrightarrow{400℃} Ce^{3+}、Tb^{3+}+O_2\uparrow$$

无水 CeF_4 在沸水中煮 10min，只有百分之几的 Ce(Ⅳ) 变成 Ce(Ⅲ)，但在 300℃与水反应全部变为 CeF_3 和 CeOF。

TbF_4 在 40℃水中浸泡 20min，仍有 96% 的 Tb(Ⅳ)，当温度升高到 140℃、0.2MPa、4h 后全部转成 TbF_3 和 TbOF。

PrF_4 在室温下与水作用 10min，全部转成 PrF_3。

在水中的稳定次序：$CeF_4 > TbF_4 > PrF_4$。

(2) 氟的配合物　铈、镨、钕，铽，镝的四价离子可形成 M_3LnF_7 和 M_2LnF_6 类型的氟的配合物，如：K_3CeF_7、Na_3PrF_7、Cs_3NdF_7、Cs_3TbF_7、Cs_3DyF_7、Rb_3CeF_7、Rb_3PrF_7、K_3TbF_7、

Li_2PrF_6、$SrTbF_6$、$BaPrF_6$ 等。它们的磁性及其他性质表明，在配合物中，它们是以四价态存在的。

① 铈、镨、铽的配合物 铈、镨、铽的这类配合物均为无色的，但在热氟气气氛中镨的配合物是黄色的。Rb_3LnF_7 和 Cs_3LnF_7（Ln=Ce、Pr、Tb）的化合物属于立方晶系结构，Na_3LnF_7 是四方晶系结构。配合物的磁矩（铈的配合物是反磁性的，镨的配合物磁矩在2.1～2.4B.M.，Cs_3TbF_7 的磁矩为7.4B.M.）接近于相应四价离子的基态磁矩。

铈的配合物在湿空气或水中缓慢分解，得到水合二氧化铈。镨的配合物被湿空气和水分解而还原为三价镨。Cs_3TbF_7 在湿空气中却是稳定的，在水中也没有明显的变化。

② 钕和镝的配合物 光谱和磁矩数据证实了在 Cs_3NdF_7 和 Cs_3DyF_7 的配合物中有四价态的 Nd 和 Dy 存在。在 Cs_3NdF_7 的光谱中，有与 Nd^{3+} 的基态 $^3H_4 \rightarrow {}^3H_5$、$^3H_6$ 的能级跃迁相应的光谱（能量较低）和配体→金属的电荷跃迁光谱（$25000cm^{-1}$，宽带）。Cs_3DyF_7 的光谱在 $25700 \sim 74600cm^{-1}$ 范围内有6个吸收峰，相当于 Dy^{4+} 的 ^7F 基态→^7F 激发态的跃迁。磁性测量表明在配合物中存在 Nd^{4+} 和 Dy^{4+}，但不是纯的四价化合物，如 Cs_3DyF_7 的有效磁矩在 Dy^{3+} 的基态磁矩9.7B.M.和 Dy^{4+} 的基态磁矩10.6B.M.之间。这是由于 Nd^{4+} 和 Dy^{4+} 极易被还原的缘故，而不易得到纯的四价态配合物。

6.2.1.3 四价稀土的氧化物

稀土元素中只有铈、镨和铽有纯的四价氧化物 REO_2，并形成一系列组成在 RE_2O_3-REO_2 之间的化合物。它们还与碱金属氧化物形成复合氧化物。

(1) 二氧化物 具体制备方法及其性质如下所述。

① 制备 CeO_2 可由三价的草酸盐、碳酸盐、硝酸盐和氢氧化物在空气中灼烧得到。PrO_2 和 TbO_2 不能采用三价草酸盐等在空气中灼烧的方法（因草酸盐等灼烧只能得到 Pr_6O_{11} 或 Tb_4O_7），而要用 Pr_6O_{11} 或 Tb_4O_7 与氧气作用来制备。

PrO_2 可由 Pr_6O_{11} 在纯氧（1.013×10^5Pa）中、320℃下氧化两天得到 PrO_2，或用 Pr_6O_{11} 在水中煮沸，歧化为 $Pr(OH)_3$ 和 PrO_2，再以浓醋酸溶解 $Pr(OH)_3$ 分离出 PrO_2。

TbO_2 的制备要在350℃时用原子氧与 Tb_4O_7 作用，或 Tb_4O_7 由热盐酸和醋酸的混合酸催化、歧化成 TbO_2。由 Tb_2O_3 在 $HClO_4 \cdot H_2O$ 中，303.9×10^5Pa 下加热也能形成 TbO_2。

② 性质 具体氧化性、热稳定性、物理性质介绍如下。

a. 氧化物的氧化性 四价氧化物都是强氧化剂，它们有相当高的氧化还原电位：

$$CeO_2(固) + 4H^+ + e^- \longrightarrow Ce^{3+} + 2H_2O \qquad E^\ominus = 1.26V$$

$$PrO_2(固) + 4H^+ + e^- \longrightarrow Pr^{3+} + 2H_2O \qquad E^\ominus = 2.5V$$

$$TbO_2(固) + 4H^+ + e^- \longrightarrow Tb^{3+} + 2H_2O \qquad E^\ominus = 2.3V$$

在稀酸中，它们较稳定，在浓酸中将放出氧，变为三价离子。它们能将浓 HCl 氧化，放出 Cl_2；把 Mn^{2+} 氧化为 MnO_4^-。

四价氧化物的氧化还原电位决定于体系中的 H^+ 浓度，酸度降低，电位下降。在碱性溶液中，它们是稳定的，氧化还原电位明显降低，如：

$$PrO_2(固) + 2H_2O + e^- \Longrightarrow Pr(OH)_3(固) + OH^- \qquad E^\ominus = 0.5V$$

b. 氧化物的热稳定性 CeO_2 相对于 PrO_2 和 TbO_2 来说，其热稳定性较高，800℃时可保持不变，在980℃时失去一些氧。PrO_2 和 TbO_2 的分解温度比较低。在空气中 PrO_2 和 TbO_2 加热到350℃即失去氧变为 Pr_6O_{11} 和组成接近于 $TbO_{1.8}$ 的氧化铽。

氧化物的生成焓数据列在表6-14中，其中$\Delta H^{\ominus}$是下面RE_2O_3的氧化反应的热焓。

$$1/2RE_2O_3(\text{固})+1/4O_2(\text{气})\longrightarrow REO_2(\text{固})$$

这表明CeO_2较PrO_2和TbO_2有更高的稳定性。

表6-14 高价稀土氧化物的热力学数据（298.15K）

RE	$1/2\Delta H_f^{\ominus}(RE_2O_3\cdot$固$)/(kJ/mol)$	$\Delta H_f(REO_2\cdot$固$)/(kJ/mol)$	$\Delta H^{\ominus}/(kJ/mol)$
Ce	−899.97	−1090.35	−190.37
Pr	−913.78	−974.45	−60.66
Tb	−932.61	−971.52	−38.91

注：Ce_2O_3是六方晶系，Pr_2O_3和Tb_2O_3是立方晶系。

c. 二氧化物的物理性质 铈、镨、铽的二氧化物属于立方晶系的氟化钙型结构。它们的晶格常数列在表6-15中。氧化物的磁矩近于RE^{4+}的基态磁矩。

表6-15 二氧化物的一些性质

氧化物	颜色	晶格常数/10^2pm	配位数	结晶半径/10^2pm	磁矩/B.M.
CeO_2	淡黄	$a_0=5.4109$	8	1.11	
PrO_2	黑	$a_0=5.3932$	8	1.10	2.47～2.51
$TbO_{1.95}$	暗褐	$a_0=5.220$	8	1.02	7.9

（2）复合氧化物 CeO_2、Pr_6O_{11}、Tb_4O_7和碱金属过氧化物在氧气流中加热，可制得M_2REO_3（M：碱金属；RE：Ce、Pr、Tb）的复合氧化物。其中大部分属于立方晶系，NaCl型结构，颜色是黄色或红褐色的。

CeO_2、Pr_6O_{11}、Tb_4O_7与$BaCO_3$在氧气流中加热至900℃也可以制得$BaCeO_3$、$BaPrO_4$、$BaTbO_3$和$BaCeO_3$是白色的正交晶系结构；$BaPrO_4$是黄色的正交晶系结构；$BaTbO_3$是白色的单斜晶系结构。在这些结构中氧是八面体的围绕金属（稀土）离子，金属与氧的平均距离M-O分别为224pm、222pm、215pm。

6.2.2 四价稀土离子的水溶液性质

在四价稀土离子中Ce(Ⅳ)能在溶液中稳定地存在。其他四价离子（Pr^{4+}、Tb^{4+}）的制备是十分困难的，所以对它们的溶液化学了解很少。

6.2.2.1 氧化还原稳定性

（1）氧化还原电位 铈的氧化还原电位$E_{Ce^{4+}/Ce^{3+}}$是相当高的，但由于Ce^{4+}在溶液中易于水解。聚合并有络合作用，因此$E_{Ce^{4+}/Ce^{3+}}$将随溶液中酸度和酸根性质而变化，如表6-16。

表6-16 $E_{Ce^{4+}/Ce^{3+}}$与介质的浓度和性质的关系

酸度 N	$HClO_4$	HNO_3	H_2SO_4	HCl
1	1.7	1.61	1.44	1.28
2	1.71	1.62	1.44	
4	1.75	1.61		
6	1.82	1.56	1.43	
8	1.87		1.42	

在溶液中，Ce^{4+}将与阴离子形成稳定性不同的络离子，如在H_2SO_4介质中：

$$Ce^{4+}+HSO_4^- \longrightarrow CeSO_4^{2+}+H^+$$

$$K_1=\frac{[CeSO_4^{2+}][H^+]}{[Ce^{4+}][HSO_4^-]}=3500$$

$$CeSO_4^{2+}+HSO_4^- \longrightarrow Ce(SO_4)_2+H^+$$

$$K_2=\frac{[Ce(SO_4)_2][H^+]}{[CeSO_4^{2+}][HSO_4^-]}=200$$

$$Ce(SO_4)_2+HSO_4^- \longrightarrow Ce(SO_4)_3^{2-}+H^+$$

$$K_3=\frac{[Ce(SO_4)_3^{2-}][H^+]}{[Ce(SO_4)_2][HSO_4^-]}=20$$

在 $HClO_4$ 介质中，存在着 $Ce(OH)^{3+}$ 和 $CeOCe^{6+}$（离子强度＝2 的 $HClO_4$ 溶液）等离子：

$$Ce^{4+}+H_2O \longrightarrow Ce(OH)^{3+}+H^+$$

$$K=\frac{[Ce(OH)^{3+}][H^+]}{[Ce^{4+}]}=5.2$$

$$2Ce(OH)^{3+} \rightleftharpoons CeOCe^{6+}+H_2O$$

$$K=\frac{[CeOCe^{6+}]}{[Ce(OH)^{3+}]^2}=16.5$$

只有在浓 $HClO_4$ 溶液中，四价铈以 $[Ce(H_2O)_n]^{4+}$ 状态存在于溶液中。在 HNO_3 介质中也存在各种络合离子，如：

$$Ce^{4+}+NO_3^-+H_2O \longrightarrow [Ce(NO_3)(OH)^{2+}]+H^+$$

因此溶液中所含的酸的性质及浓度将影响 Ce^{4+} 的浓度及其氧化还原电位 $E_{Ce^{4+}/Ce^{3+}}$。

在 $HClO_4$ 介质中，由于 ClO_4^- 的络合能力很弱，溶液中主要存在水解平衡，所以当溶液中 $HClO_4$ 浓度提高时，将抑制 Ce^{4+} 的水解，使溶液中保持较高的 Ce^{4+} 的浓度，因此 $E_{Ce^{4+}/Ce^{3+}}$ 将随溶液中 $HClO_4$ 浓度的提高而提高。在 H_2SO_4 溶液中，由于 Ce^{4+} 与 HSO_4^- 的络合平衡存在 Ce^{4+} 浓度随 H_2SO_4 浓度的增加而降低，因此使 $E_{Ce^{4+}/Ce^{3+}}$ 下降。

在低酸度、中性或碱性溶液中，由于 Ce^{4+} 将强烈的水解，聚合，其 Ce^{4+} 浓度将明显降低。$E_{Ce^{4+}/Ce^{3+}}$ 也随之下降，因此 $E_{Ce^{4+}/Ce^{3+}}$ 将随溶液的 pH 而变化，如图 6-10 所示，现用下例说明。

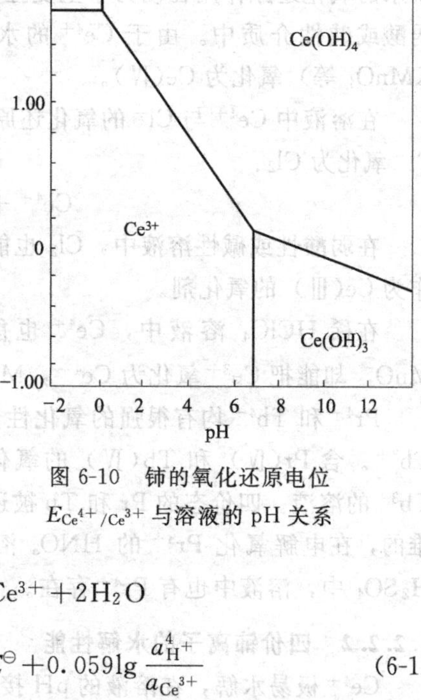

图 6-10　铈的氧化还原电位 $E_{Ce^{4+}/Ce^{3+}}$ 与溶液的 pH 关系

在 pH＜6.7 时，在 $Ce(OH)_4$ 沉淀的条件（Ce^{4+} 在 pH≈1 时就沉淀出）下，将存在下列平衡：

$$Ce(OH)_4\downarrow+4H^++e^- \longrightarrow Ce^{3+}+2H_2O$$

$$E=E^{\ominus}+0.059\lg\frac{a_{Ce(OH)_4}\times a_{H^+}^4}{a_{Ce^{3+}}\times a_{H_2O}}=E^{\ominus}+0.059\lg\frac{a_{H^+}^4}{a_{Ce^{3+}}} \tag{6-1}$$

$$Ce(OH)_4 \rightleftharpoons Ce^{4+}+4OH^-$$

$$K_{sp}=a_{Ce^{4+}}/a_{Ce^{3+}}=10^{-54.6} \tag{6-2}$$

$$H_2O \longrightarrow H^+ + OH^-$$

$$K_w=10^{-14}=a_{H^+}a_{OH^-} \tag{6-3}$$

$$Ce^{4+}+e^- \longrightarrow Ce^{3+}$$

$$E_1=E_1^{\ominus}+0.059\lg\frac{a_{Ce^{4+}}}{a_{Ce^{3+}}} \tag{6-4}$$

将式(6-2)、式(6-3) 代入式(6-4) 得：

$$E_1=E_1^{\ominus}+0.059\lg\frac{K_{sp}}{a_{OH}^4}\times\frac{1}{a_{Ce^{3+}}}=E_1^{\ominus}+0.059\lg\frac{K_{sp}}{K_w^4}\times\frac{a_{H^+}^4}{a_{Ce^{3+}}} \tag{6-5}$$

在同一体系中式(6-5)＝式(6-1)：

$$E=E_1,\ E^{\ominus}+0.059\lg\frac{a_{H^+}^4}{a_{Ce^{3+}}}=E_1^{\ominus}+0.059\lg\frac{K_{sp}}{K_w^4}\times\frac{a_{H^+}^4}{a_{Ce^{3+}}}$$

$$E^{\ominus}=E_1^{\ominus}+0.059\lg\frac{K_{sp}}{K_w^4}=1.61+0.059\lg\frac{10^{-54.8}}{(10^{-14})^4}=1.68\text{V}$$

所以 $E=1.68+0.059\lg a_{H^+}^4=1.68\sim0.237\text{pH}$（此时设 $a_{Ce^{3+}}=1$ 时）。从而看出，当溶液的 pH 提高时，$E_{Ce^{4+}/Ce^{3+}}$ 下降，故在低酸度、中性或碱性的溶液中，Ce(Ⅲ) 容易被氧化为 Ce(Ⅳ)。

(2) 氧化还原性　从 $E_{Ce^{4+}/Ce^{3+}}$ 电位与体系的关系可知，在酸性溶液中，Ce^{4+} 有相当强的氧化能力，相反的，在弱酸性或碱性溶液中，Ce^{3+} 却易氧化为 Ce^{4+}。

在酸性溶液中，Ce^{4+} 与 H_2O 发生氧化反应，放出氧气，Ce^{4+} 变 Ce^{3+}：

$$2Ce^{4+}+H_2O \longrightarrow 2Ce^{3+}+1/2O_2+2H^+$$

因此，虽在分析上把 Ce^{4+} 溶液作为标准溶液，但它在酸性溶液中实际上是亚稳的。由于水的氧化还原作用在动力学上受控制。所以高铈溶液仍可作为氧化还原滴定的标准液。在弱酸或碱性介质中。由于 Ce^{4+} 的水解沉淀，因此 Ce(Ⅲ) 易被氧化剂（如 H_2O_2、O_2、$KMnO_4$ 等）氧化为 Ce(Ⅳ)。

在溶液中 Ce^{4+} 与 Cl^- 的氧化还原反应也决定于体系的酸度。在酸性介质中，Ce^{4+} 能把 Cl^- 氧化为 Cl_2：

$$Ce^{4+}+Cl^- = Ce^{3+}+1/2Cl_2$$

在弱酸性或碱性溶液中，Cl_2 也能把 Ce(Ⅲ) 氧化为 Ce(Ⅳ)，因此在生产中常用 Cl_2 气作为 Ce(Ⅲ) 的氧化剂。

在稀 $HClO_4$ 溶液中，Ce^{4+} 也能把 Mn^{2+} 氧化为 MnO_4^-。但在稀 H_2SO_4 溶液中，MnO_4^- 却能把 Ce^{3+} 氧化为 Ce^{4+}，Mn(Ⅶ) 被还原为 Mn(Ⅱ)。

Pr^{4+} 和 Tb^{4+} 均有很强的氧化性，能迅速地把水氧化，放出氧气，而被还原为 Pr^{3+} 或 Tb^{3+}。含 Pr(Ⅳ) 和 Tb(Ⅳ) 的氧化物（Pr_6O_{11} 和 Tb_4O_7）溶于酸后，得到的是 Pr^{3+} 和 Tb^{3+} 的溶液。四价态的 Pr 和 Tb 被还原为三价态。在溶液中要得到 Pr^{4+} 和 Tb^{4+} 是相当困难的，在电解氧化 Pr^{3+} 的 HNO_3 溶液中，已发现有 Pr^{4+}，或把 Pr_6O_{11} 溶在浓 HNO_3、H_2SO_4 中，溶液中也有 Pr^{4+} 存在。

6.2.2.2　四价铈离子的水解性能

Ce^{4+} 极易水解，在溶液的 pH 接近 1 时即开始水解，产生 $Ce(OH)_4$ 沉淀。$Ce(OH)_4$ 的溶度积为 $10^{-54.8}$，这是相当小的。$Ce(OH)_4$ 开始沉淀的 pH 与 $RE(OH)_3$ 有相当大的差别，利用此性质，可将铈从其他稀土元素中分离出来。

6.2.3 稀土元素的四价态的稳定性

稀土元素的四价氧化态的稳定性应由它们的还原反应自由能数据进行判断，但它们的各类反应都没有完整的数据，根据稀土元素的第四电离能 I_4 和有关的电极电位 $E^{\ominus}_{Ln^{4+}/Ln^{3+}}$ 及化合物的性质判断，稀土元素四价氧化态的稳定性次序估计为：Ce＞Pr＞Nd＞Pm＞Sm＞Eu＞Gd＜＜Tb＞Dy＞Ho～Er～Tm＞Yb＞Lu。

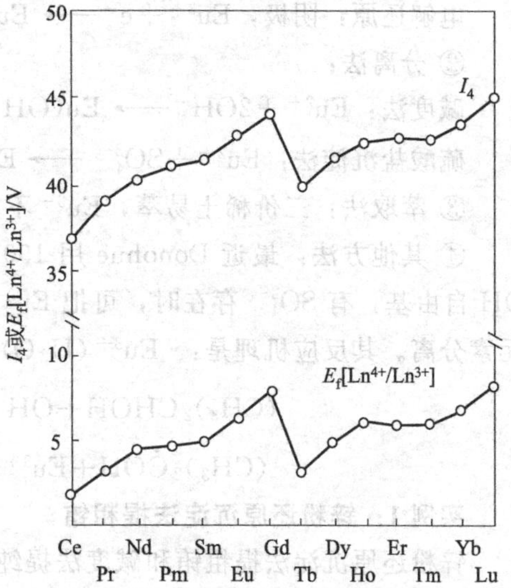

图 6-11 镧系元素的第四电离能和电位 $E^{\ominus}_{Ln^{4+}/Ln^{3+}}$

I_4 和 $E^{\ominus}_{Ln^{4+}/Ln^{3+}}$ 的数值列在表 6-17 中。I_4 和 $E^{\ominus}_{Ln^{4+}/Ln^{3+}}$ 在镧系中的变化见图 6-11。随镧系元素原子序数的增加，I_4 和 $E^{\ominus}_{Ln^{4+}/Ln^{3+}}$ 从 Ce～Gd 和从 Tb～Lu 而增加，说明从三价的［Xe］$4f^n$ 变为四价的［Xe］$4f^{n-1}$的能量也从 Ce～Gd 和从 Tb～Lu 增加，其四价态的稳定性则相反，所以 Ce(Ⅳ) 和 Tb(Ⅳ) 及 Pr(Ⅳ) 相对于其他元素的四价态来说是稳定的，其中 Ce(Ⅳ) 最为稳定。

表 6-17 稀土元素的标准电极电位 $E^{\ominus}_{Ln^{4+}/Ln^{3+}}$ 和第四电离能

元素	电极电位/V		第四电离能/10^{-19}J	
	测定值	计算值	1	2
Ce	+1.74	+1.8	58.88	58.88
Pr	+3.2±0.2	+3.4	62.44	62.44
Nd	+5.0±0.4	+4.6	64.58	64.78
Pm		+4.9	65.18	65.48
Sm		+5.2	65.70	66.04
Eu		+6.4	67.72	68.18
Gd		+7.9	70.27	70.72
Tb	+3.1±0.2	+3.3	63.27	63.27
Dy	+5.2±0.4	+5.0	65.92	66.49
Ho		+6.2	67.84	68.12
Er		+6.1	68.04	68.02
Tm		+6.1	68.16	68.06
Yb		+7.1	69.93	70.01
Lu		+8.5	72.39	72.39

6.3 变价稀土离子的化学分析

6.3.1 Eu 与其他稀土元素的化学法分离

① 还原法：

锌粉还原：$Zn+2Eu^{3+} \longrightarrow Zn^{2+}+2Eu^{2+}$

电解还原：阴极，$Eu^{3+}+e^- \longrightarrow Eu^{2+}$

② 分离法：

碱度法：$Eu^{2+}+2OH^- \longrightarrow Eu(OH)_2$ 不沉淀

硫酸盐沉淀法：$Eu^{2+}+SO_4^{2-} \longrightarrow EuSO_4\downarrow$

③ 萃取法：三价稀土易萃，Eu^{2+}不易萃。

④ 其他方法：最近 Donohue 用 190nm 的紫外光照射 Eu^{3+} 的水溶液，用异丙醇清除 OH 自由基，有 SO_4^{2-} 存在时，可把 Eu^{3+} 还原成 Eu^{2+} 并以 $EuSO_4$ 的形式使铕与其他稀土元素分离。其反应机理是：$Eu^{3+}(H_2O) \longrightarrow Eu^{2+}+H^++OH$

$$(CH_3)_2CHOH+OH \longrightarrow H_2O+(CH_3)_2\dot{C}OH$$

$$(CH_3)_2\dot{C}OH+Eu^{3+} \longrightarrow Eu^{2+}+H^++(CH_3)_2C=O$$

实例 1：锌粉还原沉淀法提粗铕

锌粉还原沉淀法提粗铕和碱度法提纯铕是成熟有效的工业化生产方法。本实验放大，可用以制备高纯氧化铕试剂。

(1) 溶样　称取 5g 钐铕钆富集物，加少量水调浆，用 1∶1 盐酸加热溶清，若有少量不溶残渣，需经过滤、洗涤，合并滤液和洗涤液，滴加适量 1∶1 氨水，调 pH＝3～4，补加适量水使溶液体积为 100mL 左右。

(2) 锌粉还原

① 第一次还原　往料液中加入 2g 的 $MgSO_4 \cdot 7H_2O$ 和 1g 锌粉，搅拌 30min，必要时补充少量盐酸，以保持 pH＝3～4。静置，倾出上清液，收集沉淀物。

② 第二次还原　往上清液加入 1g 的 $MgSO_4 \cdot 7H_2O$ 和 0.3g 锌粉，操作同第一次，沉淀物与前合并。

③ 合并的沉淀物用 2％硫酸铵溶液洗涤四次，弃去洗涤液。二次锌粉还原后的上清液中主要含有钐和钆，还有少量未被还原的铕，经锌粉还原共沉淀法（加适量氯化钡溶液）除去铕，滤液经草酸沉淀，灼烧，得混合钐钆氯化物。

(3) 硝酸氧化　将得到的还原产物，慢慢加入 6mol/L 硝酸（约 10mL）溶解，煮沸 30min 仍有不溶渣需过滤除去。往得到的溶液中加入 1∶1 氨水，调 pH＝10～11，过滤，用 1∶25 氨水洗涤 3～5 次；滤饼用 1∶1 盐酸溶解，溶液 pH＝1～2。

(4) 草酸沉淀与灼烧　往上述溶液中加入 10％草酸溶液，至沉淀完全。加热至 70～80℃，陈化 2h，冷却过滤，用 1％草酸溶液洗涤，烘干后在马弗炉中灼烧，750℃下灼烧 30min。冷却称重，计算产率。

实例 2：锌粉还原碱度法提纯铕

(1) 溶样　将锌粉还原沉淀法制得的粗氧化铕加水调浆，用 1∶1 盐酸溶解，滴加氨水调 pH＝3～4。

(2) 还原　往料液中加入氯化铵固体 2g，搅拌溶解，加入 1g 锌粉，搅拌 30min，倒入 15mL 煤油，油层高度为 2cm，继续搅拌 1～2min。加入 3mol/L 氨水 10mL，再搅拌几分钟，静置 30min。注意：加入煤油后不要剧烈搅拌。

(3) 过滤　将反应物迅速倒入布氏漏斗，再加 15mL 煤油，仔细抽滤，待油层接近滤纸时用去离子水洗涤三次，最后在油层接近滤纸时停止抽滤。

(4) 氧化　将吸滤瓶中的反应物用水冲到烧杯中，加入 2mL 过氧化氢，搅拌使 Eu^{2+} 氧化，再用3mol/L氨水调 pH≥11，抽滤，并用1∶25氨水洗滤，滤饼用1∶1盐酸煮沸溶解。

（5）草酸沉淀与灼烧　将上述溶液用氨水调 pH＝1～2，滴加10%草酸溶液，使其稍过量，加热80℃，静置，过滤，用1%草酸溶液洗涤2次，烘干后750℃灼烧30min。称量，计算产率。

6.3.2 氧化还原滴定法

稀土元素的氧化还原滴定法主要用于Ce^{4+}和Eu^{2+}的测定，由于其他稀土元素不干扰测定，方法具有较好的选择性。一些稀土元素的砷酸盐或正高碘酸盐在强酸性介质中，能够氧化碘化钾而析出游离的碘，后者可用硫代硫酸钠溶液滴定，间接测定稀土元素。

6.3.2.1 铈的测定

（1）滴定剂和指示剂　铈的氧化还原滴定法的一般程序是将Ce^{3+}预先氧化成Ce^{4+}，然后用还原剂标准溶液滴定Ce^{4+}。滴定Ce^{4+}的还原剂，常用亚铁盐，如硫酸亚铁铵。四价铈是强氧化剂，Ce^{4+}/Ce^{3+}电对的氧化还原电位在1mol/L盐酸、硝酸或高氯酸中分别为1.28V、1.61V、1.70V，Fe^{3+}/Fe^{2+}电对的标准电位为0.77V，Fe^{2+}与Ce^{4+}之间的氧化还原反应能瞬时完成。最常用的指示剂是邻菲咯啉和苯代邻氨基苯甲酸，或二者的混合物，也有用邻菲咯啉-2,2-联吡啶混合指示剂或硝基邻菲咯啉等。邻菲咯啉类指示剂具有氧化还原性质，滴定时应作空白校正。

（2）预先氧化处理　滴定前使被测组分转变为一定价态的步骤，称为预先氧化或还原处理。作为三价铈的氧化剂，应该具有较高的氧化还原电位，使三价铈氧化成四价铈的反应能够进行完全，反应速度快；反应具有一定选择性且预氧化剂易于除去。通常使用的有过硫酸铵、高氯酸、高锰酸钾、铋酸钠、二氧化铅和溴酸钾等。

① 过硫酸铵法　在7%～8%（体积分数）H_2SO_4介质中，以$AgNO_3$为催化剂，加热将Ce^{3+}氧化成Ce^{4+}后，煮沸分解过量的过硫酸铵。

② 高氯酸法　浓热的$HClO_4$具有强氧化性。在H_3PO_4介质中加热$HClO_4$，Ce^{3+}氧化成Ce^{4+}，蒸去大部分$HClO_4$，经稀释后，在室温下滴定时不影响测定。高氯酸法将溶样、氧化、分解预氧化连续进行，因此广泛用于各种试样分析。

③ 高锰酸钾法　在H_3PO_4介质中和加热条件下，滴加$KMnO_4$将Ce^{3+}氧化成Ce^{4+}。过量$KMnO_4$可用$NaNO_2$除去。用$KMnO_4$作预氧化剂有较好的选择性，可减少Cr、V被氧化成高价而引起的干扰。

（3）铈的测定和干扰元素影响的消除　总铈的测定可称取试样于锥形烧瓶中，加入磷酸和高氯酸，加热至高氯酸冒烟后，取下稍冷，加5%硫酸，流水冷却后加20%脲素5mL，滴加亚砷酸钠-亚硝酸钠溶液至高锰酸紫色滴褪，加2滴1.5%邻菲咯啉和1滴0.2%苯代邻氨基苯甲酸作指示剂，以硫酸亚铁铵滴至橙黄色为终点。

溶液试样中四价铈的测定，可在5%～10%的硫酸介质中，于磷酸存在下，以亚砷酸钠-亚硝酸钠还原少量锰，其过量部分用脲素破坏，用苯代邻氨基苯甲酸和邻菲咯啉作指示剂，以硫酸亚铁铵标准溶液滴定至溶液由紫红色变为橙黄色。

溶液中三价铈的测定，一般在碱性介质中进行，以降低铈的氧化-还原电位。为防止析出沉淀，应加入适当的络合剂。并以惰性气氛保护三价铈不被空气氧化。高锰酸钾、铁氰化钾等可作滴定剂，三价铈与镧共存时，先在 pH＝5～6 用亚铁氰化钾滴定镧、铈含量，由于碱性介质中用铁氰化钾氧化三价铈，然后滴定：析出的亚铁氰根 $[Fe(CN)_6]^{4-}$，由此求得镧、铈的含量。

氧化还原法测定铈时，钒、铬等元素干扰其测定，因在氧化三价铈的同时，它们也被氧化为高价，且在滴定时消耗还原剂。

在钒存在下，用高锰酸盐选择性氧化三价铈，可在钒和铈的物质量比 10∶1 至 1∶10 的情况下，以安培滴定法分别测定其含量。

用醌醇（quinol）作滴定剂选择性测定铈，10 倍于铈量的 $Cr_2O_7^{2-}$ 不干扰铈的测定。

铬（Ⅲ）和钒存在下，用高锰酸钾选择性氧化铈（Ⅲ），以安培滴定法可测定生铁、钢和其他合金中 0.005％～70％的铈。

6.3.2.2 铕的测定和其他稀土元素的间接滴定

测定铕的方法很多，通常都是用锌汞齐使三价铕还原，然后在二氧化碳、氮气保护下进行滴定。滴定程序，有的用三氧化铁直接滴定；有的用重铬酸钾吸收后，用亚铁盐滴定剩余的重铬酸钾；还有的将还原后的试样，加入三氯化铁溶液，用重铅酸钾滴定被还原的亚铁离子。各种滴定方法的误差范围略有差异。在强酸介质中，一些稀土元素的砷酸盐能氧化碘化钾而析出游离的碘，后者可用硫代硫酸钠滴定而间接测定这些元素。

6.3.3.3 其他稀土元素的测定

如镧的测定，可将试液调至弱酸性（pH＝4）。加入 20％Na_3AsO_4 热溶液，加热至沸 5～6min，生成的沉淀溶解于 25～30mL 的 1∶1 盐酸中，加入 25～30mL 苯，30mL 新配的 3mol/L 的 KI 溶液和等体积水，用 $Na_2S_2O_3$ 标准溶液滴定至有机层无碘色。以同样方法可用于铝-铈共存时铈的测定、钛-铈共存时铈的测定、钪存在下测定钆以及微量钇的测定。

在镧系元素中除铈、镨外，能形成高价氧化物的另一元素是铽，一般以 Tb_4O_7 存在，Tb_4O_7 能使酸化的 KI 溶液析出 I_2，淀粉作指示剂，用硫代硫酸钠滴定，可间接测定铽的含量。称取适量的 Tb_4O_7 或含铽的混合稀土氧化物（不含铈、镨，尤其是重稀土混合氧化物），放入磨口有支管的蒸馏瓶中，加入 20mL0.3mol/L 的 KI 溶液至蒸馏瓶中，通入 CO_2 完全赶掉空气，在 CO_2 气氛下加入 20mL 1∶1 的稀 HCl，关闭活塞，在黑暗中振动使其全部溶解，用淀粉作指示剂，用 $Na_2S_2O_3$ 标准溶液滴定。

也可在强酸性介质中，镧等稀土元素的砷酸盐氧化碘化钾而析出游离碘，碘用硫代硫酸钠滴定，可间接测定镧的含量。钕、钐等能与 $K_4[Fe(CN)_6]$ 生成 $RE[Fe(CN)_6]$ 沉淀并溶于稀硫酸，用硫酸铈（Ⅳ）返滴过量 $K_4[Fe(CN)_6]$，可测定微量钕和钐。此外，镱、铒、镨等都可经过适当处理用滴定法进行定量分析。

第7章

稀土元素的配合物

7.1 引言

稀土配合物化学是稀土科学技术领域的一个重要分支。在稀土学科的几个主要领域里有相当多的部分与稀土配合物化学有密切的联系，如稀土元素有机化学、溶液化学和生物无机化学等。

稀土配合物化学发展较晚。1940 年以前，有关的报道很少。人们只对稀土的β-双酮配合物有了初步了解，从理论上提出了应用吸收光谱法研究铕的溶液配合物结构的可能性。到1953 年，大约有 60 篇有关稀土配合物化学的文献，到 1962 年，已有文献约 500 篇，1966年达到 1500 篇，估计现在已超过 5000 篇。特别是最近 20 年以来，三价稀土离子的配合物化学的研究发展很快。前一阶段人们主要研究稀土离子与螯合型的阴离子含氧配位体的配合物，后来人们又集中于研究中性配位体与稀土离子的配合物。

稀土配合物化学的发展可划分为几个阶段。从 20 世纪 40 年代至 60 年代，人们主要集中研究与稀土元素分离技术有关的配合物问题，例如寻找用于离子交换分离的新的淋洗剂和用于溶剂萃取分离的新的萃取剂等，包括测定平衡常数和分配比。重点放在合成含氧和含氧、氮的氨基多酸配体以及研究它们与稀土元素生成的配合物上。

自 50 年代末开始，人们对稀土元素的高效发光化合物和激光材料发生了兴趣。研究工作逐渐从溶液中配合物化学转移到固体配合物化学上，开始对稀土离子的一些不平常的电子性质和它们形成高配位数配合物的倾向进行研究，并发现稀土元素也能与非氧的其他配位原子配位，使人们对稀土配合物化学的认识深化了一大步。

60 年代以后，稀土元素配合物化学得到了更迅速的发展，其主要方面如下。

① 50 年代末和 60 年代初开始了对具有高效发光性质的、如以β-二酮类为配体的固体配合物的研究。

② 60 年代末和 70 年代初开展了应用于核磁共振谱作为位移试剂的稀土配合物的研究。

③ 从非水溶液中制备一些在水溶液中不稳定的配合物，如脂肪族的多胺基的配合物合成和性质研究。

④ 近年来开展了稀土元素生物化学方面的研究，把稀土离子作为生物体系中碱土金属

结合位置的探针。现已对酶、氨基酸、冠醚、卟啉类的含氮大环等配合物的溶液化学、光谱、核磁共振谱和顺磁共振谱等方面进行了研究。

在已知的稀土配合物中，大部分是含氧配位体配合物。由于配位体的结构多样化，生成的配合物的组成和结构更是样式繁多。

近几年来，稀土配合物化学发展更快，除了合成多种新的配合物外，在合成方法上也有了许多新的发展，而且人们对这些新配合物也逐步提出了不同的应用途径。

我国对稀土配合物也进行了大量的研究工作，例如应用稀土配合物在萃取分离稀土元素、稀土溶液配合物以及催化方面等领域内都已开展了大量的研究工作。

7.2　稀土配合物的性质、制备方法和影响配合物生成的因素

稀土离子是一种硬酸，所以它和硬碱如含氧或氟的配位体有较强的作用，而和软碱如含硫或氮的配位体作用较弱，因此后一类配合物的稳定性较差。稀土离子与软碱类配位体生成的配合物通常只存在于固体之中，在水溶液中则不易生成，这是因为水分子本身是一种含氧配位体，它与稀土离子有很强的配位作用，而软碱配位体与稀土离子的作用相对较弱，不足以将已与稀土离子配位的水分子取代出来，所以在水溶液中，软碱配位体与稀土离子很少形成配合物，但在非水溶剂中却经常可以生成。

7.2.1　稀土配合物的制备方法

水是合成稀土配合物经常使用的溶剂之一，一些简单的稀土无机盐水合物，例如 $Ln(NO_3)_3 \cdot nH_2O$ 或 $LnCl_3 \cdot nH_2O$（Ln 代表镧系及 Y 离子）等，通常是将稀土的氧化物、氢氧化物或碳酸盐与相应的无机酸在水溶液中作用来制备。另外，稀土与 β-双酮、吡唑啉酮及其衍生物的配合物也可以从水溶液中得到。一般来说，配合物从水溶液中析出，依赖于溶剂的性质如介电常数和配位能力等。因为水的介电常数较大，又对稀土离子有一定的配位能力，所以中性配位体从水溶液中沉淀稀土配合物比较困难。但也有少数配合物，如稀土与尿素、硫脲及一些含 N—O 键的配位体生成的配合物可以从水溶液中析出，所得的配合物除含有机配位体外，还常含有配位的水分子，有时也可得到无机配合物。在水溶液中制备稀土配合物时控制 pH 值很重要，特别要避免稀土氢氧化物的生成。

配合物的制备还可以从水与有机溶剂的混合介质中进行，最方便且常用的混合溶剂是水-乙醇溶液，许多重要的稀土配合物都是在这一体系中制备的。例如将稀土硝酸盐的热乙醇溶液与过量的配位体如弱碱性氮化合物邻菲咯啉或 2,2′-联吡啶作用，便可得到相应的稀土配合物。一般将稀土的盐类和配位体加到适当的溶剂中如乙醇、丁醇、丙醇、乙腈和乙酸乙酯等，多数情况下可以沉淀出稀土配合物。也可以用对应的稀土盐类，溶于过量的配位体中，如二甲基亚砜（DMSO）和二甲基胺（DMF）等，再用减压蒸馏法将过量的配位体除去。用上述方法可以合成整个稀土系列的配合物，此时影响配合物的组成的主要因素是稀土的原子序数，轻稀土与重稀土经常得到不同的配合物组成，而且改变稀土离子和有机配位体的摩尔比，也可制备出不同组成的配合物。

制备稀土与强碱性含氮配位体配合物，可将胺类的气体与无机稀土氯化物直接反应，得

到固体的加合物。例如NH_3、CH_3NH_2与稀土氯化物作用，得到$LnCl_3(NH_3)_n$（$n=1\sim8$）及$LnCl_3(CH_3NH_2)_n$（$n=1\sim5$）。制备二胺或多胺的配合物是将无水的稀土盐类与多胺在乙腈中进行反应，这类配合物有一定的热稳定性，但遇到空气却极易水解。

由于水和稀土离子有高的反应活性致使许多配合物在水中不易生成，而经常采用以醇、烷烃或苯为介质，由于使用稀土金属，氢化物或无水氯化物作为起始反应物质，其反应速度很慢，且伴随有副反应发生。因此近年来其合成方法也在不断改进。其中比较理想的一种方法是采用稀土醇盐，例如$Ln(O\text{-}i\text{-}Pr)_3$（O-*i*-Pr 为异丙基）易溶于苯，而且易于和饱和羟基的有机试剂（LOH）以不同分子比进行交换反应，如高级醇、多元醇、氨基醇、羧酸、羟基酸和β-双酮等，按下述反应式进行：

$$Ln(O\text{-}i\text{-}Pr)_3+nLOH \longrightarrow Ln(O\text{-}i\text{-}Pr)_{3-n}(OL)_n+ni\text{-}PrOH$$

生成的异丙醇可与苯生成恒沸物（b. p. 71. 8℃）而蒸去，使取代反应容易进行。稀土醇盐可用处理过的稀土金属粉末与异丙醇在氯化汞的催化下制备；或者用稀土无水氯化物，在通NH_3气下与异丙醇作用。这种应用稀土的异丙醇盐进行反应，为制备包含 Ln-O-C 键的稀土配合物提供了一种方法。

另外一种近年来用于稀土萃取配合物制备的方法，是借助于油水界面上的离子交换反应生成配合物。例如长链脂肪酸如环烷酸或酸性磷酸酯类如二（2-乙基己基）磷酸的煤油-辛醇溶，用浓碱（NH_4ClH，KOH，NaOH）进行皂化，使有机相生成外观清晰透明的微乳状液，然后用此溶液与稀土的盐水溶液平衡，则发生微乳状液破乳和离于交换反应：

$$Ln^{3+}+3NH_4{}^+A^- \longrightarrow LnA_3+3NH_4^+$$

A^-表示环烷酸或酸性磷酸酯的阴离子。这一方法不仅适用于三价稀土螯合物的制备，也可以制备许多二价金属离子（如 Cu、Ni、Co、Zn、Pb、Cd…）的螯合物。这一合成方法具有步骤简便、反应完全等特点，还可以通过皂化度的改变来控制反应的程度。

总之，由于稀土离子的特性，使得稀土配合物的合成很复杂，尤其在水溶液中进行更为显著。决定络合反应主要有以下因素：①配位体与阳离子的摩尔比；②配位体及形成产物的分解和水解作用；③pH 和温度的影响；④起始物质的性质、浓度以及所用的试剂；⑤存在的竞争反应及最终的平衡结果。

在制备配合物的过程中，为了避免产品的沾污和一些副反应的发生，应当小心地控制制备的条件。

7.2.2 稀土配合物的性质和影响配合物生成的因素

近年来，人们对于稀土离子与各种类型的螯合剂及中性配位体的络合倾向性进行了广泛的研究。由于氧的配位能力比较强，配位体的种类比较多，所以稀土配合物中，含氧配位体占的比例最大。

从配位场效应考虑，一些含氧配位体对轻稀土配位倾向，有以下次序：

$$H_2O<CH_3COO^-<CH_2(OH)COO^-$$

$$CH_2(OH)(CHOH)_4COO^-<N(CH_2COO^-)_3<DCTA<EDTA<DTPA$$

氧配位稀土配合物的这种绝对优势，导致人们对 Ln-N 键稳定性的一些不恰当估计。近年来人们已经制备出多种含氮配合物，尽管他们大多对水是不稳定的，但仍有一定的稳定性。

在水中三价稀土离子易于水解。当稀土盐溶于水时，会不同程度地降低溶液的 pH，降低的范围依赖于盐的浓度和稀土离子的种类。由于镧系收缩的影响，重稀土离子具有较小的离子半径，因而水解的倾向较大。稀土离子在水中生成水合配合物 $Ln(H_2O)_n^{3+}$，$n>6$(或者 8、9)。这种水合物对稀土离子生成各种配合物的稳定性影响很大，因为 n 个水分子围绕着中心的稀土离子，按照一定的几何结构排列，它们与周围其他自由水分子的结构不同，对稀土离子起着保护作用，妨碍了其他配位原子与稀土离子进行络合，只有当配位体的络合能力很强，可以破坏水合层的几何结构时，才可能在水溶液中与稀土离子形成配合物。另外多合配位体能生成螯环，所以它比单合配位体络合作用更强。总之，不仅中心金属离子；配位体的结构（包括配位原子的性质、配位原子的数目、形成螯环的大小等）；还有环境的因素如溶剂的温度、压力和浓度等都直接影响着配合物的稳定性。

7.3　稀土元素配合物的特点

7.3.1　稀土元素的配位性能

(1) 稀土元素与 d-区过渡元素配位性能的差别　稀土元素与 d-区过渡元素的根本区别在于大多数稀土离子含有未充满的 4f 电子。由于 4f 电子的特性而使稀土离子的配位性质有别于 d-区过渡元素。

① 除了钪、钇、镧和镥外，其余三价稀土离子都含有未充满的 4f 电子。由于 4f 电子处于原子结构的内层，受到外层 $5s^2$、$5p^6$ 对外场的屏蔽，因而其配位场效应较小，配位场的稳定化能在 $100cm^{-1}$左右。此外由于 4f 电子云收缩，4f 轨道几乎不参与或较少参与化学键的形成，因此可以预期，配合物的键型主要是离子型的，因此配合物中配体的几何配布将主要决定于空间要求。

② 稀土离子的体积较大，它们比其他常见的三价离子有较大的离子半径，见表 7-1，因此其离子势较小，极化能力也较小，故可以认为稀土离子与配位原子是以静电引力相结合的，其键型也将是离子型的。随稀土离子半径的减小，配合物的共价性质将随之增加。另一方面，由于稀土离子有较大的体积，从配体排布的空间要求来看，配合物将会有较高的配位数。

表 7-1　三价离子的半径

元　素	镧	铈	镨	钕	钷	钐	铕
半径/pm	106.1	103.4	103.1	99.5	(97.9)	96.4	95.0
元　素	钆	铽	镝	钬	铒	铥	镱
半径/pm	93.8	92.3	90.8	89.4	88.1	86.9	85.8
元　素	镥	钪	钇	铁	铝	钴	铬
半径/pm	84.8	73	89.2	64	50	63	69

③ 从金属离子的酸碱性分类出发，稀土离子属于硬酸类，它们与属于硬碱的配位原子如氧、氟、氮等有较强的配位能力，而与属于弱碱性的配位原子如硫、磷等的配位能力则较弱。

④ 在溶液中，稀土离子与配体的反应一般是相当快的。异构现象较少，拆分稀土配合物的异构体是相当困难的，因此现已知的稀土配合物的类型和数目与过渡元素配合物相比是较少的。

稀土元素配合物和d-过渡元素配合物在性质上的主要差别列在表7-2中。

表7-2 稀土元素配合物和d-过渡元素配合物在性质上的比较

	稀土离子	第一过渡系离子
金属的价轨道	4f	3d
离子半径/pm	106～85	75～60
常见的配位数	6、7、8、9	4、6
典型的配位多面体	三棱柱 四方反棱柱 十二面体	四面体 平面正方形 八面体
成键	弱的金属-配体轨道相互作用	强的金属-配体轨道相互作用
成键方向	在成键方向上选择性较弱	在成键方向上选择性较强
键强	配体按电负性次序：F^-、OH^-、H_2O、NO^{3-}、Cl^-与稀土离子成键	键强度一般决定于轨道的相互作用，其强度顺序为：CN^-、NH^{2-}、H_2O、OH^-、F^-
溶液配合物	离子型的，配体交换较快	常常是共价型的，配体交换反应较为缓慢

(2) 钇的配位性能　钇虽没有适当能量的f轨道，但因Y^{3+}的半径可列在三价镧系离子的系列中，当离子半径成为形成配合物的主要影响因素时，钇的配合物相似于镧系配合物，其性质在镧系中参与递变，当与4f轨道有关的性质成为形成配合物的主要影响因素时，钇和镧系元素的配合物在性质上有明显的差异。

(3) 钪与镧系元素配合物在性质上的差异　由于钪不仅没有适当能量的f轨道，而且半径也比镧系元素半径小得多，因此钪的配位化学与镧系元素明显不同。

① Sc^{3+}的半径较小，并属于d-区过渡元素，d轨道可以参与成键，因此钪的配合物有较大的共价性，例如一些配合物的熔点比镧系元素和钇的同类配合物的熔点较低［例如三(二特戊酰甲烷)配合物的熔点：Sc^{3+}约为153℃，La^{3+}为243℃，Lu^{3+}为173℃；镧的β-二酮配合物的熔点较低，挥发性相当大，可溶于许多非极性溶剂中］。

② Sc^{3+}半径较小，离子势较大，在水溶液中比较容易水解，所以对配合物的形成来说，水溶液的pH值、金属与配体的比例和其他条件都使钪和镧系元素有较大的区别。在碱性或中性溶液中，要有足够的配体才能阻止钪的水解，而镧系元素和钇，除特别弱的配体外，一般可不考虑它们的水解问题。镧系元素和钇可用它们的水合盐在醇溶液中得到弱配位的配合物，但钪的相应配合物则须在无水和非水溶剂中与无水配体相作用才能得到。

③ 在配位数方面，钪(Ⅲ)虽有8配位的配合物，但它的特征配位数与d-区过渡金属一样，为6，而镧系元素的配合物一般是高配位数的。

7.3.2 稀土元素配合物配位键的特点

对稀土元素配合物的价键处理，人们已采用了现代的配位场和分子轨道的有关理论。晶体场理论对d-区过渡元素配合物来说已基本上失去了使用价值，但对f-区的镧系元素配合物来说仍可有效地应用。用半经验晶体场理论的一些参数仍然能说明配合物中有关镧系离子的4f电子能级分裂的实验数据。由于镧系离子中4f电子受到外层$5s^2$、$5p^6$电子对晶体场有较大程度的屏蔽，晶体场的微扰作用能小于f电子的自旋-轨道作用能，所以用晶体场理论进行处理时，常采用特殊的弱场处理方法。

20世纪60年代开始采用配体场和分子轨道理论来说明稀土离子和配体间的化学键特点。一些研究结果表明，在稀土元素配合物中，被 $5s^2$、$5p^6$ 电子屏蔽的4f轨道与配体生成弱的共价键。稀土离子的4f轨道与配体原子的 np、ns 轨道之间的重叠积分较外围的未填充轨道间的重叠积分要小。用现代物理方法如：光谱、核磁共振谱和顺磁共振谱等进行的研究表明，4f轨道的共价键效应只有微小的反映。

根据稀土配合物的物理和化学性质推测，稀土配合物中稀土离子与配位原子间的价键是以离子型为主的，即使有 σ 和 π 键的金属有机化合物，有相当共价程度，但许多现象表明键型仍有明显的离子型的特性。

近十年来，有关稀土配合物的结构和化学键理论方面的研究十分活跃，出现了不少新的内容。稀土离子的正常价电子轨道共有九个，即一个6s轨道，三个6p轨道和五个5d轨道。此外还有后备的价电子轨道及7个4f轨道。这些4f轨道有时参与成键，有时不参与成键。所以4f电子基本上是内层电子，它的价电子作用不明显。一般生成配合物的配位数为6时采用 d^2sp^3 杂化轨道，当配位数为8时采用 d^4sp^3 杂化轨道，但当配位数为12时，则用 $f^3d^5sp^3$ 杂化轨道。

在镧系元素离子的4f亚层外面，还有（$5s^2$）（$6p^6$）电子，由于后者的屏蔽作用，使得4f亚层受化合物中其他元素的势场影响较小（在晶体或络离子中，这种势场称作晶体场或配位体场）。所以镧系化合物的吸收光谱和自由离子的吸收光谱大致相同，都是线状光谱。或认为4f轨道的作用较弱，有时只出现吸收谱带的轻度红移，可当做较弱的二级效应处理。

近年来，徐光宪等发展了适用于稀土元素化合物的INDO方法，对镧系化合物，特别是金属有机化合物进行了分子轨道法的系统研究。他们得到的结果表明：①稀土原子与配位体原子的结合是一种带有不同离子性成分的共价键；②稀土原子的4f轨道基本是定域的，虽然4f原子轨道的能量较低，但它与配位体电子云的重叠积分很小，所以基本上不参与成键，参与成键的是稀土原子的5d、6s、6p轨道；③当4f轨道中有未成对的电子时，它通过顺磁极化作用来影响5d轨道，从而影响稀土元素的化学性质。

在镧系系列中，由于配合物的中心金属离子从镧至镥，离子半径逐渐减小，可以预料此系列配合物的共价性会逐渐增加，例如稀土的 β-双酮类配合物，随着镧系元素原子序数的增加，其相应配合物的挥发度也逐渐加大，可以表明这一效应的存在。

在稀土配合物中，与氧原子配位的配合物占绝大部分，稀土与氧的结合主要是电价键。如果这是正确的，则利用整个稀土系列配合物稳定常数的变化可以作为一种鉴定的方法。因为对于电价键而言，其络合能力的强弱与核间距离 R 的平方成反比，与正负电荷乘积（z^+z^-）成正比，这时整个稀土序列配合物的稳定常数 $\lg K$ 与 z^+z^-/R 有直线关系。而实验证明，有些情况下，并没有直线关系。另外，也有应用f-f跃迁超灵敏光谱带作为稀土配合物配位键中共价程度检测的探针。

稀土配合物与碱土金属的配合物有一定的相似性（根据周期律中的对角线原理）。因此在生物体系中，可以用镧系元素的示踪来代替 Ca^{2+} 的示踪，用以研究一些生命现象。其中二价铕离子（Eu^{2+}）的性质与碱土金属离子更为相似。

此外，在稀土的 π 配合物中，除了存在通常的 σ 键（指电子云分布为轴对称）、π 键（电子云分布有一对称节面）外，还有新型的 δ 键（电子云分布有两个对称节面）和 ϕ 键

(电子云分布有三个对称节面)。关于稀土与环多烯类配合物的研究工作还不多，估计这类化合物的催化活性和许多其他重要性质与这类配合物的结构和化学键的特性有直接联系。

7.3.3 稀土元素配合物的配位原子

氧、氮、卤素、硫、磷等原子都能与稀土离子配位，形成各种类型的配合物，但它们的配位能力是不同的，其中氧和氟原子有强的配位能力。氮原子的配位能力也较强，有些配合物中 RE-N 键还是相当强的，如 $RE(en)_4^{3+}$ 的总热焓变化达 255.2kJ/mol，但是仅含氮配位原子的稀土配合物一般不能从水溶液中制备出来，因为水有较强的配位能力。硫、磷等配位原子的配位能力较弱，它们的稀土配合物一般只能在无水溶剂中得到，并且只有带负电荷的阴离子配体形成螯合物时才是较稳定的。

大多数的稀土配合物是离子型的化合物，成键主要靠中心离子与配体的静电作用，因此配体的电负性越强，配位能力就越强，生成的配合物越稳定。例如单齿配体的配位能力顺序是：$F^- > OH^- > H_2O > NO_3^- > Cl^-$。

从稀土离子的酸性来考虑，它们都是硬酸，与硬碱有较强的结合能力，氧、氟原子对稀土离子的配位能力特强，所以含氧配体的稀土配合物类型最多，也是研究得最广的一类配合物。

对于带有负电荷的含氧原子配体，一般能生成较稳定的稀土配合物，具有螯合环的配合物如羟基羧、β-二酮、胺基多羧酸等的配合物更为稳定。

H_2O 对稀土离子来说是一种较强的配体。在配合物制备中，如果配体的配位能力比水弱，一般不能用水作为溶剂，因为水分子存在时，这些配体不能成功地与之竞争，所以一般要在配位能力较弱的溶剂中进行制备，例如含氮、硫、磷及醇、醚、酮等配体的配合物都要在非水溶剂中制备。只有那些含有负电荷原子的配体可以从水溶液中析出相应的配合物。

7.3.4 稀土元素配合物的配位数

7.3.4.1 稀土配合物的配位数和几何构型

稀土配合物与d-过渡元素配合物的最大区别是稀土离子能生成高配位数的配合物。配位数 4 和 6 是 d-过渡元素的特征配位数，稀土元素配位数往往大于6，具有 7、8、9、10，甚至高达 12。配位数 11 的配合物虽很少见，但也已见报道。

在 20 世纪 60 年代初期，人们还认为稀土元素主要生成 6 配位的八面体配合物。近二十年来，由于各种物理测试手段，如电导、红外光谱在测定配位数方面的应用，尤其是 X 射线技术和大型计算机在测定固体配合物配位数方面起的重要作用，使人们认识到大多数稀土配合物的配位数是大于 6 的，而配位数为 6 和 6 以下的配合物实际上只占少数。

现例举一些代表性的稀土配合物来说明它们的配位数和几何构型，如表 7-3 所示。从表中可以看出，稀土离子配位数是多种多样的，从 3～12 都有报道，其中配位数 7、8、9 和 10 的较为常见，尤其是 8 和 9。另一方面，由于配体间的排斥作用，各配位数的几何构型是有限的，但要比 d-区元素所遇到的多。配位的几何构型决定于金属离子的体积、配体的体积、阴离子的性质和采用的合成方法。

表 7-3 稀土配合物的配位数和几何构型

氧化态	配位数	实 例	几何构型
+2	6	EuTe、SmO、YbSe	NaCl 型
	6	YbI_2	CaI_2 型
	8	SmF_2	CaF_2 型
+3	3	$RE[N(SiMe_3)_2]_3$	棱锥体
		(RE=Sc、Y、La、Ce、Pr、Nd、Sm、Eu、Gd、Ho、Yb、Lu)	
	4	$Lu(C_8H_9)_4^-$（阴离子是 2,6-二甲苯）	变形四面体
	5	$La_2O_2[N(SiMe_3)_2]_4(opph_3)_2$	
	6	$[RE(NCS)_6]^{3-}$	
		$[Sc(NCS)_2bipy_2]^+$	八面体
		REX_6^{3-}（$X=Cl^-$、Br^-）	
	7	$Ho(C_6H_5COCHCOC_6H_5)_3 \cdot H_2O$	单帽八面体
		$Yb(Acac)_3 \cdot H_2O$	单帽三棱柱体
		$Dy(DPM)_3 \cdot H_2O$	单帽三棱柱体
		CeF_7^{3-}、PrF_7^{3-}、NdF_7^{3-}、TbF_7^{3-}	五角双锥
		$Er(DPM)_3 \cdot DMSO$	五角双锥
	8	$Y(Acac)_3 \cdot 3H_2O$	正方反棱柱体
		$Y(C_5H_5O_2)_3 \cdot 3H_2O$	
		$Eu(DPM)_3(py)_2$	正方反棱柱体
	8	$HO(Acac)_3 \cdot 4H_2O$	十二面体
		$RE(HOCH_2COO)_3 \cdot 2H_2O$	十二面体
	9	$Nd(H_2O)_9^{3+}$	三帽三棱柱体
		$RE_2(C_2O_4)_3 \cdot 10H_2O$(RE=La-Nd)	三帽三棱柱体
		$RE(C_2O_4)(HC_2O_4) \cdot 3H_2O$	单帽正方棱柱体
		(RE=Er、Y)	
	10	$H[La(EDTA)] \cdot 7H_2O$	双帽正方反棱柱体
		$La(NO_3)_3 \cdot 4DMSO$	基于十二面体的 C_{2v}
		$La(NO_3)_3(bipy)_2$	双帽十二面体
		$Gd(NO_3)_3dpac$	变形五角双锥
	11	$La(NO_3)_3L$(L=1,8-萘并-16-冠-5)	
		$Ce(NO_3)_6^{3-}$	二十面体
	12	La(C-18-冠-6)$(NO_3)_3$	
		Cs_2CeCl_6	八面体
+4	6	$Ce(Acac)_4$	阿基米德反棱柱体
	8	$(NH_4)_2CeF_6$	变形四方反棱柱(链)
	10	$Ce(NO_3)_4(opph_3)_2$	
		（含有双齿的 NO_3^-）	
	12	$(NH_4)_2[Ce(NO_3)_6]$	变形的二十面体

配位数 7～10 的配合物所取的主要几何构型的对称性列于表 7-4 中，各种理想的几何构型图型见图 7-1，但描述高配位数的理想几何构型仅仅是近似的。

有些多核稀土元素配合物具有混合的配位数和混合的几何构型，如 $Eu_2(mal)_3 \cdot 8H_2O$，两个 Eu(Ⅲ) 的配位数不同，其中一个 Eu 处于变形正方反棱柱中，另一个 Eu 处在 9 个氧配位的三帽三棱柱中。

稀土配合物的键型特点（以离子型为主）和较大的稀土离子半径是决定配合物高配位数的主要因素。因为没有强的定向键，所以离子半径的大小和配体性质影响着配体的排布，空间因素在配位数方面起着主要作用。在配体与金属离子相对大小许可的条件下，稀土离子几乎都形成 8 或 8 以上配位的配合物。另一个因素是稀土元素的正常氧化态为+3，有较高的正电荷，从满足电中性角度来说，也有利于生成高配位数的配合物。

表 7-4 配位体为 7～10 的稀土配合物主要的几何构型及对称性

配位数	几何构型	对称性	配位数	几何构型	对称性
7	五角双锥	D_{5h}	9	对称的三帽三棱柱体	D_{3h}
	单帽八面体	C_{3v}		单帽四方反棱柱体	C_{4v}
	四角底三角底的单帽三棱柱体	$Cs(C_{2v},C_{3v})$		单帽立方体	C_{4v}
8	四方反棱柱体	D_{4d}	10	双帽四方反棱柱体	D_{4d}
	十二面体(三角形面的)	D_{2d}		双帽十二面体	D_2
	双帽八面体	D_{3d}		C_{2v}对称性的多面体	C_{2v}
	立方体	O_h			

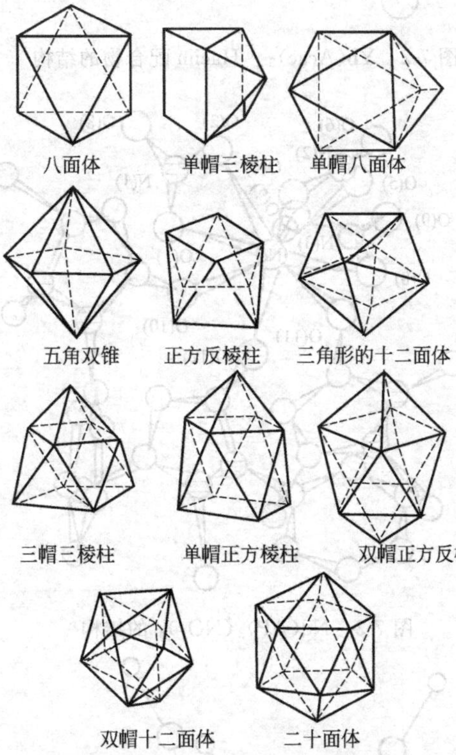

图 7-1 高配位数配合物的理想多面体（顶点代表配位原子的位置）

X 射线衍射法曾测得若干不同配位数的稀土配合物的结构。图 7-2 为 $Yb(Acac)_3 \cdot$ Hacim 配合物的结构，Yb 原子周围有七个氧原子，呈单冠三角棱柱体型，其中六个氧原子属于 Acac(乙酰基丙酮)，另一个氧原子来自 Hacim(亚胺基取代乙酰基丙酮)。

图 7-3 是 $Nd(AP)_3(NO_3)_3$ 的结构，其中三个 AP(安替比林) 的氧原子和六个硝酸根的氧原子形成一个三冠三角棱柱体围绕着 Nd 原子，所以 Nd 的配位数为 9。

图 7-4 为 $Ce(TPPO)_2(NO_3)_4$ 的结构，其中 Ce(Ⅳ) 是十配位，八个配位氧原子来自硝酸根，另外两个氧原子由 TPPO(三苯基氧化膦) 提供。图 7-5 为 La(C-18-冠醚-6)$(NO_3)_3$ 的结构，La 的配位数为 12，六个配位氧原子来自冠醚，另外六个氧原子由硝酸根提供。

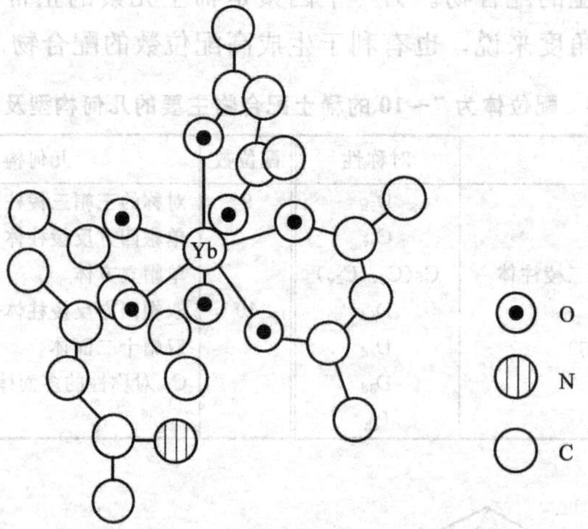

图 7-2　$Yb(Acac)_3 \cdot Hacim$ 配合物的结构

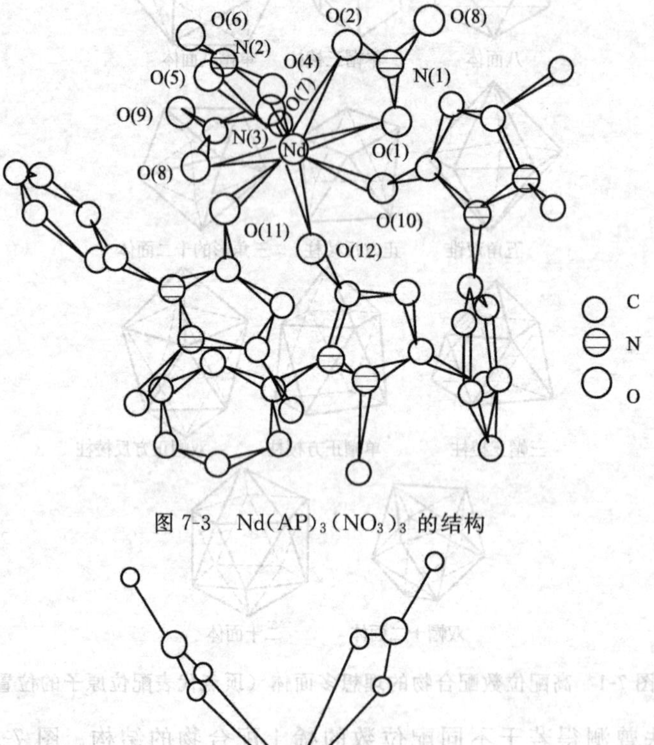

图 7-3　$Nd(AP)_3(NO_3)_3$ 的结构

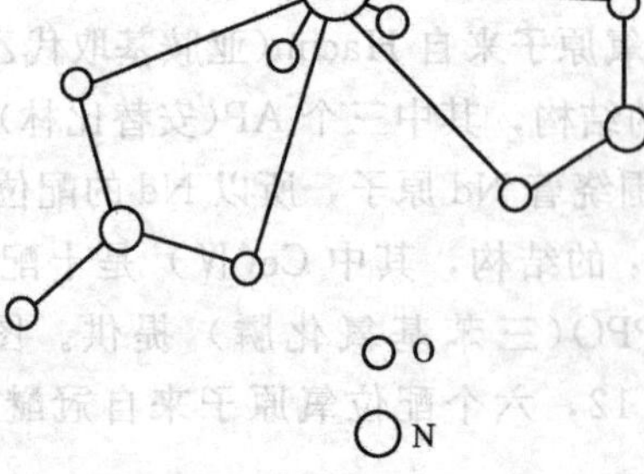

图 7-4　$Ce(TPPO)_2(NO_3)_4$ 的结构

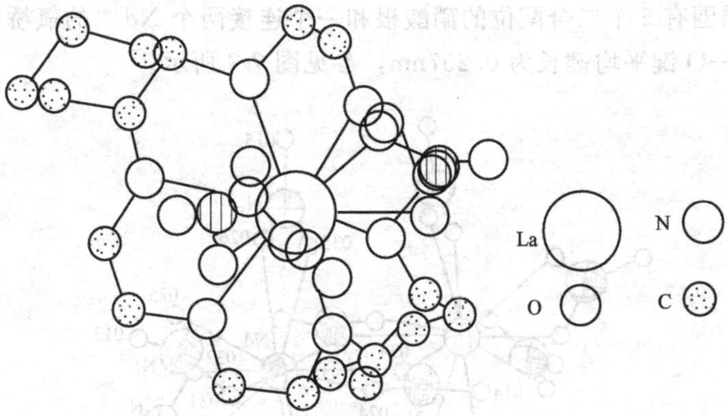

图 7-5 La(C-18-冠醚-6)$(NO_3)_3$ 的结构

从以上的叙述可以看出，不同配位数的稀土配合物，有着不同的几何构型。另外，在镧系配合物中，还会遇到混合配位和混合几何构型。例如正交晶体 $Eu_2(Mal)_3 \cdot 8H_2O$(Mal 为丙二酸根)，分子中存在两个不等价的 Eu^{3+}，围绕其中一个 Eu^{3+} 的配位多面体是变形的四方反棱柱体，而另一个 Eu^{3+} 周围占据着变形的三冠三角棱柱的 9 个氧原子。所以两个 Eu^{3+} 不仅构型不同，而且配位数也不同，前者为 8，后者为 9。

关于配位数为 11 的配合物比较少见。近年来才陆续有所报道。例如硝酸镧水合晶体 $[La(NO_3)(H_2O)_5] \cdot H_2O$，经 X 射线分析表明 La^{3+} 的周围有 3 个二合配位的硝酸根和 5 个水分子，因而邻近有 11 个氧原子，La—O 键长 0.29nm，形成配位数为 11 的结构。报道过 1,8-萘并-16-冠醚-5 和 15-冠醚-5 与硝酸镧生成的配合物结构，证实 La^{3+} 位于配合物的中心，但未进入冠醚环的孔穴，周围有 11 个氧原子，其中 5 个氧原子来自冠醚环，另外 6 个氧原子来自 3 个二合配位的硝酸根，其结构见图 7-6 所示。最近黄春辉等合成了配位数为 11 的季铵盐稀土配合物，分子式为 $[(CH_3)_3N(C_{16}H_{33})]_2Nd(NO_3)_5$。实际上每一个晶胞中含有两个上述式量分子，两个钕离子各用一个硝酸根作为氧桥彼此相连，以双核络阴离子存

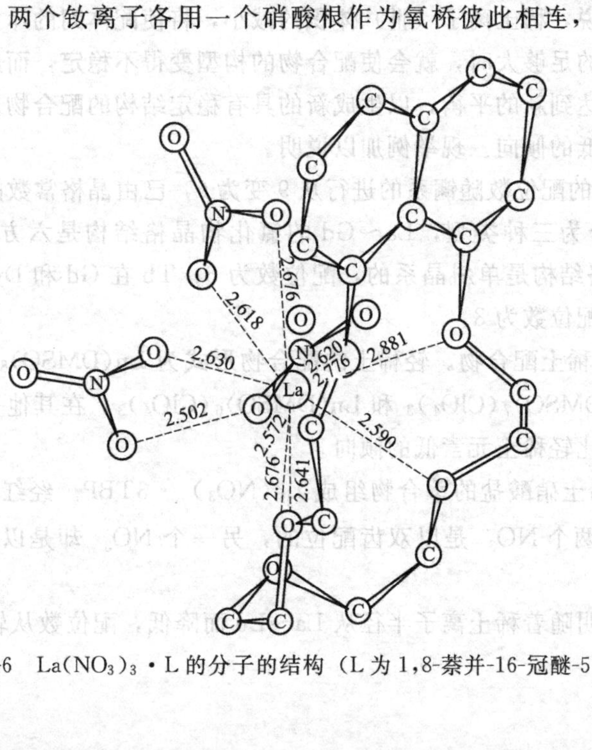

图 7-6 $La(NO_3)_3 \cdot L$ 的分子的结构（L 为 1,8-萘并-16-冠醚-5）

在，每个 Nd^{3+} 周围有 5 个二合配位的硝酸根和一个连接两个 Nd^{3+} 的氧桥，形成 11 个配位数，这 11 个 Nd—O 键平均键长为 0.257nm，参见图 7-7 所示。

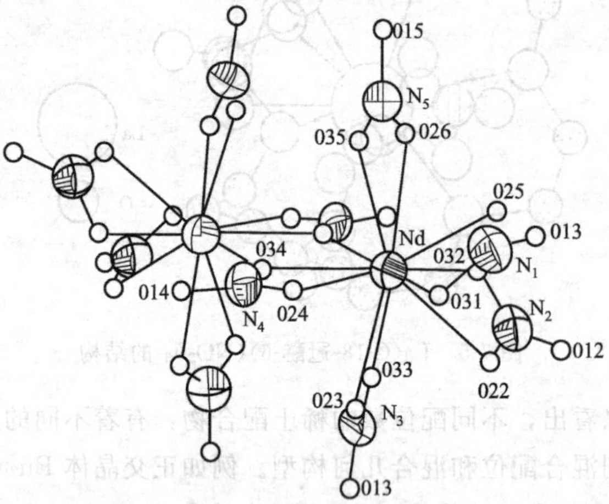

图 7-7 $[(CH_3)_3N(C_{16}H_{33})]_4Nd_2(NO_3)_{10}$ 的阴离子结构

但是，在溶液中，配合物的实际配位数并不容易准确测定。尽管可以从溶液中分离出来的晶体，通过 X 射线研究结构，并根据这一结果进行推测，但是实际上在溶液中和固态中并不一定具有相同的结构，而且溶液中所存在的状态往往复杂得多，经常需要依靠多种实验方法对溶液的性质进行测定，根据综合实验结果进行估测。

7.3.4.2 稀土配合物的配位数与离子半径和配体性质的关系

(1) 配位数与稀土离子半径的关系　当空间元素在稀土配合物的配位数上起主要作用时，金属离子半径的变化，引起配位数的改变是必然的。稀土离子半径从 La～Lu 随原子序数的递增而递减，将会引起一些配合物配位数的减少（主要是一些单齿配体的配合物）。对于一定几何构型来说，稀土离子（Ⅲ）体积的减小，将使配体间的斥力增加，当这种斥力随离子体积减小而变的足够大时，就会使配合物的构型变得不稳定，而趋向于减少配体以降低它们之间的斥力来达到新的平衡，以生成新的具有稳定结构的配合物。因此随稀土离子半径的减小配位数有降低的倾向。现举例加以说明。

① 镧系氯化物的配位数随镧系的进行从 9 变为 6，已由晶格常数的变化所表明，见表 7-5。氯化物系列可分为三种类型，La～Gd 的氯化物晶格结构是六方晶系的，配位数为 9；Dy～Lu 氯化物晶格结构是单斜晶系的，配位数为 6；Tb 在 Gd 和 Dy 之间，氯化物晶格结构是正交晶系的，配位数为 8。

② 二甲亚砜的稀土配合物。轻稀土的配合物形式为 $Ln(DMSO)_8(ClO_4)_3$，而重稀土的配合物形式是 $Ln(DMSO)_7(ClO_4)_3$ 和 $Ln(DMSO)_6(ClO_4)_3$。在其他一些配合物中也见到重稀土元素的配位数比轻稀土元素低的倾向。

③ TBP 萃取稀土硝酸盐的萃合物组成 $Ln(NO_3)_3\cdot3TBP$。经红外光谱分析，表明 $Nd(NO_3)_3\cdot3TBP$ 中两个 NO_3^- 是以双齿配位的，另一个 NO_3^- 却是以单齿配位于金属离子，其配位数为 8。

以上三例均说明随着稀土离子半径从 La～Lu 而降低，配位数从轻稀土至重稀土相应地减少。

表 7-5 镧系氯化物的晶格常数

氯化物		$a/10^2pm$	$b/10^2pm$	$c/10^2pm$	分子体积$/10^6pm^3$
（六方，C. N. =9）	$LaCl_3$	7.483		4.375	106.1
	$CeCl_3$	7.450		4.315	103.7
	$PrCl_3$	7.422		4.275	101.9
	$NdCl_3$	7.396		4.239	100.4
	$PmCl_3$	7.397		4.211	
	$SmCl_3$	7.378		4.171	98.3
	$EuCl_3$	7.369		4.133	97.2
	$GdCl_3$	7.363		4.105	96.7
（正交，C. N. =8）	$TbCl_3$	3.86	11.71	8.48	96.4
（单斜，C. N. =6），$\beta^0=111°$	$DyCl_3$	6.91	11.94	6.40	123.5
	$HoCl_3$	6.85	11.85	6.39	121.3
	$ErCl_3$	6.80	11.79	6.39	119.8
	$TmCl_3$	6.75	11.73	6.39	118.5
	$YbCl_3$	6.73	11.65	6.38	117.0
	$LuCl_3$	6.72	11.60	6.39	116.8

（2）配位数与配体性质的关系　当空间因素对稀土配位数起着主要作用时，配体的体积显然也影响着稀土离子的配位数，表 7-6 所列的卤化物的配位数的变化，说明配体体积增大时会使给定金属离子的配位数变小。其中在钕（Ⅲ）的 F^-、Cl^- 的化合物中，钕的配位数为 9，而在 Br^-、I^- 的化合物中钕的配位数为 8，其他元素亦有类似的倾向。在一些由有机配体生成的配合物中，也发现当配体同系物的体积增大或有支链时，由于位阻效应而使配位数减小，如在轻稀土的高氯酸盐的二甲亚砜配合物中，L(配体)：M=8：1（摩尔比），而在二丙基亚砜的配合物中 L：M=6：1。

表 7-6 稀土卤化物中金属离子的配位数

元　素	不同阴离子时金属离子配位数			
	F^-	Cl^-	Br^-	I^-
La	9	9	9	8
Ce	9	9	9	8
Pr	9	9	9	8
Nd	9	9	8	8
Pm		9	8	
Sm	9、8	9	8	6
Eu	9、8	9	8	6
Gd	8、9	9	6	6
Tb	8、9	8	6	6
Dy	8、9	6、8	6	6
Ho	8、9	6	6	6
Er	8、9	6	6	6
Tm	8、9	6	6	6
Yb	8、9	6	6	6
Lu	8、9	6	6	6

注：其中阴离子的半径为：F^- 1.34×10^2pm；Cl^- 1.80×10^2pm；Br^- 1.90×10^2pm；I^- 2.23×10^2pm。

配体的电荷对配合物的配位数也有影响，中性配体一般可以使金属离子有较大的配位数。当配体的电荷增大时，金属的配位数有降低的倾向，例如在稀土与等电子四面体阴离子

（ClO_4^-、SO_4^{2-}、PO_4^{3-} 和 SiO_4^{4-}）和三角形阴离子（NO_3^-、CO_3^{2-}、BiO_3^{3-}）所生成的配合物中随着含氧阴离子电荷的增大，稀土配合物中金属的配位数相应地降低。

7.3.4.3　内界配位与外界配位

内界配位指配位体进入金属离子的内配位层里。如果配位体停留于中心离子的外配位层里，就叫做外界配位或外界络合。显然，外界配位对于体系的影响较小，引起能量及热力学函数 ΔS、ΔH 和 ΔG 等变化较小。

可以利用一些方法来鉴别内界配位与外界配位。例如生成内界配位配合物时，由于形成新的内配位键，则在配位体内部或多或少地改变了电子的分布，因此将引起红外光谱吸收频率的位移。而当配位体处于外界配位，其电子的分布仅受到轻度的影响，此时观察到的红外吸收光谱，应当没有很大的变化。

在水溶液中，稀土离子与 Cl^- 作用，过去认为不生成内界配位配合物，最近经 X 射线衍射研究表明，$LnCl_3$ 在 10mol/L HCl 溶液中，Ln^{3+} 与七个水分子及一个 Cl^- 配位。但从紫外、可见吸收光谱测定，发现 Nd^{3+} 在 5～6mol/L Cl^- 的溶液中，其吸收光谱和 Nd^{3+} 水合离子没有区别，说明在此条件下 Nd^{3+} 和 Cl^- 不生成内界配合物。当 Cl^- 浓度再增大时，可以看到吸收带的红移、谱带变形和强度改变。这一变化认为是生成内界配合物而造成的。再如 Eu^{3+} 的吸收光谱变化较灵敏，当 Eu^{3+} 在 5mol/L LiCl 中，Eu^{3+} 的吸收光谱和水合 Eu^{3+} 有较大区别，随着 Cl^- 浓度提高，这一差别加大，表明 Eu^{3+} 更易与 Cl^- 生成内界配合物。较重的稀土离子，如 Er^{3+} 和 Ho^{3+} 等在 Cl^- 浓度为 13～14mol/L 时，仍观察不到光谱变化，可能是这些重稀土离子在水溶液中不易和 Cl^- 生成内界配位配合物。

关于稀土配合物的内界与外界配位配合物研究并不多。对于一个特定配位体而言，哪些因素决定配合物的内界或外界配位结构，都是不很清楚的。例如稀土离子与羧酸经常是生成内界配位配合物，而对位甲苯磺酸却易生成外界配位配合物。但是 X^-（卤化物）、NO_3^-、SCN^- 和 $Fe(CN)_6^{3-}$ 等都易与稀土离子生成外界配合物，而 SO_4^{2-} 和 IO_3^- 易生成内界配合物。

近年来又应用超声波吸收法来研究内外界配合物，并用来鉴定区别内界或外界配位的存在。

7.4　稀土元素配合物的热力学性质

7.4.1　稀土元素配合物系列中稳定性的变迁

（1）配合物稳定常数的变化　从 20 世纪 40 年代至今已测得大量的稀土元素配合物的稳定常数，大部分是从水溶液体系中得到的，小部分是从非水介质中获得的。在水溶液中，配合反应可用下式表示：

$$Ln(H_3O)_x^{3+}+nL=\!=\!=Ln(H_3O)_{x-n}Ln+nH_2O$$

配位体 L 的电荷关系未列入，与此对应的有配合物的逐级稳定常数 K 和累积稳定常数 β，介质一般是固定离子强度的溶液。文献中虽然列出多种配位体的数据，但是，不同作者所得的数据，即使是对同一配位体也往往不同。这可能是由于实验方法、实验条件的不同，如离子强度、温度等。

根据配合物性质的差异，稳定常数可用多种物理方法测定，如电位、电导、离子交换、pH 测定、液-液萃取和吸收光谱等。

从大量的数据中发现，稀土元素配合物的稳定常数不是完全单一地随原子序数而递变的。一般来说，轻稀土元素（Ⅲ）随原子序数的递增和离子半径的减小，同类型配合物的稳定常数平行地递增，而重稀土元素（Ⅲ）配合物稳定常数的变化则依赖于配体，简略地可分为三种类型：①随着原子序数的增加，离子半径减小，同类型配合物的稳定常数递增；②随着原子序数的增加，从 Gd～Lu，同类型配合物几乎是不变的或变化不大；③随着原子序数的变化，在 Dy 附近，同类型配合物先有最大值而后有降低的趋势。稳定常数的变化情况见表 7-7 和图 7-8。三种类型配合物的配体实例列在表 7-8 中。

表 7-7　1∶1 稀土配合物的稳定常数

元素	lg K_{REY}							
	EDTA	PDTA	BDTA	DBTA	DCTA	DPTA	DHTA	DBTA(3mol/L)
La	15.50	16.40	(16.3)	16.58	16.26	16.61	16.52	16.41
Ce	15.98	16.79	(16.8)	17.15	16.78	17.13	17.11	16.98
Pr	16.40	17.17	17.49	17.49	17.31	17.48	17.36	17.28
Nd	16.61	17.54	17.70	17.77	17.68	17.76	17.67	15.57
Pm	(16.9)	(17.8)	(18.0)	(18.0)	(18.0)	(18.0)	(17.9)	(17.8)
Sm	17.14	17.97	18.32	18.25	18.38	18.25	18.24	18.12
Eu	17.35	18.26	18.61	18.38	18.62	18.38	18.32	18.30
Gd	17.37	18.21	18.81	18.56	18.77	18.53	18.47	18.44
Tb	17.93	18.64	19.45	19.03	19.50	19.02	18.98	18.97
Dy	18.30	19.05	19.93	19.48	19.69	19.48	19.42	19.39
Ho	(18.6)	19.30	20.27	19.80	(20.2)	19.77	19.72	19.70
Er	18.85	19.61	20.68	20.11	20.68	20.09	19.87	19.97
Tm	19.32	20.08	20.96	20.52	20.96	20.46	20.40	20.38
Yb	19.51	20.25	21.29	20.87	21.12	20.80	20.61	20.65
Lu	19.83	20.56	21.33	20.97	21.51	20.99	20.81	20.79
Y	18.09				19.15			

元素	lg K_{REY}								
	DPTA(4mol/L)	HEDTA	MEDTA	BEDTA	DTPA	ME	DE	EDDM	NTA
La	16.45	13.82	11.50	10.81	19.96	16.21	15.63	9.80	10.55
Ce	17.02	14.45	11.87	11.28	(20.9)	(16.9)	15.78	10.42	10.88
Pr	17.32	14.96	12.33	11.70	21.85	17.57	16.13	10.50	11.02
Nd	17.65	15.16	12.51	11.82	22.24	17.88	16.36	10.71	11.17
Pm	(17.9)	(15.4)	(12.7)	(12.0)	(22.5)	(18.2)	(16.7)	(10.9)	
Sm	18.20	15.64	12.86	12.19	22.84	18.40	16.96	11.00	11.25
Eu	18.45	15.62	12.96	12.35	22.91	18.52	17.18	11.04	11.33
Gd	18.48	15.44	12.98	12.40	23.01	18.31	17.02	10.82	11.36
Tb	18.99	15.55	13.35	12.79	23.21	18.52	17.35	11.19	11.50
Dy	19.47	15.51	13.61	13.02	23.46	18.42	17.50	11.08	11.62
Ho	19.71	15.55	13.81	13.26	23.3	18.34	17.46	11.04	11.75
Er	19.99	15.61	14.04	13.47	23.18	18.20	17.48	11.05	11.88
Tm	20.40	16.00	14.31	13.65	22.97	18.04	17.56	11.04	12.05
Yb	20.74	16.17	14.43	13.85	23.01	18.06	17.86	10.96	12.20
Lu	20.92	16.25	14.51	13.93	23.0	17.96	17.89	11.21	12.30
Y		14.49			22.40	17.54	17.05		11.30

注：括号里的数值是外推的。

表 7-8　配体类型

类　型	配　体
Ⅰ	EDTA、DCTA、NTA、羟基乙酸、亚胺基二乙酸、α-羟基异丁酸、吡啶二羧酸等
Ⅱ	HAc、Acac、异丁酸、HEDTA 等
Ⅲ	DTPA

在稀土配合物稳定常数（lg K_{REY}）与原子序数的变化关系中，有一个不能忽略的现象，即所谓“钆断”现象，在每一配体所生成的稀土配合物系列中，钆附近都有一个不规则的 lg K_{REY}或 ΔG 值，其实例见图 7-8、图 7-9。

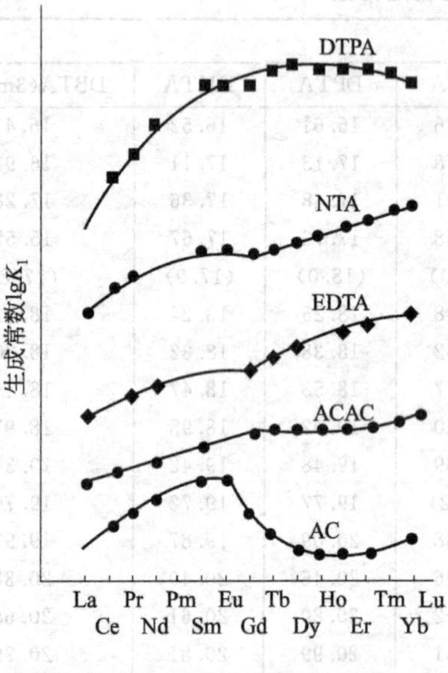

图 7-8　稀土配合物的生成常数与原子序数的关系

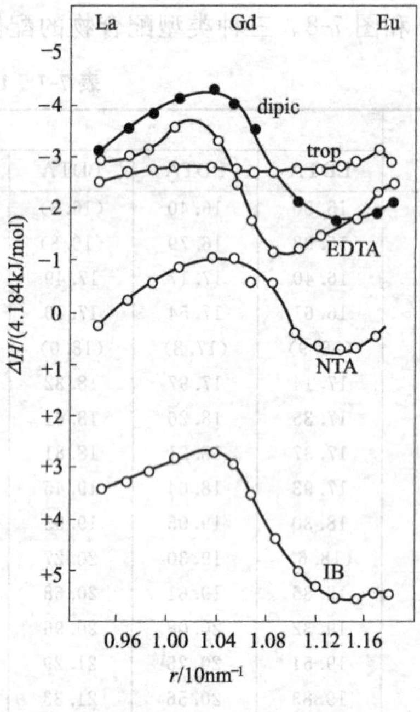

图 7-9　稀土配合物在水溶液中的焓变

“钆断”现象是指在稀土化合物性质与原子序数的对应变化关系中，在钆附近出现了不连续现象。这种不连续变化从 Sm 开始直至 Dy 都有，并不是只在钆处出现。

“钆断”现象不仅反映在配合物稳定常数的变化上，也反映在其他的热力学性质、离子半径、氧化还原电势和晶格能等性质上。

(2) 配合物稳定性变化的说明　目前对于稀土配合物稳定性变化的解释只是定性的，有的不能令人满意。

用简单的静电模型，一般可判断配合物的相对稳定性，对于同一配体的配合物来说，金属离子的离子势将是配合物稳定性的决定因素。从理论上说，三价稀土离子配合物的稳定性似乎应随离子半径的递减而线性变化，但上文所述在稀土中同类型配合物稳定常数变化的类型Ⅱ和Ⅲ，并不与离子半径的变化有平行的变化关系，可见离子半径并不是决定稀土配合物稳定性变化的唯一因素。配合物中金属配位数的改变、配体的位阻因素。水合程度以及价键成分的变化都可能对稳定常数的变化发生影响。

中心原子配位数的改变是稀土配合物稳定性类型变化的一个重要因素。随着离子半径的减小，稀土离子（Ⅲ）在 Sm～Gd 范围内中心原子配位数逐渐发生变化，轻、重稀土离子的配位数往往不同。配位数发生变化后，配合物的类型、晶体结构、配位原子与中心离子间的键长，以及实际离子半径也都随之变化，因此这必给配合物相对稳定性的变迁带来影响。

在水溶液体系中，配体和 H_2O 分子对中心离子的竞争也是不可忽视的，金属离子的水合程度也影响着配合物的稳定性，所以稀土离子水合能力的变化也将影响到稀土配合物稳定常数与原子序数之间的相对关系。

（3）钇配合物的稳定性　钇配合物的稳定性在镧系中的位置是变化的，有些按离子半径的次序可落在钬、铒附近，而有些则移至轻镧系或移出整个镧系，见表 7-7。对此，可认为当离子半径对配合物稳定性起主要作用时，钇的稳定常数可处在按照离子半径所预期的位置。当其他因素（如稳定化能、键能等）起主要作用时，钇配合物的稳定常数在镧系中位置就可能发生移动。

（4）稀土配合物的热焓和熵的变化　从热力学角度来看，配合物的稳定常数应是反应中焓变和熵变的衡量尺度。

稀土配合物的焓变 ΔH 和熵变 ΔS 列在表 7-9 和图 7-9 中。它们也是随原子序数而非线性递变的，并在钆附近出现不连续的现象。这说明稀土配合物的焓变和熵变也不是受单一因素影响的。曾有人用晶体场稳定化能的变化来说明焓变但不很成功。

在水溶液中，稀土配合物的焓变可看成是阳离子与配体的键合能和阳离子与溶剂分子（H_2O）的键合能之间差额的一种衡量尺度，并受多种因素所影响。

表 7-9　1∶1 配合物生成的热焓和熵变

RE^{3+}	NTA(20℃)		EDTA(25℃)		DTPA(25℃)		IB(25℃)		dipic	
	ΔH /(kJ/mol)	ΔS /[J/(mol·K)]	ΔH /(kJ/mol)	ΔS /[J/(mol·K)]	ΔH /(kJ/mol)	ΔS /[J/(mol·K)]	ΔH /(kJ/mol)	ΔS /[J/(mol·K)]	ΔH /(kJ/mol)	ΔS /[J/(mol·K)]
La^{3+}	1.339	204.2	12.241	249.7	21.756	300.4	14.51	78.6	13.075	107.9
Ce^{3+}	0.899	204.2	12.292	254.4	24.058		13.93	77.8	14.840	109.3
Pr^{3+}	2.100	204.6	13.380	256.9	26.986	312.9	12.63	76.9	16.371	109.3
Nd^{3+}	3.559	204.2	15.158	256.7	29.706	313.8	11.68	76.6	16.786	110.8
Sm^{3+}	4.380	205.4	14.012	269.4	33.053	316.7	11.13	75.7	17.920	108.4
Eu^{3+}	4.305	205.4	10.703	282.8	33.053	317.9	12.17	78.6	17.044	111.3
Gd^{3+}	2.619	212.1	7.238	297.9	32.625	320.9	14.43	84.1	14.987	116.3
Tb^{3+}	2.552	220.9	4.661	315.8	32.21	326.4	18.32	94.5	11.250	127.6
Dy^{3+}	1.464	229.3	5.067	326.4	33.053	326.3	21.08	102.5	9.075	135.6
Ho^{3+}	2.272	234.7	5.673	326.3	31.38	330.5	22.22	105.8	8.142	139.9
Er^{3+}	2.418	238.1	7.146	327.6	30.96	331.8	22.97	107.9	7.740	141.4
Tm^{3+}	2.447	241.8	7.829	330.9	27.61	343.1	22.55	106.7	7.673	143.1
Yb^{3+}	1.674	242.7	9.665	331.4	25.9	346.0	22.38	106.0	8.054	142.2
Lu^{3+}	0.753	241.4	10.510	330.9	21.3	358.6	22.38	106.7	9.167	141.8
Y^{3+}	4.297	251.0	2.460	324.3			22.42	106.7	6.016	141.4

在水溶液体系中，多数配合物的熵变是主要的，在配合物形成时，体系的质点数改变以及质点的振动形式的变化，都关系到熵值，例如在形成配合物时，金属离子的水合层的破坏程度，将影响到熵值的变化，所以在配合物的形成和解离时引起熵变之外，金属水合层的变化也是一个因素。

为了避免水合作用的影响，可采用非水体系来测定配合物热力学性质的变化。在稀土离子与乙二胺的乙腈（无水）体系中，所测的热力学数据（见表 7-10）表明，ΔS 是负值，与相应体系水溶液中的大的正熵值相反，但 ΔH 是大的负值，表明焓变是此体系中配合物形成的主要因素，与水溶液体系不同，在水溶液体系中，水合作用是不可忽视的。

表 7-10 稀土高氯盐的乙二酸配合物的热力学数据

RE^{3+}	焓变/(kJ/mol)				形成常数				熵变/[J/(mol·℃)]			
	$-\Delta H_1$	$-\Delta H_2$	$-\Delta H_3$	$-\Delta H_4$	lg K_1	lg K_2	lg K_3	lg K_4	ΔS_1	ΔS_2	ΔS_3	ΔS_4
La	72.4	64.8	55.6	46.0	9.95	7.5	6.2	3.3	−63.2	−76.1	−76.9	−92.5
Ce												
Pr	78.2	70.3	56.9	45.2								
Nd	78.6	70.7	57.7	45.6								
Sm	80.7	75.3	56.5	41.4								
Eu	82.8	76.6	58.1	40.58								
Gd	81.6	75.3	58.1	39.7								
Tb	83.3	77.8	54.8	37.6	10.4	8.4	6.2	3.2	−79.5	−102.5	−66.9	−66.1
Dy	83.3	76.9	52.7	38.3								
Ho	83.3	76.1	53.1	41.84								
Er	84.1	78.2	54.8	48.1								
Yb	84.1	78.6	60.2	53.5	11.5	9.3	6.5	3.8	−64.4	−88.3	−79.5	−108.4
Lu	83.7	77.8	59.8	53.5								

注：焓变偏差±1.2kJ/mol；形成常数偏差±0.5；熵变偏差±12.5J/(mol·℃)。

7.4.2 镧系配合物性质与原子序数关系中的四分组效应、双双效应和斜 W 效应

(1) 四分组效应（tetrad effect） 在镧系元素配合物性质与原子序数的关系中，四分组效应是一个客观事实。四分组效应首先是由 Peppard(佩帕德）等人在 1969 年总结某些镧系离子的液-液萃取体系的分配比或分离因素的变化时提出的。所谓四分组效应是“15 个镧系元素的液-液萃取体系中，以 lg K(分配比）对 z(原子序数）作图，能用四条平滑的曲线将图上标出的 15 个点分成四组，钆的那个点是第二组和第三组的交点。第一组和第二组曲线的延长线在 60 号与 61 号元素间的区域相交，第三组和第四组曲线的延长线在 67 号与 68 号元素间的区域相交”。四分组效应即将镧系元素按性质的相似变化分成四个元素一组的四个分组（如图 7-10）：

La	Ce	Pr	Nd	（第一组）
Pm	Sm	Eu	Gd	（第二组）
Gd	Tb	Dy	Ho	（第三组）
Er	Tm	Yb	Lu	（第四组）

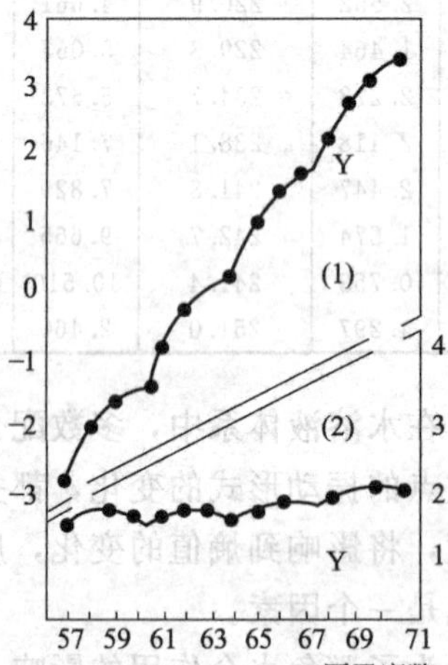

图 7-10 分配比与原子序数的关系

现已报道，酸性和中性磷酸酯的萃取剂、螯合萃取剂、亚砜萃取剂等对镧系元素的萃取分配比的对数值与原子序数关系中存在四分组效应，并且该效应也反映在镧系元素配合物的其他性质（如热焓、熵、自由能等）与原子序数的关系中。

镧系元素配合物性质与原子序数关系的四分组效应是镧系元素 4f 电子性质的反映。镧系元素配合物性质与原子序数的图形转折处正是 4f 电子层的 1/4、1/2、3/4 的填充的离子处。

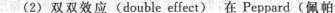

(2) 双双效应（double effect） 在 Peppard（佩帕

德）等提出“四分组效应”之前，1964 年，Fidelis(菲德利斯）等在用萃取色层研究镧系元素分离因素时发现了“双双效应”。“双双效应”是指镧系元素的分离因素与原子序数的关系中分为 La～Gd 和 Gd～Lu 两组，每一组中出现二个最大和最小值，如图 7-11 所示。以后它们把“双双效应”与三价镧系离子的电子组态和基支谱项联系起来，用电子组态以 f^7 为中点分为 f^0-f^7 和 f^7-f^{14} 两组来说明每一组中还可以 f^3、f^4 和 f^{10}、f^{11} 二对元素为界面进一步划分，在萃取色层分离因素中表现了 f^0-f^3，f^4-f^7 和 f^7-f^{10}，f^{11}-f^{14} 元素的相似性。“双双效应”还存在于液-液萃取的分离因素、配合物的稳定性等热力学性质中，并存在于镧系离子（Ⅲ）的其他性质与原子序数的关系中。

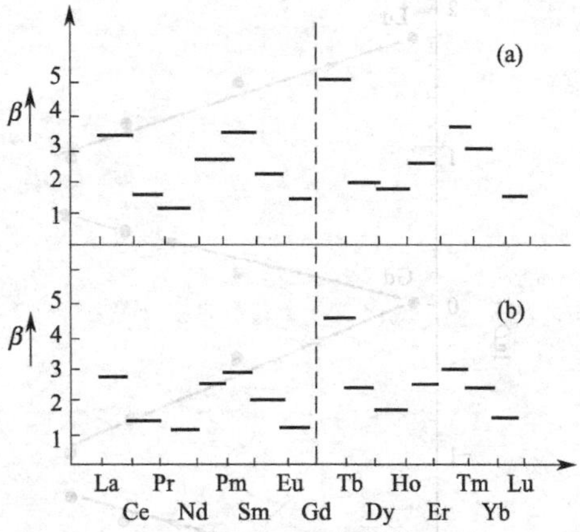

图 7-11 以 HEHφP 和 TBP 为萃取剂时相邻稀土元素的分离因素与原子序数的关系

Fidelis 等肯定了“双双效应”是镧系元素配合物性质与原子序数关系中的规律，但不同意“四分组效应”这个名称，认为“四分组效应”不能反映整个 f-元素中两个小组进一步划分后的某些不同。以后他们又指出“斜 W 效应”的某些缺点，坚持“双双效应”的合理性。

实际上，无论是“双双效应”还是“四分组效应”都反映了镧系元素性质递变的规律，它们基本上是相同的，只是在表示方法上有所不同而已。

(3)“斜 W 效应” 1975 年，S. P. Sinha(辛哈）把三价镧系离子的基态 L 和它们的某些物理化学性质联系起来。他在解释镧系离子（Ⅲ）性质随原子序数递变的“四分组效应”时指出：在镧（锕）系中，L 值表现了像“四分组效应”同样的周期性，并且 f 过渡金属离子的性质在四分组的每一组内是线性变化的。提出镧系离子（Ⅲ）的多数性质与 L 作图时存在着四段“斜 W”形的直线，如图 7-12～图 7-17。

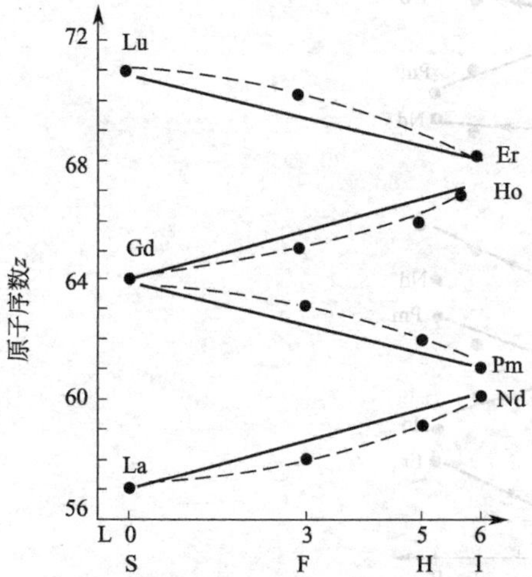

图 7-12 三价镧系离子的基态总轨道角动量量子数 L 与原子序数的关系

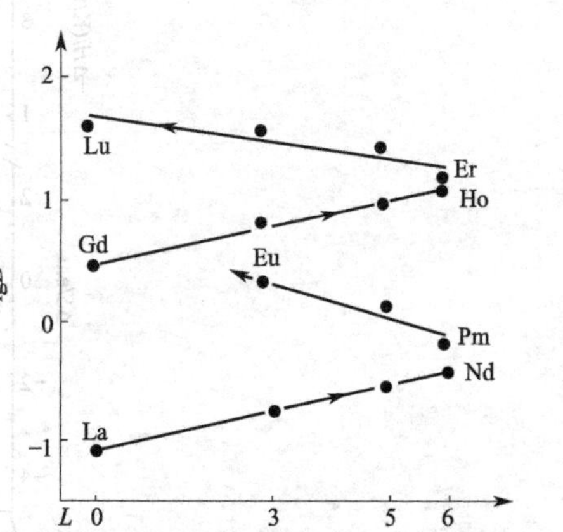

图 7-13 TBP 从 HNO_3 溶液中萃取镧系离子（Ⅲ）的 lg D 与 L 的关系

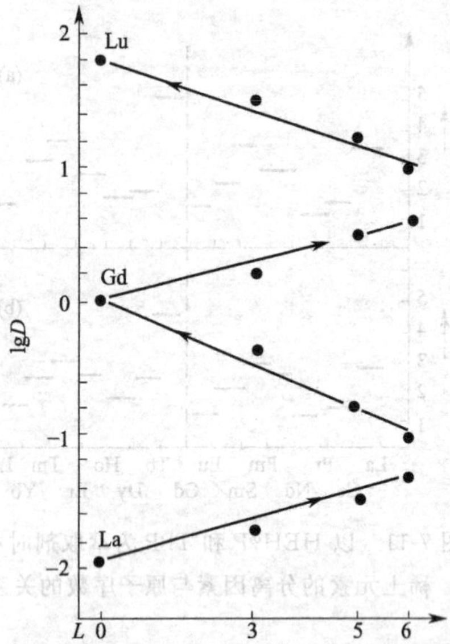

图 7-14 以 α-羟基异丁酸为淋洗剂时的阳离子交换分离镧系离子（Ⅲ）的 lg D 与 L 的关系

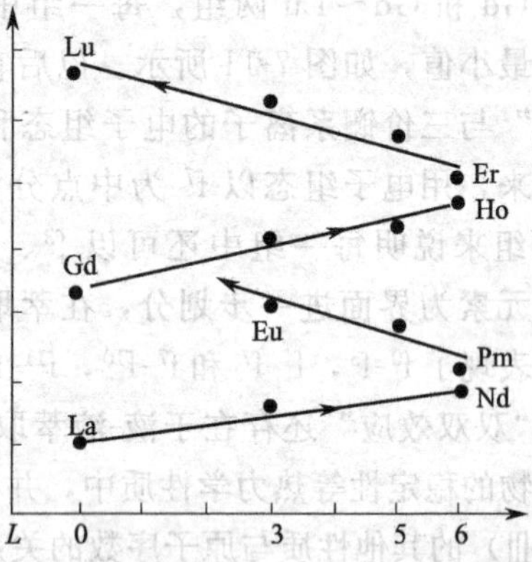

图 7-15 反相色层分离镧系离子（Ⅲ）的 lg D 与 L 的关系（HEHΦP）

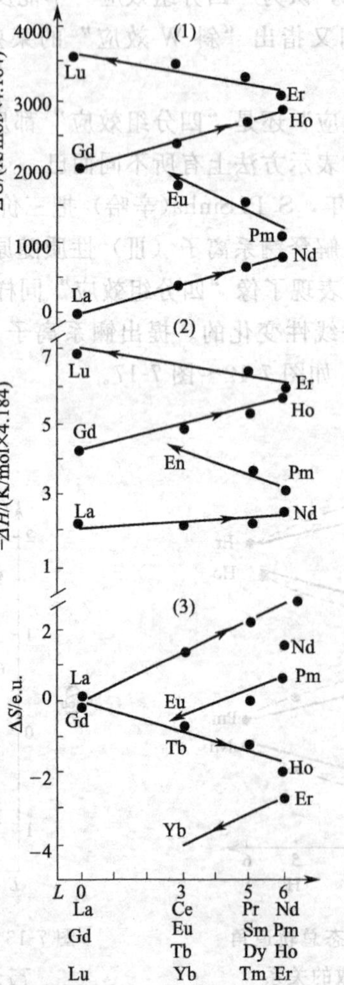

图 7-16 TBP 从 HNO_3 溶液中萃取镧系离子时 ΔG(1)、ΔH(2)、ΔS(3) 与 L 的关系

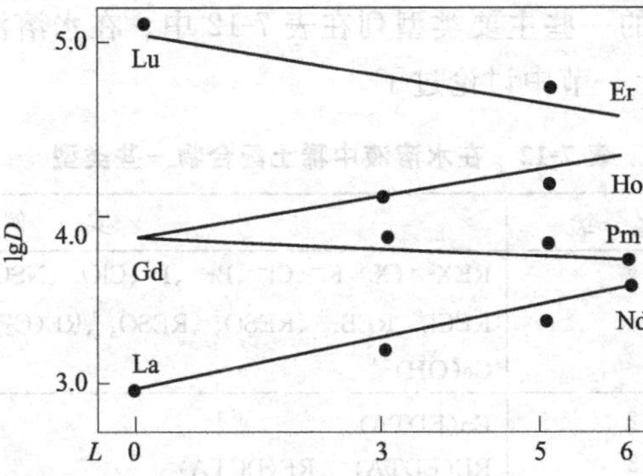

图 7-17 N_{236}-二甲苯溶液从 HNO_3 溶液中萃取镧系离子（Ⅲ）的 lg D 与 L 的关系

① 镧系离子（Ⅲ）基态 L 值的周期性变化。当我们分析镧系离子（Ⅲ）基态光谱项或 L 值时，就会发现镧系离子（Ⅲ）基态的 L 值以 0(S)、3(F)、5(H)、6(I) 为周期的改变，如表 7-17 所示。其中包括四个周期，随着原子序数的递变，以 S、F、H、I；I、H、F、S；S、F、H、I；I、H、F、S 而变化。当以 L 值与原子序数作图时，有四段曲线，其中 Gd 为第二和第三周期所共有，表明了反映镧系离子（Ⅲ）内在特性的参数 L 值随原子序数的递变是非线性的函数关系。

② 分配比与 L 的直线关系。近年来，已有大量实例说明，无论是在液-液萃取、离子交换或反相色层的方法中，关系离子的分配比与其基态 L 值的关系都呈直线函数关系，如图 6.13~6.15 的 lg D 与 L 的图形所示。不同体系的图形都有四段“斜 W”形状，Gd 并不一定共属于第二和第三段，而往往属于第三段。

③ 生成常数、热焓、熵与 L 值的直线函数关系。镧系配合物的生成常数、热焓、熵等热力学性质与 L 的关系由图 7-16 和表 7-11 表示，它们也有类似的“斜 W”图形，虽有些图形偏离了“斜 W”的形式，但 L 和热力学性质的直线函数关系仍然存在。

表 7-11 镧系离子（Ⅲ）基态 L 和光谱相

元素	La Lu	Ce Yb	Pr Tm	Nd Er	Pm Ho	Sm Dy	Eu Tb	Gd Gd
L 值	0	3	5	6	6	5	3	0
光谱相	^1S	^2F	^3H	^4I	^5I	^6H	^7F	^8S

表现配合物性质与基态 L 关系的“斜 W 效应”非但在配合物性质上体现出来，而且也反映在镧系元素的其他性质上。例如氧化还原电势、电离能、光谱性质、金属与配位原子间的键的拉伸振动频率以及配合物的晶格常数等性质与 L 的变化关系都有“斜 W”的关系。把这种关系应用在镧系离子的其他价态上也得到较好的结果。

7.5 稀土元素配合物的类型

7.5.1 水溶液中的稀土配合物

水溶液中稀土络合离子的性质对稀土离子的溶液化学有重要意义，它影响着稀土的离子交换和溶剂萃取分离过程，并关系到稀土元素在生物化学中的作用。

水溶液中稀土配合物的一些主要类型列在表7-12中。在水溶液中稀土配合物的稳定常数已列在表7-9中，并在上一节中讨论过了。

表7-12 在水溶液中稀土配合物一些类型

类 型	氧化态	实 例
离子对缔和	+3	REX^{2+}（X=F^-、Cl^-、Br^-、I^-、ClO_4^-、NSC^-、NO_3^-）
	+4	$RECl_2^+$、$REBr_2^+$、$RESO_4^+$、$RESO_3^+$、$RE(C_2H_3O_2)_n^{(3-n)}$（n=1～3）
		$Ce(OH)^{3+}$
螯合物	+2	$Eu(EDTA)^{2-}$
	+3	$RE(EDTA)^-$、$RE(DCTA)^-$
		$RE(Cit)_n^{(3-3n)}$（n=1～3）
		$RE(HEDTA)(IMDA)^{2-}$
		$RE(HEDTA)(OH)^-$
		$RE(S_2O_3)_3^{3-}$
		$RE(P_3O_{10})^{3-}$、$RE(P_2O_7)_n^{(3-4n)}$（n=1,2）

在水溶液中，最普遍的配合物是水合离子$[RE(H_2O)_n]^{3+}$。$[RE(H_2O)_n]^{3+}$的配位数可用多种方法测定，但数据不完全一致。一般认为镧至钕的内配位水分子为9，由铽到镥为8，由钐至钆的配位水分子数由9向8变化，存在含配位水分子数为8和9的两种离子，钇的配位水分子数和铒的相同，钪的配位水分子数为6。有人根据电导确定，随着稀土离子半径的减小，表面电荷密度增大，水合程度增大，稀土离子的水合数增加，如La^{3+}～Nd^{3+}是12.8±0.1，Sm^{3+}为13.1，Gd^{3+}为13.4，Dy^{3+}～Yb^{3+}是13.9±0.1。

稀土离子在水溶液中会发生水解，水解程度随原子序数的增加而增大。Ce^{3+}仅1%水解并生成沉淀，主要的平衡为：

$$3Ce^{3+}+5H_2O \rightleftharpoons [Ce_3(OH)_5]^{4+}+5H^+$$

此水解产物在空气中会被氧化为$Ce(OH)_4$，而析出沉淀物。重稀土离子较轻稀土离子更易于水解，钪有较强的水解能力。

由于水对稀土离子有很强的络合能力，因此对在水溶液中配合物的生成有很大的影响。当在水溶液中有其他配体存在时，配体和水会发生与稀土离子相互配位的竞争，在适宜的浓度条件下，只有那些含氧配体或螯合配体能够与稀土离子生成相应的配合物，但此配合物往往含有水分子。含水配合物的脱水也是相当困难的。

7.5.2 固体配合物

从溶液中离析出的配合物种类繁多，大部分是有机配体的配合物。近年来采用物理测试技术对配合物晶体结构、价键、配位数等方面进行了研究，使人们对稀土配合物的认识前进了一大步。

（1）无机配体的配合物 无机配体的配合物一般类型见表7-13。

① NO_3^-配位配合物 NO_3^-与稀土离子形成了二类配合物。

a. 单一NO_3^-配位的配合物 对于三价稀土离子来说，有两种类型，如在表7-13中指出的$M_3RE(NO_3)_6$和$M_2RE(NO_3)_5$。四价稀土离子和NO_3^-可生成如$(NH_4)Ce(NO_3)_6$的配合物，它属于单斜晶系，金属离子的配位数为12，NO_3^-是以双齿配体配位到金属离子上的。

表 7-13 无机配体的配合物

配体	实例	
卤素	$MREF_4$	M＝一价金属离子，RE＝La～Lu、Y、Sc
	M_3REX_6	X＝F、Cl、Br、I，其他同上
	M_2CeX_6	X＝F、Cl
拟卤素	$M_3RE(NCS)_6$	RE＝Pr～Lu、Y、Sc
	$M_3RE(NCSe)_6$	RE＝Pr～Er、Y
	$M_3RE(NCO)_6$	RE＝Eu～Yb、Y、Sc
含氧阴离子	$M_3RE(NO_3)_6$	RE＝La～Sm
	$M_2RE(NO_3)_5$	RE＝Nd～Lu
	$(NH_4)_2Ce(NO_3)_6$	
	$M_2Sc(PO_4)_3$	M＝Sr、Ba

稀土的硝酸复盐主要有两种形式：$M_2RE(NO_3)_5 \cdot xH_2O$（$x=1$，M＝Na、K；$x=2$，M＝K、Cs；$x=4$，M＝Rb、Cs、$NH_4^+$；RE＝La～Nd）和 $M_3RE(NO_3)_{12} \cdot 24H_2O$（M＝Mg、Cd、Mn、Fe、Co、Ni、Cu、Zn 等，RE＝La～Nd、Sm～Gd、Er），也可把它们看成单一 NO_3^- 配位的配合物。

b. 生成混合型配体的配合物。这些配体有含氧和含氮配位原子的配体，它们与 NO_3^- 一起与金属生成配合物，实例见表 7-14。

表 7-14 混合配合物的类型

项目	配体(L)	配合物类型	三价稀土元素
含氮配体	Pn	$[RE(NO_3)L_4](NO_3)_2$	La、Pr、Nd、Sm
		$[RE(NO_3)L_3]NO_3$	Gd～Ho
	En	$[RE(NO_3)L_4](NO_3)_2$	La、Pr、Nd、Sm
		$[La(NO_3)L_3](NO_3)_2$	Gd～Ho
	2,2′-bipy	$RE(NO_3)_3 \cdot 2L$	La～Lu
	1,10-phen	$RE(NO_3)_3 \cdot 2L$	La～Lu
含氧配体	$Ph_3P=O$	$Ce(NO_3)_3 \cdot 2L$	
	$(C_4H_9O)_3P=O$	$RE(NO_3)L_3 \cdot 3L$	Nd、Er
	DMSO	$RE(NO_3)_3 \cdot 4DMSO$	La、Nd
		$Er(NO_3)_3 \cdot 3DMSO$	
	$(PhCH_2)_3As=O$	$RE(NO_3)_3 \cdot 3L$	La～Nd、Sm～Er、Yb

在上述配合物中，NO_3^- 都是以配体形式和金属离子相结合（NO_3^- 可以是单齿配体或双齿配体）的，或部分 NO_3^- 以外界离子存在于配合物中。红外光谱是目前鉴别 NO_3^- 是否配位最常用和最有效的方法之一。自由 NO_3^- 具有 D_{3h} 对称性，它与配位的 NO_3^-（具有 C_{2v} 对称性）是不同的，振动光谱所允许的跃迁带也不相同。在 D_{3h} 对称性下，有三个红外活性带：约 $881cm^{-1}$、约 $1390cm^{-1}$ 和 $790cm^{-1}$ 及一个在拉曼光谱上允许的跃迁带 $1050cm^{-1}$；在 C_{2v} 对称性时，有 6 个红外活性带 $1030cm^{-1}$、$810cm^{-1}$、$1480\sim1530cm^{-1}$、$1290cm^{-1}$，$740cm^{-1}$ 和 $713cm^{-1}$，因此借助吸收带的区别，就可用红外光谱来鉴别 NO_3^- 的作用情况，但是为了进一步区别 NO_3^- 是单齿配位还是双齿配位，仅用红外光谱方法还是不够的。

② NCS^- 配位的配合物。稀土离子与 NCS^- 生成单一 NCS^- 配合物和与其他配体的混合型配合物。

a. 单一 NCS^- 配合物主要有两种形式：$M_3RE(NCS)_6$ 和 $K_4Nd(NCS)_7 \cdot 4H_2O$、

$K_4Eu(NCS)_7 \cdot 6H_2O$。稀土离子在 $M_3RE(NCS)_6$ 中的配位数为6，是八面体构型，NCS^- 以N与金属配位，如 $[Er(NCS)_6][(C_4H_9)_4N]_3$ 结构分析指出有Er-N-C键存在，并几乎是直线形的，其中∠ErNC=174°，∠NCS=176°。电导表明其他稀土元素的该类配合物也是1∶3的化合物。在 $K_4Nd(NCS)_7 \cdot 4H_2O$ 和 $K_4Eu(NCS)_7 \cdot 6H_2O$ 中金属的配位数为8，其中含有 $[RE(NCS)_4(H_2O)_4]^-$ 的单位，结构为十二面体，在十二面体的两组不规则四边形的角顶上各配位有两个 H_2O 的O原子和两个 NCS^- 的N原子。

b. 混合型配体的配合物是由 NCS^- 和有机配体与稀土离子生成混合型配合物，如 $RE(bipy)_2(NCS)_3$、$RE(phen)(NCS)_3$ 等，在配合物中，三个 NCS^- 可以全部地与金属配位或部分 NCS^- 与金属配位，NCS^- 也是以N原子和金属配位的。为了区别 NCS^- 是以N原子还是以S原子与金属配位的，可以使用红外光谱来进行区别。NCS的$^-$特征振动带的峰位见表7-15。

表7-15 判断硫氰酸盐各类键型的红外范围 单位：cm^{-1}

键型	C—N(st)	C—S(st)	NCS	M—NCS(st)
自由 NCS^- 离子	2049～2066	746～748	471～784	
N键的 NCS^-	2040～4080	780～860	460～490	290～310
S键的 SCN^-	2090～2110	690～720	410～440	210～230
—SCN桥	2090～2175	790～792		

注：st为拉伸振动。

(2) 有机配体的配合物 以有机分子为配体的稀土配合物类型很多，主要介绍下面三个方面。

① 含氧配体的配合物 由于氧原子对稀土离子有特强的配位能力，因此已制备出大量的这类配合物。配体的类型主要有羧酸、羟基羧酸、β-二酮、羰基化合物、醇和醇化物以及大环聚醚等。

由于羧酸、羟基羧酸、β-二酮等配体可以解离出质子，以阴离子与稀土元素成盐，并且羰基氧原子也可与稀土离子配位而生成螯合物，如 $RE(Acac)_3 \cdot xH_2O$ ($x=1$、3) 和 $RE(DPM)_3$ 等，因此这类配合物是相当稳定的，大部分可以从水溶液中离析出来。

醇和醇化物、大环聚醚等配体与稀土离子生成的配合物的稳定性较差，它们要在非水溶剂中进行制备，并都可溶于有机溶剂中。

其中大环聚醚的稀土配合物，由于它们与生物上重要物质有关，引起了人们的关注。20世纪70年代以来，人们广泛研究了这一课题，国内也开展了多方面的研究。与稀土离子生成配合物的大环聚醚铕苯并-15-冠-5(Ⅰ)、二苯并-18-冠-6(Ⅱ)、饱和的环己基-18-冠-6(Ⅲ)、1,8-萘并-16-冠-5(Ⅳ) 等。配合物的合成以适当的有机溶剂如丙酮、乙腈等为介质。合成得到的大环聚醚的稀土配合物主要是1∶1的配合物，如 $RE(NO_3)_3 \cdot C_{14}H_{20}O_5$(Ⅰ) (RE=La～Sm) 和 $RE(NO_3)_3 \cdot C_{20}H_{24}O_6$(Ⅱ) (RE=La～Nd) 等。配合物的颜色与稀土离子本身的颜色相应，如镧的配合物是白色的，镨的配合物是绿色的，钕的配合物是淡红色的。在大部分此类配合物中，阴离子都参加配位，配位数可高达11～12。一般认为配体的空穴内径和稀土离子半径的匹配是十分重要的，它直接影响稀土离子的络合能力。X射线结构分析表明，醚环上的O原子不在一个平面上，一些聚醚的配合物中金属离子并非在聚醚的空穴之中，而是在空穴的外面。

② 有机氮配体的配合物 自从1963年首先合成联吡啶 (bipy)、二氮杂菲 (phen) 的稀土配合物以后，人们开始注意以氮为给予体原子的稀土配合物。现已合成出一系列的以氮

为配体的稀土配合物。这类配体中有以弱碱性的以 N 为配位原子的中性配体如 bipy、phen、terpy、tpt 等和强碱性的乙二胺（en）、丙二胺（pn）、二乙烯三胺（dien）等。它们生成了一系列稀土配合物，典型实例见表 7-16。

表 7-16 以氮原子配位的稀土配合物

类　型	分子式	说　明
弱碱配体	$RE(phen)_2X_3\cdot(H_2O$ 或 $C_2H_5OH)_n$	$X=Cl^-$、NO_3^-、NCS^-、$NCSe^-$　$n=0\sim5$
	$RE(bipy)_2X_3\cdot(H_2O$ 或 $C_2H_5OH)_n$	$X=Cl^-$、NO_3^-、NCS^-、$NCSe^-$　$n=0\sim2$
	$RE(bipy)_3X_3$	$X=NCS^-$、$NCSe^-$
	$RE(phen)_3X_3$	$X=NCS^-$、$NCSe^-$
	$RE(dimp)_2Cl_2(H_2O)_2$	
	$RE(terpy)X_3(H_2O)_n$	$X=Cl^-$、NO_3^-、Br　$n=0\sim3$
	$RE(terpy)(ClO_4)_3$	
	$RE(tpt)(NO_3)_3\cdot H_2O$	
	$[RE(tpt)_2(ClO_4)_2](ClO_4)$	
强碱配体	$[RE(en)_4NO_3](NO_3)_2$	RE=La～Sm
	$[RE(en)_4](NO_3)_3$	RE=Eu～Yb(Tm 除外)
	$[RE(en)_3(NO_3)_2]NO_3$	RE=Gd～Ho
	$[RE(en)_4Cl]Cl_2$	RE=La、Nd
	$[RE(pn)_4NO_3](NO_3)_2$	RE=La、Nd
	$[RE(tren)_2](ClO_4)_3$	RE=La、Pr、Nd、Gd、Er
	$[RE(dien)_3](ClO_4)_3$	RE=La、Pr、Nd、Sm、Gd
	$[RE(tren)](ClO_4)_3$	RE=La、Pr、Nd、Sm、Gd、Tb、Ho

弱碱性的含氮配体的配合物一般是用稀土的水合盐与过量的配体在温热的醇溶液中反应析出的。

弱碱性的中性配体对稀土离子的配位能力往往决定于体系中存在的阴离子性质。当有强螯合剂存在时，生成了单个含氮的双齿中性配体配合物，如：$[Eu(Acac)_2phen]$ 等。当阴离子是 Cl^-、NO_3^- 等时，得到的是两个含氮的双齿中性配体配合物，配位数大于 6，阴离子或溶剂参加了配位，如 $RE(bipy)_2(NO_3)_3$ 等；当阴离子为 NCS^- 时，生成三个含氮的双齿中性配体的配合物，如 $RE(bipy)_3(NCS)_3$ 等；当弱配位的阴离子（如 ClO_4^-）为配位离子时，生成四个含氮的双齿中性配体的配合物，如 $RE(phen)_4(ClO_4)_3$。

强碱的含氮配体配合物如 $RECl_3\cdot(NH_3)_n$（$n=1\sim6$）、$RECl_3(CH_3NH_2)_n$（$n=1\sim5$）是以气态 NH_3 等和无水盐反应而得到的。多齿的胺（en、pn、dien 等）的配合物可在乙腈等溶剂中制备。在配合物中阴离子可与金属离子配位。如 $[RE(en)_4(NO_3)](NO_3)_2$（RE=La～Sm）、$[RE(en)_4Cl]Cl_2$（RE=La、Nd）、$[RE(dien)_4(NO_3)_2]NO_3$ 等，配位数均大于 6。

含氮大环稀土配合物是近几年才合成的新化合物，如钪、钇、镧系的卟啉及酞青花配合物，还有六氮的大环配合物，如 $[ScL_1(H_2O)_2](ClO_4)_3\cdot4H_2O$ 和$[LaL_2(NO_3)_3]$ 等，其中 L_1 和 L_2 如下。

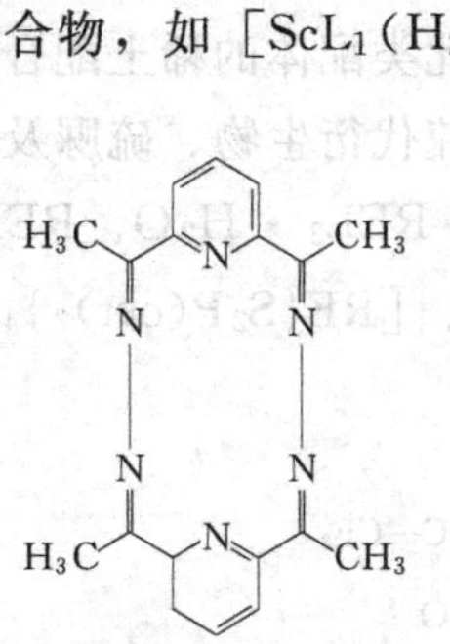

L_1

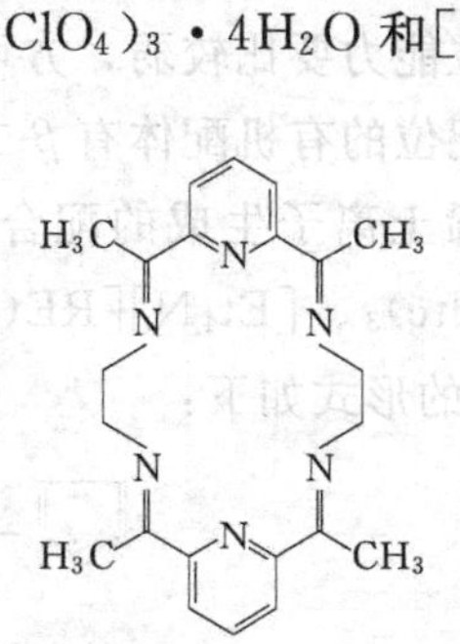

L_2

大环配合物的合成方法有两种。一是先由酮或二酮与脂肪族多胺在适当的有机溶剂存在下合成得到自由大环，然后由自由大环与金属离子在无水溶剂中合成得到大环配合物。另一是模板合成的方法，即把合成大环的原始物质酮或二酮和脂肪族多胺（如乙二胺、肼等）在金属离子存在下，由于金属离子的模板效应（template effect），使合成大环的原始物质的分子，在适当方向缩合成大环配合物。得到的大环配合物一般是不易解离的，往往得不到无金属的大环。稀土的含氮大环配合物几乎都用模板合成得到。

在大环配合物中，金属离子的配位情况已有研究，如［$LaL_2(NO_3)_3$］配合物中金属离子的配位数为12，大环上的六个氮原子都与La^{3+}配位，还有三个NO_3^-都以双齿配体与金属配位。

③ 有机氮-氧配体的配合物　由于配体中至少含有两个可配位的原子，因此它们和稀土离子形成螯合物。这类配体有氨基多酸、吡啶二羧酸和西佛碱类的化合物等。

氨基多酸一类配体与稀土离子一般生成1∶1的螯合物，如HRE(EDTA)·xH_2O、RE(NTA)·xH_2O、RE(IMDA)Cl·xH_2O等，这些螯合物可从乙醇或水溶液中析出。多数螯合物含有水分子，由于缺少结构分析数据，要区别所含的水分子是配位水还是结晶水是困难的。

吡啶-2,6-二羧酸和8-羟基喹啉等杂环化合物也与稀土离子形成螯合物，如RE(dpc)(dpcH)·$6H_2O$（RE＝La～Tb）、$RE(dpcH)_3$·H_2O（RE＝Sm～Yb）和$Na_3RE(dpc)_3$·xH_2O等。它们可由水合醋酸盐与吡啶-2,6二羧酸进行反应而得到。由$Na_3RE(dpc)_3$·xH_2O的结构分析表明，在Nd和Yb的螯合物中，x各是15和13，金属离子的配位数为9，其中六个羧氧原子和三个氮原子与金属配位，生成变形的三帽三棱柱结构的螯合物，其中的$Na[Ce(C_7H_3NO_4)_3]$·$15H_2O$化合物可用来制作低温温度计，还可作为顺磁共振谱的位移试剂。

西佛碱一类的配体和稀土离子生成如REL_3·$3H_2O$（L：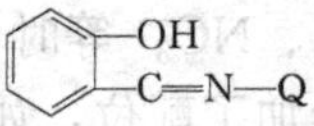　Q＝CH_3、C_2H_5、nC_3H_7、iC_3H_7、叔丁基，此配合物Q为叔丁基）和［$RE(L\text{-}LH)_3(NO_3)$］$(NO_3)_2$（RE为轻稀土）、［$Yb(L\text{-}LH)_2(NO_3)$］$(NO_3)_2$（L＝2,4-戊二酮缩苯胺，2,4-戊二酮缩苄胺等）的螯合物，相对来说由于西佛碱与稀土离子的配位能力较弱，螯合物要在无水溶剂中制备。

④ 其他配体的配合物　除了含氧、氮配位原子的有机配体外，还有硫、磷、砷等为配位原子的有机配体，它们与稀土离子生成稳定性较差的配合物。由于这些配位原子与稀土离子的络合能力较差，一般要从无水的配位能力弱的有机溶剂中进行制备，且所采用的稀土盐的阴离子和稀土的配位能力要比较弱，方可得到此类配体的稀土配合物。

以硫原子和稀土配位的有机配体有β-二酮的硫代衍生物、硫脲及其衍生物，硫代羧酸及硫代磷酸等。它们和稀土离子生成的配合物，如REL_3·H_2O、REL_3dipy、REL·ophen、REL_3·2pyNO、$RE(dtc)_3$、［Et_4N］［$RE(dtc)_4$］、［$RE\{S_2P(o\varepsilon t)_2\}_4$］$^-$和［$Pr(S_2PR_2)_4$］$^-$（R：$CH_3$等）其中L的形式如下：

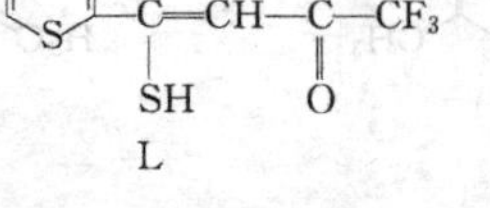

L

7.6 稀土金属有机化合物

在 1968 年合成了铀的环烯化合物以后，人们对 f 轨道可能参与成键的这类化合物有了兴趣。因而在后来，稀土金属有机化合物的研究取得了明显的进展。

f 区元素的金属有机化合物，除了在价键上具有特殊意义，配位几何构型非同寻常外，还可作为特殊试剂、催化剂等，所以也引起人们的重视。

7.6.1 稀土金属有机化合物的类型

近十几年来稀土金属有机化合物有了迅速的发展，但和 d-区金属有机化合物相比还是一个新兴的分支。从目前所合成的化合物来说它大致可以分为下面三类。

(1) 环烯化合物　其配体带有 π 电子，并以此与金属离子成键，如环戊二烯和环辛四烯的化合物及它们的衍生物。这类化合物是目前研究得较多的一类稀土金属有机化合物。

表 7-17　稀土金属有机化合物

类型	实　例
环戊二烯化合物	三环戊二烯化合物 $RE(C_5H_5)_3$　(RE=La～Lu、Y、Sc) $(C_5H_5)_3RE\cdot X$(X=THF、NH_3、TΦP 等) 二环戊二烯化合物 $RE(C_5H_5)_2$　[RE=Eu(Ⅱ)、Yb(Ⅱ)] $(C_5H_5)_2Sm\cdot THF$[Sm(Ⅱ)] $(C_5H_5)_2RE\cdot X$(RE=Gd～Yb,X=Cl^-、Ac^-、I^-、$O_2CC_6H_5$、O_2CH、OCH_3、OC_6H_5 等) $(C_5H_5)_2REQ$(Q=甲基、苯基、烯丙基等) 四环戊二烯化合物 $Ce(C_5H_5)_4$[Ce(Ⅳ)] 茚的化合物 $(C_9H_7)_3RE\cdot THF$(RE=La)
环辛四烯化合物	$RE(C_8H_8)$　[RE=Eu(Ⅱ)、Yb(Ⅱ)] $K[RE(C_8H_8)_2]$　(RE=La～Tb、Y) $[RE(C_8H_8)Cl\cdot 2THF]_2$　(RE=Ce～Sm) $(C_5H_5)RE(C_8H_8)$　(RE=Nd、Sm、Ho、Er、Lu、Y) $(C_5H_5)RE(C_8H_8)\cdot THF$(RE=Pr、Nd、Sm、Ho、Er、Yb、Lu、Y)
烷基化合物	$[(CH_3)_3CH_3]_3RE\cdot 2THF$(RE=Sc、Y) $[\{CH_3\}_3SiCH]_3RE$(RE=Sc、Y) RLnl(Ln=Eu、Yb、Sm)(R=CH_3、C_2H_5) $(C_5H_5)_2RER_2AlR_2$(RE=Sc、Gd～Yb,R=CH_3;RE=Y、Sc,RC_2H_5)
芳香环化合物	$RE(C_6H_5)_3$(RE=Sc、Y) $Li[RE(C_6H_5)_4]$(RE=La、Pr) $(C_5H_5)_2RE(C_6H_5)$(RE=Gd、Ho、Er、Yb) $(C_5H_5)HoC\equiv(C_6H_5)_2$
羰基化合物	$RE(CO)_n$(n=1～6)

注：未标明价态的稀土离子均为三价。

(2) σ 键化合物。指化合物中稀土金属与碳原子形成 σ 键的化合物，如一些烷基和芳香环的化合物。

(3) 羰基化合物。其中金属离子既是 σ 电子的接受体，也是 σ 电子的给予体。现在已得到羰基数目不等的一些稀土化合物，如 $RE(CO)_n$（$n=1\sim6$）。有些羰基化合物中还含有金属-金属键，如 $Er[Co(CO)_4]_3\cdot4THF$ 等。

除了上述几类外，还有羰基和环烯与稀土金属形成混合型的金属有机化合物。

上述各类化合物的实例列在表 7-17 中。

7.6.2 稀土金属有机化合物的合成和性质

7.6.2.1 环戊二烯化合物

（1）$RE(C_5H_5)_3$ 化合物　目前已提出下列三种主要的合成方法。

①由无水的稀土氯化物与环戊二烯钠在四氢呋喃溶液中进行反应：

$$RECl_3+3Na(C_5H_5)\xrightarrow{THF}RE(C_5H_5)_3+3NaCl \qquad (\text{I})$$

其中 RE＝La～Nd、Sm、Gd、Dy、Er、Yb、Sc、Y 等。从溶液中离析出来的是带有溶剂的加合物，因此要在 220～250℃真空下升华纯化，方能得到纯的三环戊二烯的稀土化合物。$Eu(C_5H_5)_3$ 的溶剂加合物的纯化，不能采用真空升华的方法，因升华时它要分解，因此要在真空下小心加热至 70℃以除去溶剂，得到纯的化合物。

② 改正的方法是由环戊二烯钾与无水的稀土氯化物在苯或乙醚中反应：

$$RECl_3+3KC_5H_5\xrightarrow{\text{苯或乙醚}}RE(C_5H_5)_3+3KCl \qquad (\text{II})$$

其中 RE＝Tb、Ho、Tm、Lu。此反应得到的是无溶剂的化合物。

③ 无溶剂条件下合成。由无水的稀土氟化物与环戊二烯镁作用：

$$2REF_3+3Mg(C_5H_5)_2\xrightarrow{220\sim260℃}2RE(C_5H_5)_3+3MgF_2 \qquad (\text{III})$$

其中 RE＝Sm、Ce、Nd、Sc。此法的优点是可得到无溶剂的化合物，且所得 $RE(C_5H_5)_3$ 和残留下的 $Mg(C_5H_5)_2$ 的升华温度差别较大，易于分离，所以 $RE(C_5H_5)_3$ 的纯化比较方便。

得到的三环戊二烯的稀土化合物对湿空气是非常敏感的，对热是稳定的，甚至在升华温度下也是稳定的（Eu 的化合物例外）。它们溶解在具有配位性能的溶剂如四氢呋喃、吡啶和氧杂己烷等中，稍溶在芳香族的碳氢化合物而不溶于饱和的碳氢化合物中。它们可被 CS_2 和氯代有机化合物的溶剂分解，其他物理性质列在表 7-18 中。

（2）$RE(C_5H_5)_2X$ 化合物　除了 La、Ce、Pr、Nd、Pm、Eu 的化合物外，其他稀土化合物采用下述方法来合成：

$$RECl_3+2NaC_5H_5\xrightarrow{THF}RE(C_5H_5)_2Cl+2NaCl \qquad (\text{IV})$$

其中 RE＝Sm、Gd、Dy、Er、Yb、Lu。

$$2RE(C_5H_5)_3+RECl_3\xrightarrow{THF}3RE(C_5H_5)_2Cl \qquad (\text{V})$$

其中 RE＝Sm、Gd、Dy、Er、Yb。

$$ScCl_3+2TlC_5H_5\xrightarrow{THF}Sc(C_5H_5)_2Cl+2TlCl \qquad (\text{VI})$$

$$RE(C_5H_5)_3+HCl\xrightarrow{THF}RE(C_5H_5)_2Cl+C_5H_6 \qquad (\text{VII})$$

上述化合物对氧和湿空气是极灵敏的，在 150～250℃真空升华时，对热是稳定的。化合物的物理性质列在表 7-19 中。

这些化合物与醇钠、硼氢化钠、烷基锂等试剂反应生成相应的化合物。

$$RE(C_5H_5)_2Cl+NaOR\xrightarrow{THF}RE(C_5H_5)_2OR+NaCl \qquad (\text{VIII})$$

表 7-18 $RE(C_5H_5)_3$ 化合物的物理性质

化合物	颜色	熔点/℃	升华温度/℃ (0.1333～0.0133Pa)	μ_{eff}(298℃)/B. M.
$La(C_5H_5)_3$	无色	395	260	反磁
$Ce(C_5H_5)_3$	橙黄	435	230	2.46
$Pr(C_5H_5)_3$	浅绿	416	220	3.61
$Nd(C_5H_5)_3$	蓝色	380	220	3.63
$Pm(C_5H_5)_3$	橙色	稳定到 250	145～260	
$Sm(C_5H_5)_3$	橙色	365	220	1.54
$Eu(C_5H_5)_3$	褐色		分解	3.74
$Gd(C_5H_5)_3$	黄色	350	220	7.98
$Tb(C_5H_5)_3$	无色	316	230	8.9
$Dy(C_5H_5)_3$	黄色	302	220	10.0
$Ho(C_5H_5)_3$	黄色	295	230	10.2
$Er(C_5H_5)_3$	粉色	285	200	9.44
$Tm(C_5H_5)_3$	黄绿	278	220	7.1
$Yb(C_5H_5)_3$	暗绿	273	150	4.00
$Lu(C_5H_5)_3$	无色	264	180～210	反磁

$$RE(C_5H_5)_2Cl+NaO_2CR \xrightarrow{THF} RE(C_5H_5)_2O_2CR+NaCl \quad (Ⅸ)$$

$$RE(C_5H_5)_2Cl+NaNH_2 \xrightarrow{THF} RE(C_5H_5)_2NH_2+NaCl \quad (Ⅹ)$$

$$RE(C_5H_5)_2Cl+LiR \xrightarrow{THF} RE(C_5H_5)_2R+LiCl \quad (Ⅺ)$$

$$RE(C_5H_5)_2Cl+NaBH_4 \xrightarrow{THF} RE(C_5H_5)_2\cdot BH_4\cdot THF+NaCl \quad (Ⅻ)$$

其中 R＝烷基或芳基。

$RE(C_5H_5)Cl_2$ 的合成可采用如（Ⅳ）、（Ⅴ）、（Ⅶ）的方法来合成，所得到的化合物中含有四氢呋喃，如 $RE(C_5H_5)_2Cl\cdot 3THF$。

表 7-19 $RE(C_5H_5)_2X$ 化合物的物理性质

化合物	颜色	熔点/℃	μ_{eff}(298℃)/B. M.	缔合程度
$Sm(C_5H_5)_2Cl$	黄色	＞200①		在 THF 中是单体
$Gd(C_5H_5)_2Cl$	无色	＞140①	8.80	在 THF 中是单体
$Dy(C_5H_5)_2Cl$	黄色	343～346	10.6	在 THF 中是单体
$Ho(C_5H_5)_2Cl$	黄橙	340～343①	10.3	在 THF 中是单体
$Er(C_5H_5)_2Cl$	粉色	＞200①	9.79	在 THF 中是单体
$Yb(C_5H_5)Cl$	橙红	＞240①	4.81	在蒸气中双聚
$Lu(C_5H_5)Cl$	浅绿	318～320	反磁	
$Gd(C_5H_4CH_3)Cl$	无色	188～197		在 THF 中是单体 在 C_6H_6 中是双聚
$Er(C_5H_4CH_3)Cl$	粉色	119～122		在 THF 中是单体 在 C_6H_6 中是双聚
$Yb(C_5H_4CH_3)Cl$	红色	115～120		在 THF 中是单体 在 C_6H_6 中是双聚

① 部分分解。

（3）$RE(C_5H_5)_2$ 化合物　这是二价的稀土化合物，可采用下述反应进行合成：

$$RE+3C_5H_6 \xrightarrow{nNH_3} RE(C_5H_5)_2\cdot nNH_3+C_5H_8$$

其中 RE ＝ Eu、Yb。所得的化合物在 400 ～ 420℃ 下真空升华，就得到无溶剂的

$RE(C_5H_5)_2$ 的化合物。也可在 THF 溶剂中以金属还原相应的三价化合物来制备：

$$Yb(C_5H_5)_2Cl+Na \xrightarrow{THF} Yb(C_5H_5)_2\cdot xTHF+NaCl$$

$$2Yb(C_5H_5)_2Cl+Yb \xrightarrow{THF} 2Yb(C_5H_5)_2\cdot xTHF+YbCl_2$$

并以真空升华的方法除去溶剂。钐的化合物可用如下方法制备：

$$Sm(C_5H_5)_3+KC_{10}H_8 \xrightarrow{THF} Sm(C_5H_5)_2\cdot THF+KC_5H_5+C_{10}H_8(萘)$$

铕的化合物是黄色的，μ_{eff} 为 7.63B. M. 。镱的化合物是红色的，反磁性，在液氨中生成 $Yb(C_5H_5)_4N_2H_4$、$Yb_2(C_5H_5)_3N_2H_4$。加合物铕和镱的化合物的键型主要是离子型的，与 $Ca(C_5H_5)_2$ 和 $Sr(C_5H_5)_2$ 相似。它们对氧和湿空气很敏感。钐的化合物在真空下加热而分解，其结构接近于五重轴的对称性，两个 C_5H_5 环是对称的。

(4) $Ce(C_5H_5)_2$ 化合物　它可通过如下反应来制备：

$$(C_6H_6N)_2CeCl_6+4NaC_5H_5 \longrightarrow Ce(C_5H_5)_4+4NaCl+2C_5H_5NCl$$

得到红橙色的化合物并以晶体形式离析出来。

7.6.2.2 环辛四烯的化合物

环辛四烯的稀土化合物是一类重要的稀土金属有机化合物目前已合成了 $K[RE(C_8H_8)_2]$、$[RE(C_8H_8)Cl\cdot 2THF]_2$、$[RE(C_8H_8)(C_5H_5)\cdot THF]$、$[Nd(C_8H_8)(THF)_2]\cdot[Nd(C_8H_8)_2]$ 和二价的 $RE(C_8H_8)$、四价的 $Ce(C_8H_8)_2$ 等类型化合物。

为了合成这类化合物，可先将环辛四烯还原为 $C_8H_8^{2-}$ 的阴离子，然后再与稀土离子作用，得到相应的化合物，其反应如下：

$$RECl_3+2K_2C_8H_8 \xrightarrow{THF} K[RE(C_8H_8)_2]+3KCl$$

其中 RE=Ce、Pr、Nd、Sm、Gd、Tb。

$$2RECl_3+2K_2C_8H_8 \xrightarrow{4THF} [RE(C_8H_8)Cl\cdot 2THF]_2+4KCl$$

其中 RE=Ce、Pr、Nd、Sm。

$$ScCl_3\cdot 3THF+K_2C_8H_8 \xrightarrow{THF} C_8H_8ScCl\cdot THF+2KCl$$

$$RE(C_5H_5)Cl_2\cdot THF+K_2C_8H_8 \longrightarrow RE(C_8H_8)(C_5H_5)\cdot THF+2KCl$$

$$[RE(C_8H_8)Cl\cdot THF]_2+2NaC_5H_5 \xrightarrow{THF,-30℃} 2RE(C_8H_8)(C_5H_5)\cdot THF+2NaCl$$

其中 RE=Y、Pr、Nd、Sm。将所得的化合物在真空下加热至 50℃，1～2h 即可除去溶剂 THF。

二价化合物的合成可采用如下的方法：

$$RE+C_8H_8 \xrightarrow{液氨} RE(C_8H_8)$$

其中 RE=Eu、Yb。

四价化合物也可制备，这类化合物的一般物理性质列在表 7-20 中。

它们对氧和湿空气都较灵敏，化合物要被氧和水分解。

在环辛四烯的稀土化合物中以 $K[RE(C_8H_8)_2]$化合物研究得较多，它们的化学性质说明它们是以离子型为主的化合物，能与下述试剂进行反应：

$$K[RE(C_8H_8)_2] \xrightarrow{UCl_4 和 THF} (C_8H_8)_2U$$

$$K[RE(C_8H_8)_2] \xrightarrow{RECl_3 和 THF} [(C_8H_8)RECl\cdot 2THF]_2$$

$$K[RE(C_8H_8)_2] \xrightarrow{O_2 和 THF} C_8H_8(环辛四烯)$$

$$K[RE(C_8H_8)_2] + H_2O \xrightarrow{THF} 环辛四烯$$

它们的光学和磁学数据表明，化合物中金属离子的 4f 轨道分布与未成键以前没有明显变化，因此键型也应以离子型为主。

表 7-20 一些稀土的环辛四烯化合物的物理性质

化合物	颜色	熔点/℃	μ_{eff}(298℃)/B.M.
$Eu(C_8H_8)$	橙色	500①	
$Yb(C_8H_8)$	粉色	500①	反磁
$K[La(C_8H_8)_2]$	绿色	160①	反磁
$K[Ce(C_8H_8)_2]$	浅绿	160①	1.88
$K[Pr(C_8H_8)_2]$	金黄	160①	2.84
$K[Nd(C_8H_8)_2]$	浅绿	160①	2.98
$K[Sm(C_8H_8)_2]$	褐色	160①	1.42
$K[Gd(C_8H_8)_2]$	黄色	160①	
$K[Tb(C_8H_8)_2]$	褐黄	160①	9.86
$[Ce(C_8H_8)Cl \cdot 2THF]_2$	绿黄	>50②	1.79
$[Pr(C_8H_8)Cl \cdot 2THF]_2$	浅绿	>50②	3.39
$[Nd(C_8H_8)Cl \cdot 2THF]_2$	绿色	>50②	3.37
$[Sm(C_8H_8)Cl \cdot 2THF]_2$	紫色	>50②	1.36

① 部分分解的；
② 在高真空下，在该温度时开始失去 THF。

$K[RE(C_8H_8)_2]$ 化合物的结构已测定，如图 7-18。$Ce(C_8H_8)_2^-$ 是 D_{8d} 对称性的，Ce 是在环辛四烯的中间，Ce—C 键的平均距离为 274.2(8)pm。

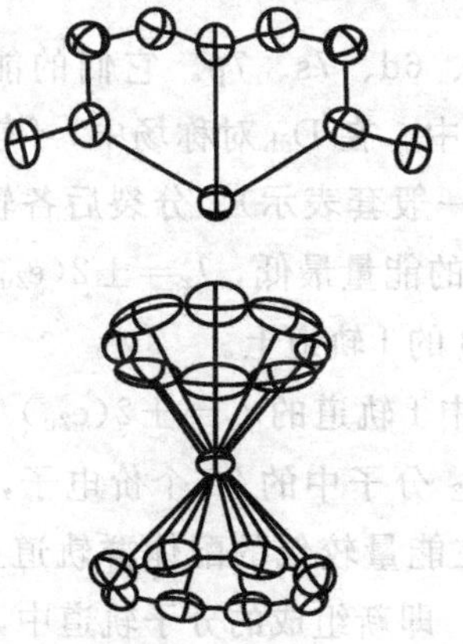

图 7-18 K(diglyme)$[C_8(C_8H_8)_2]$ 的晶体结构

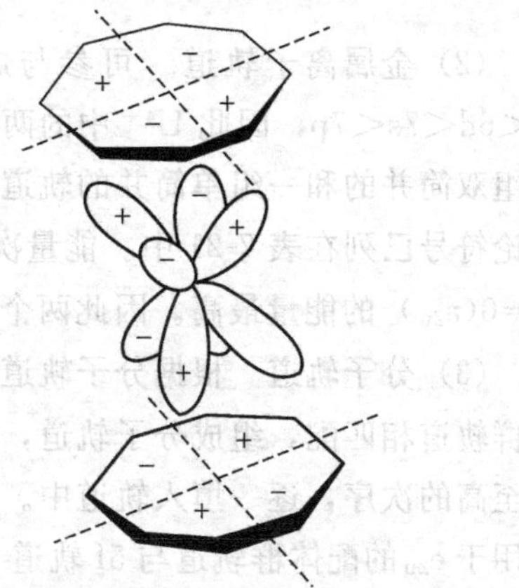

图 7-19 在镧系和锕系的环辛四烯配合物中配体的 e_{2u} 金属的 f_{xyz}、$f_{z(x^2-y^2)}$ 相互作用

对于稀土和锕系元素的夹心的环辛四烯化合物的成键问题已有了一些讨论。$Ce(C_8H_8)_2^-$ 和 $U(C_8H_8)_2$ 化合物曾用半经验的分子轨道方法计算，以测出 4f 或 5f 各能级的能量次序。假设金属离子的 J 能级分裂大于晶体场中能级分裂的话，则用弱场的方法处理是合适的。计算表明，配体的 e_{2u} 轨道和金属的 f_{xyz} 与 $f_{z(x^2-y^2)}$ 轨道相互作用，如图 7-19 所示，发现在 $U(C_8H_8)_2$ 所形成的分子轨道中，原始金属的 f_{xyz}、$f_{z(x^2-y^2)}$ 轨道中有 22% 的配体特征；在 $Ce(C_8H_8)_2^-$ 的金属相应的轨道中，仅有 3% 的配体特征，说明 4f 轨道要比 5f 轨道收缩。

$Ce(C_8H_8)^-$ 和 $U(C_8H_8)_2$ 在结构上相似，如 $Ce(C_8H_8)_2^-$ 的晶体对称性为 D_{8d}，$U(C_8H_8)_2$ 为D_{8h}（见图 7-20），它们稍有不同。$U(C_8H_8)_2$ 价键已由分子轨道方法进行处理，$Ce(C_8H_8)^-$可作类似的讨论。现以 $U(C_8H_8)_2$ 为例，对其价键的情况定性的说明如下。

(1) $C_8H_8^{2-}$ 的配体群轨道　二个平面的 $C_8H_8^{2-}$ 的 π 轨道是以相对方向指向金属离子，它们以 ψ_1' 和 ψ_2' 组成配体群轨道。在 D_{8h}对称场中，各配体群轨道能量次序为 $a_{2u} \sim a_{1g} < e_{1u} \sim e_{1g} < e_{2u} \sim e_{2g} < e_{3u} \sim e_{3g} < b_{1u} \sim b_{2g}$。每个 $C_8H_8^{2-}$ 有 10 个 π 电子。二个 $C_8H_8^{2-}$ 的 20 个电子按能量高低次序，从低至高逐一填入相应轨道中，如图 7-21，它们填在 a_{1g}、a_{2u}、e_{1g}、e_{1u}、e_{2g}、e_{2u}上。

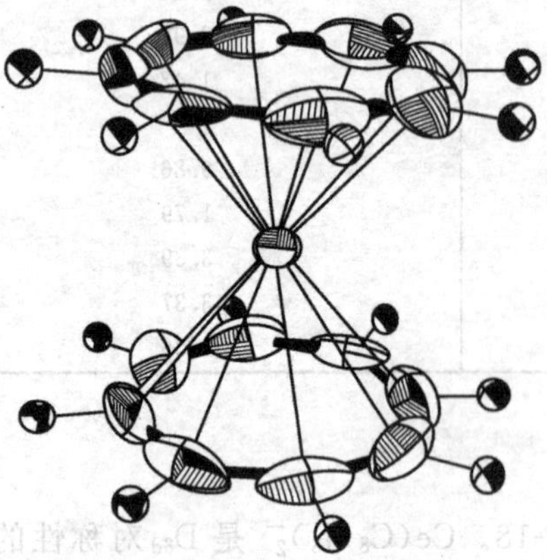

图 7-20　$U(C_8H_8)_2$ 的晶体结构

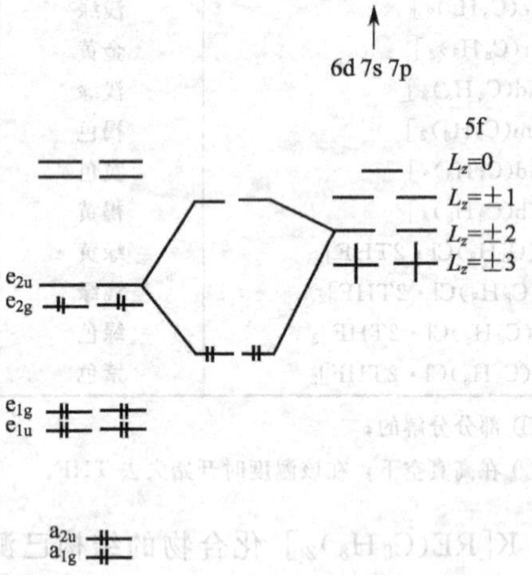

图 7-21　$U(C_8H_8)_2$ 的分子轨道

(2) 金属离子轨道　可参与成键的金属轨道有 5f、6d、7s、7p。它们的能量次序为 5f<6d<7s<7p，因此 U^{4+}中的两个价电子应填充在 5f 中。在 D_{8h}对称场中，f 轨道分裂成三组双简并的和一组单简并的轨道（其轨道的波函数以一般套表示）。分裂后各轨道的相应群论符号已列在表 7-21 中。能量次序为：$l_z=\pm3(e_{3u})$ 的能量最低，$l_z=\pm2(e_{2u})$ 的次之，$l_z=0(a_{2u})$ 的能量最高。因此两个价电子应填在 $l_z=\pm3$ 的 f 轨道上。

(3) 分子轨道　根据分子轨道的线性组合原理，其中 f 轨道的 $l_z=\pm2(e_{2u})$ 和 e_{2u}的配体群轨道相匹配，组成分子轨道，如图 7-21。$U(C_8H_8)_2$ 分子中的 22 个价电子，按能量从低至高的次序，逐一填入轨道中。其中 16 个电子保留在能量较低的配体群轨道上，4 个电子用于 e_{2u}的配体群轨道与5f 轨道（$l_z=\pm2$）的成键上，即新组成的分子轨道中，还有两个价电子保留在金属的 $l_z=\pm3$ 的 f 轨道上。金属的 6d、7s、7p 轨道虽与配体轨道的对称性相当，但由于它们能量太高，而不能贡献于分子轨道中。

表 7-21　f 轨道在 D_{8h} 对称场中的群论符号

l_z	一般套的 f 轨道符号	D_{8h}场中 f 轨道的群论符号
0	f_{z^3}	a^{2u}
±1	f_{xz^2}、f_{yz^2}	e^{1u}
±2	f_{xyz}、$f_{z(x^2-y^2)}$	e^{2u}
±3	$f_{x(x^2-3y^2)}$、$f_{y(3x^2-y^2)}$	e^{3u}

7.7 稀土生物配合物

氨基酸、核苷酸是蛋白质、核酸的基本结构单元，它们与稀土离子的相互作用已分别在倪嘉缵编著的《稀土生物无机化学》中介绍了，即氨基酸、核苷酸的羧基、磷酸基、羟基、酚羟基以及糖环羟基氧作为硬碱，可与属于硬酸的稀土离子配位形成稀土离子配合物。由于一个蛋白质分子含有成百上千个氨基酸残基，而核酸含有成百上千万个核苷酸，使体内大分子配体具有许多潜在的稀土离子结合基因，大分子配体的高级结构使一些基团组成一个或几个金属离子结合部位。

氨基酸不仅具有重要生物功能，而且也是蛋白质、酶等生物大分子结构单元，并参与组成其活性部位。稀土元素进入体内将与氨基酸广泛作用，这与体内稀土的形态及其生物效应关系甚为密切。同时以稀土氨基酸配合物作为研究稀土与蛋白质、酶等生物大分子作用的模型化合物还可以进一步阐明生物大分子结构、功能。已发现稀土氨基酸配合物具有杀菌效应，稀土与氨基酸作用的研究也显示出一定应用前景。

氨基酸作为既含氮配位原子的一类配体（有的氨基酸尚含有硫配位原子），很早就引起了配位化学家的注意。早期主要开展了稀土与氨基酸配合物的稳定性及热力学研究。常见氨基酸中，甘氨酸、丙氨酸和天冬氨酸等研究很多，组氨酸、缬氨酸和酪氨酸亦有较多报道。就稀土元素而言，有关轻稀土研究较多。所采用的研究方法主要是 pH 电位法、极谱法、核磁共振法、光谱法以及量热滴定法。20 世纪 70 年代以来，随着生物无机化学的发展，稀土与氨基酸作用的研究又重新受到重视。除继续进行溶液中稀土与氨基酸配位作用研究外，稀土氨基酸固体配合物研究优为活跃。文献发表的大量工作反映了国内外稀土氨基酸固体配合物研究发展。一些研究者报道了甘氨酸、丙氨酸、缬氨酸等稀土固体配合物的合成及其摩尔电导测定、红外光谱、热分析和核磁共振等的性质、结构研究结果。由于合成方法的改进，相继合成了许多氨基酸稀土配合物的单晶，并测定了配合物晶体结构。核磁技术与计算机的应用，使溶液中稀土氨基酸配合物作用的研究，归纳起来有以下几个特点：①稀土氨基酸配合物稳定性研究很多，但工作显得零乱，并且不同作者采用不同的测定条件，使所得数据缺乏可比性；尤其是所进行的研究没能采用模拟体液的条件；配合物稳定常数测定多，而热力学函数测定少，并且已有的热力学函数值多用温度系数法测定；②许多工作集中于少数几个氨基酸，对其他氨基酸研究尚少；③有关轻稀土的研究多，重稀土则少；④研究热重分析、红外光谱应用的多，NMR、XPS 和穆斯堡尔谱等现代技术应用的少；⑤某些性质研究多，而电子结构和化学键研究则鲜见报道。针对上述情况，我国学者就稀土与氨基酸作用开展了深入系统的工作，尤其是近年来在稀土氨基酸配合物晶体结构及相化学研究中取得重要进展。

肽在生物体内种类繁多，分布广泛。有些小肽在体液中浓度很高，起着特定的生理作用，如谷胱甘肽，在人细胞膜的稳定及胞内酶的还原等过程中起着重要作用。肽含有多种官能团，能与多种金属离子成键，他们无疑会成为与进入体内稀土离子做作用的基本配体之一。

从 20 世纪 70 年代开始，已有 pH 电位、核磁共振、红外、荧光和 X 射线衍射等方法应用于肽与稀土作用的研究。早期的工作着重于配合物稳定常数的测定。80 年代后，很多工作致力于顺磁性稀土离子作用作为探针研究肽与溶液中的构想和肽与金属离子的配位方式，这些特定的结构信息对于分析蛋白质和酶等生物大分子的结构与功能关系，了解稀土离子及其他金属离子（如 Ca^{2+}）与生物大分子的作用特点都具有重要的参考价值。例如，人们通过对稀土离子与模拟多肽作用性质的光谱研究，已基本弄清了肌钙蛋白质活动中心的残基空间结构与钙配位能力的关系。

与氨基酸相比，肽不仅种类繁多、结构复杂，而且通常溶解性差、难以获得纯品，因此，关于肽与稀土作用的研究不及氨基酸类广泛和系统。在已报道的工作中有关配合物溶液性质的研究较多，而固态性质的研究较少。在所应用的方法中，NMR 波谱是主要的研究手段，其原因是这种方法不仅能获得稀土配合物的稳定常数，而且其独到之处在于能从分子水平提供稀土配合物配体的构象及成键方式等特定信息。我们曾利用 NMR 方法对顺磁性稀土离子与小肽在水溶液中的相互作用进行了较为系统的研究。

第 8 章 吸光光度分析法

8.1 概述

吸光光度法目前仍是最广泛应用的一种分析方法。据不完全统计，20 世纪 60 年代全世界发表的有关吸光光度论文占分析化学论文总数的 35%～40%，70 年代约占 25%，80 年代似乎有下降趋势，一般占论文总数的 25%～30%。在稀土元素分析中，吸光光度分析法发表的文献量仍居首位，吸光光度分析法具有仪器造价低，操作简单，既可用于较高含量的单一稀土，又可测量低含量的稀土总量，轻重稀土组分含量以及某些单一稀土的含量。80 年代以来，我国学者在稀土元素吸光光度分析方面开展了大量的研究工作。在研究新的稀土有机显色剂，寻找高灵敏度的多元配合物显色体系和发展各种新技术的基础理论研究（如微分光度法，双波长光度法和速差动力学分析法）等诸方面均有突破性进展，尤其是在变色酸双偶氮类显色剂的研制及应用的某些方面在国际上甚至处于领先地位，但目前使用的稀土显色剂中大多属于稀土总量试剂和铈组分量试剂，重稀土分量试剂不多，单一稀土测定仍是一大难题。我国合成新显示剂研究较多，而对试剂的基础研究重视不够。有关提纯、鉴定、离解及配合物形成机理等研究不够。为此，必须加强试剂结构与性能的基础理论研究，稀土配合物化学的研究和各种分析新方法的基础理论研究。在国外，由于等离子质谱、等离子光谱和中子活化分析等高灵敏度、多元素同时测定方法的发展，吸光光度法测定稀土的文献报道已不多见。

8.2 稀土显色剂

我国用于测定微量稀土总量，铈组及钇组稀土分组含量的显色剂主要是不对称变色酸双偶氮类试剂，其中以偶氮胂，偶氮氯膦和偶氮羧类试剂为主，我国对该类试剂的研究已有近 20 年历史，目前已获得广泛应用。

我国在这方面的突破：一是发现不对称的变色酸双偶氮类显色剂性能优于对称结构的该类试剂，具有更高的灵敏度和选择性，在不含—AsO_3H_2 或—PO_3H_2 一侧苯环上引入各种助色基团，合成了性能超过偶氮胂Ⅲ和偶氮氯膦Ⅲ的优良显色剂（如武汉大学合成的对乙酰基偶氮胂，三溴偶氮胂；华东师范大学合成的偶氮氯膦 mA，偶氮氯膦 mN 等）。另一是发现多卤代变色酸双偶氮胂类试剂性能比前者更为优越，由于引入多卤素助色基团，使试剂分子中的酸性基团易质子化，提高了试剂的酸性，增强了与稀土的络合能力，显色剂的灵敏度和选择性都有显著提高。就灵敏度而言，摩尔吸光系数可达 $(1.2\sim1.4)\times10^5$，是国际上常用偶氮胂Ⅲ和偶氮氯膦Ⅲ的 2～3 倍，从而基本上满足了一般痕量分析的要求。就选择性而言，有可能不经分离，直接测定样品中痕量稀土元素。常见元素的允许量均在数毫克以至数十毫克内，特别是碱土金属和高温合金元素（如镍、铬）的允许量可高达十几毫克（比偶氮胂Ⅲ提高 2～3 个数量级），试剂与稀土形成的配合物十分稳定，试剂空白值很低。如三溴偶氮胂、DBC-偶氮胂、DBC-偶氮氯膦和对马尿酸偶氮氯膦等均是优良稀土显色剂。目前已建立了一些不经分离、简便快速的直接光度测定微量稀土总量的新方法，通过长期生产实际的检验，其中一些已成为标准分析方法，如三溴偶氮胂光度法已成为测定大米、小麦中大于 0.05μg/g 稀土总量的标准方法（GB 630—87［标］，1989）和铝及铝合金中 0.001%～0.10%轻稀土总量的标准方法（GB 6987—88［标］，1989）；又如对马尿酸偶氮氯膦光度法已成为测定土壤中 0.01%～0.05%稀土含量的标准方法（GB 6260—86［标］，1986）等。DBC-偶氮胂光度法测定稀土，可允许数十毫克量合金元素存在，可以不经分离直接光度法测定高温合金和高合金钢中微量稀土总含量，解决了特种钢中稀土分析的难题，取得了满意的结果。近些年来又提出了数种新的优良显色剂，其中以含氟的偶氮氯膦显色剂的显色酸度最高，抗干扰能力更强，对常见的掩蔽剂的允许量特别大，如 DCF-偶氮氯膦可在 2mol/L HCl 介质中直接测定铝合金中稀土的总量，对乙氧基二氯偶氮胂，可在 2mol/L HCl 中与铈组稀土显色（$\lambda_{max}=635$nm），铝、镁、锌、铁允许量高达 20mg。

目前用于稀土元素分析的主要显色剂及其分析应用于表 8-1。

表 8-1　重要变色酸双偶氮类稀土显色剂

显色剂名称	分析功能团及位置	助色团及位置	测定元素	介质酸度	ε/[10^{-4} L/(mol·cm)]	λ_{max}/nm
偶氮胂Ⅲ	$-AsO_3H_2(2)$	$-AsO_3H_2(2')$	ΣRE	pH=2.8	4.5～7.1	650
三溴偶氮胂(TBA)	$-AsO_3H_2(2)$	$-Br(2',4',6')$	ΣRE	pH=3.2	7.5～11.2	630
			铈组	0.1～1.0mol/L HCl	13.2～13.7	630
二溴-氯偶氮胂(DBC-偶氮胂)	$-AsO_3H_2(2)$	$-Br(2',6')$ $-Cl(4')$	铈组	1.7mol/L HCl 1.2mol/L HCl	12.9 9.6～6.6	630 640
二溴-氟偶氮胂(DBF-偶氮胂)	$-AsO_3H_2(2)$	$-Br(2',6')$ $-F(4')$	铈组	1.5mol/L HCl	12.8	630
二溴磺酸偶氮胂(DBM-偶氮胂)	$-AsO_3H_2(2)$	$-Br(2',6')$ $-SO_3H(4')$	铈组 (La～Sm)	0.24～0.4mol/L HCl	10.6～12.3	630
二溴甲基偶氮胂(DBM-偶氮胂)	$-AsO_3H_2(2)$	$-Br(2',6')$ $-CH_3(4')$	ΣCe ΣRE	0.1～1.0mol/L HCl	13.0～14.5 10.1～13.8	632 633～636
二溴偶氮胂	$-AsO_3H_2(2)$	$-Br(2',6')$	ΣRE	pH=1.8	6.8	640
对乙酰基偶氮胂	$-AsO_3H_2(2)$	$-COCH_3(4')$	铈组 (La～Sm)	pH=2～2.5	10.3～6.6	670
对溴偶氮胂	$-AsO_3H_2(2)$	$-Br(4')$	铈组 (La～Nd)	pH=4.7	26～35	713
间溴偶氮胂	$-AsO_3H_2(2)$	$-Br(3')$	ΣRE	pH=3.2～4.5	9～10.6	655

续表

显色剂名称	分析功能团及位置	助色团及位置	测定元素	介质酸度	ε/[10^{-4} L/(mol·cm)]	λ_{max}/nm
三氯偶氮胂	—AsO_3H_2(2)	—Cl(2′,4′,6′)	ΣRE	pH=3.0	9.4～13.4	630
间三氟甲基偶氮胂	—AsO_3H_2(2)	—CF_3(3′)	钍组	pH=2～2.5	9.2	658
对乙氧基二氯偶氮胂	—AsO_3H_2(2)	—Cl(2′,6′) —CO(4′)	钍组	2mol/L HCl	11.7～12.6	635
二溴羧酸偶氮胂	—AsO_3H_2(2)	—Br(2′, 6′) —COOH(4′)	钍组 钍组	0.6mol/L $HClO_4$, HCl,H_2SO_4,H_3PO_4	13 14	
偶氮氯膦Ⅲ	—PO_3H_2(2)	—PO_3H_2(2′) —Cl(4′,4)	ΣRE	0.0075～0.3mol/L H_2SO_4(乙醇>45%)	11.4～19.2	655
三溴偶氮氯膦	—PO_3H_2(2)	—Cl(4) —Br(2′,4′,6′)	ΣRE	0.1mol/L HCl	10～12.4	650
二溴一氯偶氮氯膦(DBC-偶氮氯膦)	—PO_3H_2(2)	—Cl(4′)(4) —Br(2′, 6′)	ΣRE	0.1mol/L HCl	10～12.4	640～649
二溴一氟偶氮氯膦	PO_3H_2(2)	Cl(2′,6′) —F(4′)	ΣRE	2mol/L HCl	5～12.1	640～647
二溴一氟偶氮氯膦(DBF-偶氮氯膦)	—PO_3H_2(2)	—Br(2′, 6′) —F(4′)	钍组	0.1mol/L HCl	5～12.1	640～647
间硝基偶氮氯膦(偶氮氯膦-mN)	—PO_3H_2(2)	—Cl(4′) —NO_2(3′)	ΣRE	pH=8.1	7.8～8.2	670
间乙酰基偶氮氯膦(偶氮氯膦-mA)	—PO_3H_2(2)	—Cl(4′) —$COOCH_3$(3′)	ΣRE	pH=1.2～2.5	8～10	665
对马尿酸偶氮氯膦	—PO_3H_2(2)	—Cl(4′) —$CONHCH_2$ COOH(4′)	ΣRE	0.1mol/L HCl	7.2～10	680
对硝基偶氮氯膦(偶氮氯膦-pN)	—PO_3H_2(2)	—Cl(4′) —NO_2(4′)	Y	0.1mol/L HCl	7.4	730
三氯偶氮氯膦	—PO_3H_2(2)	—Cl(4) —Cl(2′,4′,6′)	ΣRE	0.4mol/L HCl	8.6～6	641～644
对乙氧基二溴偶氮氯膦	—PO_3H_2(2)	—Br(2′, 6′) CO(4′)	ΣRE	0.1mol/L HCl	9～13.7	655
对甲基偶氮氯膦	—PO_3H_2(2)	—CH_3(4′)	Y	pH=5.0,TritonX-100存在下	18.2	755
对乙酰基偶氮氯膦	—PO_3H_2(2)	—$COCH_2$	ΣRE	0.18mol/L HCl	11.6	667
三溴偶氮-5-溴膦	—PO_3H_2(2)	—Br(4) —Br(2′,4′,6′)	ΣCe	0.4mol/L $HClO_4$	13	
间磷酸基偶氮氯膦	—PO_3H_2(2)	—Cl(4′) —PO_3H_2(3′)	ΣCe ΣYb	0.05～0.2mol/L HCl 0.05～0.1mol/L HCl	8.9 9.8	690 685
对硝基偶氮羧(偶氮硝羧)	—COOH(2)	—NO_2(4′)	钍组	pH=1.8～4	15～16	730
对溴偶氮羧-M	—COOH(2)	—Br(4′)	ΣRE	pH=1.5～3.5	24～37	730
对乙氧基偶氮羧	—COOH(2)	—$COCH_3$(4′)	钍组	pH=1.8～2.4	18.4	734

8.2.1　显色剂结构与分析性能的关系

变色酸双偶氮类显色剂的结构可用下列通式表示：

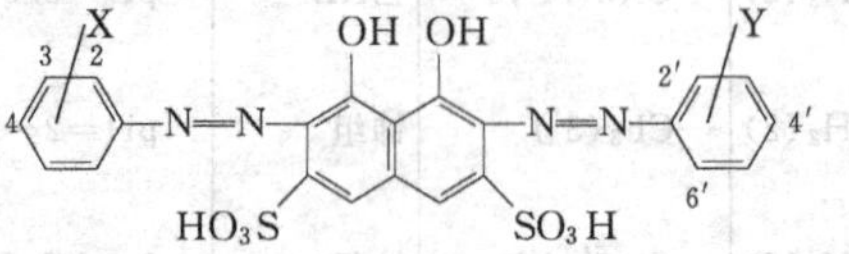

按照试剂的分析功能团（X）的不同可分为胂类（—AsO_3H_2）、膦类（—PO_3H_2）和羧类（—COOH）三大类型。

20 世纪 80 年代以来我国学者合成了近百种不对称变色酸双偶氮类稀土显色剂，并系统地研究了其试剂结构与反应性能的关系，筛选出一些性能优良的稀土显色剂，并总结出以下一些基本规律。

（1）不对称结构的变色酸双偶氮类试剂优于对称结构的试剂。这主要是由于不对称结构分子的极性较大、水溶性好，在不对称结构的一边易于引进各种取代基团，通过改变助色团的性质和位置可调整试剂的性能，从而增加分子的生色面积，改善体系 π 电子的流动性，使试剂分子更易激发，大大提高了试剂的灵敏度，当引入强吸电子基团时不仅增强了试剂的极性，而且使成络基团易于离解，增强了试剂的酸性，提高了试剂与稀土的成络能力，增加了配合物稳定性和耐酸能力，从而提高了试剂的选择性。如对乙醚基偶氮胂由于引进了乙酰基助色团，其灵敏度可增加至偶氮胂Ⅲ的两倍以上，选择性亦有明显改善，可用于直接光度法测定高合金钢中微量稀土元素。

（2）引入卤素取代基可提高显色剂的灵敏度。由于卤素原子的引入，配合物最大吸收峰显著红移，从而使显色反应灵敏度显著提高。引入助色团的电负性愈大，与金属离子反应的灵敏度、选择性愈好，助色团的位置对灵敏度也有影响，其规律是邻位和对位优于间位，因为助色团的影响必须在大 π 键共轭体系中才能传递到分析功能团的一侧，当助色团处于偶氮基的间位时，由于“阻断”了电子的传递，削弱了助色团的影响，相反如助色团处于邻位、对位时，其未共用电子对与之形成共轭，将助色团的影响顺利传递到分析功能团一侧，由于诱导效应和共轭效应沿苯环传递能力是对位大于间位。助色团的取代位置在 2、4、6 时与 3、4、5 时相比较，其显色反应酸度更强，灵敏度更高。这是因为助色团在偶氮基的邻位、对位可形成新的共轭双键体系，使吸光度增强，但是引入到偶氮基的间位上时，却不能形成新的共轭双键体系，因而没有起到助色团作用，如对溴偶氮胂较间溴偶氮胂灵敏度高。

（3）引入多个卤素原子进一步改变试剂的整体结构，改善显色剂的综合性能。由于引入多个卤素原子，使分子中的 π 电子云从分析功能团一端强烈地移向助色团一端，试剂分子极性增大，易于激发，分析功能团更易质子化，大大提高了试剂的酸性与成络能力。显色酸度一般在 0.2～2mol/L 的酸性介质中，反应的选择性有显著改善，大大提高了试剂的抗干扰能力，许多共存元素允许量均可达数十毫克（表 8-2），试剂灵敏度一般可达 $(1.2\sim1.37)\times10^5$，其综合性能优于其他的变色酸双偶氮类试剂。如 DBC-偶氮胂可在高于 3mol/L 的盐酸介质中与稀土显色，可直接用于高温合金中痕量稀土的光度测定。

长期以来，许多人认为有机试剂的分析特性仅决定于试剂的分析功能团，即存在于试剂分子内可直接与金属离子作用的原子团，但是近年来研究的许多事实说明，分析功能团的影响在某些多卤代变色酸双偶氮类试剂中并不明显（如 DBC-偶氮胂，DBC-偶氮氯膦和一偶氮羧中几乎具有相同的分析特性），而决定有机试剂分析特性的并不仅仅是分析功能团，而应

表 8-2 一些重要稀土显色剂的选择性比较

项 目	干扰离子的最大允许量/mg														
试剂	Ca (2+)	Mg (2+)	Fe (2+)	Fe (3+)	Al (3+)	Cu (2+)	Mn (2+)	Ni (2+)	Zn (2+)	Cd (2+)	Co (2+)	Cr (2+)	V (5+)	W (6+)	Mo (6+)
偶氮胂Ⅲ	0.21	24.8		0.005	0.1	0.1	40.0	1.0	60.0			0.05	1.0	0.8	0.4
偶氮氯膦Ⅲ	0.03			0.20	0.1	0.1	1.0	1.0			0.1	0.5	0.1	0.1	1.0
偶氮氯膦-mA	0.02	0.5	20.0		0.05	0.1	0.5	0.5	0.5			0.1	0.1	0.1	1.0
三氯偶氮氯膦	0.09	20.0		3.5	1.8	4.0	20.0	15.0	20.0		20.0	5.0		5.0	8.0
DBC-偶氮氯膦				18.0	20.0		70.0	25.0			35.0	8.0		5.5	20.0
三氯偶氮胂	10.0	8.0	25.0		60.0	12.0	12.0	8.0	30.0	10.0	40.0	15.0		25.0	0.2
三溴偶氮胂	0.6	40.0	25.0	3.0	26.0	5.6	15.5	6.0	30.0		10.0	1.5		1.0	
DBC-偶氮胂	5.0	50.0		43.0	4.5	18.0	70.0	50.0			20.0	8.5	1.0	3.0	4.0
DCB-偶氮胂	5.0	10.0	25.0		1.0		50.0	2.0			40.0	5.0		25.0	
DBS-偶氮胂	0.2	50.0	30.0		100.0	4.0	10.0	30.0	10.0		10.0	3.0	1.0	0.5	10.0

表 8-3 一些重要稀土显色剂的灵敏度比较

试剂名称	摩尔吸光系数	试剂名称	摩尔吸光系数
偶氮胂Ⅲ	4.89×10^4	偶氮氯胂Ⅲ	4.5×10^4
对乙酰基偶氮胂	1.06×10^5	偶氮氯膦 mN	8.0×10^4
三氯偶氮胂	1.23×10^5	三氯偶氮氯膦	1.17×10^5
三溴偶氮胂	1.33×10^5	三溴偶氮氯膦	1.0×10^5
DCB-偶氮胂	1.30×10^5	DBC-偶氮氯膦	1.26×10^5
DBC-偶氮胂	1.29×10^5	DBC-偶氮羧	1.04×10^5
三溴偶氮羧	1.10×10^5		

该从试剂分子的整体结构上予以考虑。

8.2.2 稀土配合物的吸收光谱和配合物结构

稀土与变色酸双偶氮类试剂之间的显色反应主要是螯合反应，除少数具有氧化还原性质的稀土元素可能发生荷移吸收光谱和稀土与氧结合的水合物 f 电子跃迁外，在稀土元素吸光光度分析中大量出现的是稀土螯合物分子内 π-π^* 电子跃迁而产生的吸收光谱，其大多位于可见光部分。因此，研究配合物吸收光谱及配合物结构，对于微量稀土元素总量的测定有指导意义。

对于金属离子微扰的配位体生色作用。认为由于螯合物分子内离解，即试剂离子化引起的，如偶氮胂Ⅰ在酸性溶液中与稀土元素形成 1∶1 配合物。试剂在偶氮基邻位有成盐基团（如羟基）；当形成螯合物时，羟基端因形成螯合物的内离解—O⋯M^+ 增加了推动共轭 π 电子云的能力。另一端的氮离子螯合后相当于氨基结合质子而离子化，显出吸电子能力，导致螯合剂共轭 π 电子云产生强极化，使 π-π^* 跃迁能级差大大缩小，因此在酸性介质中螯合物的吸收峰发生很大红移，其最大吸收波长常大于螯合剂本身的碱色（全离解状态）的最大吸收波长（图 8-1）。螯合物的吸收峰红移程度与螯合时形成键的性质有关，离子键性质愈强，λ_{max} 红移就愈多，键的共价性质愈强，λ_{max} 就越向紫移。

稀土与偶氮胂Ⅰ所形成的配合物在酸性溶液中，在 550nm 有一最大吸收峰，而试剂全离解状态其最大吸收波长仅为 530nm。同样，在酸性溶液中偶氮胂Ⅲ在 540nm 有一最大吸收峰，而配合物有两个吸收峰，其中最大吸收峰在 655nm，另一肩峰在 605nm，均较试剂吸收峰显著红移（图 8-2）。

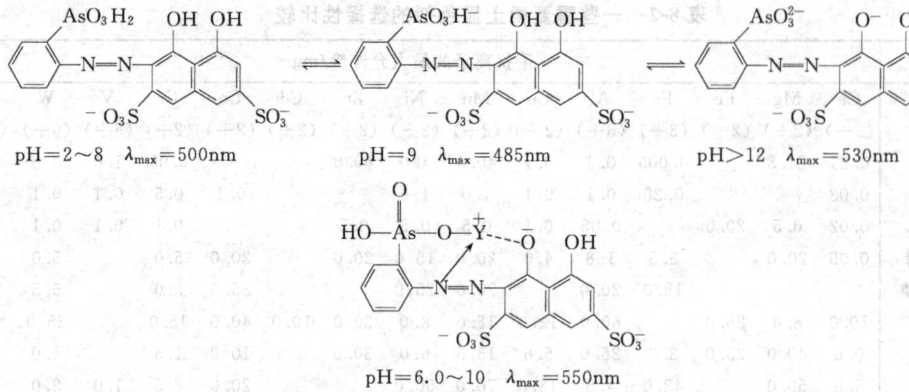

图 8-1　偶氮胂Ⅰ及其稀土螯合物在不同 pH 时的解离状态

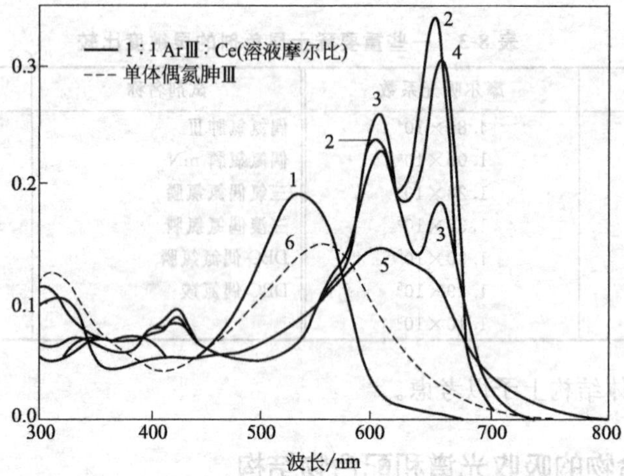

图 8-2　在不同 pH 值下偶氮胂Ⅲ及其与稀土铈螯合物的吸收光谱

1—1.0；2—3.50；3—6.02；4—8.41；5—10.60；6—10.60

[Ar(Ⅲ)]＝[Ce(Ⅲ)]＝4.74×10^6 mol/L

配合物吸收光谱形成一大一小两个不对称的吸收峰，并不是形成了两种不同结构的配合物，或是试剂两侧同时发生络合反应。这与试剂分子中存在两个相互作用的共轭体系有关。由于在分子的一侧发生络合反应后，使未络合的一侧偶氮型结构变为醌腙型结构，使试剂的吸收峰由 540nm 移向 605nm，其配合物结构如下：

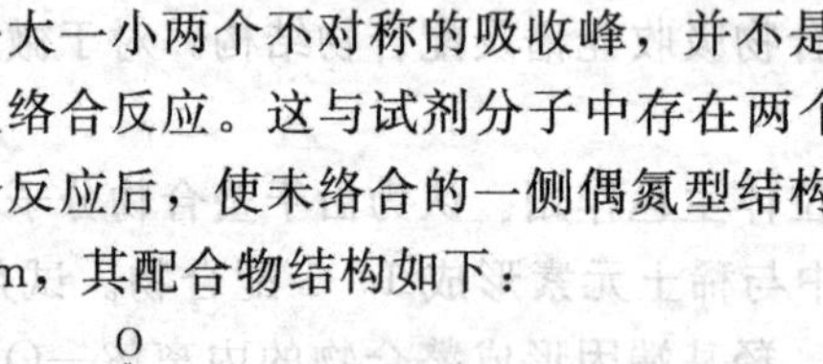

pH＝6.0～10　λ_{max}＝550nm

关于偶氮胂Ⅲ与稀土离子的螯合方式，人们认为在不同 pH 值形成的螯合物具有不同的组成和结构，在 pH＜3 时形成 1∶1 螯合物；pH ＝6.4～8.0 时形成 2∶2 的螯合物；pH＞9.7 时形成了另一种键合方式的 1∶1 螯合物。

对于多卤代变色酸双偶氮类试剂，它们与稀土形成配合物时其吸收峰均发生红移，这可能是由于引入一个卤素原子时，π 电子的流动性增大，从基态跃迁到激发态所需能量减小，因而吸收光谱红移。其配合物结构应与偶氮胂Ⅲ配合物类似。有趣的是，当引入多个卤素原子时，试剂及其配合物的吸收峰却发生紫移，同时引入三个卤素原子时其共轭效应和诱导效应沿三个方向的传递能力相互抵消，电子云的流动变得困难，从基态跃迁到激发态就需要更多的能量，因此吸收光谱紫移。当形成螯合物时，由于未络合的一侧的偶氮型结构变得较为稳定，不易变成醌腙型结构，试剂吸收峰移动很小或不移动，配合物吸收峰只表现出一个吸收峰，呈现近于对称的吸收谱带，其螯合物结构应与 1∶1 偶氮胂Ⅲ与稀土配合物结构相似。

对于单偶氮类试剂与稀土的螯合物，其在可见光区仅有一特征峰，偶氮胂Ⅲ及其不对称结构的变色酸双偶氮试剂（如对溴偶氮胂）与稀土形成配合物则表现出一大一小不对称的吸收峰，而多卤代变色酸双偶氮类试剂则呈现近于一个对称的吸收峰，随着多卤代原子对称性增加，其光谱形状对称性增大（图 8-3）。

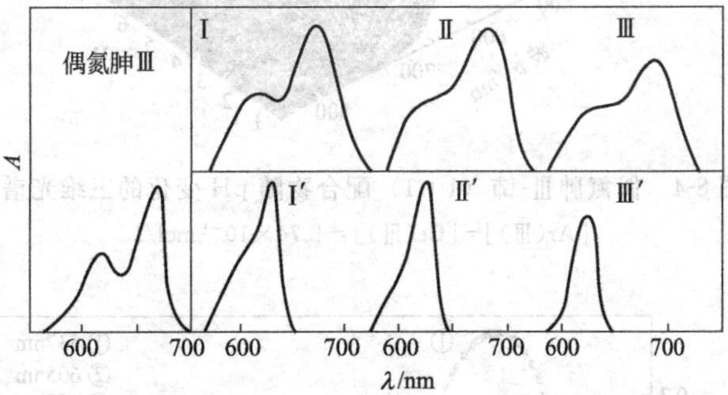

图 8-3 多卤代变色酸双偶氮类试剂与稀土配合物的吸收光谱

Ⅰ—三氯偶氮胂；Ⅱ—三溴偶氮胂；Ⅲ—三碘(3,4,5)偶氮胂；

Ⅰ′—均三氯偶氮胂；Ⅱ′—均三溴偶氮胂；Ⅲ′—均三碘(2,4,6)偶氮胂

近年来，国内已开展了用量子化法（HMO）研究试剂及配合物的电子光谱，该法主要在以下几方面获得应用：①验证和预示电子光谱的最大吸收峰、对比度、红移、紫移等；②由前线分子轨道预见灵敏度的高低；③推断溶液中褪色剂分子的可能结构；④根据电荷密度判定亲电取代基、键级，推断键长。

有关文献用 HMO 法研究了含卤素取代基的不对称变色酸双偶氮胂酸型试剂，计算出电子分子轨道能级、电荷密度、键级和自由价，从而预见亲电取代的位置和卤素取代后的红移现象；计算结果和实验相吻合并从静电荷密度分布数据说明，虽是同一取代基，在共轭体系中电子的流动性对位比间位好。从理论上为研究试剂结构与性能关系提供了信息。

8.2.3 pH 值对配合物形成的影响

变色酸双偶氮类试剂与稀土形成螯合物，吸收光谱强烈的受 pH 值影响，最近有人采用分光光度法和计算机相结合的方法研究了偶氮胂Ⅲ及其稀土螯合物的酸效应。图 8-4 为当 pH 值变化时，对于 1∶1 的稀土螯合物的三维吸收光谱图。

研究结果表明，在强酸性溶液中没有配合物的形成。仅有游离偶氮胂Ⅲ试剂的吸收峰，其最大峰值在 537nm，随着 pH 增加，配合物逐渐形成（该配合物含 605nm 和 652nm 最大吸收峰），在 pH＝3.2～3.4 吸收峰达到最大值，继续增加 pH 值，在 652nm 处的吸收峰逐渐下降。在 pH＝5.5～6.5 时达到最小值，而此时 605nm 吸收峰达到最大值，其吸光度值高于位置在 652nm 吸收带的吸光光度值，在 pH ＝ 8.3～8.5 时 652nm 波长的吸光度又达到

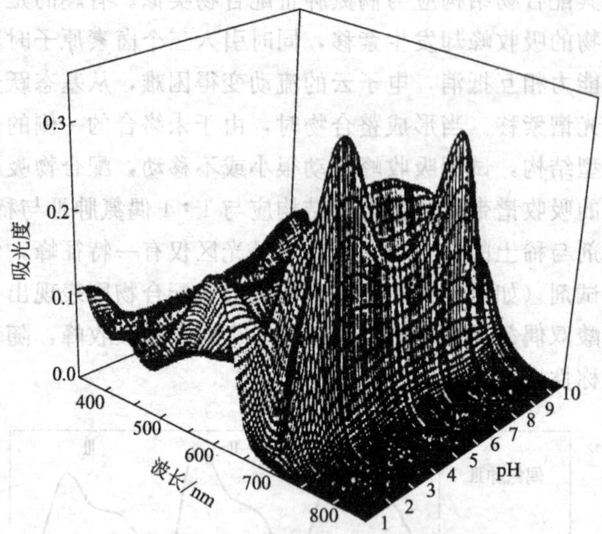

图 8-4 偶氮胂Ⅲ-铈（1∶1）配合物随 pH 变化的三维光谱图

[Ar(Ⅲ)]=[Ce(Ⅲ)]=4.74×10^{-6}mol/L

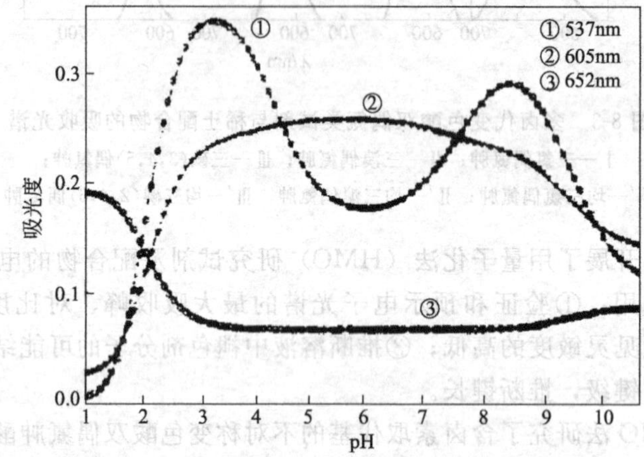

图 8-5 酸度对偶氮胂Ⅲ-铈配合物吸光度的影响

最大，再进一步增加 pH 值，652nm 及 605nm 两个吸收峰均消失，形成了一宽带吸收，其最大吸收峰在 608nm（图 8-5），这些研究结构充分说明，1∶1 的偶氮胂Ⅲ：Ln 系（Ⅲ）的配合物有四种质子化状态，分别为 pH=3.3、6.0、8.3 和>10，其中 pH=3.3～3.4 的配合物最稳定，且吸光光度值最大，分光光度测定中该值一般被选为最佳显色酸度。

采用计算机模拟方法发现，基于 A_2LnH_{-2}、A_2LnH_{-3}、A_2LnH_{-4}、A_2LnH_{-5} 的配合物模型理论计算与实验数据能很好拟合（A 代表偶氮胂Ⅲ）。

8.2.4 变色酸双偶氮类试剂的合成、提纯及离解作用研究

（1）试剂合成和纯化　不对称变色酸双偶氮类试剂的合成一般分为三步：①相应芳香胺的合成；②芳香胺重氮盐溶液的制备；③在碱性条件下将重氮盐溶液与偶氮胂Ⅰ或偶氮氯膦Ⅰ偶联［如三溴偶氮氯膦的合成：称取 10g 偶氮氯膦Ⅰ和 15g Li_2CO_3 溶于 200mL 蒸馏水中，

冷却至0℃。在不断搅拌下，将三溴苯酸重氮盐溶液与之偶合，保持温度在5℃以下（此时溶液由红色变为蓝紫色）搅拌30min，室温静置过夜，用浓盐酸酸化至完全沉淀，过滤沉淀用稀盐酸洗涤至溶液呈红色。在60℃下干燥，即可得三溴偶氮氯膦（纯度约为75%）。该类试剂大多是一种晶状暗红色粉末，稍溶于水和弱酸，易溶于碱性溶液，不溶于有机溶剂。但如果引入多个卤素原子后，则该类试剂极易溶于水、乙醇和丙酮，不溶于苯和氯仿。在酸性水溶液介质中胂酸型和羧酸型试剂呈红色，膦酸型试剂呈红紫色。试剂在干燥或溶解状态时都是稳定的，可长时间在干燥器中保存备用。

吸光光度分析用的显色剂，必须有一定的纯度，试剂的纯度不仅影响测定的灵敏度，而且往往导致显色条件的变化，影响分析结果的重现性。合成变色酸双偶氮化合物，通常有下列副产物：单偶氮化合物、双偶氮化合物异构体和引入的催化剂，试剂的纯度经常为60%～70%，因此，在必要时须对试剂进行提纯。纯化的方法随显色剂类型不同而不同，通常采用重结晶、重沉淀、离子交换、色谱和萃取法提纯。薄层色谱法虽可获得纯度较高的产品，但操作烦琐费时，且一次提纯的数量较少，不能满足大量使用的需要，萃取提纯法多用于偶氮氯膦类试剂。根据存在于试剂中杂质的极性差异，利用它们在水溶液中及在有机相中分配系数的不同进行萃取分离提纯，选择典型的非极性溶剂环己烷和极性溶剂正丁醇作为萃取剂来纯化偶氮胂类试剂，经纯化后产品有效成分可达到95%以上。

(2) 试剂在水溶液中离解状态　变色酸双偶氮类试剂是一种有机弱酸。在试剂分子中存在着三种成盐基团，即磺酸基、羟基和成盐基（胂酸基或膦酸基或羧酸基）。按其酸碱性而言，硝酸基酸性最强，在pH=0～2.5范围内离解，胂酸基酸性次之，在pH=2.5～9范围内离解，膦酸基在pH=1.5～9范围内离解，羟基的酸性最弱，在pH=9～13范围内离解（表8-4）。由于试剂的离解随溶液的pH值而变化，故在不同pH值时，水溶液的颜色也是不同的，通常在酸性溶液中呈红色，在弱酸性水溶液中呈紫色，在碱性溶液中呈蓝绿色。

表8-4　几种变色酸双偶氮类试剂离解常数的比较

试剂名称	可离解基团				
	磺酸基	胂酸基上第一个氢	羧基上氢	胂酸基上第二个氢	羟基
偶氮胂Ⅲ	pK_1 1.8	pK_3 3.5		pK_5 6.7	pK_7 9.5
	pK_2 2.7	pK_4 5.1		pK_6 7.8	pK_8 11.5
双羧基偶氮胂Ⅲ	pK_1 0.9	pK_3 2.8	pK_5 5.0	pK_7 6.9	pK_9 6.5
	pK_2 1.7	pK_4 3.3	pK_6 6.9	pK_8 9.0	pK_{10} 14.7
DBC-偶氮胂	pK_1 0.7	pK_3 2.8		pK_4 6.5	pK_5 9.6
	pK_2 1.7				pK_6 10.5
三溴偶氮胂	pK_1 0.8	pK_3 2.5		pK_4 6.6	pK_5 9.6
	pK_2 1.7				pK_6 10.3
偶氮氯膦Ⅲ	pK_1 —	pK_3 1.9		pK_5 5.35	pK_7 9.74
	pK_2 —	pK_4 3.14		pK_6 7.01	pK_8 12.22
偶氮氯膦PN	pK_1 0.39	pK_3 2.18		pK_4 6.12	pK_5 9.51
	pK_2 1.42				pK_6 11.09

从表8-4可以看出，在结构上不对称的偶氮类试剂的离解常数较对称的偶氮类试剂要大，这可能是由于电负性强的吸电子基团的引入，产生较强的诱导效应和p-π共轭效应，改变了整个分子的电子云分布，增强了试剂分子极性，π电子流动性增加且容易激发，因而胂酸基和羧基上的原子容易离解。由于多卤原子的引入，试剂更易于质子化，故其离解常数比偶氮胂Ⅲ大。

8.2.5　两种类型的显色反应

变色酸双偶氮类试剂与稀土元素形成螯合物时，有两种不同类型的显色反应，人们把最大吸收峰位于 600～700nm 之间的称为 α 型反应，最大吸收峰位于 700～800nm 之间称为 β 型反应。α 型反应是瞬时完成的，所形成的配合物较稳定，β 型反应速率比较慢，影响因素较多，由于存在反应速度的差异，可扩大轻重稀土和各单一稀土显色反应的差别，为测定稀土分量及单一稀土提供了新途径，同时，由于最大吸收峰红移至 700nm 以后，对比度增大（一般 $\Delta\lambda > 100$nm），大大提高显色反应的灵敏度。因此，对 β 型显色反应的研究无论从理论上或实际应用上都有重要的意义。

(1) 试剂结构对稀土 α 型、β 型反应形成的影响。当偶氮基的邻位苯环上含有—AsO_3H_2、—PO_3H_2、—COOH 等成盐取代基，同时在另一侧的偶氮基对位上又有电子基团时，都有发生 β 型反应的可能性，当取代基为—AsO_3H_2、—COOH 时，随着原子序数的增加，从 α 型变为 β 型的倾向逐渐减小，当取代基为—PO_3H_2 时，则呈现相反规律，即重稀土形成 β 型螯合物的趋势增大。

如对醛基偶氮胂与轻稀土（La～Sm）形成 β 型反应，Eu、Gd、Yb 仅形成 α 型螯合物（图 8-6）。偶氮硝酸与 La～Tb 发生 β 型反应，而 Dy～Lu、Y 在该条件下不显色，当取代基为—PO_3H_2 时，随着稀土元素原子序数的增大，从 α 型转向 β 型倾向增大。重稀土 Tb～Lu、Y 显示 β 型反应，而轻稀土 La～Gd 只有 α 型反应。

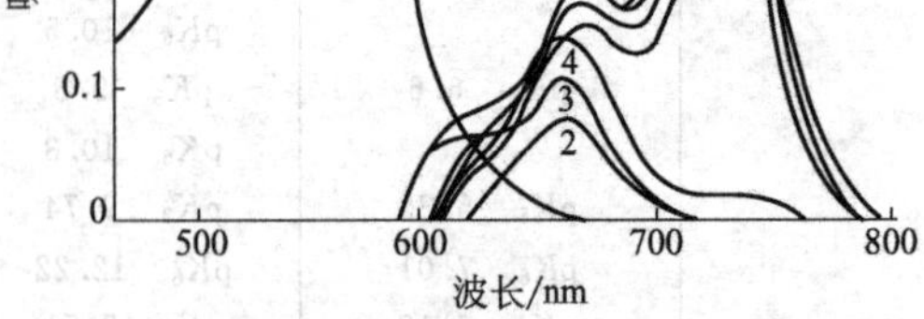

图 8-6　对醛基偶氮胂与稀土螯合物的吸收光谱

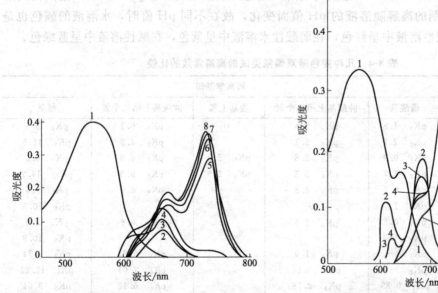

1—试剂；2—Gd 和 Yb；3—Eu；4—Sm；5—Nd；6—Ce；7—La；8—Pr

$[RE]=4.8\times10^{-6}$mol /L，$[R]=1.9\times10^{-5}$mol/L，pH=3.0，发色 30min

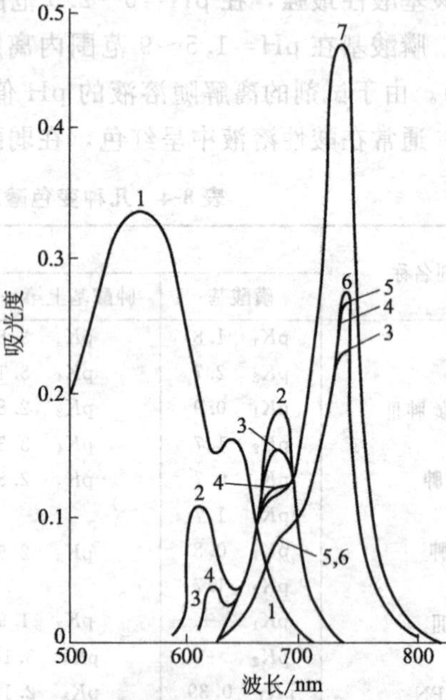

图 8-7　偶氮氯膦Ⅲ/稀土螯合物的吸收光谱

1—试剂；2. La～Gd；3—Tb；4—Dy；5—Tm～Lu；6—Ho 和 Er；7—Y

0.02%的偶氮氯膦Ⅲ 2.5mL；RE：2.0μg/mL；pH=3.0；发色 45min

有关偶氮氯膦Ⅲ的 β 型螯合物，曾有人提出过链式结构偶氮氯膦Ⅲ/稀土螯合物的吸收光谱如图 8-7 所示。由图可见，α 型螯合物的吸收峰位于 682nm，摩尔吸光系数为（4～7）×

10^4 L/(mol·cm)。β型螯合物的吸收峰位于740nm，摩尔吸光系数为1.8×10^5 L/(mol·cm)。β型螯合物的形成不仅提高了显色反应的灵敏度，而且改善了选样性。例如在一定的条件下，偶氮氯膦Ⅲ与轻稀土只形成α型螯合物，而重稀土可由形成的α型螯合物转变成β型螯合物，且转变的倾向随原子序数的增加而增加，其中钇形成β型螯合物的倾向最大，为测定稀土分量和单一稀土提供了新的途径。

(2) 取代基电负性对β型反应速率的影响。不对称变色酸双偶氮试剂对位取代基电负性的大小直接影响β型螯合物的形成速率。α取代基电负性愈大，则愈易与稀土形成α型反应，对于那些在偶氮基对位上没有取代基的试剂（如偶氮胂Ⅲ、双羧基偶氮胂Ⅲ）则没有观察到类似的β型吸收光谱。

这说明取代基的电负性直接影响共轭环的基团向极性激发态跃迁的程度，影响α型向β型转化的反应速率，如果在共轭键的一端对位上引入含有孤对p电子的基团(—Cl、—Br)，p-π共轭可加速β型反应的进行，即吸电子取代基的电负性愈大，形成β型反应的半衰期愈短（$t_{1/2}$），反应速率愈大，不对称变色酸偶氮胂型试剂及β型螯合物形成速率依Cl＞Br＞CHO＞$COCH_3$＞COOH的次序减小（表8-5）。例如对溴偶氮胂与稀土反应时，几乎所有镧系元素均能形成β型螯合物。而随着原子序数增加，形成β型反应率逐渐减小，而对乙酰基偶氮胂与稀土反应时，只有镧、铈容易转化成β型，镨转化得较慢，在2.5h内Nd的β型螯合物吸光度很小，钐以后的重稀土则很难转化成β型螯合物。

表8-5 助色基电负性与β型反应速率的关系

基 团	—Cl	—Br	—CHO	—COOH
电负性(x)	3.0	2.8	2.61	2.57
半衰期($t_{1/2}$)	1	1.5	2.0	＞360

(3) β型反应的形成条件。α型与β型反应的发生不仅与成盐取代基和助色取代基的性质有关，而且与反应组分浓度、缓冲介质、显色酸度、水或有机相介质条件有关。

有关学者以对醛基偶氮胂为例，讨论了这些条件的影响。酸度对β型反应影响较大。一般在强酸性溶液中仅形成α型螯合物，在pH＝2.1～3.0时最易形成β型螯合物，仅有Gd、Yb不产生β螯合物，随着pH值继续增大，形成β型螯合物的趋势逐渐减小。金属离子与试剂摩尔比对β型螯合物的形成影响较大，通常随着摩尔比（Me/R）的增加，α型转化为β型的反应速率先是增加，当达一定值后，由于试剂用量不够，反应速率又逐渐降低。有机溶剂的加入，通常是不利于β型反应的形成，使β型螯合物的特征峰强度逐渐降低，而α型螯合物的特征峰逐渐上升。

(4) β型螯合物结构。对于β型螯合物结构已提出了多种看法，其中研究最多的是偶氮氯膦Ⅲ与稀土的β型螯合物。Takatatsu曾假设该β型配合物为链状结构，后来又推断络合比为2∶2的二聚体。也有文献报道β型配合物是1∶2和1∶4两种组成配合物，林智信等较详细地研究了β型螯合物的成络机理，认为稀土离子在水溶液中形成具有六配位三角棱柱的$[RE(H_2O)_6]^{3+}$，当基态向激发态过渡，偶氮基上电子云密度降低，邻位上电子云密度增高，并向稀土离子杂化态轨道输送电子，同时成盐取代基和萘核上羟基的氢受稀土离子正电场排斥而离解，成键时取代三个水，形成三个配位键，构成三个六元环，几何构型发生畸变，两个α型分子形成一个β型分子构成“Z”形配合物。有六元环β型分子加强了生色的共轭作用，因而使吸收峰红移。

8.2.6 共显色现象

变色酸双偶氮羧酸型试剂与稀土元素反应中的共显色现象，最初发现于偶氮硝羧。过去仅把它当成一种干扰现象而加以消除，对这一现象研究尚不深入。主要有两种观点，一种观点认为：偶氮硝羧与轻重稀土的共显色是由于形成了异核多元配合物所致。因为形成异核多元配合物的条件之一，是离子半径比较接近。轻重稀土的离子半径十分接近，同样钙离子的半径（0.99Å）也与稀土离子半径比较接近，故也表现出这种共显色的干扰。另一种观点认为：由于浓度的改变提高了重稀土显色速度。以对乙酰基偶氮羧为例，认为变色酸双偶氮羧类试剂与轻重稀土形成配合物时，均可发生α型和β型两类反应。轻稀土离子由于具有适宜的半径，水合离子的正电场较强，能促使显色剂分子中螯合基团上质子的释放，因而易发生α型反应，反应速度快，配合物稳定性好，而重稀土由于原子序数增大，水化离子半径较大，其正电场逐渐减弱，加上空间位阻效应，使β型显色反应难于发生。改变适当反应条件（如稀土离子浓度和pH值），则重稀土也能迅速显色。因此当轻稀土存在时，由于轻稀土的快反应对重稀土的慢反应起了某种诱导作用，而使重稀土的β型显色反应速度大大加快，从而表现出共显色现象。同样当有钙离子存在时，这种显色现象表现也十分明显。

8.2.7 稀土总量测定标准的选择

吸光光度法测定稀土元素总量时，由于各单一稀土的偶氮胂Ⅲ配合物摩尔吸光系数不同，从而引起同一含量范围内，各单一稀土元素工作曲线斜率相差较大。当试剂中稀土配分与标准中稀土配分不一致时，尤其是当试样中稀土配分未知或变化很大时，造成了分析方法的误差，大大影响分析方法的准确度。因此必须解决稀土总量测定中的统一标准问题。目前主要采用以下两种方法来解决统一标准的问题。

（1）采用与试样中稀土配分相近的混合稀土作标准。在实际工作中，常采用从稀土矿石或中间合金中提取纯度在99.9%以上的混合稀土氧化物或用光谱纯单一稀土合成其配分接近于试样配分的标准。

对于稀土总量的测定，其通用标准主要选用稀土配分具有代表性的以轻稀土为主的包头产混合稀土（Ⅰ类）和以重稀土为主的龙南产混合稀土（Ⅱ类），对于稀土配分未知的矿样一般采用Ⅲ类通用标准（表8-6）。

（2）选择合适的稀土总量试剂和显色反应条件。如果能够选择一种显色剂与各单一稀土的灵敏度相近，对于准确测定稀土总量应是一种比较简便的方法。目前常采用的稀土总量试剂列于表8-1。通过选择合适的条件（酸度、介质、掩蔽剂），可使各稀土灵敏度尽量接近。

例如对乙酰基偶氮氯膦对Ce、Y、Yb三元素的显色灵敏度和标准曲线基本一致。各稀土的吸收峰均接近于667nm，是一种较理想的稀土总量试剂。改变显色反应条件也可使其成为较好的稀土总量试剂，如三溴偶氮胂在pH＝3.2介质中与稀土发生显色反应时，可作为总量试剂使用，若在0.1～1mol/L HCL介质中显色，则只能作为轻稀土（La～Sm）含量试剂使用。

表 8-6　典型稀土矿物质的稀土配分　　单位：%

稀土组分	稀土矿物质				
	Ⅰ类	Ⅱ类	Ⅲ类	包头矿	龙南矿
La_2O_3	20～30	1～2	2～5	27.5	2
CeO_2	40～50	1～5	12～23	50	1
Pr_6O_{11}	3～8	2～10	2～6	5	1
Nd_2O_3	10～25	1～2	2～6	15	2
Sm_2O_3	1～6	2～6	2～6	1.5	2
Eu_2O_3	<1	<1	<1	0.2	<0.1
Gd_2O_3	0～3	5～8	5～6	0.3	7
Tb_4O_7	<1	1～2	0～1	0.1	2
Dy_2O_3	0～2	8～12	0～6	0.1	7
Ho_2O_3	<1	1～3	1～3	<0.1	2
Er_2O_3	<2	4～9	4～6	<0.1	6
Tm_2O_3	<1	1～2	0～1	<0.1	0.8
Yb_2O_3	<1	3～10	3～8	<0.1	5.6
Lu_2O_3	<1	0.5～1.5	0.5～1.5	<0.1	0.6
Y_2O_3	0～5	45～60	20～40	0.3	61
铈组合量	90～100	15～30	40～60	99	15
钇组合量	0～10	70～85	40～60	1	85

8.3　稀土多元配合物光度法

20 世纪 80 年代以来，多元配合物显色反应的研究很活跃，利用多元配合物体系能提高测定稀土的灵敏度和选择性。从已发表的文献看，胶束增溶光度法占绝大多数。我国在稀土多元配合物研究方面的主要成就有以下四方面。

(1) 利用四元混配配合物的胶束增溶分光光度法提高测定稀土的灵敏度和选择性。该类体系既具有混合配位配合物的高选择性，又具有胶束增溶体系高灵敏度的特点，因而引起了人们极大兴趣。慈云祥等提出稀土-铬箐-R-邻菲咯啉-CTMAB 体系测定氧化镧中的钇，加入 NH_4F 或 $NaHCO_3$ 掩蔽铈组稀土还可测定混合稀土中钇组稀土。

DDMAA 甜菜碱型两性表面活性剂水溶性好，反应速度慢，而且反应对比度大，具有很强的增敏作用和较好的选择性。史慧明研究了 Sc-CAS-DDMAA 体系，灵敏度很高（$\epsilon=3.0\times10^5$），若在此体系中引入非离子表面活性剂 TritonX-100 形成混合胶束，钪的灵敏度不变，但稀土产生强烈褪色作用，大大提高了反应的选择性。

对胶束配合物增稳、增溶和增敏的机理研究已有不少报道，如表面活性剂的链长，极性端结构的增敏作用。文献认为增敏作用主要是胶束形成的结果。通过胶束的形成，改变了染料分子的微环境并加强了分子间的相互作用，易形成高配位配合物，同时也导致了显色化合物中的电子能级发生变化，使吸光截面积和电子跃迁概率增大而增敏。

(2) 利用稀土元素的混合多核配合物提高测定的选择性。稀土混合多核配合物的形成，可提高测定方法的选择性，镧-偶氮胂Ⅲ-铜-邻菲咯啉的 1∶1∶1∶3 异核配合物可用于铜的测定，其显色灵敏度可达到 1.22×10^5。在镧-钪-茜素红形成的异多核配合物体系中，当钙量大于 10mg 时，灵敏度可提高 7 倍多。Pb-Y(RE)-茜素红＝1∶1∶3 的杂多核配合物，在氯化十四烷基吡啶存在下，$\lambda_{max}=658nm$，ϵ 为 5×10^4，可在 Pb 过量下测定 Y，上述体系中有的可用于参加多核配位的非稀土元素为主成分的试样中稀土的测定，有的可用于提高测定稀土的灵敏度。有关此类多元配合物的显色规律、结构、形成机理及其在实际分析中的应用研究还值得进一步讨论。

(3) 利用变色酸双偶氮类染料作配体，建立在酸性范围内能进行测定的新的三元配合物体系。以往常用的三苯甲烷类试剂灵敏度虽高，但一般均在中性或碱性介质中反应，共存离子的干扰和金属离子的水解，使方法的实际应用带来局限性。

近年来，发现变色酸双偶氮类试剂可在强酸性介质中与稀土形成多元配合物，其选择性比三苯甲烷类试剂更好，更具有使用价值。这为发展高灵敏度，高选择性的新方法提供了新途径。

稀土-偶氮氯膦Ⅲ-CTMAB在1.2mol/L HCl介质中可形成三元配合物，许多常见离子允许存在量为毫克级，大大超过二元体系，可用于直接光度法测定合金钢中的微量稀土。氨基C酸偶氮氯膦及其类似物形成胶束增溶配合物时，在阳离子表面活性剂及乙醇存在下，发现该类显色剂与稀土产生高灵敏的选择性反应。

(4) 利用稀土三元配合物的超灵敏跃迁。研究溶液中稀土离子的超灵敏跃迁，对提高测定方法的灵敏度具有重要意义。眺弼等系统地研究了稀土多元配合物超灵敏跃迁振子强度的增大规律，指出超灵敏跃迁强度是随着配位体的配位数以及它的质量的增大而增大，在异配配合物和异多核配合物系统中，均观察到明显的超灵敏跃迁振子强度增大的规律。

有关稀土多元配合物的显色体系及其应用研究列于表8-7。

表8-7 稀土多元配合物显色体系及应用

元素	体系	酸度	λ_{max}/nm	$\varepsilon/10^4$	应用
ΣRE	对马尿酸偶氮氯膦-CTMAB	0.05～0.25mol/L H_2SO_4	682	12.1～12.9	钢铁
ΣRE	偶氮氯膦Ⅲ-CTMAB	0.8～1.6mol/L HCl	722	5.75～7.03	土壤铜合金
Sc	偶氮氯膦-溴化正辛基吡啶	0.05～0.2mol/L HCl	700	2.25	铁基
ΣRE	偶氮氯膦-PSN-CTMAB	0.083mol/L HCL	679	18	水
Y	对甲基偶氮氯膦 Triton-100	pH=5 HAc～NaAc	755	18.2	镍矿
ΣCe	对马尿酸偶氮氯膦-CPB	0.2～0.3mol/L HCl	618	16.5	镁合金
ΣRE	间磺酸苯基偶氮氯膦-CPB	pH=2.0～2.5	670	7.69～12.0	铸铁
ΣRE	偶氮氯膦 mk-OP		650	8.0～10.8	混合稀土
La	偶氮溴膦 PN-CTMAB	0.1～0.6mol/L HNO_3	680	10.6	矿石
La	偶氮硝羧-聚乙二醇 6000	pH=2.0～3.5	730	51.8	
ΣRE	氨基G酸偶氮氯膦-CCDMAB	0.3mol/L HCl	692.5	4.2～19.2	土壤
ΣRE	磺胺偶氮氯膦-CTMAB	0.18mol/L HCl	680	18.6	铝合金，球铁
Ce	偶氮氯膦Ⅲ-Cu(Zn,Co,Ni)-phen	pH=1.5～5	670～680	6～7.1	钢铁
ΣRE	间甲酰基偶氮氯膦	0.1mol/L HCl	680	15～17	高合金钢
	氨基G酸偶氮胂-CPB	pH=1.3	698～690	6.3～16.0	铝合金
	氨基J酸偶氮胂-CPB	pH=1.3～1.7	710	34.4	铝合金
	氨基J酸偶氮氯膦-TPC	0.24mol/L HCl	698～700	17.5～20.1	球铁钢
	氨基C酸偶氮氯膦-CPB	0.15mol/L HCl	690～700	21.2	重稀土
	偶氮氯膦 mA-CPB	pH=0.8～1.8	670		低合金钢

8.4 单一稀土元素的测定

稀土元素由于4f电子层结构的特点，使其化学性质十分相似，因此，目前单一稀土的测定仍是稀土元素光度分析法中的一大难题。用于单一稀土测定的分析方法主要有中子活化分析、质谱分析、原子吸收光谱、X射线荧光光谱、ICP等离子体光谱等方法。

利用显色反应测定单一稀土的方法大都是利用变价稀土元素与显色剂的氧化还原反应；或个别稀土元素形成多元配合物；或形成β型配合物的特性，被测元素主要是镧、铈和钇。由于其他稀土元素干扰严重，方法的准确度较差，一般只能用于某些材料中少数单一稀土元素（如 Ce、La、Y、Sc）的测定。

基于稀土离子 4f 电子跃迁的特征，吸收光谱法仍是光度法测定单一稀土的最实用的方法。由于 4f 电子结构的特点，这类吸收光谱尖锐而狭窄，谱带众多，相互间光谱干扰严重且灵敏度低。在实际分析中，必须设法消除光谱间的干扰才能获得准确的结果（消除光谱干扰的方法）。主要有校正因子或校正曲线法，双波长吸光光度法和导数吸光光度法。前者已有专著论述，导数光谱法能提高测定单一稀土的灵敏度和选择性，而且很有实用价值，本节将重点介绍。

8.4.1 导数分光光度法

导数吸收光谱是指光强度或吸光度对波长的变化率曲线，即$\frac{dA}{d\lambda}$-λ 曲线，导数分光光度测定法是根据$\frac{dA}{d\lambda}$值与待测元素浓度成正比而进行定量。关于导数分光光度法的原理及基本概念已有专著论述。

导数分光光度法具有以下优点：①能分辨两个或两个以上的重叠吸收峰；②能检测在吸收曲线肩部的弱吸收带；③能精确地确定宽吸收带的极大吸收波长；④能消除背景吸收的影响，大幅度提高灵敏度及进行定量测量。自 20 世纪 50 年代初，导数技术开始引入紫外-可见分光光度分析中以来，引起了人们的广泛兴趣，大大扩展了分光光度法的应用范围，无论从灵敏度、选择性、准确度及实现多元素同时测定等方面都有许多新的突破，在一定程度上解决了普通光度法难以解决的问题。

定量测定导数值的方法有切线法、峰-峰法、峰-零法。前者测量的灵敏度高而后者的选择性好。获得导数光谱的方法有光学和电学方法，光学方法常用的有双波长或波长调制方法，前一方法不能得到二阶以上导数光谱，后一方法应用较多，其主要优点是可以在固定波长下得到导数输出信号，且易获得高阶导数。电学方面有位移记忆法，使用 R-C 电路的模拟微分法和数字微分法。位移记忆法只能得到一阶导数光谱，微分法是当前导数分光光度法中最常用的方法，它具有能大幅度提高灵敏度的功能，能消除低频背景的干扰，因而大大提高了分析的选择性，因为一般以$\frac{dA}{d\lambda}$方式得到的导数光谱谱带的半峰宽对导数值的影响很大，对于宽谱带一般导数值会降低，且随导数阶数的增加逐渐趋于零。稀土离子与显色剂所形成的有色配合物吸收光谱，大多数为宽谱带。只有采用谱带半峰宽很大（1～180nm）的模拟微分法才能提高灵敏度。使用其他方法时，灵敏度反而下降。

近年来多阶导数光谱测定微量单一稀土的研究日益增加。其灵敏度较普通光度法有大幅度提高，很有实用价值。

（1）稀土高氯酸盐溶液导数光谱。1973 年，Shibata 等首先用双波长分光光度计研究了 1mol/L 高氯酸溶液中 11 个稀土离子的一阶导数光谱，并指出可消除大量铈对铒的干扰及在钐存在下测定铕的可能性（图 8-8）。随后 Ishii 报道了导数光谱法用于微量钐的测定。任英等系统研究了稀土高氯酸盐的导数吸收光谱特征，对 Pr、Nd、Sm、Eu、Dy、Ho、Er 的二阶导数光谱灵敏度比常规分光光度法可提高 4～7 倍（峰-峰法）或近 10 倍（峰-零法）。

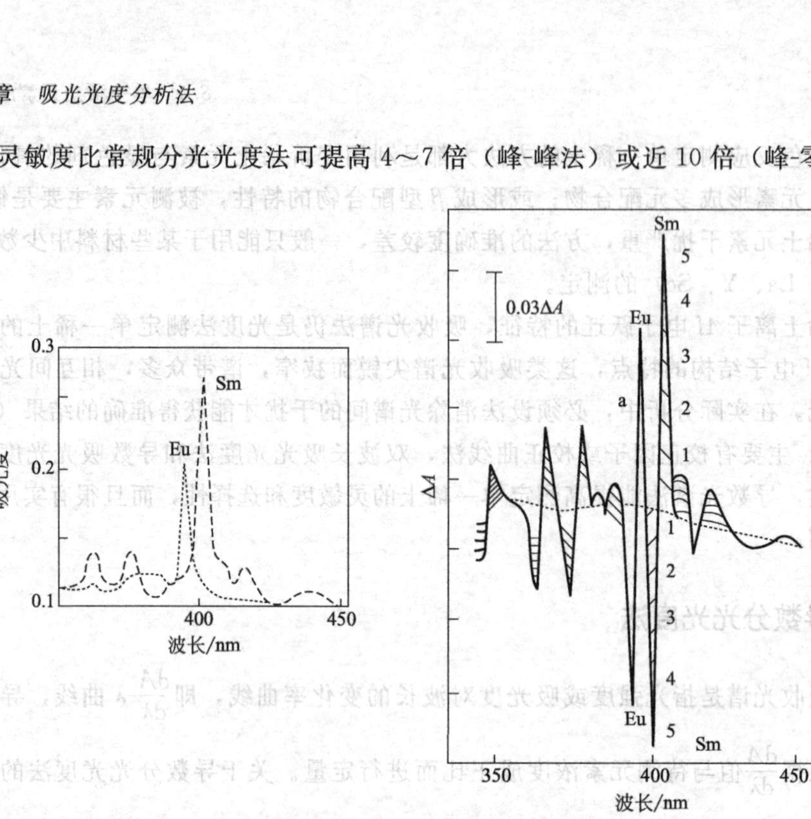

(a) 吸光光谱(……)lg Eu/50mL; (－－－)lg Sm/50mL　　(b) 一阶微分光谱(Δλ=2nm)(……)基线

图 8-8　钐存在下铕的测定

a—0.1g(Eu)/10mL；1—a+0.02g(Sm)/10mL；2—a+0.04g(Sm)/10mL；
3—a+0.06g(Sm)/10mL；4—a+0.08g(Sm)/10mL；5—a+0.10g(Sm)/10mL

此法已用于龙南矿混合稀土氧化物中 Pr、Nd、Sm、Eu、Dy、Ho、Er、Tm 的测定，测定误差在 3%以内，分析结果与 X 射线荧光光谱法及 P_{507} 萃取柱色谱分离-EDTA 滴定法相符。如用三阶导数光谱法，可用于激光晶体及镨钐钴合金中单一稀土的测定，除测定 Eu 和 Gd 要求校正 Sm 和 Tb 的干扰外，5 倍量的其他稀土不干扰测定，误差不大于 3%。

图 8-9 为天然混合稀土样品高氯酸溶液的二阶导数吸收光谱及测定各稀土元素时所采用的峰位。在如此复杂试样中不经分离能同时测定 8 种单一稀土，用普通吸光光度法是不可能

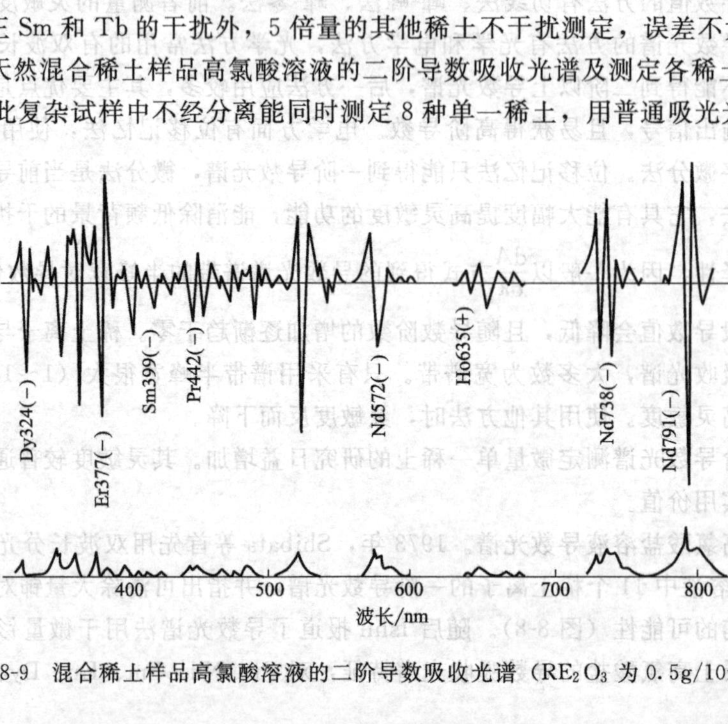

图 8-9　混合稀土样品高氯酸溶液的二阶导数吸收光谱（RE_2O_3 为 0.5g/10mL）

的，故导数分光光度法在稀土元素分析中具有简便、快速、准确的优点。IshikiL 用模拟微分电路方式的导数分光光度法来提高稀土在高氯酸介质中的测定灵敏度，可用于微量 Pr、Nd、Sm、Eu 的测定，若条件选择合适，可测定 $\mu g/L$ 级稀土，在波长 444nm 测定 Pr 时大量 Nd、Sm、Dy、Er 干扰，但可用等吸收点法消除它们的影响，其他稀土不干扰测定。测 Nd 时一般用波长 575nm，当有 Pr 存在时，则采用 794nm、521nm 或 740nm，Dy、Ho、Er 对 Sm 和 Eu 的测定有干扰，Sm 和 Eu 之间干扰严重，但可分别在等吸收点测量它们。利用等吸收点测定 Sm 时灵敏度下降至原有的 1/3，可在 Y、La、Ce、Gd、Tb、Yb、Lu 或它们的混合物中测定 Sm 和 Eu。

(2) 稀土有机配合物的导数光谱。

① 二元配合物体系。由于稀土简单离子的导数光谱灵敏度较低，因此利用稀土配合物来提高测定灵敏度已引起人们极大注意。研究了 10 种稀土与二苯甲酰甲烷（DBM）、噻吩甲酰三氟丙酮（TTA）、乙酰丙酮（AA）三种 β-二酮配合物的三阶导数光谱和钛铁试剂配合物高阶导数吸收光谱，其中 Nd、Ho、Er、Tm 的 β-二酮配合物的吸收光谱具有超灵敏跃迁现象，其三阶导数光谱可使灵敏度提高 8 倍（峰-零法）和 16 倍（峰-峰法）。利用 TTA 三阶导数分光光度法直接测定混合稀土中的 Nd、Ho、Er、Tm，其灵敏度比通常稀土离子（在 lmol/L $HClO_4$ 中）的吸收光谱提高 130～580 倍。

钛铁试剂与铈、镨、钕、钐、铕、镝、钬、铒、铥等 9 个稀土离子生成配合物，除铈和铕外，其他 7 个稀土离子均可用导数光谱测定，三阶导数（半峰）灵敏度是普通光度法高氯酸体系的 6～166 倍。四阶导数为其 22～401 倍，对于选择性而言，三阶导数略优于四阶导数光谱，适用于各种混合稀土氧化物中 Ce、Pr、Nd、Sm、Eu、Dy、Ho、Er、Tm 的快速测定。但这些方法要求在非水介质中操作且灵敏度较低。近年来，报道了 8-羟基喹啉及其衍生物同稀土配合物的三阶导数光谱；应用二甲酚、甲基百里酚、溴焦倍酚红可测定痕量 Ho、Nd、Pr。

② 三元配合物体系。康敬万等研究了 Ln^{3+}(Nd，Ho，Er)-HPmBp-二苯胍三元配合物的二阶和四阶导数光谱及 Ln^{3+}(Pr、Nd、Sm、Eu、Ho、Er)-$H_2C_2O_2$-EDTA 三元配合物的二阶及四阶导数光谱，同时进行了人工合成样品及实物样品的分析。曾云鹗等系统地研究了稀土元素-噻吩甲酰三氟丙酮-吡啶类有机碱等络合剂生成的三元配合物吸收光谱和导数光谱，拟定了用二甲基吡啶体系，二阶导数测定某些单一稀土元素的方法，可同时测定混合稀土中 6 个稀土元素。

稀土与变色酸双偶氮类试剂配合物的吸收光谱是金属离子微扰的配位体分子跃迁产生的光谱，谱带较宽，在这类体系中，稀土元素及其伴生元素的吸收光谱常常重叠，利用导数光谱法可消除一些具有宽谱吸收带的共存离子或混浊物的干扰。因为在很小的波长范围内宽谱吸收带的微分值可看作为零，利用这一优点，导数光谱法在混合稀土分析中很有实用价值。

陈璞等从理论上研究了导数光谱在分辨重叠峰的能力，消除或减小干扰的可能性及一般规律，为稀土元素及其伴生元素的分析开辟了新的途径。针对不同体系采用不同的处理方法，对半宽度相差较大的体系采取求导消除法，对半宽度相近的体系采取零点法测量导数值，对能发生 β 型反应的体系，则采取化学处理来改变半宽度及波峰位置，再通过求导以达到消除或减小干扰的目的，从而提高选择性。

对于宽带吸收体系，李建军等研究了以偶氮氯膦Ⅲ为显色剂导数分光光度法同时测定 Th-RE 混合物中的 Th 和 RE，La-Sc、Y-Sc 体系中的 La、Y、Sc 可分别进行测定。在0.1～

0.2mol/L 盐酸介质中，镧、钪、钇与偶氮氯膦Ⅲ显色，它们的吸收光谱有一定的差别。在 La-Sc 的二元混合物中，可用一阶导数零点法同时测定 La 和 Sc，对 Y-Sc 二元混合物，则可用二阶导数零点法测定 Y，一阶导数零点法测定 Sc。

胶束增溶配合物的应用给导数光谱法带来了新的发展。王乃兴研究了镧系同苯-2,3-二氯-1,3-茚二酮和 CTMAB 的 4f 电子跃迁吸收光谱和三阶导数光谱，灵敏度比普通分光光度法提高了 7.4 倍（Nd）和 6.9 倍（Er），线性范围扩大到 20μg/L，可用于混合稀土中 Er 和 Nd 的同时测定，若改用 CPC 作为增溶剂，二阶导数光谱可用于消除其他稀土的干扰，提高灵敏度 4～6 倍，可在镧系混合物中选择性测定 Nd 和 Er。应用 2-(二苯乙酰)-2,3-二氮-1,3-茚-二酮和辛基苯基-多（亚乙基乙二醇）酯的配合物，用二阶导数光谱法测定稀土混合物中 Ho，灵敏度比相应的氯化物提高 48.5 倍（450nm）。检测限为 0.37μg/mL。其他还有 TTA-TritonX 100 二阶导数法同时测定 Nd、Ho、Er。8-羟基喹啉-5-磺酸-CPC 三阶导数测 Pr、Ho。1-(2-吡啶偶氮) 2-萘酚-TritonX 100 高阶导数光谱法测定玻璃中 Nd，甲基百里酚蓝-CTMAB 三阶导数法测定 Sm。

8.4.2 双波长分光光度法

稀土元素的化学性质十分相似，与同一显色剂反应时，生成的有色配合物吸收光谱相互重叠，互相干扰测定，用普通光度法测定难以进行。而双波长分光光度法通过适当的波长组合，就能顺利地消除干扰的影响，进行多组分同时测定，有关双波长法的原理已有论述，此处仅讨论双波长法在稀土元素多组分同时测定中的应用。

以氨基 C 酸偶氮氯膦测定稀土元素和钪为例，由于两者化学性质相似，都能与显色剂形成有色配合物，稀土元素配合物最大吸收峰在 673～676nm 和 626mn，而钪的有色配合物在 626nm 和 680nm，两者的吸收光谱重叠，相互干扰，用普通光度法难以进行测定，而采用双波长法能同时进行测定，如果有数个等吸收点，则应选择 ΔA 值较大，且 λ_1 和 λ_2 波长差较小的两波长作组合波长，以提高测量的精密度。应用等吸收点法测定的例子还有 XO-RE-CTMAB 显色体系，在 pH＝10 条件下，轻稀土和重稀土配合物吸收曲线有明显差别，其最大吸收峰分别为 618nm 和 605nm，相差 13nm，应用等吸收点法选择 620～590nm 为轻稀土测量波长对，604～629nm 为重稀土测量波长对，可用于轻重稀土的同时测定。在 0.1mol/L 盐酸介质中，以马尿酸偶氮氯膦为显色剂，利用铈组稀土与钇组稀土吸收光谱的差别和双波长等吸收点法，可消除彼此的干扰，分别测定铈组稀土与钇组稀土。

稀土-甲基百里酚蓝-CTMAB 三元胶束配合物体系也可用于铈组稀土或钇组稀土的分别测定。应用三溴偶氮胂，对溴偶氮胂-TritonX 100，对羧偶氮胂和对乙酰基偶氮胂作稀土显色剂，以双峰双波长法进行测定，其灵敏度可分别提高 65%、24%、30%和 60%。

8.4.3 计算光度法

采用计算光度法测定单一稀土仍为一个较简单的途径。应用某些化学计量学的方法［如偏最小二乘法（PLS）］，修正的纯光谱卡尔曼滤波法（KF-M）以及 CPA-P 矩阵法已被 Wang 等用于优化严重重叠的 Ce(Ⅳ)、Eu(Ⅲ)、Yb(Ⅲ) 与 Sm-三溴偶氮胂的混合物的吸收光谱。宋功武等对 Tb(Ⅲ)-二甲酚橙和 Gd(Ⅲ)-二甲酚橙在表面活性剂 CTMAB 存在下的吸收光谱严重重叠的情况，采用偏最小二乘法计算程序（BASIC 编程），得到了好的处理结果。铕（Ⅲ）、铽（Ⅲ）与镧（Ⅲ）的混合物与二甲酚橙在氯化十六烷基吡啶存在下，在500～680nm间重叠，利用部分最小二乘多变量校正法可以分别测定。李华等计算了20种不对称变色酸双偶氮膦酸型显色剂的拓扑指数（Am），对其与钇的显色反应灵敏度进行了研究。并讨论了显色剂结构对显色反应灵敏度的影响，这有助于灵敏显色剂的选择。

8.4.4 稀土元素速差动力学分析

稀土元素以其共同占有元素周期表的同一方格，共同具有f层电子结构而著称。外层电子结构的相似性所决定的化学性质的相似性及它的共生、共存所带来的分析上的困难，用经典热力学平衡方法是较难克服的，而动力学分析法却为克服这种困难提供了新的前景。

从分析化学的角度来理解，动力学分析系指以测量待测组分浓度随时间而变化的动力学关系进行定量分析的方法。在广义的视角上，它有着更深层次的含义，涉及时间分辨，反应机理等动态分析一些更具吸引力的领域。动力学分析法与传统以热力学为基础的分析方法的差别在于无需反应体系达到平衡即可进行测定，从而扩大了可利用的化学反应范围，克服了经典方法的弱点，促进了分析学科的发展，它不仅是一种定量分析方法，而且还是一种研究催化和反应机理的重要工具。由于动态测定所带来的测定上的困难，正随着微型计算机的使用、仪器制造和电子技术的发展而得到不断的克服，从而加速了这一方法的拓新。

从总的方面来看，与热力学平衡方法相比，动力学方法具有下述优点。

(1) 反应选择性较好，适用于混合物中性质十分相似组分的同时测定，除单一稀土分析外，还有如有机化合物中的同系物和异构体，某些性质相似的化合物，也可用动力学方法测定，尤其是酶催化反应的选择性更好，在某些情况下甚至是特效的。

(2) 催化动力学分析法灵敏度高。通常分光光度法的灵敏度为10^{-7}mol/L，而从理论上推算催化动力学分光光度法能检测的最低浓度可达10^{-16}mol/L，实际上目前已能检测10^{-12}mol/L的痕量物质。

(3) 扩大了可利用的化学反应范围。很多反应由于达到平衡很慢，或者平衡常数太小，或者有副反应发生，而不能采用热力学的平衡分析法，但可采用动力学分析法，后者并不要求反应完全，只需测定反应起始阶段的数据即可。

(4) 由于动力学分析法是以时间为参变量，便于计算机与分析仪器联机使用，容易实现流程控制、样品检测、在线分析、数据采集和自动化处理。

动力学分析法亦有一定的适用范围。它要求待测体系的反应速率必须与所用仪器或设备的应答时间相匹配，选用的方法尽可能简单且具有适当的灵敏度。

速差动力学分析法主要用于性质相似混合物各组分的同时测定，如同时测定双组分或三组分稀土混合物等。虽然其灵敏度稍低，但选择性好，可不进行预先分离而进行相似组分的同时测定。

速差动力学分析法是基于各组分与同一试剂的反应速率差别而进行测定的。与以热力学为基础的分析方法相比，动力学分析方法在某些方面有其显著优点，性质相似的混合物各组分与试剂反应的热力学行为差别很小，会引起较大的误差，但从动力学方面来看，由于反应的活化能和速率常数在很大程度上取决于反应物所形成的中间活化配合物的结构，其结构上微小的差别将可能以明显不同的速率进行反应。另外，温度、溶剂性质等因素的变化对速率常数的影响要比对平衡常数的影响大得多，通过仔细选择这些条件来扩大各组分反应速率间的差异，便可进行多组分的同时测定。有关速差动力学分析法的基本原理和数据处理方法的细节，已有专著论述。

(1) 稀土元素速差动力学分析的判据。一般说来，速差分析的动力学基础是：①具有准级数（一级或二级）关系；②反应最好是单向不可逆；③单一组分反应之间是独立平行的；④平行反应之间要有一定的速率差 $Rd=\lg K_z-\lg K_n$（$n=1, 2\cdots$），Rd 太小则带来的误差大。作为化学分析，试剂都是大大过量，①和②均易满足，而③和④则取决于试剂的选择和反应的本性。

林智信等用速差分析法研究双组分稀土元素的同时测定，从显色剂的筛选，动力学行为，反应机理和速差分析等进行了较全面和系统的工作。在对一系列优良的稀土显色剂［双偶氮变色酸及其系列衍生物（PHA），包括膦类、胂类、羧类及其相应的多卤代化合物］进行筛选的基础上，发现 RE（稀土）+TBA（三溴偶氮胂）体系的动力学行为有一定的代表性，具有水合质子转移机理，其动力学速率方程为：

$$r=k[\mathrm{RE}][\mathrm{R}]^2[\mathrm{H_3O^+}]^{-1}$$

在直接配位时，其总平行反应为

$$\left\{\begin{matrix}\mathrm{RE_1}\\ \mathrm{RE_2}\end{matrix}\right. +2(\mathrm{TBA})\longrightarrow \left\{\begin{matrix}\mathrm{RE_1(L_2)}\\ \mathrm{RE_2(L_2)}\end{matrix}\right. +2\mathrm{H_3O^+}$$

在同一波长下跟踪上述准一级平行反应，光吸收具有加和性：

$$A_t=\sum A_{i,\infty}(1-\mathrm{e}^{-k_i\cdot t}),\quad A_\infty=\sum A_{i,\infty}$$

由此可得： $$\ln(A_\infty-A_t)=\ln(A_{1,\infty}\mathrm{e}^{-k_1\cdot t}+A_{2,\infty}\mathrm{e}^{-k_2\cdot t})$$

为了获得 $\ln(A_\infty-A_t)-t$ 的关系，系统考察了每一单一稀土的动力学速率常数 k_i，发现对直接配位反应体系，同一试剂的速率常数是随原子序数 z 的增大而减小，而在取代配位反应体系中［$\mathrm{RE(PHA)}_m$+CYDTA］动力学行为则刚好相反。

对数外推法是对性质相似的双组分体系进行同时测定时常用的速差分析法。但它对双组分之间的速差值 Rd 有一定的要求，Rd 太小，则带来的误差太大甚至无法测定。稀土双组分体系同时测定要求 Rd 值为多少，是判断和确定待测二元体系同时测定可行性的重要依据。在镧系 14 个离子与 TBA 直接配位反应的 $\lg k$-z 图上可获得三个直线段，它相应于轻、中、重稀土的三个分组。用镧系离子与 TBA 反应测出的 14 个 k 值，把镧系离子排列组合成 91 个二元体系的“小周期表”（见表 8-8）；参照单个稀土反应的 k 值可划分为三个区，选用有代表性的 32 个体系在微机上做出 $\lg(A_\infty-A_t)-t$ 的理论拟合和实验曲线，二者能相互吻合（见图 8-10），运用上述动力学关系式的结论考察曲线的特征，可得出如下规律：①Ⅰ区（$La^{3+}\rightarrow Eu^{3+}$）的虚线（计算值）与点线（实验值）完全重合，是同时测定可行性的非理想区；②Ⅱ区（$Sm^{3+}\rightarrow Tm^{3+}$）是一段曲线和一段直线，是可行性的理想区；③Ⅲ区（$Tm^{3+}\rightarrow Lu^{3+}$）近于一直线，并不太理想，但其非理想区仅集中在Ⅲ区的下半部分。因此，可由这些规律判定双组分稀土进行同时测定的可行性，从而减少和避免实验中的盲目性。实验表明镧系相邻离子之间的 Rd 值随 z 的增加，是先增大而后减少。

对 RE(PHA)-CYDTA 取代配位体系，求出 56 个取代体系的 Rd 值，并作了相应的曲线拟合。发现在允许的误差范围内，只 $Rd\geqslant 0.3$ 的体系进行稀土的速差分析同时测定是比较理想的，从而使 Rd 判据更接近定量化，为速差分析的可行与否提供了一个指导性的设计方案。

表 8-8 双组分稀土离子体系与 TBA 反应速差示意

A	Ce	Pr	Nd	Sm	Eu	Gd	Tb	Dy	Ho	Er	Tm	Yb	Lu	B
La	La-Ce	La-Pr	La-Nd	La-Sm	La-Eu	La-Gd	La-Tb	La-Dy	La-Ho	La-Er	La-Tm	La-Yb	La-Lu	
Ce		Ce-Pr	Ce-Nd	Ce-Sm	Ce-Eu	Ce-Gd	Ce-Tb	Ce-Dy	Ce-Ho	Ce-Er	Ce-Tm	Ce-Yb	Ce-Lu	
Pr			Pr-Nd	Pr-Sm	Pr-Eu	Pr-Gd	Pr-Tb	Pr-Dy	Pr-Ho	Pr-Er	Pr-Tm	Pr-Yb	Pr-Lu	
Nd				Nd-Sm	Nd-Eu	Nd-Gd	Nd-Tb	Nd-Dy	Nd-Ho	Nd-Er	Nd-Tm	Nd-Yb	Nd-Lu	
Sm					Sm-Eu	Sm-Gd	Sm-Tb	Sm-Dy	Sm-Ho	Sm-Er	Sm-Tm	Sm-Yb	Sm-Lu	
Eu						Eu-Gd	Eu-Tb	Eu-Dy	Eu-Ho	Eu-Er	Eu-Tm	Eu-Yb	Eu-Lu	
Gd							Gd-Tb	Gd-Dy	Gd-Ho	Gd-Er	Gd-Tm	Gd-Yb	Gd-Lu	
Tb								Tb-Dy	Tb-Ho	Tb-Er	Tb-Tm	Tb-Yb	Tb-Lu	
Dy									Dy-Ho	Dy-Er	Dy-Tm	Dy-Yb	Dy-Lu	
Ho							D			Ho-Er	Ho-Tm	Ho-Yb	Ho-Lu	
Er											Er-Tm	Er-Yb	Er-Lu	
Tm												Tm-Yb	Tm-Lu	
Yb													Yb-Lu	
Lu														C

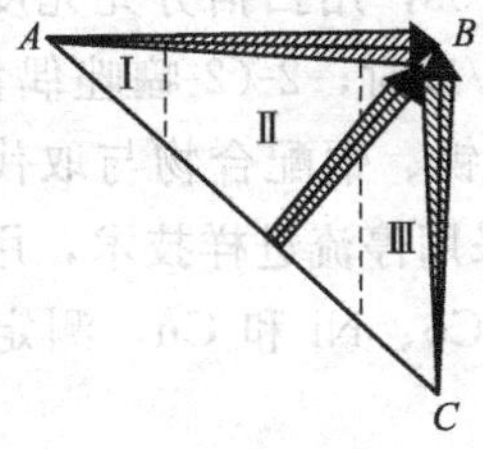

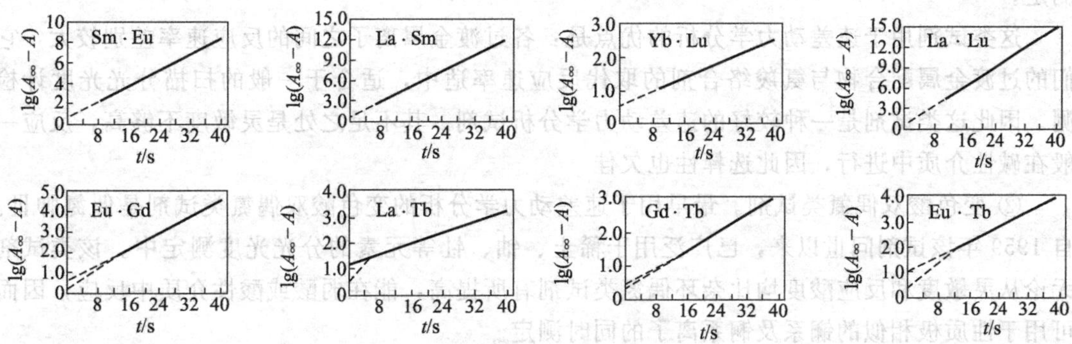

图 8-10 两组分稀土与 TBA 反应的 $\lg(A_\infty - A)$-t 图

无论是直接配位体系或取代配位体系，在稀土的速差动力学分析中，显然，速率差愈大，同时测定的可能性愈大，即稀土体系中原子序数差 Δz 愈大则更有利于进行速差动力学分析。例如，对于 $\Delta z=14$ 的 La～Lu 体系进行速差同时测定一般不会有太大困难，而对于 $\Delta z=1$ 的相邻稀土元素，则困难较大，但也不乏成功的例子。

(2) 可应用的平行反应类型。用于速差动力学分析中的重要反应类型有四类，即络(配)合反应、取代反应、氧化还原反应和催化反应。

确定反应能否适用，需要经过大量的实践，方法的可靠性不依赖于待测组分的反应速率常数比和组分间的浓度比，而且要求混合物的总反应速率也要适中，反应太快或太慢都会影响个别组分测定结果的准确度和精密度。

在配位取代反应中，反应速率取决于金属的性质，配位体的种类和配合物的差别，目前大多利用氨羧络合剂与变色酸偶氮类试剂配合物的配位体交换作用，因为 M-EDTA 配合物比 M-显色剂配合物更稳定，而且金属离子与偶氮类试剂的显色反应速率适中，便于用分光光度法检测，由于 CyDTA 的某些动力学行为上的特点，应用更为广泛。

以下就几类常用的有机显色剂在速差动力学分析中的应用作一简要评述。

① 杂环偶氮类试剂 这类试剂中较常用于速差动力学分析的显色剂仅有 PAR、PAN 和 TAC。PAR 是一种有代表性的吡啶偶氮类试剂，在分光光度分析中研究较多，主要与过渡

金属离子反应。曾研究了它的铁、钴、镍、铅、铜、镉、锌等 8 种过渡金属离子配合物与 EGTA 取代反应动力学行为，该反应速率较慢，不同过渡金属离子反应半衰期在 18s～8h 之间，利用该反应同时测定了 10^{-6} mol/L 的 Ni^{2+}-Co^{2+}、Zn^{2+}-Cd^{2+}、Cd^{2+}-Pb^{2+}、Fe^{2+}-Ni^{2+} 的二元混合物和 Co^{2+}-Ni^{2+}-Zn^{2+} 多元混合物中各组分，测定误差为 7%左右。

PAN 的过渡金属配合物与氨羧络合剂的取代反应也可用于 Zn-Mn 混合物的同时测定。

TAC 是一种噻唑偶氮类试剂，它的锌、镉配合物被氨羧络合剂取代的反应速率比较适中，其速率常数相差近 10 倍，反应半衰期分别为 379.4s 和 43.3s，用扫描分光光度计跟踪反应，用线性外推法进行同时测定。当组分浓度在 1～10μmol/L 时，2-(2-噻唑偶氮)-4-甲基苯酚测定误差约为±2%。2-(2-噻唑偶氮)-4-甲基苯酚的钴、镍、铜配合物与取代反应速率相差很大，各反应的半衰期分别为 1h、15s 和小于 1ms，可采用停流进样技术，用对数外推法进行分段处理，同时测定了 10^{-6} mol/L 三元混合物中的 Co、Ni 和 Cu，测定误差小于 5%。

此外，1-(噻唑偶氮)-2-萘酚和 3-OH-PAA 也可分别用于 Cd-Mn 和 Co-Ni 混合物的同时测定。

这类试剂用于速差动力学分析的优点是：各过渡金属离子之间的反应速率差别较大，它们的过渡金属配合物与氨羧络合剂的取代反应速率适中，适合于一般的扫描分光光度计检测。因此这类试剂是一种较好的速差动力学分析试剂。其不足之处是灵敏度不够高，反应一般在碱性介质中进行，因此选择性也欠佳。

② 变色酸双偶氮类试剂。最早用于速差动力学分析的变色酸双偶氮类试剂是偶氮胂Ⅲ。自 1959 年该试剂问世以来，已广泛用于稀土、铀、钍等元素的分光光度测定中。该类试剂无论从灵敏度和反应酸度均比杂环偶氮类试剂有所提高，能在弱酸或酸性介质中反应，因而可用于性质极相似的镧系及锕系离子的同时测定。

锕系离子与 DCTA 在 pH＝4.0 的乙酸钠缓冲溶液中生成稳定的配合物，此配合物与偶氮胂Ⅲ在稀硝酸中按下式反应：

$$MeY + H^+ + Ar(Ⅲ) \rightleftharpoons MeAr(Ⅲ) + HY$$

式中，Y 为 DCTA，Me 为金属离子，Ar(Ⅲ) 为偶氮胂Ⅲ。锕系离子取代反应半衰期在几秒至几十秒之间，在最合适反应条件下，钍和钚的速率常数相差 5 倍以上，用比例方程法可同时测定 Th-Pu、U-Pu、Th-Np 二元体系中各元素的含量，组分比在 1∶10 到 10∶1 之间，方法的相对标准偏差为 3%～10%。

Stepanov 等则研究了偶氮胂Ⅲ与稀土 DTPA 配合物的反应，测定了 13 个稀土离子的反应速率常数，其中铈组稀土离子之间速率常数相差较大，镧和铈的速率常数之比为 5∶4，进行了镧铈混合物中单一稀土的同时测定。

Mentasti 研究了变色酸单偶氮类试剂 SPADNS 的过渡金属配合物动力学行为，发现如利用 EDTA 作配位体取代剂可对 Co-Ni，Mn-Co-Pb-Cu 中单一组分进行同时测定，其反应过程为：

$$\text{Me-SPADNS} + \text{EDTA} \rightleftharpoons \text{SPADNS-Me-EDTA}$$

$$\text{SPADNS-Me-EDTA} \rightleftharpoons \text{SPADNS} + \text{Me-EDTA}$$

近年来，我国分析工作者研究的多卤代变色酸双偶氮类试剂是一类灵敏度高、选择性好、显色酸度高的优良稀土显色剂，在国内已获得广泛应用。

由于该类试剂与金属离子的络合反应速率（表 8-9）和试剂与金属离子配合物的取代反

应速率大多在几秒至几十秒之间（表 8-10），可用一般的紫外可见分光光度检测，因而在速差动力学分析上也获得许多应用。其动力学特性的明显优点是，各稀土元素的速率差较大且灵敏度高，有利于进行多组分的同时测定。Yatsmirskii 等以二甲酚橙作为速差动力学分析试剂，能分析 10^{-4} mol/L 浓度的稀土二元和三元混合物体系，二元混合物的测定误差在10%左右；而三元稀土混合物中单次测定误差，有时可达到 40%。采用多卤代变色酸双偶氮类试剂，可分析 Gd-Y、Ho-Er 二元混合物中含量为 10^{-6}～10^{-7} mol/L 的稀土元素，误差大多在 5%以内。该类试剂与稀土离子配合物的稳定性一般小于氨羧络合剂与稀土离子配合物。例如，DBC-偶氮胂与铈配合物稳定常数为 14.77，而 CyDTA 与稀土的稳定常数却为 16.35～20.19（La～Lu），容易发生下面的反应：

$$\text{MeR}+\text{CyDTA}\longrightarrow \text{Me-CyDTA}+\text{R}$$

表 8-9 试剂与稀土络合反应的半衰期（1.08mol/L HCl，T=18℃） 单位：s

显色剂	Pr	Nd	Sm	Eu	Gd	Tb	Dy	Ho	Er	Y
4,6-二溴偶氮胂Ⅲ	3.77	4.99	7.21	9.41	16.1	29.46	50.14	81.65		98.13
三溴偶氮胂	1.86	2.25	6.49	2.25	6.49	11.47	26.6	71.82	107.47	33.30
DBC-偶氮羧			2.04	3.26	6.93	14.87	29.62	66.13	66.96	57.04
DCB-偶氮胂			2.59	2.80	5.46	9.12	26.75	51.71	51.33	
DBC-偶氮胂			3.24	5.21	11.78	22.72	34.82	10.91		
三氯偶氮胂			2.23	6.32	8.96	24.25				

表 8-10 试剂与稀土配合物的取代反应半衰期（pH=5.4 NaAc-HAC，T=21℃）单位：s

显色剂	La	Ce	Pr	Nd	Sm	Eu
4,6-二溴偶氮胂Ⅲ	31.67	52.30	44.65	41.00	20.45	14.10
三溴偶氮胂	65.63	69.57	56.76	55.66	29.12	17.75
DCB-偶氮胂	39.35	37.89	36.15	19.19	11.60	7.70
DBC-偶氮胂	37.00	42.08	32.64	28.36	13.18	9.6
三氯偶氮胂	18.13	16.64	13.64	10.35	6.13	4.20

显色剂	Gd	Tb	Dy	Ho	Er	Y
4,6-二溴偶氮胂Ⅲ	10.24	8.47	6.84	6.35	3.85	6.78
三溴偶氮胂	10.63	5.71	4.13	3.30	1.88	2.11
DCB-偶氮胂	6.30	3.90	3.40	1.75	1.66	1.85
DBC-偶氮胂	6.77	3.77	3.42			
三氯偶氮胂	3.00	2.54	1.81	1.06		

通过选择合适配体，可以扩大相似组分间的速率差异，在速差动力学分析中，文献研究了取代配位体结构对反应速率的影响，发现取代反应速率常数按下列顺序依次减小：

$$\text{HEDTA}>\text{EDTA}>\text{DTPA}>\text{EGTA}>\text{NTA}>\text{CyDTA}$$

目前该类试剂已广泛用于单一稀土元素的同时测定。

③ 三苯甲烷类试剂。用于速差动力学分析中的该类试剂主要有二甲酚橙、甲基百里酚蓝、苯基荧光酮和水杨基荧光酮。文献利用 3,5-二溴水杨基荧光酮与钨、钼、钛形成多元配合物反应的速率差，采用停流技术进样，用对数外推法同时测定了高温合金中钼和钛。

文献用三溴偶氮胂（TAB）作显色剂，体系恒温在 11℃，在假一级的条件下，用比例方程法求解，体系的吸光度为：

$$A_t=A_{x,t}+A_{y,t}=q_tC_x+r_tC_y$$

在不同时间测出相应数据，根据此式可求出 C_x 和 C_y。若混合物中有其余组分存在，且共存组分与待测组分相差很大时，显然是可以测定的；即使共存组分的速率慢，测定时间内还未形成配合物，用上式亦可求解。若共存组分速率快，反应一开始就全部形成配合物，则可采用与上式类似的方法，将共存组分的量予以扣除，以消除它们的干扰。作者还利用三溴偶氮胂（TAB）与稀土的络合反应，用微机控制停流法进行 Ho-Er 二元混合物和 Dy-Ho-Er 三元混合物中单一稀土的测定，钙、钍与轻稀土的干扰可用计算方法消除。其测定误差大多在5%以内。

利用稀土的三氯偶氮胂（TCA）与 C_yDTA 取代反应的动力行为的差异：

$$RE(TCA)_2 + C_yDTA \rightleftharpoons REC_yDTA + 2TCA$$

在假一级反应的条件下采用对数外推法测定了二元稀土混合物中 10^{-6} mol/L 的 Gd 和 Y，其测定误差均在5%以内。

若采用二氯一氟偶氮胂（DCF）显色剂与相邻稀土混合物 Sm，Gd（$\Delta z = 2$）的直接配位反应：

$$Sm + mH_qR \longrightarrow Sm(H_{q-r}R)_m + mrH^+$$

$$Gd + mH_qR \longrightarrow Gd(H_{q-r}R)_m + mrH^+$$

在假一级反应条件下，采用对数外推法在自动停留分析仪上可测定个别组分的含量，其相对误差小于6%。也有作者用回归法进行同时测定，与 ICP 测定结果相对照，对 Sm、Gd 的相对偏差分别为0.24%和3.41%。

在稀土元素与 DBC 偶氮胂的作用下，若两个稀土离子 RE_1 和 RE_2 与 DBC 的作用具有加和性。在假一级条件下 RE_1 与试剂 R 反应完全，而 RE_2 与试剂的反应仍在进行，令在时间 t 生成物的浓度为 P_t，则有：

$$P_t = C_{10} + C_{20}(1 - e^{-k_2 \cdot t})$$

以 P_t 对 $(1 - e^{-k_2 \cdot t})$ 作图，可得一直线，该直线的斜率为 C_{20}，外推直线到 $t = 0$ 时，截距为 C_{10}。由此可以得出 RE_1 和 RE_2 的初始浓度 C_{10} 与 C_{20}，用这种线性外推法对稀土的 Pr-Er 进行同时测定，方法准确度约为5%，方法简便，无需复杂的计算。

除上述这些二元体系外，文献用三溴偶氮胂（TBA）研究了 Dy、Ho、Er 三元体系的同时测定。在测定了三者与 TBA 络合反应速率常数之间的相对比值后，在假定其具有加和性的条件下：

$$A_t = A_{xt} + A_{yt} + A_{zt} = q_t C_o x + r_t C_{oy} + s_t C_o z$$

在分别对已知浓度的 x、y、z 纯组分进行动力学测量后求出其 q_t、r_t、s_t。而 A_t 可由光度计直接测出，在所选择的测定时间内对不同时刻测得一系列 q_t、r_t、s_t 和 A_t 的数据，利用上式进行曲线拟合，测得每一单一组分（Dy、Ho、Er）的含量，其测定误差在10%以内。

综上所述，只要显色剂选择恰当、方法合理，对于混合稀土中单一稀土的同时测定，速差动力学分析法不失为一个简便、易行的好方法。

8.5 流动注射分光光度法测定稀土元素

8.5.1 概述

流动注射分析（FIA）作为一种微量化学分析新技术，具有设备简单、操作方便、分析速度快、重现性好、应用范围广、易自动化、试样和试剂消耗量少等优点，自 Ruzicka 和

Hansan于1975年提出FIA以来，这一方法得到了快速发展，显示出强大的生命力和广阔的发展前景。M. Valcarcel认为，流动注射分析（FIA）技术已经不仅仅是一种进样手段，更重要的目的在于解决分析化学中的实际问题。它在以下几方面具有突出优点。

(1) 提高分析方法的灵敏度。FIA技术的通用性强，通过适当改变流路和操作方式可提高灵敏度，如采用反向流动注射技术和通过预富集手段，在流路中匹配萃取、离子交换、气体扩散等富集装置，对样品进行在线预富集分离，可提高灵敏度和选择性。

(2) 扩大分析浓度范围。扩大分析浓度范围的目的主要解决常规例行分析中的困难问题，如有些样品浓度落在线性范围以外，若采用反复稀释或浓缩等复杂的手段则误差较大，若利用上述的多峰方法（试样带反复经过一个无破坏性检测器或采用二极管阵列检测器），并与计算机联用，可以做到自动调节灵敏度使之适合于每一个样品，计算机可利用同一组标准物质做出多个工作曲线，当样品注入后，计算机软件自动寻找最合适的工作曲线（误差最小），因而使可分析的浓度范围提高几个数量级。

(3) 提高分析方法的选择性及进行多组分同时测定。FIA的选择性可通过改变反应速度，采用分离及信号识别等手段得以提高，如利用流动注射停流技术可达到消除慢反应组分的干扰，从而提高方法选择性。同时利用反应速度的差别使待测组分与干扰组分于不同时间到达检测器，可以进行多组分的同时测定。

(4) 在线实时分析。某些工业过程的在线控制是分析化学中一个很吸引人的领域，具有十分重要的意义。近年来Danet已作过综述。利用各种不同的FIA技术以及在线连续分离技术，可进行在线实时分析。

总之，流动注射分析的优点已不仅局限于设备简单、操作方便、分析速度快，还在于重现性好、自动化程度高、试样试剂消耗量少。在20世纪90年代，它已作为一种解决分析化学问题的有力工具而呈现出新的面貌。有关FIA测定稀土元素的工作见表8-11。

表8-11 FIA在测定稀土元素中的应用

被测组分	基体	检测手段 λ/nm	试剂或体系	检出限	备注
稀土总量		分光光度(671)	对乙酰基偶氮胂	20μg Sc/L	
	富集物,磷灰石	分光光度(660)	偶氮胂Ⅲ	10.8μg/30μL	
	稀土铝合金	分光光度(645)	DBC-CPA		微机控制
	稀土铝合金	分光光度	DBC-CPA		合并带
		安培法	DTPA	0.5μg	间接法
Nd及其他轻稀土		分光光度(420)			
重稀土	合成样	离子选择电极		1×10^{-5}mol/L	
14个稀土杂质	Y_2O_3	ICP-AES			
稀土全分析	龙南-1矿,低钇稀土氧化物合成样	ICP-AES			标准加入法
La	天然水,污水	ICP-AES		0.7ng/mL	CL-P_{507}预浓集
La		分光光度	偶氮胂B		与手工法对比
		分光光度			二极管阵列检测器
镧系和Y		分光光度(620或650)			
La,Ce	较纯硫酸盐	原子吸收(248.3)	Fe-EDTA	10μg/L	
	或硝酸盐		Fe-酒石酸	70μg/L	
				20μg/L	
				40μg/L	
Ce(Ⅲ)		荧光光度	0.5mol/L H_2SO_4	1ng	

续表

被测组分	基体	检测手段 λ/nm	试剂或体系	检出限	备注
Ce(Ⅲ)		$\lambda_{ex}260,\lambda_{em}350$	0.5mol/L H_2SO_4	1ng/g	微型锌还原柱
Ce(Ⅳ)					
Ce(Ⅲ)	合成样	荧光光度($\lambda_{ex}258,\lambda_{em}354$)	0.5mol/L HCl		
Ce(Ⅳ)		荧光光度($\lambda_{ex}489,\lambda_{em}541$)	1-氨基-4-4 蒽醌		
Sm		荧光光度 ($\lambda_{ex}370,\lambda_{em}440$)	10^{-4}mol/L HCl 钙黄绿素蓝		荧光淬火法
Eu	稀土物质	分光光度(673)	亚甲基		微型还原柱
	合成样混合稀土	分光光度(664)	亚甲基		微型还原柱
		荧光光度($\lambda_{ex}352,\lambda_{em}613$)	Eu-TTA-TOPO (BL-9EX)		停留法
		分光光度(512)	Fe^{3+},邻菲咯啉	2.5μg/g	微型锌还原法
		荧光光度($\lambda_{ex}260,\lambda_{em}350$)	Ce(Ⅳ) 0.5mol/L H_2SO_4	0.2μg/g	
Sm,Gd	富集物	分光光度(630)	DCF-偶氮胂		速差动力学
Gd,Y	合成样	分光光度(636)	TCA CyDTA		速差动力学
Tb		荧光光度($\lambda_{ex}295,\lambda_{em}545$)	乙二胺双(临羟基苯基乙酸)		其他稀土不干扰
		荧光光度($\lambda_{ex}310,\lambda_{em}66$)	Tb-PTA-TPPO (BL-9EX)		
	矿石	荧光光度($\lambda_{ex}320,\lambda_{em}545$)	Tb-EDTA-SSA		

8.5.2　流动注射分析装置

FIA 分析装置一般由溶液驱动系统（蠕动泵）、进样系统（进样阀）、反应管道和检测系统、(检测器以及与之相连的记录仪或微机）等几部分组成。蠕动泵的作用是提供具有一定流速的恒定载流，而进样系统吸取一定体积的试样，并注入载流中。试样和载流在流动过程中产生对流和扩散，其分散系数（D）的大小取决于进样体积、流速、反应管道的几何形状等因素。经过受控分散所形成的高度重现的试样带流入检测器进行测定。流动注射分析检测器种类繁多，主要有光学检测器和电化学检测器两大类，目前世界上已有瑞典、美国、日本和巴西等国生产的 FIA 自动分析仪，近几年国外的分析化学家根据其研究工作的需要各自设计和研制出各种微机控制的流动注射分析装置，其构造和功能大同小异，即采用微机控制蠕动泵的开关、进样阀的操作及数据的收集和处理。陈丹华等根据稀土元素分析的需要，研究了两种类型的自动化 FIA 分析装置（图 8-11)。第一种类型是适合于稀土总量测定的分析装置，第二种类型是适合于混合稀土溶液中多组分稀土的同时测定装置。该装置由微机、蠕动泵（M_1、M_2)、进样阀和光度计组成。其中微机进行分析系统的控制和数据处理，计算机控制 M_1、M_2 交替运转，M_1 运转过程中推进试样和试剂，M_2 则控制自动取样阀的运转，使试剂和载流进入流路，在流动过程中溶液进行分散并发生化学反应，最后进入检测器。整个系统在微机控制下能自动进行混合、采集信号、处理数据、打印图形、还可按需要进行多种功能单元的组合。

随着 FIA 应用领域的不断扩大，如环境分析和临床分析要求每天分析成百个样品，而且在这些样品中大多数组分浓度很低，因而迫切需要建立更灵敏、更快速的流动注射分光光度法。有关文献报道发展了一种由半导体激光光源和超薄型长程流动池组建的高灵敏检测体系，新体系采用聚四氟乙烯圆条形吸收池和 GaAlAs 半导体激光器（功率为 5mW，发射波长 780nm）作光源，比用普通流动池的 FIA 分光光度法灵敏度提高了约 10 倍，能用于样品中很多痕量组分的测定。基于钼蓝光度法和流动注射分析测定水中总磷量，其检出限可达到 0.6μg/L，RSD 值为 1.0%，线性范围为 1.0～50μg/L。该体系还可用于 HPLC 的检测。激光光源是用来改善光谱分析灵敏度的有效途径之一，如激光诱导荧光光谱、激光激发原子荧光光谱，但用于分光光度法并不多见，这主要是由于激光光源对吸收池壁的照射易引起表观灵敏度与比尔定律的偏离，而半导体激光器则具有比普通激光光源显著的优点，适合用于流动注射分光光度法中，流动注射分析装置的微型化和集成化，对于进一步节省试样和试剂，提高分析精密度均具有重要意义。Haswell 评述了近年来基于电渗流的微型流动注射分析的发展及其操作特征，并指出这一方法的光明前景。

集成微管道的出现，导致了活性表面光纤传感器的产生，而可以再生、循环使用的键合固定化试剂与光纤传感器相结合，进一步提高了分析性能和效益，体现了微型化的优越性。

8.5.3 流动注射在线自动化分析

PIA 是一种快速的化学分析方法，通用性强，可以和各种检测器联用，还可配备萃取、离子交换和沉淀富集等装置对样品进行在线预富集分离处理，所以很适合在线分析的要求。

稀土元素的显色反应速度大多比较快，很适于 FIA 光度法进行在线分析测定，对于显色速度略慢的体系还可用流动注射-停流（FIA-SF）的方式以提高测定的灵敏度。有人比较了对酰基偶氮胂、PAR、XO-CTMAB 及 ECAB-CTMAB 测定稀土的特点，其中对乙酰基偶氮胂对 Sc(Ⅲ）及三价铈组稀土不仅灵敏度高，试剂空白低，而且钙的允许量大，具有显色速度快、配合物稳定等特点，很适于用 FIA 进行测定。其余几个体系则由于选择性差、灵敏度低和稳定性欠佳等原因而不便采用。Gladilorich 等的研究结果表明，偶氮胂Ⅲ同样具有灵敏度高、显色反应速度快的优点，适合于原矿及富集物中稀土总量的测定，也有文献报道了基于 XO 与 CPB 反应的 FIA 光度法测定稀土总量。基于 DBC-偶氮氯膦与稀土元素的高灵敏显色反应，陈丹华等利用图 8-11 所示自动化流动注射分析装置，建立了快速测定稀土铝合金中稀土总量的方法，铁、铜、铝、镁、镍等合金元素允许量可达 10～70mg，铈组和钇组工作曲线一致，分析频率达 200 次/h，RSD 为 1.0%，方法简便快速，可用稀土总量的大批分析。采用并合流路，可大大减少试剂的消耗。任英等采用反相流动注射光度法测定稀土总量，而且利用动力学分辨可大大提高测定的选择性，钙对 DBC-偶氮氯膦测定稀土总量有干扰，当显色剂浓度低于 0.005% 时，钙的允许量较手工法约提高一个数量级。这是因为在普通光度法中，检测的结果是平衡状态下的稳定信号，使得待测组分和干扰组分与试剂的反应速率差无法体现出来。而在 FIA 法中，由于 FIA 的延迟时间很短，一般为 20～120s，当显色剂浓度很低时，DBC-偶氮氯膦与 RE 的显色反应速度快于与钙的反应速度，因而降低了钙的干扰。

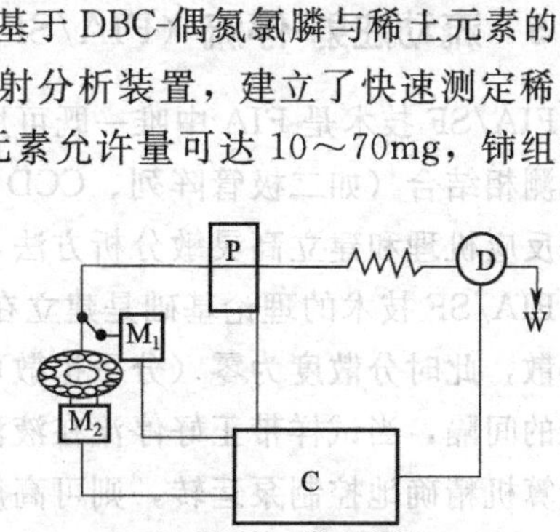

(a) 用于单一稀土测定

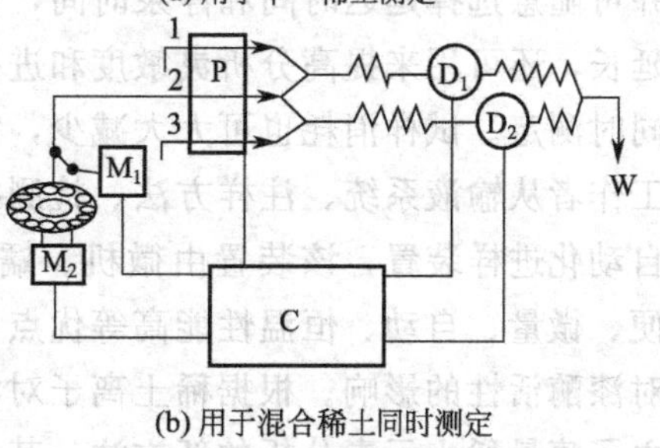

(b) 用于混合稀土同时测定

图 8-11 自动化流动注射分析仪流路

镧和钙由于二者性质相似，配合物吸收光谱重叠，相互干扰严重，给同时测定带来了很大困难，如采用自行研制的全自动流动注射分析装置，采用三氯偶氮胂和对氟偶氮氯膦为显色剂。通过双检测器分别测出镧量和混合物总量，用计算机进行最小二乘法处理结果可分别求出各自的含量，每小时可测 90 个试样，适用于镧钙混合物的快速同时测定，所得结果与 ICP-发射光谱分析结果一致。

同时还可利用高灵敏度和高选择性的 DBC-偶氮氯膦与 Ce(Ⅲ) 的显色反应进行铈的价态分析。先在 0.3mol/L H_2SO_4 介质中测定 Ce(Ⅲ) [此时 Ce(Ⅳ) 与试剂反应灵敏度很低]，然后用抗坏血酸还原 Ce(Ⅳ)，用第二个检测器检测总铈，差减后可求得 Ce(Ⅳ) 含量。采用流动注射分析法同时测定了 Ce(Ⅲ) 和 Ce(Ⅳ)。

若将 FIA 与二极管或光二极管阵列检测器联用，可用于 La 和 Th 的测定和混合稀土氧化物中 Pr、Nd、Sm 的测定。

8.5.4　流动注射-速差动力学分析

速差动力学分析法是进行稀土元素多组分同时测定的有力手段。已于前述，若结合 FIA 法在时空上的高度重现特点，则为动力学分析提供了有力手段。任英等基于 Gd、Y 的三氯偶氮胂配合物被 CYDTA 取代反应速率的不同，选择同一长度不同内径的两个反应盘管及其他实验条件，建立了同时测定二元混合稀土氯化物中单一稀土的方法，其回收率在 60%～90%之间，分析范围增宽。Kyzhetsov 利用在 PAR 存在下 Sc 与 Cu-ED-TA 配合物的置换反应，用 FIA 分光光度法间接测定钪。蔡汝秀等基于 Sm、Gd 与 DCF-偶氮胂反应速率差，利用微机控制的自动流动注射分析仪，同时测定了富集物中 Sm 和 Gd 的含量。

采用三元配合物 La(Y)-CAS-CTMAB 或 CPB 体系，也可同时进行 La 系和 Y 的测定。总之，利用流动注射-速差动力学分析法，进行稀土元素同时测定，具有一定的潜力。

8.5.5　流动注射-停流（FIA/SF）技术的发展

FIA/SF 技术是 FIA 中唯一既可用于定性分析又可用于定量测定的技术，与快速扫描光谱检测相结合（如二极管阵列、CCD 等多道检测器联用）对于跟踪酶反应的动态过程，研究酶反应机理和建立高灵敏分析方法，检测不稳定的反应中间产物都是十分有用的手段。

FIA/SF 技术的理论基础是建立在极端情况下，即当载流完全停止流动时，试样带将停止分散，此时分散度为零（分子扩散可忽略不计），D 值与时间无关，这样只要适当选择停与流的间隔，当试样带正好停流在液池内时，便可得到试样与试剂反应的分析信号曲线，采用计算机精确地控制泵运转，则可高度重现地把试样带的同一区段停于流动池中进行测定，并可随意选择延迟时间和停泵时间，使其适合于特定化学反应速率检测。若将停流时间加以延长，还可用来提高分析灵敏度和进行动力学分辨，消除本底与延滞期的干扰，实现多组分同时测定。试样消耗也可大大减少，特别适合于酶催化动力学分析研究。近年来，各国分析工作者从输液系统、注样方法、检测技术及自动化等方面发展了这一技术。文献发展了一种自动化进样装置，该装置由微机、蠕动泵、采样阀、检测器和恒温系统组成，具有操作简便、微量、自动、恒温性能高等优点，特别适合于酶催化动力学分析，可用于研究稀土离子对漆酶活性的影响。根据稀土离子对漆酶活性具有强烈抑制作用及其与浓度呈线性关系，建立了痕量稀土元素分析的新方法。其检测限可达 0.033μg/mL，并探讨了稀土金属离子对漆酶活性的抑制特征，抑制位点和作用方式。结果表明，稀土金属离子对漆酶催化活性的抑制属竞争性抑制，它是通过稀土金属离子与漆酶活性中心周围酸性氨基酸残基中的ω-羧基阴离子的配位作用来实现的。

8.5.6 FIA用于检测不稳定反应中间产物

由于FIA的延迟时间很短，一般为20～120s，且溶液是在管道中流动，避免了外界空气的影响，产生的中间产物只要在如此短的时间内稳定，则可以进行检测，且分析精度较高。Eu(Ⅱ)是一强还原剂，利用Eu(Ⅱ)还原性质的普通分光光度法，需要惰性气体隔绝空气操作，给实验带来不便，且难得到稳定的分析结果。若应用FIA技术，则可得到明显改善。有人采用在线柱转化技术将Eu(Ⅲ)转化为Eu(Ⅱ)，再使Eu(Ⅱ)与亚甲基蓝(MB)反应，分别于673nm和664nm检测MB的褪色程度，分析速度为90次/h，RSD均小于2%。或使Eu(Ⅱ)与Fe(Ⅲ)反应，以邻菲啰啉（phen）作显色剂于512nm处检测Fe(Ⅱ)-phen配合物的吸收，测定下限为2.5μg/mL。若使Eu(Ⅱ)与Ce(Ⅳ)反应，于350nm处检测Ce(Ⅲ)的荧光强度，方法检测下限更低（0.2μg/mL），RSD为1.1%。

第9章

其他分析方法和分析中的分离方法

从具体的分析要求出发，稀土定量分析可分为二大类型：一是稀土总量的测定，其中包括稀土分组含量的测定；二是单一稀土元素的测定。

（1）稀土总量的测定　这是地质部门、稀土冶炼厂和稀土应用部门常见的分析项目。稀土总量的测定根据各稀土元素化学性质的相似性，可采用重量法、容量法和吸光光度法。重量法和容量法一般用于稀土含量较高的样品，例如稀土矿物原料、稀土提取过程中的料液和各种稀土产品；吸光光度法常用于稀土含量较低的样品、岩石矿物和钢铁合金材料。在稀土农用推广中测定土壤和农作物植株、果实中的稀土含量多采用吸光光度法。稀土总量的测定通常先要进行必要的分离，以除去可能产生干扰的非稀土杂质，否则就不能得到准确的结果。

铈组稀土含量和钇组稀土含量的测定是地质部门综合评价稀土矿物的依据之一。其测定方法根据稀土性质上的差别，通常由吸光光度法直接测定，有时先经分离再用吸光光度法测定。

（2）单一稀土元素的测定　这是稀土分析中最重要而又比较困难的任务，按分析样品不同，单一稀土含量的测定大致可分为三类：纯稀土中痕量稀土杂质的测定；混合稀土中单一稀土的测定；其他物料中低含量单一稀土的测定。

① 纯稀土中稀土杂质的测定　评价纯稀土的质量最主要的依据是痕量单个稀土杂质的含量测定，它是稀土冶炼厂、化学试剂厂和某些稀土应用部内不可缺少的分析项目。常用的方法有发射光谱法、质谱法和中子活化法，有时也可用X射线荧光光谱法、极谱法、吸光光度法及原子吸收分光光度法。

发射光谱法是最常用的方法，它直接测定稀土的灵敏度一般为$10^{-3}\%\sim10^{-2}\%$，大致可满足纯度为99.9%稀土的分析任务，测定的精密度约为±10%，采用控制气氛光谱激发，可使光路测定的灵敏度提高到$10^{-4}\%\sim10^{-3}\%$，能满足纯度为99.99%稀土的分析要求；对于纯度在99.999%以上的高纯稀土，一般需要先将稀土杂质用适当的分离方法富集后才能准确测定。

② 混合稀土中单一稀土的测定　为了确定稀土矿物原料或混合稀土产品中各种稀土的相对比例，或是为了了解稀土分离工艺中料液组分的变化情况，最有效的方法是X射线荧光光谱法。这种方法可以直接测定混合稀土中含量大于0.01%的单一稀土，测定的精密度

一般可达±5%～10%。

此外，火焰发射分光光度法、原子吸收分光光度法、吸光光度法等也可用于混合稀土中单一稀土的测定，尽管这些方法只适于一些组成简单的样品，但是所使用的仪器比较简单、普遍，因此受到重视。对于混合稀土中的一些变价元素特别是铈，经常用氧化还原滴定法进行测定。

③ 其他样品中低含量单一稀土的测定　这类样品指岩石、陨石、非稀土矿物、核燃料反应堆材料等。由于样品中稀土含量很低，通常要先进行稀土元素的分离富集，然后进行测定，其测定方法与前两类单一稀土的测定方法大致相同。但是因为样品中稀土含量很少，基体是各种非稀土元素，有时取样量少，而且要求可靠的全分析数据，所以最好使用中子活化分析法或质谱同位素稀释法等灵敏度高而又比较精密的测定方法。

在稀土分析工作中，分离与富集是一项重要任务，因为某些非稀土元素与稀土的性质相似，在测定中会发生干扰；稀土元素彼此之间性质更为相近，在许多分析过程中能发生同样的变化，因此要准确测定试样中的稀土含量或某单一稀土的含量往往要先进行分离。常用的分离方法是溶剂萃取、柱液相色谱、纸色谱等。与一般的稀土分离生产工艺相比，分析工作中分离富集要求更为严格，只有达到定量分离，才能得到准确的测定结果。为了消除或减少稀土测定中的干扰，或是为了提高分析的灵敏度，通常还需要结合适当的分离方法，最常用的是沉淀分离法、溶剂萃取法和液相色谱法。其中沉淀分离法和溶剂萃取法主要用于稀土元素与非稀土元素的分离，液相色谱法主要用于稀土元素之间的分离。柱液相色谱法（主要是离子交换色谱法和萃取色谱法）和纸色谱法是分离单一稀土的主要方法。前者用于较大量（数毫克至数克）稀土的分离；后者用于微量（一般不超过500μg）稀土的分离。近十几年来，气相色谱法、高压液相色谱法都为快速分离和测定单一稀土开辟了新的途径，但是总的来说，单一稀土间定量而快速的分离与富集仍是稀土分析化学中的一个难题。

9.1 萃取分离

溶剂萃取用于稀土分析工作，可以达到排除干扰、提高灵敏度的目的。一般来说，溶剂萃取主要用于稀土元素与非稀土元素的分离，操作方法可分为两种类型：一是把干扰元素萃取到有机相中，将稀土离子留在水相，二是把稀土萃取到有机相，使干扰元素留在水相。具体采用哪种方法，取决于杂质的特点及分离后的测定方法。

萃取法能从大量其他元素中快速地分离出微量元素，在吸光光度分析、荧光光度分析、火焰光度分析、光谱分析、极谱分析和原子吸收分光光度分析中得到了广泛的应用。但是采用萃取法富集、分离、提纯物质时，有一定的限度和应用范围，在稀土分析中要使单一稀土得到分离是很困难的。

(1) 稀土元素与非稀土元素的萃取分离。

① 从大量非稀土元素中分离微量稀土元素。在分析钢铁、土壤及非稀土矿中的稀土总量，可将试样中的微量稀土萃取到有机相中。例如，用0.01mol/L PMBP-苯与一定酸度的试样水相平衡，将其中的稀土萃入有机相，与碱金属、碱土金属、铝、铬（Ⅲ）等元素分离。以偶氮胂Ⅲ反萃取（pH＝2.5）后用吸光光度法可测定痕量稀土总量。在稀土农用研究中土壤、农作物植株和果实中的稀土含量可采用此法进行测定。

② 从大量稀土元素中分离非稀土元素。萃取分离法对非稀土杂质的分离效果很好，因为它们被萃取的性能有很大差异。例如，乙醚在一定条件下能定量地从稀土试样中萃取铀、钍，而稀土离子留在水相中；在严格控制水相酸度的情况下，TTA 可将稀土与锆、钍、碱土金属定量分离。

（2）单一稀土元素的萃取分离。在稀土分析中的单一稀土萃取分离，目前只是尝试性的工作，取得成功的只限于某些具有变价性质的稀土元素（如铈、铕），或者与其他稀土性质差异较大的元素（如钇、镧）的萃取分离。例如，钇的性质比较特殊，PMBP 萃取钇的结合能力，与 PMBP 的浓度、反萃稀土的甲酸浓度成正比，利用低浓度 PMBP-苯萃取全部稀土，以 0.025%甲酸溶液洗涤除去轻稀土，提高有机相的 PMBP 的浓度后，用 1%甲酸溶液反萃钇，重稀土仍留在有机相，使钇得到分离。

9.2 柱液相色谱分离

（1）概述　色谱法是一种分离技术，是利用物质在两相中分配比的不同，当流动相与固定相作相对运动时，物质在两相中的分配反复进行多次，使分配比仅有微小差别的组分，得到完全分离。

色谱法有多种类型：按两相的状态分类，有液相色谱（液体作流动相）和气相色谱（气体作流动相），按分离的机理分类，有吸附色谱、分配色谱和离子交换色谱；按固定相使用的方式分类，有柱色谱、纸色谱和薄层色谱；按操作过程分类，有洗脱法、顶替法和迎头法。其中柱液相色谱法在稀土分析中应用比较广泛。

柱液相色谱法主要用于分离单一稀土、高纯稀土中的其他稀土杂质、混合稀土的分组及高纯单一稀土，也可用于稀土与非稀土元素的分离。所需要的主要设备是色谱柱，色谱柱由底部带有多孔筛板的玻璃管（或不锈钢管），填充适当高度的填充剂（如离子交换树脂、硅球、萃淋树脂等）构成。小体积的试样溶液注入色谱柱，使被分离物质吸着在色谱柱的上部，然后将洗脱液自色谱柱上端加入，以一定的流速洗脱，被分离物质在固定相和流动相之间多次平衡，按不同的次序先后从色谱柱下端流出，流出液中被分离物质采用适当的方法连续检测，或按需要分段收集和检测。

（2）离子交换色谱　在稀土分析中，阳离子交换色谱法主要用于分离单一稀土及高纯稀土中微量稀土杂质；阴离子交换色谱主要用于混合稀土元素的分组分离。离子交换色谱能分离痕量到大量（公斤量）的稀土元素，不仅适用于稀土分析的分离，也可用于单一高纯稀土元素的制备。分离原理与操作注意事项与前面所述离子交换法分离稀土的方法大致相似，这里不再赘述。

（3）萃取色谱　萃取色谱是将溶剂萃取的选择性及色谱分离的高效性相结合的一种新型分离方法。将萃取剂涂渍在惰性载体上作固定相，以无机酸的水溶液作流动相，利用被分离组分在不相混溶的两相中具有不同的分配比，在色谱柱中进行多次萃取、反萃取，达到分离的目的。萃取色谱可分为两种类型，以有机萃取剂作固定相，水溶液作为流动相，称为反相萃取色谱；以水溶液作为固定相，萃取剂作为流动相，称为正相萃取色谱。前者的分离效果较好，得到广泛使用，这里做重点讨论。

① 载体、萃取剂和洗脱剂　硅藻土、硅胶、聚四氟乙烯等惰性多孔固体颗粒都可作为

载体，把 P_{507}、P_{204}、TBP 等萃取剂涂渍在它们的表面，然后装柱。近年来研制的萃淋树脂，是将萃取剂吸附在有机载体-聚苯乙烯-二乙烯苯聚合物上制成的新型色层材料。

常用的洗脱剂是无机酸的水溶液，选用哪种酸、浓度的高低与萃取剂及待分离元素的性质有关，需经过试验来确定。

② 萃取色谱柱的制作　色谱柱的制备是分离效果好坏的关键，根据元素分离的难易选择粒度适宜的载体（难以分离时粒径要小些），如果载体是亲水性含硅物质，需先经过硅烷化，然后涂渍萃取剂，再进行装柱。

a. 硅藻土和硅胶的硅烷化　硅烷化的目的是将硅球的亲水性转为疏水性，常用的硅烷化试剂有二甲基二氯硅烷和六甲基二硅胺。硅烷化试剂与载体表面的硅醇、硅醚基团反应，除去表面的氢键结合力。操作方法如下所述。

将硅藻土或硅胶在 500～550℃灼烧 2h，冷却。用 1∶1 盐酸浸渍 24h，用水洗至微酸性，抽滤，在 100～110℃烘干。取 20%二甲基二氯硅烷-甲苯溶液 400mL 于干燥烧杯中，在搅拌下缓缓加入经酸洗净的硅胶 200g，浸泡 2h（将烧杯置于空干燥器内密闭），抽滤，用少量甲苯洗涤数次。将硅胶再浸入 300mL 甲醇中，抽滤，风干，在 80℃烘干数小时。经硅烷化处理后的载体，有机萃取剂容易涂渍了。

b. 涂渍萃取剂及装柱技术　将一定量的萃取剂溶解于适当的易挥发溶剂中，在溶液中加入一定量预先用此溶剂浸湿过的载体，不断搅拌，此溶剂挥发，最后加热或真空除去微量溶剂。

装柱操作可采用重力沉降法或加压动态沉降法。如果对分离系数较大的稀土元素进行分离，可用简便的重力沉降法；如果载体粒径较小，宜采用加压动态沉降装柱法。装好的色谱柱在使用一段时间之后，涂渍上的萃取剂容易流失，因而影响分离的重现性。为了减少萃取剂的流失，常预先用萃取剂将洗脱液饱和。

c. 柱色谱操作条件的选择　萃取色谱操作条件直接影响分离的效果，除了粒径的大小，还与柱高柱径比、柱容量、温度、流速和洗脱液酸度等因素有关。一般来说色谱柱高、柱径小，分离效果较好；柱容量低的分离效果好；增加温度可使两相间传质阻力减小，色谱峰区域宽度减小，能够提高柱效，通常选用 40～50℃；洗脱液的流速太快会影响分离效果，太慢会推迟工作进程，合适的流速需通过试验确定，洗脱液的酸度对 P_{507}、P_{204} 等萃取剂来说，酸度太高分不开，酸度太低发生拖尾现象，适中的酸度亦需通过试验加以选择。

经过试验确定的操作条件可以得到满意的分离效果。我国采用 P_{507}-硅球色谱柱，用硝酸洗脱分离高纯氧化钇中稀土杂质，试样 1g 在 2.6×110cm 柱上，保持柱温 50℃，流速 0.3mL/(cm^2·min)，用 0.8mol/L 硝酸洗脱镧-钬，再以 1mol/L 硝酸洗脱钇，最后用 3mol/L 硝酸洗脱铒-镥。在 12h 内，从钇中富集全部稀土杂质，富集倍数为 20～30 倍。

(4) 高压液相色谱　近年来研究成功的高压液相色谱法，具有高速、高效、高灵敏度等特点，它与分光光度、荧光等测定法联用，可以在几十分钟之内完成各稀土分量的测定。

高压液相色谱仪是进行液相色谱分离的仪器，主要包括流动相液槽、高压泵、样液注入器、柱和检测器。用于分离稀土的高压液相色谱填充剂是大孔离子交换树脂，常用乳酸做洗脱剂，检测器能连续地检测出流出液中被分离组分的浓度，检测的方法有分光光度法、电导法及放射性检测法等。

9.3 纸色谱及其他色谱分离

纸色谱、纸电泳、薄层色谱及气相色谱也是用于分离富集稀土元素的有效方法。

纸色谱分离不用特殊的仪器设备，具有简单、灵敏的特点，已成为矿物鉴定及核裂变产物的分离方法之一。纸色谱已用于稀土元素的分离，纸电泳，特别是高压纸电泳分离稀土，速度快、效果好，可进行单一稀土的分离。薄层色谱与纸色谱操作相似，快速、灵敏、受温度影响小，但需制薄层板，不如纸色谱方便。气相色谱具有分离效能高、快速、灵敏等特点，将稀土离子转化为易挥发的稀土 β-二酮类螯合物，使相邻的稀土元素得到快速分离，若与原子吸收分光光度、等离子体发射光谱、放射分析等多机联用，可实现分离和检测的自动化。

(1) 纸色谱　纸色谱按机理可分为纸分配色谱、离子交换色谱、纸沉淀色谱及电纸色谱；按纸的形状可分为纸条色谱及圆筒色谱；按固定相不同分为正相纸分配色谱（水相为固定相）及反相纸分配色谱（有机相为固定相，亦称纸萃取色谱）。为了提高分离速度和分辨率，有离心加速纸色谱和聚焦纸色谱等。

① 基本原理　纸色谱分离的机理，目前解释尚不统一，有的从分配原理考虑，认为待分离物质置于纸上，流动相沿纸条流动时，物质在两相间发生不断的分配，由于分配系数的差异，具有不同的迁移速度而获得分离；有人认为离子交换色谱纸含有大量的羧基等交换基团，色谱分离过程存在着游离基等的离子交换，纸沉淀色谱是在纸上置于沉淀剂，利用物质生成沉淀的溶解度不同，进行纸沉淀色谱分离。

② 基本操作　纸色谱分离只需要色谱纸、密闭的色谱箱，以及喷雾器等。大致的操作过程为：将制好的试液点滴在色谱纸上，放在只有某溶剂（能与稀土元素形成不同稳定性配合物的溶剂）的色谱箱中，饱和一段时间，然后浸在溶剂中展开。展开一定时间后，取出晾干，喷显色剂（如偶氮胂Ⅰ或偶氮胂Ⅱ），出色斑。根据色斑的颜色以及被测组分移动的位置可以进行定性分析；若要进行定量分析，可将斑点剪下，经酸洗或灰化，然后用一般微量定量法（如吸光光度法等）测定。

纸色谱用于稀土分离已相当满意，被研究的体系已有多种，如硫氰酸-丁酮-硝酸体系、磷酸三丁-丁酮-乙酸乙酯体系等。

(2) 纸电泳　它是基于在电场作用下，带电荷的离子移动速度的差别而进行分离。在用电解质润湿的纸条上，加直流电压，涂于纸上的试样离子，将以不同的速度移动，带正电荷的离子向负极移动，负离子反向移动，不同离子的移动速度不同，从而得到分离。用 α-羟基异丁酸作纸电泳的电解质，可使所有的稀土元素得到分离。

(3) 薄层色谱　薄层色谱是近十几年发展起来的一种分离方法，它是将吸附剂（或载体）均匀地铺在一块玻璃板或塑料板上，形成薄层，在此薄层上进行色谱分离，其操作方法大致与纸色谱相同，目前已广泛应用。用于单一稀土元素的分离，反相薄层色谱的效果较好，以硅酸-P_{204} 作固定相，用不同浓度的硝酸作展开剂，目前除了镨、钕，其余稀土皆可得到分离。薄层板是由硅胶用 P_{204}-丁醇调成糊状，均匀涂布于玻璃板上，涂层的厚度一般为 0.5mm，干燥后用。

(4) 气相色谱　一般分为气固吸附色谱和气液分配色谱，它们都是以气体作流动相，前者的固定相是固体，后者的固定相是高沸点液体。利用稀土 β-二酮类螯合物的热稳定性及易挥发性，通过气液分配色谱法可使一些稀土元素得到分离。

气液分配色谱法是在色谱柱中填入具有一定粒度的惰性多孔固体物质（如硅藻土）作载体，表面涂渍不易挥发的高沸点有机化合物（加硅酮润滑脂），当载气将被分析的混合稀土螯合物气体带入色谱柱后，由于各单一稀土螯合物在载气和固定液（气液两相）中分配系数不同，各稀土螯合物从固定液中挥发的能力不同：在固定液中溶解度大的某单一稀土螯合物移动速度慢；反之移动速度快。经过一定柱长后，达到彼此分离，并先后从色谱相中流出，用检测器自动连续检测。

9.4 发射光谱分析法

(1) 概述　发射光谱分析是一种利用原子发射的特征光谱研究物质化学成分的仪器分析方法，因此被称为光谱化学分析，简称光谱分析。

稀土元素的相似性给化学分析带来很大的困难，但是光谱分析不受这一限制，能够较为简易地对单个稀土元素进行定性和定量分析。在分析过程中仍然保持着光谱分析的固有特点：多元素同时测定；选择性好，通常不经化学分离即可直接测定；操作简便，分析速度快，消耗试样少；分析灵敏度高，直接测定的灵敏度一般可达0.001%～0.01%，并具有一定的精确度。由于上述特点，现已为许多工厂和实验室使用，所以光谱分析已成为稀土元素分析的重要手段，它担负着岩石矿物、冶金工艺过程控制和产品鉴定的大部分分析任务。具体地说，大致包括下列四个方面的工作：岩石矿物中稀土元素的分析；混合稀土元素的分析；单一稀土中稀土和非稀土杂质的分析；钢铁、合金等材料中稀土元素的分析。

稀土元素的直接光谱测定，一般可满足99.9%的单一稀土的纯度分析要求。采用控制气氛光谱分析法，可使灵敏度提高几倍至一个数量级，能满足99.99%纯稀土的分析。对于99.999%以上的高纯稀土分析，目前还需借助化学光谱法，例如采用离子交换、萃取色谱、溶剂萃取、电化学等方法，将稀土或非稀土杂质预先分离富集，再进行光谱测定。对于岩石矿物或其他材料中的痕量稀土元素分析，一般也采用化学光谱法，以提高灵敏度和减少干扰。在分析混合稀土氧化物时，通常采用稀释剂进行高倍稀释等方法。

(2) 稀土光谱分析方法　光谱分析法用于稀土分析的具体操作方法因试样的特点而异，常用的有以下几种。

① 电弧粉末法　将粉末试样装入电极小孔，利用电弧放电使试样直接蒸发进入弧焰而激发。这种方法有操作简单、普遍性强等优点，广泛用于岩石矿物、稀土氧化物中的稀土分析。

② 载体分馏法　利用基体和杂质之间在直流电弧中的分馏现象，测定难熔物质中较易挥发杂质的直接光谱分析方法。它具有灵效度高和操作简便的特点，常用于稀土氧化物中非稀土杂质的分析。

③ 电弧浓缩法　利用岩矿基体成分和被测难挥发成分之间的分馏效应，测定岩石矿物中低含量难挥发元素的直接光谱分析法。它具有可以减少谱线干扰、背景浅、能部分消除不同矿样的组分影响，适合于地质部门大批量试样分析的要求。

④ 控制气氛法　试样在一定的气氛中由电弧放电而激发，操作方法与电弧粉末法大致相同，但分析灵敏度与精确度显著提高，可以满足99.99%纯度的稀土氧化物的分析。

⑤ 溶液法 将试样制成溶液状态后进行光谱分析，它可以消除因试样状态、结构和颗粒不一致对分析结果的影响，重现性好。溶液法由于溶液的引入方式不同又分为溶液干渣法、转盘电极法和喷雾法等，其中溶液干渣法与粉末法一样有着广泛的用途，其他类型的溶液法较少使用。

⑥ 化学光谱法 它是指与化学分离富集手段相结合的光谱分析方法。通过化学分离法将试样中的其他成分全部或部分分离除去，而被测元素得到富集，然后选择适宜的光谱测定条件对分离富集物进行分析。它的最大特点是灵敏度高，是目前高纯稀土分析的主要方法，例如高纯稀土中微量稀土和非稀土杂质的测定，原子能材料中微量稀土杂质的测定等。

9.5 X射线荧光光谱分析法

(1) 概述 X射线荧光光谱分析是利用原子的特征X射线光谱，研究物质及其化学组成的仪器分析方法，它的谱线简单、干扰少、分析的浓度范围广（一般可以从0.005%～100%）。固体、溶液或粉末试样均可直接用于分析，已广泛用于岩石矿物、稀土冶金、钢铁合金等物料中单一稀土元素的测定。

近年来，X射线荧光光谱分析采用能量色散技术半导体检测器，提高了分析的灵敏度及分辨率，谱仪小型化，能适应于野外地质勘探的需要。X射线荧光光谱仪的应用，可同时测定多种元素。电子计算机联机用于程序控制、谱图识别、背景扣除、干扰校正及数据运算，提高了分析的灵敏度、准确度及自动化程度。采用质子激发技术，建立了灵敏度较高的质子X射线荧光分析，检出限达10^{-12}g，试样用量可少到数微克。

(2) 稀土元素的分析。

① 试样的制备：用X射线荧光光谱分析法测定稀土，首先要根据组成及试样中稀土元素的含量制备试样。对于稀土含量较高的岩石、矿物，可采用直接熔融法或制成薄样，对于稀土含量较低或组分过于复杂的岩石、矿物需先进行分离，然后制样，冶金及氧化物产品，常采用稀释法、溶液法等。

② 常用分析方法：X射线荧光分析的具体操作方法很多，有外标法、内标法、加入法、稀释法等八种定量分析法，实际工作应根据分析试样的形态和组分、测定元素的含量、所用仪器的性能和稳定度以及对分析精度的要求，选用适宜的方法。

③ 应用实例：高纯氧化钕中痕量镨、钐、钇的测定，采用高纯钕直接压片，内标法测定痕量镨、钐、钇。一个试样制成五个样片，每个样片进行二次测定，测定结果为Pr_6O_{11}在0.03%时平均偏差为±7.5%，Sm_2O_3在0.01%时为±1.0%；Y_2O_3在小于0.01%时为≤1.0%。

9.6 其他仪器分析法

(1) 原子吸收分光光度分析法 简称原子吸收法，是利用被测元素的原子蒸气能吸收一定波长的辐射这一特性建立起来的一种仪器分析方法。它分为火焰和无火焰原子吸收法，稀土分析中前者较为常用，多采用缝隙型燃烧器的预混富燃氧化亚氮-乙炔火焰。这种火焰温度高，还原气氛强，有利于稀土在火焰中以原子蒸气状态存在，因而有可能进行稀土的原子吸收测定。目前已用于岩石和非稀土矿物中低含量稀土的分析，稀土矿物中稀土组成的分析，纯稀土中某些灵敏度较高的稀土元素的分析等。

(2) 火焰分光光度分析法　该方法比较简单，利用氧-氢火焰，氧-乙炔火焰等产生的稀土光谱可以测定混合稀土中单一稀土的含量。目前有人用火焰分光光度法测定了稀土矿物原料和稀土提取中间产物中钇、钕、铕、钆、铒，以及岩矿中镧、镨、钐、镝等。

(3) 荧光分光光度分析法　分子在紫外线激发下吸收能量，跃迁到较高能级成为激发分子，这种激发分子很不稳定，在很短时间内回复到基态，并以光的形式放出能量，从而产生荧光。荧光的强度和被测物质的浓度成正比，从而可以进行元素的定量分析。为了使更多的稀土离子产生足够强的荧光可使稀土与有机配体形成配合物，或者用浓氮作冷却剂，获得低温荧光。目前荧光分光光度法已可用于大多数稀土元素的分析。

(4) 发光光谱分析法　在磷光体中，三价稀土激活剂离子受到辐射激发时，能发出各自特征的锐线光谱。在一定的激活剂浓度范围内，谱线的强度与浓度成正比从而可以进行元素的痕量分析。由于采用的激活方法不同，发光光谱法可分为紫外线激发、X射线激发、阴极射线激发及其他带电粒子激发。目前发光光谱法已用于某些原子能材料、高纯稀土氧化物及其他有关物料中痕量稀土元素的检测。

(5) 电化学分析法　用于稀土测定的电化学分析法有电解及库仑分析、电化学滴定、离子选择性电极电位分析和极谱分析。

稀土元素的电极电势负值很大难以还原，应用电重量分析很困难，但采用电解分离法，可制得高纯稀土，为进一步分析创造了条件。铈、铕、镱等变价元素通过库仑分析可进行测定，测定过程中消耗的电量值，不受其他稀土的干扰。

电化学滴定包括酸碱滴定、氧化还原滴定、络合滴定和沉淀滴定，其基本原理都是借滴定过程中电位变化进行定量分析。许多稀土元素的化合物在非水介质能显示酸的性质，通过酸碱电位滴定可以直接测得其含量；铈盐是强氧化剂，能被许多还原剂所还原，适宜于进行氧化还原滴定；有些稀土元素配合物稳定性不同，在配合物滴定过程中溶液的电导、电位或阳极上氧化时产生的扩散电流会随之变化，采用电导滴定、电位滴定和电流滴定等方法可以测定稀土的含量；某些稀土离子在形成沉淀时，沉淀的组成与支持电解质中阳离子的性质与浓度有关，通过电化学滴定，可以测定稀土的浓度。

离子选择性电极电位分析可用于测定镧的含量，例如用二壬基萘磺酸镧的石脑油溶液作液体阳离子交换膜，pH=4.0 的 0.01mol/L 高氯酸镧为内参比溶液，可测定浓度为 10^{-4}～10^{-1}mol/L 镧的含量。

极谱分析用于铈、铕、镱的分析比较适宜，因为四价铈和三价铕、镱容易被还原，而且不受其他离子的干扰。例如，用 0.1mol/L 氯化铵作为支持电解质，具有足够的酸性能防止稀土的水解或在 pH=4 的 0.1mol/L 氯化锂介质中，三价铕还原为二价铕产生良好的极谱波，波不完全可逆，当铕的浓度为 10^{-4}～10^{-3}mol/L 时，扩散电流与浓度成正比，可用于测定矿物及混合稀土中的铕。

(6) 质谱分析法　随着生产和科学技术的不断进步，质谱分析方法获得了迅速发展，出现了各种类型的质谱仪，稀土元素分析中应用较多的是双聚焦火花源质谱仪和热表面电离源质谱计。

质谱分析的原理是：样品在离子源中形成离子，加速和聚焦成离子束，此离子束通过质量分析器，质荷比不同的离子特有不同的运动轨迹，在相应的位置收集某一特定质荷比的离子流，离子流的位置与强度分别与样品中某元素种类及浓度有一定关系，从而达到定性分析和定量分析的目的。

火花源质谱仪是一种兼有分离和测定手段的物理仪器，它靠磁场把样品中各元素彼此分离开，所以尽管稀土元素的化学性质十分相近，含量相差悬殊，仍能被仪器的高分辨质量分离系统所分离，从而进行测定。火花源质谱仪适于高含量、低含量及痕量稀土元素的分析，可以同时分析某一稀土元素中痕量的其他稀土元素及非稀土元素；也可以分析如土壤、岩石等复杂材料中不同含量范围的稀土元素和非稀土元素，并且定性分析要比发射光谱、X 射线荧光分析法更简单可靠些。

(7) 活化分析法 活化分析亦称放射性分析，是以原子核反应为依据的分析方法，即以一定能量和强度的中子、带电粒子或者高能 γ 光子照射分析试样，使稳定的原子核经过反应转变为放射性原子核，然后测量放射性同位素的半衰期或射线的能量，进行定性分析，测量其射线的强度进行定量分析。根据照射粒子的不同，活化分析法可以分为中子活化分析、带电粒子活化分析和高能 γ 光子活化分析，用于测定稀土元素主要采用反应堆热中子活化分析法。由于稀土元素热中子活化截面大，生成的放射性同位素在衰变特性上又有明显区别，使稀土元素热中子活化分析具有灵敏度高、容易测定等优点，成为目前测定痕量单一稀土元素最好的方法之一，被广泛用来研究共生矿物中稀土元素的配分和各种材料中痕量稀土元素的测定。

测定痕量稀土元素必须采用反应堆热中子活化分析法，其他活化分析方法仅用来测定常量稀土元素。在特殊情况下，经过富集达到 0.01% 以上的稀土元素也可以测定。目前，活化分析法用于稀土分析，对 14 种镧系元素的测定均得到满意的结果。

附录:

稀土元素基本性质

稀土元素基本性质 (1)——镧

镧	元素符号　La	英文名称　Lanthanum	原子序数　57
	相对原子质量　(12C=12.0000)　138.9055		
	发现年代　1839 年	发现人　C. G. Mosander(瑞典)	
原子结构	原子半径/nm:0.274	离子半径/nm:0.1061	
	共价半径/nm:0.169	氧化态:3	
	原子体积/(cm^3/mol):20.73	电子构型:$1s^2 2s^2 p^6 3s^2 p^6 d^{10} 4s^2 p^6 d^{10} 5s^2 p^6 d^1 6s^2$	
物理性质	状态:软的银白色金属	熔点/℃:920　沸点/℃:3457	
	比热容/[J/(g·K)]:0.19	密度(300K)/(g/mL):6.15	
	熔化热/(kJ/mol):6.2	蒸发热/(kJ/mol):414	
	电导率/[10^6/(Ω·cm)]:0.0126	热导率/[W/(cm·K)]:0.135	
地质数据	丰　度	海水中丰度/(μL/L)	
	地壳中丰度/(mg/kg):35	大西洋表面:1.8×10^{-6}	大西洋深处:3.8×10^{-6}
	大气中丰度/(μL/L):未知	太平洋表面:2.6×10^{-6}	太平洋深处:6.9×10^{-6}
生物数据	人体中含量/(mg/kg)		
	肝:0.3	日摄入量/mg:未知,但非常低	
	肌肉:0.0004	人(70kg)均体内总量/mg:未知	
	骨:<0.08	血/(mg/dm^3):未知	
矿产资源	工业矿物	主要产地	
	混合型(氟碳铈+独居石)	中国内蒙古自治区包头白云鄂博矿山	
	氟碳铈矿(bastnaesite) $CeLaFCO_3$(轻稀土)	美国加利福尼亚州芒廷帕斯矿山 中国四川冕宁、山东微山	
	独居石(monazite) $(CeLaTh)PO_4$(轻稀土)	澳大利亚韦尔德山、东西海岸海滨沙矿 印度西南海岸海滨沙矿、中国广东省、台湾省海滨沙矿	
	稀土磷灰石	俄罗斯科拉半岛	
	铈铌钙钛矿	俄罗斯托姆托尔碳酸岩风化壳稀土矿床	

续表

镧	元素符号　La	英文名称　Lanthanum	原子序数　57
	相对原子质量　(12C=12.0000)　138.9055		
	发现年代　1839年	发现人　C. G. Mosander(瑞典)	
应用领域	金属、合金	钢铁、有色与稀贵金属改性剂、贮氢及电池负极材料	
	氧化物及无机盐	石油裂化催化剂、光学玻璃陶瓷、陶瓷电容器、电热材料、阴极发射材料、荧光材料、巨磁电阻材料、农用稀土、医药	
	有机化合物	化工催化剂、稳定剂和改性剂、饲料添加剂	

稀土元素基本性质（2）——铈

铈	元素符号　Ce	英文名称　Cerium	原子序数　58
	相对原子质量　(12C=12.0000)　140.115		
	发现年代　1803年	发现人　J. J. Berzelius, W. Hisinger(瑞典)	
原子结构	原子半径/nm:0.27	离子半径/nm:0.1034	
	共价半径/nm:0.165	氧化态:3,4	
	原子体积/(cm^3/mol):20.67	电子构型:$1s^2 2s^2 p^6 3s^2 p^6 d^{10} 4s^2 p^6 d^{10} f^1 5s^2 p^6 d^1 6s^2$	
物理性质	状态:淡灰色金属光泽	熔点/℃:798　沸点/℃:3426	
	比热容/[J/(g·K)]:0.19	密度(300K)/(g/mL):6.77	
	熔化热/(kJ/mol):5.46	蒸发热/(kJ/mol):414	
	电导率/[10^6/(Ω·cm)]:0.0115	热导率/[W/(cm·K)]:0.114	
地质数据	丰　度	海水中丰度/(μL/L)	
	地壳中丰度/(mg/kg):68	大西洋表面:9.0×10^{-6}	大西洋深处:2.6×10^{-6}
	大气中丰度/(μL/L):未知	太平洋表面:1.5×10^{-6}	太平洋深处:0.5×10^{-6}
生物数据	人体中含量/(mg/kg)		
	肝:0.29	日摄入量/mg:未知，但非常低	
	肌肉:未知	人(70kg)均体内总量/mg:40	
	骨:2.7	血/(mg/dm^3):<0.002	
矿产资源	工业矿物	主要产地	
	混合型(氟碳铈+独居石)	中国内蒙古自治区包头白云鄂博矿山	
	氟碳铈矿(bastnaesite) $CeLaFCO_3$(轻稀土)	美国加利福尼亚州芒廷帕斯矿山 中国四川冕宁、山东微山	
	独居石(monazite) $(CeLaTh)PO_4$(轻稀土)	澳大利亚韦尔德山、东西海岸海滨沙矿 印度西南海岸海滨沙矿、中国广东南山海海滨沙矿	
	稀土磷灰石	俄罗斯科拉半岛	
	铈铌钙钛矿	俄罗斯托姆托尔碳酸岩风化壳稀土矿床	
应用领域	金属、合金	钢、铁、铝、镁、铜、钛、钨、贵金属等金属材料改性剂	
	氧化物	化工与环保催化剂、玻璃陶瓷添加剂和着色剂、抛光粉	
	无机盐	农业植物生长调节剂、蚀刻剂、荧光粉(灯用绿粉)、塑料颜料	
	有机化合物	催化剂、塑料稳定和改性剂、饲料添加剂(有机配合物)	

稀土元素基本性质（3）——镨

镨	元素符号 Pr		英文名称 Praseodymium	原子序数 59
	相对原子质量 （12C=12.0000） 140.90765			
	发现年代 1885年		发现人 Baron Auer von Welsbach(奥地利)	
原子结构	原子半径/nm：0.267		离子半径/nm：0.1013	
	共价半径/nm：0.165		氧化态：3，4	
	原子体积/(cm^3/mol)：20.8		电子构型：$1s^2 2s^2 2p^6 3s^2 3p^6 3d^{10} 4s^2 4p^6 4d^{10} 4f^3 5s^2 5p^6 6s^2$	
物理性质	状态：软的银白色金属		熔点/℃：931　沸点/℃：3512	
	比热容/[J/(g·K)]：0.19		密度(300K)/(g/mL)：6.77	
	熔化热/(kJ/mol)：6.89		蒸发热/(kJ/mol)：296.8	
	电导率/$[10^6/(cm\cdot\Omega)]$：0.0148		热导率/[W/(cm·K)]：0.125	
地质数据	丰　度		海水中丰度/(μL/L)	
	地壳中丰度/(mg/kg)：9.5		大西洋表面：4×10^{-7}	大西洋深处：7×10^{-7}
	大气中丰度/(μL/L)：未知		太平洋表面：4.4×10^{-7}	太平洋深处：10×10^{-7}
生物数据	人体中含量/(mg/kg)：未知			
	器官中：非常低			
	人(70kg)均体内总量/mg：非常低			
	日摄入量/mg：未知			
矿产资源	工业矿物		主要产地	
	混合型矿(氟碳铈矿+独居石)		中国内蒙古自治区包头白云鄂博矿山	
	氟碳铈矿(bastnaesite) $CeLaFCO_3$(轻稀土)		美国加利福尼亚州芒廷帕斯矿山 中国四川冕宁、山东微山	
	独居石(monazite) $(CeLaTh)PO_4$(轻稀土)		澳大利亚韦尔德山、东西海岸海滨沙矿 印度西南海滨沙矿、中国广东省和台湾省海滨沙矿	
	稀土磷灰石		俄罗斯科拉半岛	
	铈铌钙钛矿		俄罗斯托姆托尔碳酸岩风化壳稀土矿床	
	离子型矿(中钇富铕)		中国江西寻乌、广东平远	
Pr配分/%	包头混合型矿	四川氟碳铈矿	中钇富铕离子型矿	广东南山海独居石
	5～6	4～5	6～8	5～6
应用领域	金属、合金		钢铁与有色金属改性剂、永磁材料	
	混合氧化物		石油裂化催化剂、农用稀土、助染助鞣	
	单一氧化物		陶瓷和玻璃着色剂、光纤、抛光粉、塑料颜料	
	有机化合物		化工催化剂、稳定剂和改性剂、饲料添加剂	

稀土元素基本性质（4）——钕

钕	元素符号 Nd	英文名称 Neodymium	原子序数 60	
	相对原子质量 （12C=12.0000） 144.24			
	发现年代 1885年	发现人：Baron Auer von Welsbach(奥地利)		
原子结构	原子半径/nm：0.264	离子半径/nm：0.0995		
	共价半径/nm：0.164	氧化态：3		
	原子体积/(cm^3/mol)：20.6	电子构型：$1s^2 2s^2 p^6 3s^2 p^6 d^{10} 4s^2 p^6 d^{10} f^4 5s^2 p^6 6s^2$		
物理性质	状态：银灰色金属	熔点/℃：1016 沸点/℃：3068		
	比热容/[J/(g·K)]：0.19	密度(300K)/(g/mL)：7.01		
	熔化热/(kJ/mol)：7.14	蒸发热/(kJ/mol)：273		
	电导率/[10^6/(Ω·cm)]：0.0157	热导率/[W/(cm·K)]：0.165		
地质数据	丰 度	海水中丰度/(μL/L)		
	地壳中丰度/(mg/kg)：38	大西洋表面：1.8×10^{-6}	大西洋深处：3.2×10^{-6}	
	大气中丰度/(μL/L)：未知	太平洋表面：1.8×10^{-6}	太平洋深处：4.8×10^{-6}	
生物数据	人体中含量/(mg/kg)：未知			
	器官中：非常低			
	人(70kg)均体内总量/mg：未知，但非常低			
	日摄入量/mg：未知			
矿产资源	工业矿物	主要产地		
	混合型矿(氟碳铈矿+独居石)	中国内蒙古自治区包头白云鄂博矿山		
	氟碳铈矿(bastnaesite) $CeLaFCO_3$(轻稀土)	美国加利福尼亚州芒廷帕斯矿山；中国四川冕宁、山东微山		
	独居石(monazite) $(CeLaTh)PO_4$(轻稀土)	澳大利亚韦尔德山、东西海岸海滨沙矿；印度西南海岸海滨沙矿、中国广东省和台湾省海滨沙矿		
	稀土磷灰石	俄罗斯科拉半岛		
	铈铌钙钛矿	俄罗斯托姆托尔碳酸岩风化壳稀土矿床		
	中钇富铕离子型矿	中国江西寻乌、信丰和广东平远		
Nd配分/%	包头混合型矿	四川氟碳铈矿	中钇富铕离子型矿	澳大利亚独居石
	14～18	12～14	16～30	15～18
应用领域	金属、合金	钢铁与有色金属合金进化和改性剂、永磁材料		
	混合氧化物	石油裂化催化剂、农用稀土、助染助鞣		
	单一氧化物	激光晶体与激光玻璃、陶瓷和玻璃着色剂、功能陶瓷		
	有机化合物	合成橡胶催化剂、聚合物光纤添加剂		

稀土元素基本性质（5）——钷

钷	元素符号 Pm	英文名称 Promthium	原子序数 61
	相对原子质量 （12C=12.0000） 144.9127		
	发现年代 1945年	发现人：J. A. Marinksy, L. E. Glendenin 和 C. D. Coryell(美国)	
原子结构	原子半径/nm：0.262	离子半径/nm：0.0979	
	共价半径/nm：0.163	氧化态：3	
	原子体积/(cm^3/mol)：22.39	电子构型：$1s^2 2s^2 p^6 3s^2 p^6 d^{10} 4s^2 p^6 d^{10} f^5 5s^2 p^6 6s^2$	
物理性质	状态：放射性稀土金属	熔点/℃：931 沸点/℃：3512	
	比热容/[J/(g·K)]：0.18	密度(300K)/(g/mL)：7.3	
	熔化热/(kJ/mol)：86.7	蒸发热/(kJ/mol)：未知	
	电导率/[10^6/(Ω·cm)]：未知	热导率/[W/(cm·K)]：0.179	
地质数据	地壳丰度/(mg/kg)：极微量存在于铀矿中	海水中丰度/(μL/L)	
		大西洋表面：0	大西洋深处：0
		太平洋表面：0	太平洋深处：0
来源	利用原子能反应堆人工制造放射性同位素 极微量存在于铀、钍、钚的裂解产物中		
应用领域	同位素放射发光材料及照明显示器件、放射性同位素特种电池、同位素示踪放射源、放射性核素研究、便捷式X射线仪、β放射性密度自动测量和厚度自动测量仪等		

稀土元素基本性质（6）——钐

钐	元素符号 Sm	英文名称 Samarium	原子序数 62
	相对原子质量 （12C=12.0000） 150.36		
	发现年代 1879年	发现人 P. É. Lecoq de Boisbaudran(法国)	
原子结构	原子半径/nm：0.259	离子半径/nm：0.0964	
	共价半径/nm：0.162	氧化态：3，2	
	原子体积/(cm^3/mol)：19.95	电子构型：$1s^2 2s^2 p^6 3s^2 p^6 d^{10} 4s^2 p^6 d^{10} f^6 5s^2 p^6 6s^2$	
物理性质	状态：银白色金属	熔点/℃：1072 沸点/℃：1791	
	比热容/[J/(g·K)]：0.2	密度(300K)/(g/mL)：7.52	
	熔化热/(kJ/mol)：8.63	蒸发热/(kJ/mol)：166.4	
	电导率/[10^6/(cm·Ω)]：0.00956	热导率/[W/(cm·K)]：0.133	
地质数据	丰 度	海水中丰度/(μL/L)	
	地壳中丰度/(mg/kg)：7.9	大西洋表面：4.0×10^{-7}	大西洋深处：6.4×10^{-7}
	大气中丰度/(μL/L)：未知	太平洋表面：4.0×10^{-7}	太平洋深处：10×10^{-7}
生物数据	人体中含量/(mg/kg)：未知		
	器官中：未知，但非常低		
	血/(mg/L)：0.008		
	人(70kg)均体内总量/mg：0.05		

续表

<table>
<tr><td rowspan="3">钐</td><td colspan="2">元素符号 Sm</td><td colspan="2">英文名称 Samarium</td><td>原子序数 62</td></tr>
<tr><td colspan="5">相对原子质量 (12C=12.0000) 150.36</td></tr>
<tr><td colspan="2">发现年代 1879年</td><td colspan="3">发现人 P. É. Lecoq de Boisbaudran(法国)</td></tr>
<tr><td rowspan="8">矿产资源</td><td colspan="2">工业矿物</td><td colspan="3">主要产地</td></tr>
<tr><td colspan="2">混合型矿(氟碳铈矿+独居石)</td><td colspan="3">中国内蒙古自治区包头白云鄂博矿山</td></tr>
<tr><td colspan="2" rowspan="2">氟碳铈矿(bastnaesite)
$CeLaFCO_3$(轻稀土)</td><td colspan="3">美国加利福尼亚州芒廷帕斯矿山</td></tr>
<tr><td colspan="3">中国四川冕宁、山东微山</td></tr>
<tr><td colspan="2">中钇富铕离子型矿</td><td colspan="3">中国江西寻乌、广东平远</td></tr>
<tr><td colspan="2" rowspan="2">独居石(monazite)
$(CeLaTh)PO_4$(轻稀土)</td><td colspan="3">澳大利亚韦尔德山、东西海岸海滨沙矿</td></tr>
<tr><td colspan="3">印度西南海岸海滨沙矿、中国广东省和台湾省海滨沙矿</td></tr>
<tr><td colspan="2">稀土磷灰石</td><td colspan="3">俄罗斯科拉半岛</td></tr>
<tr><td></td><td colspan="2">铈铌钙钛矿</td><td colspan="3">俄罗斯托姆托尔碳酸岩风化壳稀土矿床</td></tr>
<tr><td rowspan="3">Sm配分/%</td><td rowspan="2">包头混合型矿</td><td rowspan="2">四川氟碳铈稀土矿</td><td colspan="3">中国离子型稀土矿</td></tr>
<tr><td>江西寻乌</td><td>江西信丰</td><td>江西龙南</td></tr>
<tr><td>约1.2</td><td>约1.5</td><td>5～6</td><td>4～5</td><td>2～3</td></tr>
<tr><td rowspan="4">应用领域</td><td colspan="2">金属、合金</td><td colspan="3">钢铁与有色金属合金改性剂、永磁材料等</td></tr>
<tr><td colspan="2">混合氧化物</td><td colspan="3">石油裂化与化工催化剂、农用稀土、助染助鞣等</td></tr>
<tr><td colspan="2">单一氧化物</td><td colspan="3">特种玻璃、催化剂、陶瓷和电子学、医药等</td></tr>
<tr><td colspan="2">同位素</td><td colspan="3">示踪剂、放射医疗等</td></tr>
</table>

稀土元素基本性质（7）——铕

<table>
<tr><td rowspan="3">铕</td><td>元素符号 Eu</td><td>英文名称 Europium</td><td>原子序数 63</td></tr>
<tr><td colspan="3">相对原子质量 (12C=12.0000) 151.97</td></tr>
<tr><td>发现年代 1901年</td><td colspan="2">发现人 E. A. Demar cay(法国)</td></tr>
<tr><td rowspan="3">原子结构</td><td>原子半径/nm:0.256</td><td colspan="2">离子半径/nm:0.0947</td></tr>
<tr><td>共价半径/nm:0.185</td><td colspan="2">氧化态:3,2</td></tr>
<tr><td>原子体积/(cm^3/mol):28.9</td><td colspan="2">电子构型:$1s^22s^2p^63s^2p^6d^{10}4s^2p^6d^{10}f^75s^2p^66s^2$</td></tr>
<tr><td rowspan="4">物理性质</td><td>状态:银白色金属,比较软</td><td colspan="2">熔点/℃:822　沸点/℃:1597</td></tr>
<tr><td>比热容/[J/(g·K)]:0.18</td><td colspan="2">密度(300K)/(g/mL):5.24</td></tr>
<tr><td>熔化热/(kJ/mol):9.21</td><td colspan="2">蒸发热/(kJ/mol):143.5</td></tr>
<tr><td>电导率/[10^6/(Ω·cm)]:0.0112</td><td colspan="2">热导率/[W/(cm·K)]:0.139</td></tr>
<tr><td rowspan="3">地质数据</td><td>丰　度</td><td colspan="2">海水中丰度/(μL/L)</td></tr>
<tr><td>地壳中丰度/(mg/kg):2.1</td><td>大西洋表面:0.9×10^{-7}</td><td>大西洋深处:1.5×10^{-7}</td></tr>
<tr><td>大气中丰度/(μL/L):未知</td><td>太平洋表面:1.0×10^{-7}</td><td>太平洋深处:2.7×10^{-7}</td></tr>
<tr><td rowspan="3">生物数据</td><td colspan="3">人体中含量/(mg/kg):未知</td></tr>
<tr><td colspan="3">血与器官中:未知,但非常低</td></tr>
<tr><td colspan="3">人(70kg)均体内总量/mg:未知,但非常低</td></tr>
</table>

续表

铕	元素符号 Eu		英文名称 Europium		原子序数 63
铕	相对原子质量 (12C=12.0000) 151.97				
铕	发现年代 1901年		发现人 E. A. Demar cay(法国)		
矿产资源	工业矿物		主要产地		
矿产资源	混合型矿(氟碳铈矿+独居石)		中国内蒙古自治区包头白云鄂博矿山		
矿产资源	氟碳铈矿(bastnaesite) $CeLaFCO_3$(轻稀土)		美国加利福尼亚州芒廷帕斯矿山 中国四川冕宁、山东微山		
矿产资源	独居石(monazite) $(CeLaTh)PO_4$(轻稀土)		澳大利亚韦尔德山、东西海岸海滨沙矿 印度西南海滨沙矿、中国广东省和台湾省海滨沙矿		
矿产资源	稀土磷灰石		俄罗斯科拉半岛		
矿产资源	铈铌钙钛矿		俄罗斯托姆托尔碳酸岩风化壳稀土矿床		
矿产资源	离子型稀土矿		中国江西、广东、福建、湖南、广西		
Eu 配分 /%	包头混合型矿	四川氟碳铈矿	离子型稀土矿		
			江西寻乌	江西信丰	江西龙南
	约 0.20	约 0.25	约 0.50	约 0.90	约 0.30
应用领域	无机化合物		荧光材料激活剂：用于CRT彩电红粉，等离子(PDP)红粉，半导体发光二极管(LED)红粉、X射线增感屏等		
应用领域	有机化合物		有机配合物示踪剂、农用光转化薄膜、荧光分析、电致发光材料等		

稀土元素基本性质 (8)——钆

钆	元素符号 Gd	英文名称 Gadolinium	原子序数 64
钆	相对原子质量 (12C=12.0000) 157.25		
钆	发现年代 1880年	发现人 J. C. Galissard de Marignac(瑞士)	
原子结构	原子半径/nm：0.254	离子半径/nm：0.0938	
原子结构	共价半径/nm：0.161	氧化态：3	
原子结构	原子体积/(cm^3/mol)：19.9	电子构型：$1s^2 2s^2 p^6 3s^2 p^6 d^{10} 4s^2 p^6 d^{10} f^7 5s^2 p^6 d^1 6s^2$	
物理性质	状态：银白色金属	熔点/℃：1312 沸点/℃：3266	
物理性质	比热容/[J/(g·K)]：0.23	密度(300K)/(g/mL)：7.895	
物理性质	熔化热/(kJ/mol)：10.05	蒸发热/(kJ/mol)：359.4	
物理性质	电导率/[10^6/(Ω·cm)]：0.00736	热导率/[W/(cm·K)]：0.106	
地质数据	丰 度	海水中丰度/(μL/L)	
地质数据	地壳中丰度/(mg/kg)：7.7	大西洋表面：5.2×10^{-7}	大西洋深处：9.3×10^{-7}
地质数据	大气中丰度/(μL/L)：未知	太平洋表面：6.0×10^{-7}	太平洋深处：15×10^{-7}

续表

钆	元素符号　Gd	英文名称　Gadolinium	原子序数　64
	相对原子质量　(12C=12.0000)　157.25		
	发现年代　1880 年	发现人　J. C. Galissard de Marignac(瑞士)	
矿产资源	工业矿物	主要产地	
	混合型矿(氟碳铈矿+独居石)	中国内蒙古自治区包头白云鄂博矿山	
	氟碳铈矿(bastnaesite) $CeLaFCO_3$(轻稀土)	美国加利福尼亚州芒廷帕斯矿山	
		中国四川冕宁、山东微山	
	独居石(monazite) $(CeLaTh)PO_4$(轻稀土)	澳大利亚东西海岸海滨沙矿	
		印度西南海岸海滨沙矿、中国广东省、台湾省海滨沙矿	
	磷钇矿	马来西亚	
	铈铌钙钛矿	俄罗斯托姆托尔碳酸岩风化壳稀土矿床	
	离子型稀土矿	中国江西、广东、福建、湖南、广西等	

Gd 配分 /%	包头混合型矿	四川氟碳铈矿	澳大利亚独居石	离子型稀土矿		
				江西寻乌	江西信丰	江西龙南
	0.7	0.66	1.5	4.2	6.0	5.7

应用领域		
	金属、合金	钢铁与有色金属合金改性剂、磁制冷材料、钐钴永磁添加剂等
	混合氧化物	石油与化工催化剂、农用稀土、助染助鞣等
	单一氧化物	磁光与激光材料、光纤材料、光学玻璃、荧光粉、精密陶瓷等
	配合物	医用造影剂

稀土元素基本性质（9）——铽

铽	元素符号　Tb	英文名称　Terbium	原子序数　65
	相对原子质量　(12C=12.0000)　158.9253		
	发现年代　1843 年	发现人　C. G. Mosander(瑞典)	
原子结构	原子半径/nm：0.251	离子半径/nm：0.0923	
	共价半径/nm：0.159	氧化态：3，4	
	原子体积/(cm^3/mol)：19.2	电子构型：$1s^2 2s^2 p^6 3s^2 p^6 d^{10} 4s^2 p^6 d^{10} f^9 5s^2 p^6 6s^2$	
物理性质	状态：银白色金属	熔点/℃：1357　沸点/℃：3023	
	比热容/[J/(g·K)]：0.18	密度(300K)/(g/mL)：8.23	
	熔化热/(kJ/mol)：10.8	蒸发热(kJ/mol)：330.9	
	电导率/$[10^6/(\Omega \cdot cm)]$：0.00889	热导率/[W/(cm·K)]：0.111	
地质数据	地壳中丰度/(mg/kg)：1.1	海水中丰度/(μL/L)	
		太平洋表面：0.8×10^{-7}	太平洋深处：2.5×10^{-7}
		大西洋表面：1×10^{-7}	大西洋深处：1.5×10^{-7}
矿产资源	工业矿物	主要产地	
	独居石(monazite) $(CeLaTh)PO_4$	澳大利亚东西海岸海滨沙矿	
		印度西南海滨沙矿、中国广东省和台湾省海滨沙矿	
	磷钇矿	马来西亚、中国广西、广东	
	离子型稀土矿	中国江西、广东、福建、湖南、广西等	

续表

铽	元素符号　Tb			英文名称　Terbium	原子序数　65	
	相对原子质量　(12C=12.0000)　158.9253					
	发现年代　1843 年			发现人　C. G. Mosander(瑞典)		
Tb 配分 /%	中国离子型稀土矿			国外代表性稀土矿		
	江西龙南	江西信丰	江西寻乌	马来西亚磷钇矿	澳大利亚独居石	
	1.13	0.68	0.46	0.92	0.04	
应用领域	金属、合金			钕铁硼永磁合金添加剂、超磁致伸缩材料、磁光材料等		
	单一氧化物及化合物			三基色荧光灯、投影电视、X 射线增感屏、电致发光材料、等离子平面显示、生物荧光探针等绿色荧光材料，用于激光和光电子器件的法拉第旋光隔离材料等		

稀土元素基本性质（10）——镝

镝	元素符号　Dy			英文名称　Dysprosium		原子序数　66
	相对原子质量　(12C=12.0000)　162.50					
	发现年代　1886 年			发现人　P. É. Lecoq de Boisbaudran(法国)		
原子结构	原子半径/nm：0.249			离子半径/nm：0.0912		
	共价半径/nm：0.159			氧化态：3		
	原子体积/(cm^3/mol)：19			电子构型：$1s^22s^2p^63s^2p^6d^{10}4s^2p^6d^{10}f^{10}5s^2p^66s^2$		
物理性质	状态：银白色金属			熔点/℃：1412　沸点/℃：2562		
	比热容/[J/(g·K)]：0.17			密度(300K)/(g/mL)：8.55		
	熔化热/(kJ/mol)：11.06			蒸发热/(kJ/mol)：230		
	电导率/[10^6/(Ω·cm)]：0.0108			热导率/[W/(cm·K)]：0.107		
地质数据	地壳中丰度/(mg/kg)：6			海水中丰度/(μL/L)		
				太平洋表面：未知		太平洋深处：未知
				大西洋表面：8×10^{-7}		大西洋深处：9.6×10^{-7}
矿产资源	工业矿物			主要产地		
	独居石(monazite) (CeLaTh)PO_4			澳大利亚东西海岸海滨沙矿		
				印度西南海滨沙矿、中国广东省和台湾省海滨沙矿		
	磷钇矿			马来西亚、中国广西、广东		
	离子型稀土矿			中国江西、广东、福建、湖南、广西等		
	铈铌钙钛矿			俄罗斯托姆托尔碳酸岩风化壳稀土矿床		
Dy 配分 /%	中国离子型稀土矿			国外稀土矿		
	江西龙南	江西信丰	江西寻乌	马来西亚磷钇矿	澳大利亚独居石	俄罗斯铈铌钙钛矿
	7.48	3.71	1.77	8.44	0.69	0.60
应用领域	金属、合金			钕铁硼永磁合金添加剂、超磁致伸缩材料、磁光材料、有色金属添加剂等		
	单一氧化物及化合物			长余辉荧光材料激活剂，金属卤化物灯发光材料，磁光材料、磁泡存储材料，磁制冷材料，气敏材料、催化助剂、原子能反应堆控制材料和减速剂等		

稀土元素基本性质（11）——钬

钬	元素符号 Ho			英文名称 Holmium	原子序数 67
钬	相对原子质量 （12C=12.0000） 164.93032				
钬	发现年代 1878 年			发现人 P. T. Cleve（瑞典）	
原子结构	原子半径/nm：0.247			离子半径/nm：0.0901	
原子结构	共价半径/nm：0.158			氧化态：3	
原子结构	原子体积/(cm^3/mol)：18.7			电子构型：$1s^2 2s^2 p^6 3s^2 p^6 d^{10} 4s^2 p^6 d^{10} f^{11} 5s^2 p^6 6s^2$	
物理性质	状态：银白色金属			熔点/℃：1470　沸点/℃：2695	
物理性质	比热容/[J/(g·K)]：0.16			密度(300K)/(g/mL)：8.8	
物理性质	熔化热/(kJ/mol)：12.2			蒸发热/(kJ/mol)：241	
物理性质	电导率/[10^6/(cm·Ω)]：0.0124			热导率/[W/(cm·K)]：0.162	
地质数据	地壳中丰度/(mg/kg)：1.4			海水中丰度/(μL/L)	
地质数据				大西洋表面：2.4×10^{-7}	大西洋深处：2.9×10^{-7}
地质数据				太平洋表面：1.6×10^{-7}	太平洋深处：5.8×10^{-7}
矿产资源	工业矿物			主要产地	
矿产资源	独居石(monazite) ($CeLaTh)PO_4$（轻稀土）			澳大利亚东西海岸海滨沙矿	
矿产资源				印度西南海滨沙矿、中国广东省和台湾省海滨沙矿	
矿产资源	磷钇矿			马来西亚、中国广西、广东	
矿产资源	离子型稀土矿			中国江西、广东、福建、湖南、广西等	
矿产资源	铈铌钙钛矿			俄罗斯托姆托尔碳酸岩风化壳稀土矿床	
Ho 配分/%	中国离子型稀土矿			国外稀土矿	
Ho 配分/%	江西龙南	江西信丰	江西寻乌	马来西亚磷钇矿	俄罗斯铈铌钛矿
Ho 配分/%	1.60	0.74	0.27	2.01	0.70
应用领域	金属、合金			钕铁硼永磁合金添加剂、超磁致伸缩材料添加剂等	
应用领域	单一氧化物及化合物			2μm 激光晶体，激光玻璃、金属卤化物灯发光材料，长余辉荧光材料激活剂，介电陶瓷电容器等	

稀土元素基本性质（12）——铒

铒	元素符号 Er	英文名称 Erbium	原子序数 68
铒	相对原子质量 （12C=12.0000） 167.26		
铒	发现年代 1842 年	发现人 C. G. Mosander（瑞典）	
原子结构	原子半径/nm：0.245	离子半径/nm：0.0881	
原子结构	共价半径/nm：0.157	氧化态：3	
原子结构	原子体积/(cm^3/mol)：18.4	电子构型：$1s^2 2s^2 p^6 3s^2 p^6 d^{10} 4s^2 p^6 d^{10} f^{12} 5s^2 p^6 6s^2$	
物理性质	状态：银灰色金属	熔点/℃：1522　沸点/℃：2863	
物理性质	比热容/[J/(g·K)]：0.17	密度(300K)/(g/mL)：9.07	
物理性质	熔化热/(kJ/mol)：19.9	蒸发热/(kJ/mol)：261	
物理性质	电导率/[10^6/(Ω·cm)]：0.0117	热导率/[W/(cm·K)]：0.143	

续表

铒	元素符号 Er			英文名称 Erbium		原子序数 68
	相对原子质量 (12C=12.0000) 167.26					
	发现年代 1842年			发现人 C. G. Mosander(瑞典)		
地质数据	地壳中丰度/(mg/kg):3.8			海水中丰度/(μL/L)		
				太平洋表面:未知		太平洋深处:未知
				大西洋表面:5.9×10^{-7}		大西洋深处:8.6×10^{-7}
矿产资源	工业矿物			主要产地		
	离子型稀土矿			中国江西、广东、福建、湖南、广西等		
	磷钇矿			马来西亚、中国广西、广东		
	独居石(monazite) (CeLaTh)PO_4			澳大利亚海岸海滨沙矿、印度海滨沙矿、中国广东省、台湾省海滨沙矿		
	铈铌钙钛矿			俄罗斯托姆托尔碳酸岩风化壳稀土矿		
Er配分/%	中国离子型稀土矿			国外稀土矿		
	江西龙南	江西信丰	江西寻乌	马来西亚磷钇矿	澳大利亚独居石	俄罗斯铈铌钙钛矿
	4.26	2.48	0.88	6.52	0.21	0.80
应用领域	金属、合金			钕铁硼永磁合金添加剂、超磁致伸缩材料添加剂等		
	单一氧化物及化合物			光纤通讯放大器，激光晶体，激光玻璃、长余辉荧光粉激活剂，介电陶瓷电容器，玻璃陶瓷着色等		

稀土元素基本性质 (13)——铥

铥	元素符号 Tm			英文名称 Thulium	原子序数 69
	相对原子质量 (12C=12.0000) 168.93421				
	发现年代 1878年			发现人: P. T. Cleve(瑞典)	
原子结构	原子半径/nm:0.242			离子半径/nm:0.0869	
	共价半径/nm:0.156			氧化态:32	
	原子体积/(cm^3/mol):18.1			电子构型:$1s^22s^2p^63s^2p^6d^{10}4s^2p^6d^{10}f^{13}5s^2p^66s^2$	
物理性质	状态:银白色金属			熔点/℃:1545　沸点/℃:1947	
	比热容/[J/(g·K)]:0.16			密度(300K)/(g/mL):9.32	
	熔化热/(kJ/mol):16.84			蒸发热/(kJ/mol):191	
	电导率/[10^6/(Ω·cm)]:0.015			热导率/[W/(cm·K)]:0.168	
地质数据	地壳中丰度/(mg/kg):0.48			海水中丰度/(μL/L)	
				太平洋表面:1.6×10^{-7}	太平洋深处:1.6×10^{-7}
				大西洋表面:0.7×10^{-7}	大西洋深处:3.3×10^{-7}
矿产资源	工业矿物			主要产地	
	离子型稀土矿			中国江西、广东、福建、湖南、广西等	
	磷钇矿			马来西亚、中国广西、广东	
	铈铌钙钛矿			俄罗斯托姆托尔碳酸岩风化壳稀土矿床	
Tm配分/%	中国离子型稀土矿			国外稀土矿	
	江西龙南	江西信丰	江西寻乌	马来西亚磷钇矿	俄罗斯铈铌钙钛矿
	0.60	0.27	0.13	1.14	0.10
应用领域	光纤放大器、激光晶体、激光玻璃、荧光材料激活剂、X射线增感屏荧光粉激活剂、γ射线源				

稀土元素基本性质（14）——镱

镱	元素符号 Yb	英文名称 Ytterbium	原子序数 70
	相对原子质量 （12C=12.0000） 173.04		
	发现年代 1878 年	发现人： Jena Charles. G. deMarignac.（瑞士）	
原子结构	原子半径/nm：0.24	离子半径/nm：0.0858	
	共价半径/nm：0.174	氧化态：3，2	
	原子体积/（cm^3/mol）：24.79	电子构型：$1s^2 2s^2 p^6 3s^2 p^6 d^{10} 4s^2 p^6 d^{10} f^{14} 5s^2 p^6 6s^2$	
物理性质	状态：银白色金属	熔点/℃：824 沸点/℃：1194	
	比热容/［J/（g·K）］：0.15	密度（300K）/（g/mL）：6.9	
	熔化热/（kJ/mol）：7.66	蒸发热/（kJ/mol）：128.9	
	电导率/［10^6/（Ω·cm）］：0.0351	热导率/［W/（cm·K）］：0.349	
地质数据	地壳中丰度/（mg/kg）：3.3	海水中丰度/（μL/L）	
		太平洋表面：3.7×10^{-7}	太平洋深处：22×10^{-7}
		大西洋表面：5×10^{-7}	大西洋深处：7.5×10^{-7}
矿产资源	工业矿物	主要产地	
	离子型稀土矿	中国江西、广东、广西、福建、湖南等	
	磷钇矿	马来西亚、中国广西、广东	
	铈铌钙钛矿	俄罗斯托姆托尔碳酸岩风化壳稀土矿床	

Yb 配分/%	中国离子型稀土矿			外国稀土矿	
	江西龙南	江西信丰	江西寻乌	马来西亚磷钇矿	俄罗斯铈铌钙钛矿
	3.34	1.13	0.62	6.87	0.20

应用领域	激光晶体、激光玻璃、光纤放大器、光纤激光器等

稀土元素基本性质（15）——镥

镥	元素符号 Lu	英文名称 Lutetium	原子序数 71
	相对原子质量 （12C=12.0000） 174.967		
	发现人：G. Urbain（法国）和 Carl Auervon Weilsbach（奥地利）		
原子结构	原子半径/nm：0.225	离子半径/nm：0.0848	
	共价半径/nm：0.156	氧化态：3	
	原子体积/（cm^3/mol）：17.78	电子构型：$1s^2 2s^2 p^6 3s^2 p^6 d^{10} 4s^2 p^6 d^{10} f^{14} 5s^2 p^6 d^1 6s^2$	
物理性质	状态：银灰色金属	熔点/℃：1663 沸点/℃：3395	
	比热容/［J/（g·K）］：0.15	密度（300K）/（g/mL）：9.84	
	熔化热/（kJ/mol）：18.6	蒸发热/（kJ/mol）：355.9	
	电导率/［10^6/（Ω·cm）］：0.0185	热导率/［W/（cm·K）］：0.164	
地质数据	地壳中丰度/（mg/kg）：0.51	海水中丰度/（μL/L）	
		太平洋表面：0.60×10^{-7}	太平洋深处：4.1×10^{-7}
		大西洋表面：1.4×10^{-7}	大西洋深处：2.0×10^{-7}

续表

镥	元素符号 Lu		英文名称 Lutetium	原子序数 71
	相对原子质量 （12C=12.0000） 174.967			
	发现人：G. Urbain（法国）和 Carl Auervon Weilsbach（奥地利）			
矿产资源	工业矿物		主要产地	
	离子型稀土矿		中国江西、广东、广西、福建、湖南、广西等	
	磷钇矿		马来西亚、中国广西、广东	
	铈铌钙钛矿		俄罗斯托姆托尔碳酸岩风化壳稀土矿床	

Lu配分/%	中国离子型稀土矿			外国稀土矿	
	江西龙南	江西信丰	江西寻乌	马来西亚磷钇矿	俄罗斯铈铌钙钛矿
	0.47	0.21	0.13	1.00	0.15
应用领域	正电子发射断层成像技术 PET 闪烁晶体，有机电致发光材料，自倍频激光晶体，医用同位素放射性治疗等				

稀土元素基本性质（16）——钪

钪	元素符号 Sc	英文名称 Scandium	原子序数 21
	相对原子质量 （12C=12.0000） 44.955910		
	发现年代 1879 年	发现人 L. F. Nilsom（瑞典）	
原子结构	原子半径/nm：0.209	离子半径/nm：0.0745	
	共价半径/nm：0.144	氧化态：3	
	原子体积/(cm^3/mol)：15	电子构型：$1s^2 2s^2 p^6 3s^2 p^6 d^{10} 4s^2$	
物理性质	状态：银灰色金属	熔点/℃：1539 沸点/℃：2831	
	比热容/[J/(g·K)]：0.6	密度(300K)/(g/mL)：2.99	
	熔化热/(kJ/mol)：14.1	蒸发热/(kJ/mol)：314.2	
	电导率/[10^6/(Ω·cm)]：0.0177	热导率/[W/(cm·K)]：0.158	
地质数据	地壳中丰度/(mg/kg)：25	海水中丰度/(μL/L)	
		太平洋表面：3.5×10^{-7}	太平洋深处：7.9×10^{-7}
		大西洋表面：6.1×10^{-7}	大西洋深处：8.8×10^{-7}
生物数据	人体中含量肝/(mg/kg)：未知	人(70kg)均体内总量/mg：0.2	
	肌肉/(mg/kg)：未知	日摄入量/mg：0.00005	
	骨/(mg/kg)：未知	血(mg/L)：0.008	
矿产资源	工业矿物	主要产地	
	铝土矿	中国华北地区（山东、河南、山西等）和扬子地区西缘（云南、贵州、四川）	
	磷块岩矿	中国贵州开阳、瓮福、织金	
	钒钛磁铁矿	中国四川攀枝花	
	钨矿	中国江西	
	稀土矿	中国华南离子型稀土矿、内蒙古白云鄂博稀土矿	
	磷酸岩盐	俄罗斯托姆托尔风化壳淋积型磷酸岩盐矿	
	含磷铝石矿	美国 airfield	
	含钪钇石花岗岩	马达加斯加、挪威、莫桑比克	
	铀钛磁铁矿	澳大利亚镭山(Radfum Hill)	

续表

钪	元素符号 Sc			英文名称 Scandium	原子序数 21
	相对原子质量 (12C=12.0000) 44.955910				
	发现年代 1879 年			发现人 L. F. Nilsom(瑞典)	
Sc_2O_3 含量 /(mg/g)	中国			国外稀土矿	
	铝土矿	黑钨矿	钒钛磁铁矿	美国含磷铝石矿	俄罗斯淋积型磷酸盐
	40～150	78～377	13～40	300～1500	650
应用领域	钪钠灯、特种有色金属合金、氧化锆固体电解质添加剂、铁电陶瓷增密助剂、钆镓石榴石激光晶体、阴极射线管激活剂、高能中子发生器、半导体、磁性材料、同位素示踪剂				

稀土元素基本性质（17）——钇

钇	元素符号 Y			英文名称 Yttrium	原子序数 39
	相对原子质量 (12C=12.0000) 88.91				
	发现年代 1794 年			发现人 J. Gadolin(芬兰)	
原子结构	原子半径/nm:0.227			离子半径/nm:0.09	
	共价半径/nm:0.162			氧化态:3	
	原子体积/(cm^3/mol):19.8			电子构型:$1s^22s^2p^63s^2p^6d^{10}4s^2p^6d^15s^2$	
物理性质	状态:银白色金属			熔点/℃:1526 沸点/℃:3338	
	比热容/[J/(g·K)]:0.3			密度(300K)/(g/mL):4.47	
	熔化热/(kJ/mol):11.4			蒸发热/(kJ/mol):363	
	电导率/[10^6/(cm·Ω)]:0.0166			热导率/[W/(cm·K)]:0.172	
地质数据	太阳中丰度(相对于 H 的原子丰度=1×10^{12}):125				
	地壳中丰度/(mg/kg):30				
	海水中丰度/(μL/L):9×10^{-6}				
矿产资源	工业矿物			主要产地	
	独居石(monazite)			澳大利亚韦尔德山、东西海岸海滨沙矿	
	(CeLaTh)PO_4(轻稀土)			印度西南海滨沙矿、中国广东省和台湾省海滨沙矿	
	磷钇矿			马来西亚、中国广西	
	铈铌钙钛矿			俄罗斯托姆托尔碳酸岩风化壳稀土矿床	
	离子型稀土矿			中国江西、广东、福建、湖南、广西等	
Y 配分 /%	中国江西离子型稀土矿			国外代表性稀土矿	
	龙南	信丰	寻乌	马来西亚磷钇矿	澳大利亚独居石
	64.90	24.26	10.07	61.87	2.41
应用领域	金属、合金			钢铁与有色金属合金改性剂和添加剂	
	氧化物与无机盐			稀土彩电荧光粉、三基色灯用荧光粉、等离子显示荧光粉、固体激光晶体、功能陶瓷、精密结构陶瓷、通讯光纤、光学玻璃、人造宝石等	
	放射性同位素			放射医疗	

参考文献

[1] 徐光宪. 稀土：上册. 第2版. 北京：冶金工业出版社，1995：5.
[2] 张若桦. 稀土元素化学. 天津：天津科学技术出版社，1987：16.
[3] 倪嘉缵，洪广言. 中国科学院稀土研究五十年. 北京：科学出版社，2005：272.
[4] 中山大学金属系. 稀土物理化学常数. 北京：冶金工业出版社，1978：23.
[5] 易宪武，黄春晖，王慰等. 无机化学丛书：第7卷. 钪、稀土元素化学. 北京：科学出版社，1998：271.
[6] 于德才，洪广言，董相廷等. CN1093059A. 1996.
[7] Limei, Liuzhaogang, Huyanhong, et al. Preparation and characterization of CeO_2 superfine powder. Journal of rare earths, 2003, 21 (6): 654.
[8] Mei Li, Zhaogang Liu, Yanhong Hu, et al. Effects of the synthesis methods on the physicochemical properties of cerium dioxide powder [J]. Colloids and Surfaces A: Physicochem. Eng. Aspects, 2007, 301 (1-3): 153-157.
[9] LiMei, ShiZhenxue, Liu Zhaogang, et al. Effect of Surface Modification on Behaviors of Cerium Oxide Nanopowders. Journal of Rare Earths, 2007, 25 (3): 368.
[10] LiMei, ShiZhenxue, Liu Zhaogang, et al. Study on Cerium Oxide Modified Natural Rubber. Journal of Rare Earths, 2007, 25 (专辑): 138.
[11] 倪嘉缵，洪广言. 稀土新材料及新流程进展. 北京：科学出版社，1998：107.
[12] 柳召刚，李梅，史振学等. 草酸盐沉淀法制备超细氧化铈的研究. 中国稀土学报，2008，26 (5)：666.
[13] 李梅，柳召刚，胡艳宏等. ZL200510132522.8，2007.
[14] 李梅，柳召刚，胡艳宏等. ZL 200510001725.3，2008.
[15] 李梅，柳召刚，胡艳宏等. ZL 200510132523.2，2008.
[16] 柳召刚，刘铃声，胡艳宏等. 大比表面积氧化钇超微粉末制备的研究. 功能材料，2004，35 (增刊)：3146.
[17] 张德源，王振华，陆世鑫等. (上海跃龙有色金属有限公司和同济大学)，CN1263868A，2002.
[18] Potdar H. S., Deshpande S. B., Deshpande A. S., et al. Materials Chemistry and Physics, 2002, 74 (3): 306.
[19] LiMei, Liu Zhaogang, HuYanhong, et al. Effect of doping elements on catalytic performance of CeO_2-ZrO_2 solid solutions. Journal of Rare Earths, 2008, 26 (3): 357.
[20] Mei Li, Zhaogang Liu, Yanhong Hu, et al. The study on the preparation methods and the fluidity of large rare earth oxide particles. Colloids and Surfaces A: Physicochem. Eng. Aspects, 2008, 320 (1～3): 78.
[21] 胡艳宏，李梅，柳召刚等. 制备条件对大颗粒氧化铈流动性的影响. 稀土，2006，27 (5)：7.
[22] 李梅. ZL200310118563.2，2007.
[23] 胡艳宏. 大颗粒稀土氧化物的制备工艺及流动性的研究. 硕士学位论文. 包头：内蒙古科技大学，2007.
[24] 王丽. 铈在玻璃中的澄清和脱色研究. 硕士学位论文. 包头：内蒙古科技大学，2008.
[25] 王觅堂. 草酸铈前驱体团聚行为的研究. 硕士学位论文. 包头：内蒙古科技大学，2008.
[26] 池汝安，王淀佐. 稀土选矿与提取技术. 北京：科学出版社，1995：39.
[27] 李永绣，黎敏，何小彬等. 碳酸稀土的沉淀与结晶过程. 中国有色金属学报，1999，9 (1)：165.
[28] 稀土编写组. 稀土：上册. 北京：冶金工业出版社，1978：23.
[29] 苏锵. 稀土化学. 郑州：河南科学技术出版社，1993：177.

[30] Qiao Jun, Liu Zhaogang, Guo Yongmei, et al. Synthetic Process High Purity Ammonium Nitrate Cerium (Ⅳ). Procedings of 4th International Conference on Rare Earth Derelopncent and Application. Beijing: Metallurgical Industry Press, 2001: 36.

[31] г. н. горнсий. украиникий химиескии ниурнаг т128, N3, 1962: 393.

[32] 倪嘉缵. 稀土生物无机化学. 第2版. 北京：科学出版社. 2002：41.

[33] 吴锦绣. 稀土芦丁配合物的合成、表征及其与血清白蛋白的相互作用和抑菌性的研究. 硕士学位论文. 兰州：西北师范大学，2007.

[34] 江祖成，蔡汝秀，张华山. 稀土元素分析化学. 第2版. 北京：科学出版社，2000：148.

[35] GB/T 14635.1—93.

[36] GB/T 14635.2—93.

[37] GB/T 14635.3—93

[38] Cech, R. E., Proc, Int Workshop Rare Earch Magnetstheir APPL, 8th, 279, 1985.

[39] 武汉大学化学系等编著. 稀土元素分析化学：上册，北京：科学出版社，1981：148.

[40] 《有色金属工业分析丛书》编辑委员会. 稀土分析. 北京：冶金工业出版社，1955：78.

[41] 王中刚. 稀土元素地球化学. 北京：科学出版社，1989：86.

[42] GB 8762. 1-8762. 7-88（标），2-32（1989）.

[43] D. D. 培林等. 化学反应中的隐蔽和解蔽. 邓新鉴译. 北京：科学出版社，1976.

[44] 慈云祥、周天泽. 分析化学中的配位化合物，第2版，北京大学出版社，1984.